우주산업혁명: 무한한 가능성의 시대

THE CASE FOR SPACE

우주산업혁명

무한한 가능성의 시대

인류 문명의 다음 단계를 향한 우주개척의 현재와 미래

로버트 주브린 지음 · 김지원 옮김

예문아카이브

호프Hope에게

CONTENTS

감사의 말

이 책에 나오는 많은 기술들을 개발하는 데 도움을 준 파이오니어 애스트로노틱스Pioneer Astronautics의 동료 마크 버그렌, 스테이시 카레라, 헤더 로즈, 조나단 라스무센, 맥스 셔브, 제이콥 로메로, 스티븐 파투어, 앤드류 밀러, 캐리 페이에게 감사를 전하고 싶다. 또한 원고의 초고나 그 일부를 읽어보고 유용한 조언을 수두룩하게 해준 내 친구들 리처드 하이드만, 에티엔 마르티나슈, 리처드 바그너, 프리먼 다이슨, 미첼 번사이드 클랩에게도 감사의 말을 전한다. 각기 책의 디자인과 편집을 훌륭하게 맡아준 프로메테우스북스의 니콜 소머-레히트와 스티븐 L. 미첼에게도 고마움을 전한다. 이 책을 위해 훌륭한 출판사를 찾아준 나의 용감무쌍한 에이전트 로리 폭스에게도 특별한 감사를 전한다. 가장 크게 감사해야 할 사람은 영리하고 재미있고 사랑스러운 나의 아내 호프 앤 주브린이다. 그녀의 인내심과 사랑, 끊임없는 지지가 없었다면 이 책을 쓸 수 없었을 것이다.

위대한 일이 벌어지고 있다.

2018년 2월 6일, 스페이스X 팰컨 헤비 로켓이 날아오르며 60톤을 지구 저궤도까지 실어 나를 수 있음을 보여주었다. 그리고 장난삼아 테슬라 로드스터를 쏘아 보내 화성 궤도 너머까지 가게 만들었다. 이 엄청난 성공에 더해 팰컨의 세 개 부스터 중 두 개가 역점화하며 케이프에 우아하게 착륙했고, 세 번째는 사정거리에 위치한 드론 선박이 회수해 와야 하는 상황을 간신히 피했다. ([사진 1, 2, 3] 참고)

이 성과가 얼마나 대단한 것인지 이해하기 위해 2009년 전前 록히드 마틴사 CEO였던 놈 어거스틴이 위원장인 오바마 행정부의 블루리본 위원회가 나사의 달 프로그램을 취소할 수밖에 없었다고 선언한 일을 떠올려 보자. 그들은 필수적인 중량발사체 heavy lift booster를 개발하는 데 12년의 시간과 360억 달러가 든다고 말했다.

하지만 스페이스X는 절반의 시간과 3분의 1 가격에 해냈다. 더 놀라운 것은 발사체의 4분의 3이 재사용 가능하다는 점이다.

이것이 혁신이다. 이제 달까지 쉽게 갈 날이 머지않았다. 화성도 쉽게 갈 수 있을 것이다.

이건 시작에 불과하다. 스페이스X는 로켓이 궤도에 도달한 후 부스터 2단에 연료를 재공급하는 방법을 개발 중이다. 이 기술 개발에 성공하면 팰컨의 행성 간 페이로드payload(승객 및 화물의 총량)가 세 배가 되어 1960년대에 우주비행사들을 달까지 보냈던 강력한 새턴 5호 로켓보다 많은 용량을 실을 수 있다. 현재 개발 중인 스페이스X의 궤도까지 150톤을 싣고 갈 수 있고 완전 재사용 가능한 스타십 발사체는 페이로드를 다시 세 배 가까이 늘릴 계획이다. 이런 시스템이 완성되면 태양계 내행성계 전체를 탐험하고 개발할 수 있다.

할 수 있는 일은 무수하다. 60톤이나 150톤을 궤도까지 싣고 갈 수 있는 재사용 로켓 시스템은 60톤이나 150톤을 뉴욕에서 시드니까지 한 시간 이내에 보낼 수도 있다. 비교하자면, 보잉737기의 기체 무게는 45톤이다. 팰컨 헤비나 후속작인 스타십 2단 발사체 시스템이 완전 재사용 가능하게 만들어진다면 지금처럼 1년에 100번 정도 로켓을 발사하는 게 아니라 하루에 수백 번, 심지어 수천 번도 발사할 수 있는 완전히 새로운 로켓 발사 시장이 열리는 것이다. 이런 시장은 우주 기술을 급격하게 싸게 만들어서 우주 시대가 열린 이래로 보기만 할 뿐 손에 쥘 수 없었던 우주 관광, 산업화, 우주 거주지 조성 등 모든 꿈을 가능하게 만들 수 있다.

그러니까 댐은 무너졌고, 로켓 발사와 인간의 우주비행 기술에 있어서 아폴로 시대 이후 40년간의 정체가 드디어 끝을 맞았다. 파이어플라이, 벡터 론치, 버진 갤럭틱, 스트라토론치, 그리고 가장 중요한 제프 베조스의 블루 오리진(조만간 팰컨 헤비와 성능이 비슷한 자사의 재사용 가능 뉴 글렌 부스터를 발사할 예정이다) 등의 참여 기업들 사이에서 우주 경쟁이 시작되었고, 곧 엄청나게 커질 시장에서 자리를 차지하기 위해 싸우고 있다. 조만간 이런 회사들은 수두룩해질 것이다. 스페이스X는 이전까지 오로지 강대국의 정부만이 시도할 수 있다고 여겨졌던 일을 날렵하고 추진력 강한 기업의 모험적 시도로 더 잘 해낼 수 있음을 보였다. 반대론자들이 반박하는 가운데 전 세계에서 수많은 모방자들이 이 소동에 뛰어들 것이고, 그 치열한 경쟁은 로켓 발사의 비용을 빠르게 떨어뜨릴 것이다. 이로 인해 더 고급의 우주 기술을 개발하는 경비 역시 낮아질 것이다.

그뿐만 아니라 나사와 다른 정부의 우주국들이 로켓 발사와 유인 우주비행 분야에서는 뒤처졌지만, 우주과학 분야에서는 놀라운 결과들을 내놓았다. 실제로 지난 몇 년간 여러 놀라운 발견들이 있었고 인간의 미래와 우주를 향한 우리의 지식이 크게 변했다. 2009년에 발사돼 훌륭한 결과를 낸 케플러 우주망원경은 근처에서 지구 대체 가능 행성들을 수천 개나 찾았다. 그 결과 생명체가 존재할 가능성이 있는 행성계는 우주의 예외가 아니라 규칙이라는 사실이 이제 명백해졌다. 또 1990년대 이래로 지구에 소행성이 충돌한 것이 공룡의 멸종뿐만 아니라 다른 대량멸종의 원인이라는 사실이 확실해질 만큼 많은 증거가 발견되었다. 여기서의 핵심은 지구상의 생명체가 우리 인간이 멋대로 무시하던 더 큰 우주 체계의 일부라는 것이다.

1994년 미국 전략방위구상기구Strategic Defense Initiative Organization, SDIO는 지구에서 가장 가까운 이웃인 달에 생명의 기본 양식이자 화학 공업의 기반인 물이 존재하는지에 대한 증거를 찾기 위해 저가의 탐사 로켓을 발사했다. 이 문제는 2009년 나사의 엘크로스LCROSS 탐사선 발사에 사용된 센타우르 상단이 달의 남극 근처 크레이터에 충돌해 수증기 구름이 솟아오르면서 확인되었다. 1996년 나사의 갈릴레오 탐사선은 목성의 달인 유로파의 얼음으로 덮인 표면 아래에 액체 물로 된 바다가 있는 것 같다는 단서를 입수했다. 여기서 시작해서 후속 탐사선들을 통해 수많은 사실들이 발견되었고, 이제 우리는 생명체가 살 수도 있는 조석 가열tidal heating(자전과 공전 에너지가 행성이나 위성에 열로서 방출되는 현상) 바다가 얼음 밑에 있는 게 일반적인 현상이라는 것을 안다. 이 바다는 목성의 다른 주요 달들 여럿뿐만 아니라 심지어 토성의 작은 위성인 엔셀라두스에도 존재하며 아마 우주 전역의 수십억 개의 다른 별들에도 존재할 것이다.

1990년대 중반 이후에 발사된 여러 대의 나사 궤도선들과 로버들은 엄청난 결과를 얻어냈으며 화성이 생명체를 부양하는 데 필요한 자원들로 가득한 세상이며, 다시 말해 미래의 기술 문명을 지탱할 수 있는 곳임을 밝혀냈다. 몇 년 전에 큐리오시티 탐사차가 화성에서 메테인methane을 발견했다. 이것은 생명체의 산물이거나 생명체를 부양할 수 있는 열수 환경hydrothermal environment의 산물로서만 화성에 존재할 수 있다. 그리고 2018년에 유럽의 마스 익스프레스 궤도선European Mars Express Orbiter에 실린 마시스MARSIS 지표 투과 레이더를 사용한 과학자들이 화성 남극 근처에서 액체 소금물로 된 지하 호수를 발견했다고 발표했다. 이런 데이터를 기반으로 화성에서 유해뿐만 아니라 아직 살아 있는 고대 미생물을 발견할 가능성이 점점 높아지고 있다.

화성의 미생물이 지극히 보잘것없다 해도 이들의 존재가 암시하는 바는 엄청나다. 생명체의 기원에 이르는 과정이 지구에만 국한된 독특한 일이 아니라는 뜻이다. 대부분의 항성에는 행성이 딸려 있고, 사실상 모든 항성에는 그 밝기에 따라 좁게 혹은 넓게 항성을 둘러싼 영역이 있어서, 지구와 화성에 생명체를 탄생시킨 액체 물이 존재하는 환경이 있을 수 있다는 케플러 망원경의 발견 내용과 이 사실을 합치면 수많은 항성들에 현재 생명체를 탄생시킨 행성들이 있으리라는 결론이 나온다.

지구에서 생명체의 역사는 단순한 형태에서 더 복잡한 형태로, 활동과 지성이 더욱 빠른 속도로 더 많이 진화할 능력이 계속 증가하는 특성, 즉 더 진보한 형태로 발달하는 연속 과정 중 하나다. 생명체가 우주에서 일반적인 현상이라면, 지성 역시 그럴 것이다. 이것이 암시하는 바는 우리가 혼자가 아니라는 것이다.

좋은 소식은 더 있다. 2018년 초에 나사의 화성정찰위성 Mars Reconnaissance Orbiter의 셸로 지표 투과 레이더 SHARAD 팀은 화성에서 대규모의 빙하를 발견했다고 발표했다. 이 빙하는 겨우 몇 미터의 먼지로 덮여 있고, 극에서부터 북위 38도(샌프란시스코와 같은 위도이다)까지 펼쳐져 있으며 지구의 오대호(북아메리카 대륙 동부에 있는 거대한 다섯 개의 호수) 물의 여섯 배에 이르는 150조 세제곱미터 부피의 물을 보유하고 있다. 그뿐만 아니라 이 팀은 화성에서 미래의 인류 정착자들을 위한 넓고 엄폐된 거주공간이 될 가능성이 있는 거대한 지하 동굴도 발견했다.

다 합쳐서 이 발견들은 인류가 어떤 종류의 생득권을 가졌는지를 분명히 보여준다. 우리가 대담하게 나아가 우리 앞에 있는 도전 대상과 기회를 받아들일 용기만 있다면 말이다.

이 책《우주산업혁명: 무한한 가능성의 시대》에서 우리는 가능성을 탐색할 것이다. 오늘날의 돌파구들을 이야기하는 것으로 시작해 준궤도 우주공간을 통한 초고속 세계여행, 궤도 위의 새로운 산업, 달, 화성, 소행성, 외행성계, 그리고 궁극적으로는 다른 항성에 인간 정착지를 만드는 일이 어디로 이어질지 더 깊이 살펴볼 것이다. 이 모든 일들이 가능하고, 이것을 어떻게 이뤄낼 수 있을지 앞으로 설명하겠다.

그다음에는 이런 성공이 무엇을 암시하는지 살펴볼 것이다. 이 위대한 모험을 수행함으로써 무엇을 얻고, 실패하면 무엇을 잃는지 말이다. 우주에서 얻을 수 있는 지식은 무한히 많지만, 마주해야 하는 치명적 위험들도 존재한다. 우리 자신과 지구상의 다른 모든 생명체들을 보호하려면 이런 위험을 통제해야 한다. 사회 전체와 특히 우리 청년층의 창의력을 자극하는 도전 대상의 가치 역시 살펴볼 것이다. 또한 넓은 미개척 지역의 존재가 인간의 자유와 그것을 지속하거나 무너뜨릴 수 있는 아이디어들에 미치는 영향도 있다. 마지막으로 인간의 미래 자체에 대한 문제도 있다. 우리가 제한된 자원과 제한된 가능성밖에 없는 하나의 세계에 앞으로도 갇혀 있게 될까? 아니면 공간과 시간, 다양성, 궁극적인 잠재력에서 훨씬 더 거대한 존재가 될 수 있을까?

수 년 전에 러시아의 우주 이상주의자 니콜라이 카르다쇼프는 문명을 분류하는 도식을 제시했다.[1] 카르다쇼프에 따르면 Ⅰ 유형 문명은 행성의 모든 자원을 완전히 통솔할 수 있다. Ⅱ 유형 문명은 그 태양계를 완전히 지배하고, Ⅲ 유형 문명은 그 은하의 잠재력을 완전히 통제한다. 지금까지 모든 인류의 역사는, 출생지인 아프리카로부터 나와서 대륙에 정착하고 그 후 서로 다른 인류의 분지分枝들이 서로 연결되기까지의 과정이다. 처음에는 장거리 범선으로, 다음에는 전보, 전화, 무전, 텔레비전, 위성, 인터넷으로. 우리는 케냐 어느 지방의 생물학적 특수종에서 시작해 완전한 Ⅰ 유형 문명으로까지 자랐다. 이런 변화는 이제 거의 완료되었고, 우리는 새로운 역사의 시작에 서 있다. Ⅲ 유형이 된다는 더 큰 도전을 받아들일 능력을 가진 Ⅱ 유형 문명으로 올라서는 입구에 있는 것이다.

지금은 살아가기에 대단히 멋진 시절이다. 우리는 역사의 시작을 살고 있다. 창조의 순간에 함께하고 있는 것이다.

필연적인 것은 아무것도 없고, 가치 있는 것은 절대로 쉬운 법이 없다. 모든 혁신이 성공하는 것은 아니다. 구체제의 힘에 억압되기도 하고, 목표 앞에서 멈추기도 한다. 우리는 무한한 가능성을 가진 살아 있는 우주에 둘러싸여 있다. 이것을 무시할 것인가, 거기에 들어설 것인가? 인류는 물러나서 별들의 바다 사이를 떠가는 단순한 여행자가 된 채 살아갈 것인가? 아니면 앞으로 나아가 우리 태양계를 거머쥐고, 우리 운명을 주도하고, 다가오는 도전에 맞설 완벽한 능력을 가진 종이 될 것인가?

선택은 우리에게 달렸다. 그래, 우리에게 달린 것이다. 우리들, 이 시대, 역사의 이 순간에 사는 사람들. 특권과 책임감이 있고, 주어진 이 시기에 부끄럽지 않게 산다면 수많은 행성을 소유하고 우주를 여행하는 종으로서 인류를 일으켜 세웠다는 영예와 영원한 영광을 가질 수 있는 우리들.

나의 아버지와 삼촌들은 모두 제2차 세계대전에 참전했다. 그중 한 분은 노르망디 해안에 상륙했다. 이런 일을 한 덕분에 그들 세대는 당연히 가장 위대한 세대 the Greatest Generation로 불리게 되었다. 역사가 그들에게 부여한 일을 함으로써 그들은 그 순간이 가능케 만들었다.

우리는 그들을 위해 지금 이 순간을 최대한으로 활용해야 한다. 우리의 후대를 위해서도 그래야 한다.

지금은 우리가 타석에 설 차례다. 우리의 가치를 증명한다면, 우리도 위대한 세대라는 이름을 얻고, 하나가 아니라 수천 개의 문명사회에서 수 세대에 걸쳐 위대하게 기억될 것이다.

우리는 할 수 있다. 이 책에서 그 방법을 보여주겠다.

1부

어떻게 할 수 있는가

1장
지구의 속박을 깨라

때를 맞이한 아이디어를 막을 수 있는 것은 없다.

- 빅토르 위고

2015년 12월 21일, 비행 통제관들은 콘솔 앞에 달라붙어 있었다. 스페이스X 팰컨 9이 몇 분 전 이륙했고, 상단은 11개의 오브컴ORBCOMM 위성을 싣고 궤도로 올라가는 중이었다. 전통적인 의미에서 임무는 이미 성공에 올라선 셈이었다. 하지만 스페이스X 팀은 더 큰 목표를 노리고 있었다. 훨씬 큰 목표를. 팰컨의 1단 로켓이 내려오는 중이고, 그들은 그걸 착륙시킬 생각이었다.

이건 그들의 첫 번째 시도가 아니었다. 이전에 다섯 번 시도했고, 전부 다 실패했다. 뭘 어떻게 하든 간에 뭔가가 항상 잘못되는 것 같았다. 팀은 젊었다. 대부분의 팀원이 서른 살 미만이고, 대다수가 갓 학교를 졸업한 사람이었다. 그들은 스페이스X에 들어와서 이미 자리 잡은 회사에 들어간 동년배들보다 훨씬 훨씬 더 열심히 전력을 다해 지금껏 아무도 한 적 없는 일을 해내려고 애썼다.

하지만 지금까지 아무도 이런 일을 한 적이 없는 데는 이유가 있었다.

이제, 100마일(약 160킬로미터)이 넘는 고도까지 올라간 다음에 로켓은 다시 한 번 쓸 수 있도록 지상으로 돌아오는 중이었다. 다시금 통제실에서 상황을 보고하는 걸 듣는 동안 팀원들의 가슴속에서 희망과 두려움이 교차했다.

"1단 로켓이 케이프 커내버럴로 돌아오기 위한 세 번의 연속 점화를 곧 시작합니다."

하지만 어떤 점화도 관측되지 않았다.

"이거 안 좋아. 아무래도 안 좋을 것 같아."

일론 머스크가 중얼거렸다.

그때 로켓이 분사했고 팀원들이 환호를 질렀으나 잠깐이었다. 엔진이 꺼지고 나자 그들은 다시 침울해졌다. 3분 동안 그들은 쳐다만 보며 기다렸다. 화물을 실은 2단 로켓은 궤도를 향해 열심히 나아가고 있었지만 그것은 부차적인 일로 느껴졌다. 진짜 중요한 일은 엔진이 꺼진 채 케이프로 돌아오고 있는 1단 로켓이 어떻게 되느냐였다. 다시 엔진이 켜질까?

"두 번째 착륙 점화가 시작되었습니다."

스피커에서 알렸다.

팀원들은 다시금 환호했다가 조용해져서는 긴장한 채 로켓의 하강을 바라보았다. 로켓이 어두운 밤하늘을 빠르게 가르고 요란하게 내려오는 동안 배기구 불꽃이 점점 더 밝게 타올랐다.

엄청난 폭발음이 울렸다. 사람들의 심장이 내려앉았다. 또 실패했구나. 하지만 아니었다. 거리측정기는 계속 돌아가고 있었다. 이건 폭발이 아니었다. 팰컨이 음속장벽을 넘어서는 진동음이었다.

통제실이 계속 말했다.

"마지막 점화 시작됐습니다."

"고도 300미터."

"고도 100미터."

이제 팰컨이 착륙장 카메라에 잡혔다. 적당히 느린 속도로 내려오고 있지만, 기울어져 있었다! 쓰러져서 전처럼 폭발할까? 로켓의 불길이 착륙장을 훑었다. 팀은 지독하게 긴장한 채 숨을 죽였다. 그들이 기다리던 순간이었다.

"팰컨 착륙했습니다."

통제실에서 외쳤다. 머스크는 고함을 질렀다.

"로켓이 서 있어!"

방 안은 격렬한 환호성으로 가득 찼다.

착륙장에 서 있는 팰컨의 모습을 컴퓨터 스크린으로 보면서 머스크가 중얼거렸다.

"이런 맙소사, 세상에."

그가 자리에 앉아 트윗을 올렸다.

"집에 잘 돌아왔어, 귀염둥이."

역사의 새로운 장이었다.

어떤 사람들은 우주 정착지가 그 비용 때문에 영원히 불가능할 거라고 생각한다. 말도 안 되는 소리다. 우주비행이 끔찍하게 비싸야 한다는 물리적 법칙은 없다. 반대로 물체를 지상에서 지구 저궤도까지 올리기 위해 물체에 더해야 하는 단위질량당 에너지는 킬로그램당 9킬로와트시(9kWh/kg)이다. 보통 미국에서는 킬로와트시당 0.08달러가 들고, 그러면 우주정거장까지 20킬로그램의 짐을 든 80킬로그램의 사람을 보내는 데 72달러의 경비가 들 것이다. 물론 비행을 해야 하니까 승객을 보내기 위해 그 열 배 정도 무게의 비행선도 보내야 할 것이다. 그렇다 해도 우주선을 궤도까지 보내는 에너지는 비행기가 로스앤젤레스에서 시드니까지 갔다가 돌아오는 데 드는 에너지와 거의 같다. 현재 그런 왕복여행 표는 2000달러 이하로 쉽게 살 수 있다. 돈을 얼마든지 낼 수 있는 몇몇 개인 여행자를 지구 저궤도까지 데려가는 여행은 그 금액의 만 배쯤 들고, 비행사들을 우주로 보내기 위해 납세자들이 내는 돈은 그 열 배나 더 많다. 그러니까 승객 한 명당 2억 달러다.

왜 이렇게 비싼 걸까?

로켓 발사가 비행기 여행보다 훨씬 돈이 많이 드는 확실한 이유 하나는 비행기는 재사용이 가능한 반면에 로켓 발사 시스템은 소모품이기 때문이다. 보잉 747기에는 400명이 탈 수 있고 4억 달러가 든다. 매번 비행을 할 때마다 비행기가 소모되어 없어진다면 왕복여행의 표값은 최소한 각 200만 달러쯤 되거나 현재 요금의 천 배 정도는 되어야 할 것이다. 물론

[그림 1.1] 스페이스X 팰컨 9이 2015년 12월 21일 케이프 커내버럴에 성공적으로 착륙하고 있다. (스페이스X 제공)

소모성 747기는 지속적으로 사용 가능한 비행기보다 더 싸게 만들 수 있겠지만, 그렇다 해도 가격은 어마어마하게 높아질 것이다.

그러니까 로켓 발사 경비를 더 경제적으로 만들려면, 사용하는 로켓을 재사용 가능하게 만들면 된다. 그런데 왜 그렇게 하지 않는 걸까?

두 가지 이유가 있다. 기술적인 이유와 제도적인 이유이다. 기술적 문제에 관해서는 이따가 설명하겠다. 지금 우선 간단하게 말하자면, 재사용 우주선을 만들기 위한 공학적 문제들은 중대하기는 해도 모두 해결 가능하다. 우리는 벌써 60년이나 궤도를 비행해왔고 그 분야에 수천억 달러의 돈을 쏟아부었다. 수십 년 전에 백 퍼센트 재사용 가능한 우주선을 만들었어야 했다.

뜻이 있는 곳에 길이 있다. 하지만 뜻이 없으면 길도 없다. 우주의 변경으로 가는 우리의 길을 가로막고 있는 것은 물리학이나 공학적 어려움이 아니다. 셰익스피어의 말을 빌리자면, 잘못은 우리 별에 있는 것이 아니라 우리 자신에게 있다. 우리가 가장 바라는 분야의 성공을 지금까지 가로막아 온 제도적 장치를 만든 것은 우리가 선출한 대표자들, 다시 말해 우리 자신이다.

우주 탐사의 진보를 가로막은 가장 큰 제도적 장애물은 기록상의 경비에 약간의 이윤(8~10퍼센트)만을 덧붙이도록 계약자들을 규제해서 장비의 가격을 통제하는 것이 가장 좋은 방법이라는 멍청한 믿음을 갖고 정부가 시행한 실비정산계약 체계이다. 하지만 실제로 이 체계는 계약자들이 수많은 행정직원들에게 청구서를 만들게 하고 그렇게 하도록 장려함으로써 경비를 더욱 증가시키도록 만들었을 뿐이다. 간접비가 올라가면 올라갈수록 더 많은 이윤을 얻을 수 있기 때문이다. 이것은 민간 부문에서 일반적으로 사업하는 방식과는 정반대다. 민간에서는 고객들이 당연하게

도 제조사가 물건을 만드는 데 얼마나 경비가 드는가가 아니라 물건의 질과 그것을 사기 위해 내야 하는 가격에만 관심을 갖는다.

자유경제 세계에서 제조사들은 경비를 절감해 이윤을 높인다. 실비정산 계약자 세계에서 제조사들은 경비를 늘려 이윤을 높인다. 어떤 농부나 기계 제조자도 밭이나 공장 직원을 관리하기 위해 네 명의 행정직원을 고용해서 사업체의 규모를 늘리지는 않을 것이다. 주요 항공우주회사들에서는 이런 일이 비일비재하다. 그 결과 이런 계약자들의 경우에 간접비가 300퍼센트가 넘는 일이 일반적이다. 실제로 내가 1980년대 말부터 1990년대 중반까지 일했던 마틴 마리에타 사(나중에 록히드 마틴 사가 된다. 그 시절에는 여덟 개의 주요 항공우주 회사 중에서 보잉과 함께 가장 성공한 두 회사 중 하나였다)에는 한때 본사에만 1만 4000명 이상이 근무했고 공장에는 천 명이 넘는 직원이 있었다. 이를 비웃는 가장 유명한 말은 이거였다.

"마틴 마리에타 사에서는 간접비가 가장 중요한 상품이죠."

당연히 이런 체계는 경비 절감에 해가 될 뿐이다. 정부가 이런 말도 안 되는 체계를 없애고 다른 모든 사람들이 하는 방식대로만 물건을 사도 거의 즉시 조달비를 반으로 줄일 수 있을 거고, 결국에는 10분의 1까지도 줄일 수 있을 것이다. (이것은 대단히 중대한 아이디어다. 미국이 비슷한 군사력을 가진 적과 다시 싸우게 될 경우에 예전의 군함만큼 비싼 전투기를 갖고는 절대로 이길 수 없다.)

로켓 발사 경비의 상승으로 우주비행과 관련된 다른 모든 것들의 경비가 올라 상황은 더욱 나빠졌다. 예를 들어 당신이 통신위성사업을 할 생각이고 궤도까지 위성을 보내는 경비가 1억 달러라면, 위성에 드는 돈이 100만 달러든 2000만 달러든 별로 중요하지 않다. 이 차이는 당신의 전체 사업 자본비를 겨우 20퍼센트 늘릴 뿐이다. 사실 이 상황은 위성에 드는 돈을 5000만 달러가 넘게 만들 것이다. 위성을 작동 궤도까지 보내는 데 1억 달러나 내야 한다면, 위성이 확실하게 제대로 작동하는 게 좋을 테니까. 그러니 당신은 캐딜락 사에 위성 부품들의 가격을 전부 지불하고 부품들을 최대한으로 시험하는 데 돈을 아끼지 않을 것이다. 게다가 위성에 5000만 달러가 든다면 발사체 역시 제대로 작동해야 할 테니 그 경비도 더더욱 올라가서 전체 경비를 더 치솟게 만들 것이다. 그리고 우주선이나 발사체가 실패하면 안 되는 상황이니까 이전의 우주비행 때에 유효성이 입증된 부품만 사용하려 할 것이고, 덕분에 엄청난 기술적 정체가 생긴다.

실비정산계약 체계의 악영향은 우주비행 장비 개개의 금액을 높이고 발전을 저해하는 것뿐만이 아니다. 우주비행 전반의 진보를 완전히 가로막는다.

예를 들어 뭐가 됐든 들어간 경비의 곱절로 돈을 받는 산업에서 과연 재사용 로켓을 도입해 로켓 발사 경비를 획기적으로 줄이고 싶은 마음이 들까?

주류 항공우주 산업계에 장점이 없다는 것은 아니다. 이들은 제2차 세계 대전에서 국가에 엄청난 편익을 제공했고, 무시무시한 속도로 일을 해서 인류를 달까지 데려갔다. 하지만 그것은 실비정산체계 전 시대 이야기고, 자질과 진지함, 공공심에서 견줄 데가 없는 당시의 대단한 국가 지도자가 불러일으킨 강력한 애국심을 가진 업계인들이 했던 일이다. 심지어 현대에도 이 업계는, 예를 들어 나사의 로봇 탐사와 공간천문학 프로그램을 크게 성공시키는 프로 정신과 공학적 탁월함에 대한 헌신을 보여준다. 하지만 우주로 가는 경비를 절감하는 것은 그 우선순위에 전혀 들어가지 못한다.

하지만 이제 이상주의자이자 들어가는 돈의 대부분이 자신의 것이기 때문에 경비를 최대한으로 줄이려는 사람들이 이끄는 로켓 발사 기업들이 나타나 이 모든 것들이 바뀌려고 한다. 정부와의 실비정산 청구 내역을 뻥튀기 하려고 간접비를 300퍼센트씩 올리는 대신에 이 회사들은 상업 세계에서 일반적인 수준인 20~30퍼센트 선으로 고정시킨다. 매 발사 때마다 새로운 로켓을 만드는 금액을 청구할 프로젝트를 찾는 대신에 이 회사들은 수백 번의 발사로 원가를 나눌 수 있는 재사용 발사체를 개발하는 중이다. 그 결과로 우리가 오늘날 보는 엄청나게 높은 로켓 발사 금액이 급격히 낮아질 것이다. 이런 일의 결과는 역사에 남을 것이다.

로켓 발사 비용이 내려간 결과

우주비행이 어떻게 싸질 수 있을까? 위에서 이야기했듯이 궤도에 가기 위한 에너지는 로스앤젤레스에서 시드니까지의 왕복 비행과 거의 똑같다. 승객당 2000달러, 또는 짐을 포함해 킬로그램당 20달러 정도이다. 이렇게 경제적인 금액에 도달하기까지는 비행기 여행 역시 시간이 좀 걸렸으므로 우주비행의 단기적 목표로 우리는 지구 저궤도까지 로켓을 보내는 데 그 열 배 정도, 다시 말해 킬로그램당 200달러로 예상한다. 저궤도 너머 흥미로운 곳으로 가기 위해서는 거기서 열 배쯤 더 들 것으로 추정되니까 달이나 화성까지 가는 데는 킬로그램당 2000달러다. 이 숫자들을 확인할 때 1킬로그램을 궤도까지 보내는 데 추진제가 25킬로그램 정도 든다는 점을 고려해야 한다. 그러니까 로켓 추진제는(예를 들어 현재 케로신/산소 이원추진제보다 메테인/산소가 더 쌀 것이다) 대략 킬로그램당 0.4달러 정도의 금액이다. 즉 궤도발사에 드는 연료비는 킬로그램당 겨우 10달러 정도이다. 재사용 발사체의 궤도 이송 경비인 킬로그램당 200달러를 얼마든지 이룰 수 있으며 거기에 앞으로의 개발 여지까지 남겨두는 금액이다. 이 사실은 무엇을 암시할까?

로켓 발사 금액이 낮아지면 모든 우주 장비의 금액도 급격히 낮아질 것이다. 모든 부품을 완벽하게 정밀한 상태로 만들 필요가 없기 때문이다. 게다가 이제 더 이상 이전에 성능이 입증된 장치만 설계할 필요가 없기 때문에 우주기술의 발전 속도도 엄청나게 빨라질 것이다. 그뿐만 아니라 수많은 모험가, 발명가, 온갖 종류의 창의적인 영혼들이 포함되어 우주에서 일하는 사람이 훨씬 늘고 아주 많은 새로운 아이디어들이 나오고 시험받을 것이다. 사슬은 끊어지고, 정체의 시대가 끝을 맞고, 공학자들이 오랫동안 미뤘던 수많은 꿈들이 빠르게 현실로 다가올 것이다.

하지만 이런 것들이 당신에게는 개인적으로 어떤 의미가 있을까?

자, 첫 번째로 이것은 당신이 약 2만 달러로 궤도까지 비행할 수 있다는 뜻이다. 개인 비행기(훨씬 더 비싸다)를 가질 만큼의 돈이 없는 회사 임원들과 제트족들이 타는 장거리 일등석 비행기표값 정도의 금액이다. 또한 이런 표가 당신이나 나에게는 꽤 비싸게 느껴질 수 있다 해도, 궤도에서 일하는 직업에 연봉 20만 달러가 훌쩍 넘는 대단히 높은 보수를 줄 거라는 사실을 고려하면 이 금액을 지불할 가치가 있다. 그리고 아마도 복리후생의 일부로 직원들은 이 금액을 지원받을 가능성이 높다. 간단히 말해 이렇게 낮은 금액이면 몇몇 슈퍼리치 관광객뿐만 아니라 평범한 노동자들도 다수 우주로 가게 될 것이다. 다음 장에서 보겠지만 거기서 할 만한 일이 대단히 많기 때문이다.

그러나 우주는 저궤도로 끝이 아니다. 저궤도는 시작점에 불과하다. 지구 궤도 너머로 우주는 광대하게 펼쳐져 있고, 경비가 우리가 이야기하는 수준까지 떨어지고 나면 인류의 정착지가 생길 가능성도 크게 올라갈 것이다.

예를 들어 화성을 한번 보자. 이 붉은 행성은 지구의 모든 대륙을 합친 것만큼의 표면적을 갖고 있으며 생명체와 기술 문명에 필요한 모든 자연을 가진 세계이다. 하지만 거기에 갈 만한 재력을 가진 사람으로는 누가 있을까? 이런 수준의 이동비라면 기술이 있는 사람은 누구든 갈 수 있을 것이다. 이를 이해하기 위해서는 미국의 식민지 시대사만 보면 된다. 수많은 청교도들처럼 중산층 사람들이 집과 농장을 팔아 미국으로 가는 편도 여행비를 지불했다. 이런 자본이 없는 평범한 기능공들은 신세계에서 7년간 일하기로 하고 경비를 제공받았다. 현대의 환율로 따지자면 30만 달러 정도로, 이것은 킬로그램당 2000달러로 계산한 정착자들을 위한 화성까지의 교통비와 대략 비슷하다.

간단히 말해 매사추세츠 만에 뉴잉글랜드를 만든 메이플라워 호와 그 뒤를 따라온 배들처럼 화성 정착지라는 아이디어가 현실이 되기까지는 그리 멀지 않았다.

하지만 화성조차 목적지가 아니다. 화성은 그저 거치는 길이다. 화성 너머로 킬로그램당 2만 달러가 넘는 가치를 지닌 백금군 금속자원이 대량으로 있는 소행성대가 있고, 킬로그램당 200달러의 발사 가격이라면 이 자원을 개발할 만하다. 그러면 금속 자체는 훨씬 싸지겠지만, 로켓 발사 및 심우주 수송비 역시 더 싸질 것이다. 더 중요한 것은 이로 인해 연료전지(백금 가격에 따라 생산비가 좌우된다) 같은 중요한 신기술이 저렴해질 것이다. 이것은 지구의 생명체들에게 대단히 큰 이득이 된다.

소행성대를 넘어가면 외행성들이 있다. 외행성의 대기에는 핵융합로의 연료인 헬륨-3가 사실상 무한히 존재한다. 핵융합은 인류에게 무공해 에너지를 끝없이 제공하고 우리를 다른 별까지 데려가는 도구가 될 수 있다.

이 모든 것들이 조만간 이루어질 것이다.

새로운 힘이 자유를 얻었다. 새로운 나무가 자라나고 있다. 우리는 거기에 물을 주고, 돌봐주고, 위로 자랄 수 있게 길을 만들고, 아무도 그것을 죽이지 못하게 관리만 하면 된다.

르네상스 전에 사람들은 지구가 우주의 중심(혹은 제일 아래)이라고 생각했고 알 수도 없고 깨뜨릴 수도 없는 물질로 된 투명한 구로 둘러싸여 있어 천국과 분리되어 있다고 믿었다.

그 구가 이제 깨지려 하고 있다.

킬로그램당 200달러에 도달하는 법

아폴로 프로그램 이후 40년 동안 궤도까지 로켓 발사 비용은 킬로그램당 1만 달러(톤당 1000만 달러) 선을 유지했다. 재사용 가능한 팰컨 9과 팰컨 헤비의 등장으로 스페이스X는 이 장벽을 깨고 킬로그램당 2000달러까지 가격을 낮추었다. 그렇다면 킬로그램당 200달러에도 도달할 수 있을까? [표 1.1]에서 어떻게 가능한지 개괄해보았다.

[표 1.1]의 제일 윗줄에서는 전통적인 항공우주산업계의 실비정산 계약 부스터가 20톤을 싣고 궤도까지 가는 비용이 약 2억 달러 혹은 킬로그램당 1만 달러임을 보여준다. 두 번째 줄은 팰컨 9의 원가 구조에 대한 나의 추정치다(나는 스페이스X의 내부 정보를 알 권한이 없

부스터	페이로드	1단	2단	그 외	총액	경비
전통적	20톤	$9000만	$3000만	$8000만	$2억	$1만/kg
소모성 팰컨 9	20톤	$6000만	$2000만	$4000만	$1억2천만	$6000/kg
재사용 가능 팰컨 9 1단	20톤	0	$2000만	$4000만	$6천만	$3000/kg
재사용 가능 팰컨 9	20톤	0	0	$4000만	$4천만	$2000/kg
스타십	160톤	0	0	$4000만	$4천만	$250/kg
재사용 가능 팰컨 9 10회 비행	20톤	0	0	$400만	$400만	$200/kg
스타십 10회 비행	160톤	0	0	0	$400만	$25/kg

[표 1.1] 발사 경비 인하

다). 1단 로켓의 비용이 2단의 세 배라는 점에 주목하라. 그 이유는 1단이 9배 크고, 항공우주공학에서의 일반 규칙에 따르면 장비의 금액은 크기의 제곱근에 비례하기 때문이다. 그러니까 세 번째 줄에 나온 것처럼 재사용 가능한 1단 로켓을 만들면 비용을 전통적 체계의 3분의 1 이하로 절감하는 큰 이득이 생긴다. 여기가 현재 팰컨 9이 위치한 곳이다. 스페이스X는 재사용 가능한 팰컨 9 상단 로켓을 만들어 이 기술을 더욱 발전시킬 수 있지만, 이 기술 개발로는 발사 비용을 아주 조금밖에는 감소시킬 수 없다. 직원 전체의 급여와 임대료 같은 다른 경비들이 훨씬 크기 때문이다.

그러면 어떻게 해야 할까? 한 가지 해결책은 스페이스X가 개발 중인 완전 재사용 가능 중량발사체 스타십 같은 더 큰 발사체로 가는 것이다. 단순히 페이로드를 늘림으로써 킬로그램당 비용이 낮아질 수 있다. 실제로 60톤을 궤도까지 싣고 갈 수 있는 팰컨 헤비는 오늘날 궤도까지 가는 금액이 $2000/kg으로 이미 팰컨 9을 앞섰다.

하지만 이를 통해 얻을 수 있는 가장 큰 이점은 비행 횟수를 늘리는 데 있다. 연간 30번가량 발사해 한 해에 12억 달러가량 쓰는 스페이스X는 잔고를 맞추기 위해 발사 한 번에 최소 4000만 달러를 매겨야 한다. 하지만 발사를 300번 할 수 있으면 발사당 겨우 400만 달러만 매기면 된다.

현재 전 세계적으로 연간 백 개가 좀 안 되는 위성이 발사된다. 그러니까 한 회사에서 300번 로켓을 발사하면 총 숫자가 엄청나게 늘 것이다. 발사 가격이 낮아지면 바로 이런 일이 일어날 것이다.

아이디어의 힘

혁신적인 우주 발사 회사를 설립하는 것보다 훨씬 쉽게 돈을 버는 방법은 많다. 다시 말해서 우리를 우주로 나아가게 만드는 것은 탐욕이 아니라는 얘기다. 이것은 아이디어의 힘이다. 다행스럽게도 우주를 여행하는 미래를 만든다는 아이디어는 굉장히 강력한 것이다.

피터 디아만디스Peter Diamandis는 오늘날 우주 분야에서 일하는 가장 창의적인 사람 중 한 명이다. 원래 의대생이었다가 여러 기업을 창설한 그는 여러 번의 성공을 이루었다. 처음의 성공 중 하나는(그에게 어떤 돈도 벌어주지 못했기 때문에 가장 저평가되기도 한다. 그러나 곧 보겠지만 가장 중대하다) 대학 간 조직인 우주 탐사개발 학생연맹SEDS, Students for the Exploration and Development of Space을 설립한 것이다. 나중에 다른 사람들과 함께 그는 지금은 프랑스 스트라스부르에 캠퍼스가 있고 상당한 기부금을 받는 유명한 단체인 국제 우주 대학을 만들었다. 1990년대에 그는 우주 개척의 문을 여는 핵심 과제인 재사용 우주 발사 시스템을 만들겠다고 나섰다.

찰스 린드버그의 전기를 읽고서 디아만디스는 린드버그가 상을 노리고서 비슷한 동기를 가진 여덟 명의 사람들과 함께 대서양 횡단 비행을 했다는 사실에 감명 받았다. 게다가 오티그 상을 받기 위해 쓴 총액 약 40만 달러(1920년대 돈으로)는 상금이었던 2만 5000달러보다 훨씬 컸다. 그뿐만 아니라 린드버그의 대단한 업적이 기술 지식에 미친 영향력 덕분에 그 직후 항공 업계가 빠르게 커졌다.

디아만디스는 추론했다. 상 때문에 항공업계가 발전했다면 우주에도 같은 방법을 써볼 수 있지 않을까? 이에 고무되어 그는 엑스프라이즈 XPRIZE 재단을 설립하고 2주 안에 두 번 100킬로미터 고도(즉 대기권 너머까지. 궤도까지 올라갈 필요는 없다)까지 재사용 우주선을 보내는 최초의 팀에 1000만 달러를 주겠다고 결정했다. 이것은 그로서는 상당한 도박이었다. 사실 그에게는 수상자에게 줄 1000만 달러가 없었다. 하지만 그는 기꺼이 위험을 감수했고 결국 이란계 미국인 억만장자 아누셰흐 안사리가 돈을 대기로 하면서 자금을 확보했다. 20개 이상 팀이 엑스프라이즈 컨테스트에 참여했고, 결국 그중 하나로 항공학 천재인 버트 루탄이 지휘하고 마이크로소프트의 공동창업자인 폴 앨런이 자금을 댄 스페이스십 원 팀이 2004년에 상을 받았다.[1] 스페이스십 원(이것은 아음속 항공모함에서 발사된 작은 준궤도 로켓 비행기였다)은 버진 그룹 CEO 리처드 브랜슨 경의 관심을 끌었고, 그는 이 설계를 도입하고 아주 큰 돈을 들여서 이를 상업화하려고 지금까지 진행하는 중이다. 이 준궤도 우주 관광 시스템에 버진 갤럭틱이라는 이름이 붙었다. 좀 더 최근에 고故 폴 앨런이 궤도 이송을 하는 스페이스십 원의 훨씬 큰 버전을 상업화하기 위해 자신의 회사 스트라토론치를 설립했다.

이 일화에 관해서는 할 이야기가 아주 많지만, 내가 지금 하고 싶은 말의 핵심은 이거다. 안사리는 1000만 달러의 상금 기부를 통해 경제적으로는 어떠한 대가도 받지 못했고, 받으려는 생각도 없었다. 앨런은 1000만 달러의 상금을 받았으나 그것을 받기 위해 5000만 달러를 썼다. 브랜슨은 수억 달러를 쓰고 있고, 언젠가는 버진 갤럭틱으로부터 이윤을 얻을 수 있겠지만 돈을 벌려면 더 나은 분야가 훨씬 많다는 걸 그도 잘 안다. 앨런과 그의 스트라토론치 벤처에 관해서도 똑같이 말할 수 있다. 정리하자면, 이 사람들 중 누구도 돈 때문에 이런 일에 뛰어든 것이 아니다. 그들은 아이디어의 힘에 끌렸던 것이다.

이것이 내가 일론 머스크를 만난 이유이기도 하다.

1996년에 나는 《The Case for Mars》를 출간했다. 현재의 기술을 사용해서 어떻게 화성까지 갈 수 있는지, 이런 도전을 받아들이는 것이 왜 사회적 책무인지를 설명한 책이다.[2] 이 책은 아주 잘 팔렸고, 덕분에 다양한 사람들에게 4000통이 넘는 편지 또는 이메일이 쇄도했으며 결국 붉은 행성에 대한 인간의 탐사와 정착지 설립을 현실로 만드는 데 몰두하는 화성협회 Mars Society라는 조직이 만들어지기에 이르렀다.

화성협회는 공공 봉사활동, 정치적 행동, 민간 프로젝트에 관여했고, 그중 가장 중요한 것은 캐나다령 북극과 미국령 사막 양쪽에 화성을 재현한 연구소를 짓고 가동하는 것이었다. 이 마지막 활동에는 돈이 필요했다. 그래서 2001년 봄에 우리는 캘리포니아의 실리콘밸리에서 모금 행사를 열었다.

행사의 입장료는 한 자리당 500달러였지만, 왠지 모르게 어느 한 명이 5000달러의 수표를 냈다. 이게 나의 시선을 끌었다. 수표에는 일론 머스크라는 서명이 있었다. 나는 그의 이름을 들어본 적이 없었다. 하지만 조사를 좀 하고서 그가 내가 들어본 적 있는 금융 서비스 페이팔 PayPal의 창업자라는 걸 알게 되었다. 귀찮은 몇 명이 우리에게 입장료를 보통 사람들처럼 신용카드나 수표로 내는 대신에 페이팔로 내면 안 되겠느냐고 계속 물어봤던 탓이다.

상황이 이러니 나는 이런 짜증은 접어두고 머스크를 찾아가는 게 좋겠다고 생각했다. 모금 행사 전에 나는 그를 만나서 한참 동안 커피를 마시며 이야기를 나눴고, 그 후 덴버 근처에 있는 우리 회사에서 함께 하루를 보내지 않겠느냐고 그를 초대했다. 이 만남은 대단히 생산적인 결과를 불러왔다. 머스크는 화성협회에 10만 달러를 기부했고, 덕분에 우리는 화성 사막 연구소Mars Desert Research Station 진행에 돈을 댈 수 있었다. 그는 한동안 우리 협회의 이사로도 있었다. 그는 쥐 한 무리를 회전하는 캡슐에 넣어 궤도로 보내는 '트랜스라이프Translife'(후에 '화성 중력Mars Gravity') 라는 화성협회가 제시한 개념에 강한 관심을 보였다. 캡슐에 쥐가 장기 생존할 수 있는 생명유지시스템을 제공하고 38퍼센트의 중력 환경을 만들어 지구에서 간 포유류와 화성에서 태어난 포유류 양쪽 모두 화성 중력에서 어떻게 번성하고 진화하는지에 관해 최초의 데이터를 얻으려는 계획이었다.[3] 나는 내가 아는 아주 똑똑한 공학자인 짐 캔트렐Jim Cantrell을 그의 기술 자문으로 연결해 주었고, 그들은 캔트렐이 많은 연줄을 가진 러시아에서의 임무를 위한 저가 발사체를 사러 다녔다.

하지만 얼마 후에 머스크는 자신이 다른 사람의 프로젝트를 도와주는 팀 플레이어는 아무래도 아닌 것 같다고 나에게 털어놓았다. 그는 자신만의 쇼를 지휘해야 하는 타입이었다. 같은 하늘 아래 두 개의 태양은 없다는 식이다. 게다가 그는 남은 평생 뭘 하면 좋을까 하는 문제를 고민하는 중이었다. 그는 이미 더 이상 바랄 수 없을 정도의 돈을 벌었다. 이제는 인류를 위해 길이 남는 중대한 일을 하고 싶었다. 그는 《The Case for Mars》

를 읽고, 인류를 우주를 여행하는 종족으로 바꾸는 것이 인류의 미래에 대단히 중요하고, 화성 정착지가 그 길로 나아가는 핵심적인 다음 단계라는 책의 주제에 동의했다. 한편으로는 우리 시대에 꼭 이루어야 하는 핵심적인 기술 발전이 싼 태양 에너지를 만드는 거라고 생각했다. 어느 목표에 전념해야 할까? 화성일까, 태양 에너지일까?

나는 강력하게 화성을 주장했다. 태양 에너지에 분명히 상업적 잠재력은 있지만, 이미 수십억 달러가 그쪽으로 흘러 들어가고 있었다. 기술적으로 혹은 상업적으로 그 분야를 발전시킬 만한 좋은 아이디어가 있는 사람은 쉽게 투자자를 찾을 수 있다. 그 방향으로 기술은 필연적으로 한계까지 발달할 것이고, 그 한계 덕에 태양 에너지가 화석연료보다 더 경제적이 된다면 머스크가 게임에 뛰어들든 말든 상관없이 화석연료의 자리를 대체할 것이다. 반면 인간을 화성으로 보내는 회사를 만드는 사업 사례는 확실한 데라고는 없다. 진정한 미래상을 가진 사람만이 이것을 현실로 만들 수 있을 것이다. 목표에 완전히 전념하지 않으면 이뤄낼 수 없을 가능성이 높다.

결국에 머스크는 둘 다 하기로 결정하고 전기차 회사도 만들었다. 그래서 지금까지 나온 중에서 가장 주목할 만한 항공우주회사인 스페이스X가 태어났다. 2002년에 그가 회사를 시작했을 때는 많은 우주 전문가들이 고개를 저었다. 남는 시간에 우주 변경으로 가는 문을 열 수 있을 거라고 생각하는 또 한 명의 부자 어린애로군. 이런 친구들이 나타났다 사라지는 걸 몇 번이나 봤지. 대부분은 그렇게 생각했다. 실제로 1990년대에 실패한 스타트업 회사 몇 개는 억만장자들이 만든 것이었다. 로터리 로켓과 빌 에어로스페이스가 바로 떠오른다. 하지만 그 회사들의 후원자들은 호사가들이었다. 그들은 남는 돈 약간을 몇몇 이상주의자들에게 던져 주었고, 결과가 나오거나 원하는 만큼 빠르게 진전되지 않자 싫증을 느끼고 다른 데로 넘어갔다.

하지만 머스크는 달랐다. 그는 스페이스X에 그냥 돈만 좀 투자한 게 아니었다. 그의 정신과 마음, 사업적 재능 전부를 쏟아부었다. 내가 2001년에 처음 머스크를 만났을 때 그는 훌륭한 과학적 지식을 갖고 있기는 했지만 로켓공학에 대해서는 아무것도 몰랐다. 하지만 2004년 엘세군도의 첫 번째 공장으로 그를 방문했을 때는 그가 로켓공학에 대해 굉장히 많이 공부했다는 사실이 뚜렷이 보였다. 그러나 여전히 로켓 발사의 어려움에 관해서는 잘 몰랐다. 처음 여러 번의 발사가 실패할 거라고 생각하라고 말하자 그는 나의 논리에 대담하게 도전했다. 하지만 2007년쯤 되자 그는 이제 모든 것을 알았다. 처음 두 번의 발사가 실패로 끝나는 걸 보는 고통까지 포함해서 말이다. 그는 당시 나에게 한 번 더 시도해볼 용의가 있다고 말했다. 하지만 세 번째 발사가 실패했어도 머스크는 강인하게 계속 밀고

[그림 1.2] 2012년 패서디나에서 열린 화성 협회 컨벤션에 참석한 저자와 일론 머스크. (화성 협회 제공)

나갔고, 2008년에 스페이스X는 마침내 조그만 팰컨 1을 궤도까지 올리는 비행에 성공했다. 이것은 민간 자본으로 개발한 최초의 궤도 발사체였다.[4]

2010년에 스페이스X는 정부가 지원하는 〈포춘〉 선정 500대 로켓발사 주류 기업들이 대체로 통상적이라고 여기는 돈의 10분의 1을 들여 3분의 1시간 만에 확실한 중형 발사체인 팰컨 9의 궤도 비행에 성공해 이 기록을 깨뜨렸다.[5] 하지만 머스크는 거기에서 멈추지 않았다. 그는 비슷하게 엄청나게 절약된 돈과 시간으로 인간이 탈 수 있는 우주선 드래건 캡슐을 개발한 다음 귀환, 원격조종 착륙, 로켓 1단의 재비행을 보여주었다. 주류 항공우주 산업계에서는 돈을 아무리 들여도 절대로 해내지 못했고 아예 시도조차 못했다. 그리고 2018년에 그는 가장 가까운 경쟁자보다 페이로드가 두 배 크고 발사 경비는 3분의 1밖에 안 되는 75퍼센트 재사용 가능 발사체 팰컨 헤비를 비행시키면서 주류 항공우주 산업계를 다시금 충격에 빠뜨렸다.

머스크는 스페이스X의 돈을 자기 것처럼 사용했다. 그렇게 할 수 있었던 가장 간단한 이유는 실제로 거의 그의 돈이었기 때문이다. 그 결과 그는 정부가 지원하는 실비정산계약 기업들보다 훨씬 싸게 일을 진행했다. 또한 항공우주산업에서 경비는 사람 곱하기 시간이기 때문에 훨씬 빠르게 진행했다. 그리고 그는 혁신을 향한 열의가 더욱 강렬했다. 그의 우주 비행 서비스를 지금보다 훨씬 싸게 만들 새로운 기술을 찾기 위해서였다.

사람들은 가끔 나에게 머스크에 대해서 묻는다. 내가 그의 모험 초창기 때 그를 알았기 때문이다. 그가 어떤 사람이냐고? 그는 확실하게 인도주의자이지만, 그렇다고 마더 테레사는 아니다. 그에게는 무자비한 구석이 있다. 그는 망설이지 않고 사람들을 이용한다. 또한 병적인 자기중심주의라고 생각할 만한 면도 갖고 있다. 실제로 머스크의 성격에서 확실한 단점을 꼽으라면 나는 공을 다른 사람과 잘 나누지 못하는 부분이라고 하겠다. 그래서 대중이 스페이스X의 나머지 팀원들에 대해 잘 모르는 것이다. 이 때문에 결국 유능한 직원 일부가 그를 떠날 수도 있다. 또한 이런 면 때문에 그는 다른 사람들과 협력하는 것도 싫어한다. 예를 들어 2013년에 재벌 데니스 티토가 2인용 우주선을 발사해 화성에 근접통과 시키려는 인스피레이션 마스Inspiration Mars 프로젝트를 시작했을 때 머스크는 그를 무시했다.[6] 하지만 나는 그의 무관심이 자기중심적 태도에서 나왔다고 생각하지 않는다. 그보다는 머스크를 움직이는 근본적인 힘은 고대 그리스인들이 클레오스kleos라고 부르던 것을 향한 욕망이라고 생각한다. 클레오스는 위대한 일을 해내고 얻는 영원한 영광을 의미한다. 그는 돈을 좋아하고 돈이 유용하다는 걸 알지만, 돈 때문에 그 일을 하는 것은 절대로 아니다. 그는 유명세를 원하지도 않는다. 그는 패리스 힐튼 같은 싸구려 유명세에 전혀 관심 없다. 그가 원하는 건 클레오스다.

셰익스피어의 《헨리 5세》에서 전투의 날 새벽에 왕은 이렇게 말한다.

사람이 적을수록 영예의 몫은 더 커지니.
하늘이시여, 부디 한 명도 더 늘어나지 않기를 기도합니다.
진심으로 나는 황금을 탐내지 않노라……
그러나 영예를 탐하는 것이 죄라면
나는 세상에서 가장 죄가 큰 영혼일지니.

이게 바로 머스크에게 꼭 맞는 묘사다. 이런 태도로 이상주의자는 못 만들지라도 영웅은 탄생하는 법이다.

머스크는 우주 개척의 문을 열고 싶어 한다. 하지만 그의 앞에 있는 게 대단히 단가가 높은 실비정산계약 체제의 주요 항공우주 회사들과의 경쟁뿐이라면, 그들에 비해 그의 발사 가격을 적당히 깎아서(10분의 1 이상 싸게 만들기보다는) 노상강도처럼 그들의 사업체를 집어삼키고 싶은 유혹이 대단히 강할 것이다. 머스크가 주식을 상장하고 사업상의 결정을 배당금만 바라는 투자자들에게 설명해야 한다면 특히나 이렇게 될 것이다. 다행히 그에게는 그런 선택을 할 시간이 길지 않다.

머스크가 간 곳으로 다른 사람들도 이미 따라가고 있기 때문이다.

스페이스X의 추격자 중 가장 눈에 띄는 곳은 아마존 CEO 제프 베조스가 설립한 블루 오리진 사다. 다시금 우리는 우주에 관한 아이디어의 힘을 확인할 수 있다. 나는 이 비밀스러운 스타트업이 생기기까지 일련의 사건들과 직접적으로 관계가 없기 때문에 세세한 것까지는 모르지만, 회사 설립에 가장 핵심적인 영향을 미친 사람은 프린스턴 대학 교수 제러드 K. 오닐인 것으로 보인다. 그는 1970년대에 태양광 위성이 지구로 보내는 전력을 판 돈으로 궤도상의 우주 도시를 건설하는 미래적 개념을 담은 책을 출간해 많은 팬을 양성했다.[7] 이 팬 중 젊은 베조스도 있었다. 그는 오닐의 아이디어 다수를 고등학교 졸업 연설에서 이야기했고, 프린스턴에 들어가서 진짜로 오닐의 밑에서 공부했다. 프린스턴에 있을 때 베조스는 피터 디아만디스의 SEDS 단체에 모집되기도 했고, 이로 인해 우주 연구 분야에서 그의 연줄이 더 넓고 깊어졌다. 이는 또한 그가 우주 개발에 더 깊이 빠진 원인이 되었을 것이다. 어느 쪽이든 메시지를 전하는 걸 도운 모든 사람들에게 경의를 표한다. 베조스는 이제 세계에서 가장 부유한 사람이고, 우주를 여행하는 미래를 이루는 데 있어 이보다 더 큰 힘도 없을 것이다.

블루 오리진의 목표 역시 재사용 우주 발사체이고, 준궤도(고도 100킬로미터까지 올라간다) 발사체 뉴셰퍼드의 로켓 부스터를 수차례 원격조종 착륙시킴으로써 이 목표까지 큰 진전을 보이고 있다. 2016년 말까지 블루 오리진의 대외적 목표는 우주 관광객에게 5분간의 준궤도 무중력 체험을 시킨다는 것이었고, 덕분에 스페이스X나 항공우주 주요 회사들의 중요한 경쟁 상대는 아니었다. 하지만 2016년 9월에 블루 오리진은 지구에서 궤도까지 가는 2단 재사용 부스터 로켓 뉴 글렌을 만들겠다는 계획을 발표했다. 베조스가 이 시스템을 현실로 만들기 위해 블루 오리진에 자신의 돈을 연간 10억 달러씩 쏟을 준비를 하고 있다고 말한 만큼 이 계획은 대단히 진지하게 받아들여야 할 것이다.[8]

스페이스X의 팰컨 헤비에는 선배인 팰컨 9 중형 발사체의 에너지원이던 케로신/산소가 들어간 1단 로켓 세 개를 적용했다. 반면 뉴 글렌은 이륙에 하나의 대형 코어large-core 메테인/산소 부스터만을 사용하는 완전히 새로운 시스템이다. 하지만 두 시스템의 디자인은 완전히 달라도 궤도까지 50톤에서 60톤 정도를 싣고 가는 용량 면에서(록히드 마틴과 보잉의 합작사인 유나이티드 론치 얼라이언스가 내놓은 훨씬 비싼 아틀라스와 델타 시스템의 두 배 정도) 거의 같기 때문에 직접적인 경쟁자가 된다. 그래서 새로운 우주 경쟁이 시작되었다.

이들만이 경쟁의 참가자가 아니다. 전 세계에서 사람들이 이런 개발 결과를 보며 직접 뛰어들 계획을 세우고 있다. 머스크의 성과를 뒤따르려는 열망이 나름 자랑스러운 우주비행의 전통을 갖고 있는 나라 러시아만큼 강력한 곳도 없을 것이다. 구 소련의 우주 산업은 대부분이 여전히 남아 있고, 1960년대에 성공한 디자인을 계속 유지함으로써 이들은 미국의 주요 항공우주 회사들보다 훨씬 낮은 가격으로 로켓을 발사할 수 있다. 비록 신뢰성은 좀 떨어지더라도 그렇다. 하지만 러시아에는 스페이스X 같은 회사가 없다. 최소한 아직은. 그쪽에서 이런 기업을 시작하려 하는 집단들은 있다. 이들이 해낼 가능성도 있다. 러시아는 분명히 항공우주 분야의 능력을 갖고 있고 자본도 많다. 그중 일부는 우주로 인간이 진출한다는 미래상에 동의하고 이런 모험을 지원할 만한 사람들이 갖고 있다. 그들의 앞을 가로막은 유일한 것은 어떤 투자든 걱정스럽게 만드는 크렘린의 통치자들의 타락한 통치 방식이다. 다른 사람이 그냥 빼앗아갈 수도 있는 걸 뭐 하러 만들겠는가? 그러나 다음 장에서 이야기하겠지만 푸틴과 그 동료들이 서구 세계와 군사적으로 동등한 상태를 유지하고 싶다면 비슷한 수준의 우주 발사 능력을 가져야 할 것이다. 좋든 싫든 그들도 개혁을 해야 할 것이다.[9]

현대화는 당근만 주는 것이 아니라 채찍 역시 휘두른다. 다른 국가들과

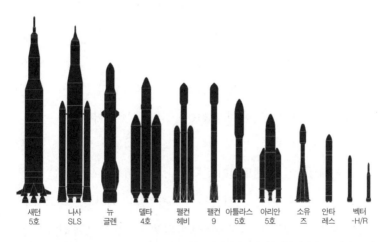

새턴   나사   뉴   델타   팰컨   팰컨 아틀라스 아리안   소유   안타   벡터
5호   SLS   글렌   4호   헤비   9   5호   5호   즈   레스   -H/R

[그림 1.3] 우주 발사 시스템. 단기적으로 재사용 로켓 분야의 상업 부분에서 핵심 라이벌은 스페이스X 팰컨과 블루 오리진의 뉴 글렌 시리즈이다. 유나이티드 론치 얼라이언스ULA의 경험 많은 아틀라스와 델타 시리즈는 가격이 비싸서 시장에서 퇴출되었으나 새로운 불칸 부스터로 ULA는 이런 경향이 바뀌기를 바라고 있다. 러시아와 프랑스가 경쟁에 뒤떨어지고 싶지 않다면 소모성 소유즈와 프로톤, 아리안 로켓보다 더 나은 것을 개발해야 할 것이다. 나사 SLS는 팰컨 헤비나 뉴 글렌보다 페이로드가 두 배 가까이 되지만, 비용이 자릿수가 달라질 정도로 비싸다. 새턴 5호 달 로켓은 페이로드가 더 높지만(궤도까지 140톤) 거의 반세기 전에 생산이 중지되었다. 크기가 제일 작은 쪽으로는 상용 초소형위성 발사체의 새로운 세대가 있다. 전형적인 예로는 벡터-R과 일렉트론 크기의 벡터-H가 있다. (벡터 론치 사의 킴 제넷 제공)

경쟁해야 했기 때문에 러시아는 억지로 문맹을 떨치게 되었다. 누가 알겠는가? 어쩔 수 없이 자유화될 수도 있다.

하지만 기업 간의 우주 경쟁에는 이미 큰 우주 기관들을 가진 국가들만 참여할 수 있는 것이 아니다. 나라에서 적절한 조건과 교육, 기술, 재산권 보호, 법적 제한 아래 적당량의 자유를 제공한다면 어디서든 사람들이 참여할 수 있고, 그렇게 될 것이다.

우주의 여명기에 했던 존 F. 케네디의 말을 약간 바꿔 해보자면, 새로운 바다가 열렸고 자유인들이 거기를 항해하게 될 것이다.

포커스 섹션: 초소형발사체의 대두

기업체들의 우주 혁명은 백만장자들에게만 새로운 개척지를 열어준 것이 아니다. 별 재산이 없는 전 세계의 창의적인 사람들이 자신만의 우주 발사체 회사를 시작할 만한 투자금을 얻을 수 있게 만들었다. 수십 개의 이런 벤처 회사들 상당수가 꽤 큰 투자를 받으며 설립되었다. 가장 유망한 회사 세 개를 꼽자면 벡터 론치, 파이어플라이, 로켓 랩이다.

벡터 론치는 일론 머스크가 스페이스X를 설립할 때 도와주라고 내가 연결해준 기계공학자 짐 캔트렐이 설립했다. 스페이스X 사를 세운 후 캔트렐과 그의 친구 짐 가비는 거기서 나와서 자신들의 회사를 차리고 초소형 위성 시장에 집중했다. 이것은 전자공학의 발전으로 한 세대 전의 수 톤짜리 위성과 페이로드가 맞먹는 소형 우주선을 만들 수 있게 되면서 점차 중요해지는 분야였다. 이에 따라 회사의 첫 번째 발사체 벡터-R은 궤도까지 겨우 60킬로그램의 페이로드를 나를 수 있도록 설계되었다(팰컨 9의 용량이 2만 2000킬로그램이었다). 벡터-R의 혁신적 특징 중 하나는 디자이너가 LOX/프로필렌 추진제를 쓰기로 했다는 점이다. 이것은 나사의 지원을 받는 파이오니어 아스트로노틱스의 우리 팀이 2003년에 우선 소형 로켓 엔진을 사용해서 시험해본 것과 합친 것이다. 우리는 스페이스X와 록히드 마틴이 사용한 전통적인 LOX/케로신 로켓보다 훨씬 높은 배기속도(초당 3.4에서 초당 3.7로 증가)를 내고, 시작과 재시작이 더 쉽기 때문에 굉장히 매력적이라는 사실을 알아냈다. 우리의 시험 엔진은 추진력이 100파운드였다. 벡터 론치는 6000파운드의 추진력을 내는 실제 부품을 개발하고, 이것을 장착할 완전한 2단 발사체를 설계한 후 알래스카 주 코디악에 발사장을 만들었으며 다른 부분에서도 여러 가지 진척을 이루었다. 그 결과 2018년 말에 회사는 8000만 달러의 투자를 받았다. 첫 번째 발사는 2020년으로 예정되어 있다.

파이어플라이는 나사와 버진 갤럭틱, 블루 오리진, 스페이스X를 거친 전문가 톰 마르쿠식Tom Markusic이 창립했다. 1000킬로그램을 궤도까지 나르도록 설계된 파이어플라이 알파는 전통적인 LOX/케로신 추진제와 혁신적인 탄소 구조 기술을 합친 2단 부스터 로켓이다. 2016년 파이어플라이는 파산 직전에 이르렀으나 우크라이나계 미국인 투자자 맥스 폴리야코프Max Polyakov에게 구조되었다. 그는 회사를 미국과 수많은 항공우주 관련 능력자들을 헐값에 구할 수 있는 우크라이나의 드네프로 양쪽으로 분리했다. 그 결과 우크라이나는 상업적 우주 경쟁에서 러시아를 이길지도 모른다.

뉴질랜드를 본거지로 하는 로켓 랩은 초소형위성 발사체 스타트업 중에서 선두를 달리고 있다. 혁신적인 탄소 구조 기술, 3D 프린트로 만들고 전기 펌핑한 첨단 로켓 LOX/케로신 엔진, 그 외 발명품들을 도입한 회사의 일렉트론 발사체는 2017년 5월 첫 번째 시험비행에서 우주로 나갔고,

2018년 1월, 두 번째 시험비행에서 위성을 궤도에 올리는 데 성공했다.

그 결과 주문이 현재 밀려들고 있다.

([사진 4] 참고).

2장

자유로운 우주

경쟁하는 민간 회사들로 가득한 재사용 로켓 분야는 우주 발사에 드는 비용을 인류에게 진정 우주를 열어줄 정도의 수준으로 낮추는 데 꼭 필요하다. 하지만 이걸로는 부족하다. 한 가지 요소가 빠졌다. 발사 횟수가 극적으로 증가해야 한다.

그 이유를 이해하기 위해 현재 존재하는 가장 효율성 높고 영리하며 단연코 가장 비용효과가 높은 우주 발사 회사인 스페이스X가 직면한 상황을 생각해보자. 스페이스X는 현재 6000명의 직원을 보유하고 있다. 봉급, 수당, 각 10만 달러의 세금을 포함하여 직원 한 명에 들어가는 평균 연간 비용을 추정해보자면 일 년에 연봉이 6억 달러 정도에 이른다. 자재, 임대료, 세금, 보험금, 법무 관련 수수료, 기타 등등 다른 모든 회사 운영비도 최소한 그 정도는 들 테니 회사를 운영하는 데 드는 연간 총금액은 12억 달러를 넘어설 것이다.

자, 2018년에 스페이스X는 21회 로켓 발사를 했다. 이것은 엄청난 업적이다. 그들은 매번 성공했을 뿐만 아니라 발사 횟수가 전 세계 로켓 발사 시장의 20퍼센트를 차지하고 있다. 하나의 비교적 작은 회사가 이룬 성과치고는 정말로 놀랍다. 하지만 그렇다 해도 회사를 운영하는 최저 금액 12억 달러를 21회의 발사로 나누고, 일론 머스크가 원하는 게 그저 본전치기라고 가정하면(그냥 단순하게) 스페이스X가 계속 살아남기 위해서는 발사당 최소한 6000만 달러의 금액을 매겨야 한다. 실제로 그들은 8000만 달러 혹은 20톤의 페이로드에 대하여 킬로그램당 4000달러 정도를 매긴다. 이것은 다른 회사들이 제안할 수 있는 가격의 절반도 안 되지만, 발사 경비의 혁명이라고 할 수는 없다.

이것은 간단한 수학 문제다. 백 퍼센트 재사용이 가능하다고 해도 발사당 금액을 백 단위까지 낮추고 싶다면 최소한 백여 번은 로켓을 발사하는 시장이 필요하다. 그런 잠재적 시장을 만들 수 있을까?

나는 가능하다고 생각한다. 이것은 위성 발사로 만들어지지는 않을 것이다. 그 시장은 너무 작다(마지막으로 셌을 때 전 세계에서 연간 백 번 위성을 발사했다). 설령 머스크와 다른 사람들이 계획 중인 거대 위성군 때문에 그 수가 세 배로 늘어나는 것을 고려한다 해도 말이다. 하지만 열릴 때만 기다리고 있는 훨씬 더 큰 우주 발사 시장이 있다. 지구 주위를 도는 장거리 쾌속여행이다.

완전 재사용 궤도선 발사 시스템은 지구 표면에서 다른 곳 어디든지, 한 지점에서 다른 지점까지 한 시간 이내로 승객을 이동시키는 데 사용 가능하다. 12시간 이상 걸리는 해외 비행을 할 만큼 해본 사람으로서 나는 그 단조로운 시간을 줄일 수 있는 방법이라면 엄청난 가치가 있다고 단언할 수 있다. 나의 중산층 생활수준으로는 꾹 참고 이코노미석을 탈 수밖에 없다. 하지만 표값으로 2만 달러까지 쓰는 사람들은 그런 여행을 훨씬 덜 힘들게 간다.

그러니까 로스앤젤레스에서 시드니까지의 여행을 생각해보자. 현재는 매일 대형 비행기가 수차례 비행 서비스를 제공하고, 각 18시간이 걸린다. 만약 로켓 비행기 서비스가 하루에 편도당 한 번씩의 비행을 제공한다면, 그 하나의 노선만으로도 세계의 발사 시장에 730번의 횟수가 늘어나 총 발사 숫자가 여덟 배가 될 것이다. 하지만 시애틀에서 시드니까지, 뉴욕에서 시드니까지, 애틀랜타에서 시드니까지, 런던에서 시드니까지, 런던에서 요하네스버그까지, 런던에서 리오까지, 뉴욕에서 리오까지, 뉴욕에서 아부다비까지, 상트페테르부르크에서 리오까지, 도쿄에서 산티아고까지, 뉴욕에서 도쿄까지, 애틀랜타에서 상하이까지, 로스앤젤레스에서 봄베이까지, 뭐 그런 식으로 계속 늘어난다면? 갈 만한 노선은 수십 개이고, 다 합치면 시장에 연간 수만 번의 비행을 더해줄 것이다.

하지만 근시일 내에 달성할 수 있는 기술로 이런 교통 시스템이 가능할까? 전에는 그렇지 못했으나 이제는 가능하다. 로켓 추진을 이용한 전 세계 수송 시스템의 핵심은 2단으로 된 완전 재사용 시스템이다. 1단 로켓은 발사장으로 돌아오고 2단은 장거리 여행 후 목적지에 위치한 1단의 도움으로 집으로 돌아간다. 이것이 바로 현재 스페이스X와 블루 오리진의 2단 재사용 부스터 개발 프로그램에서 드러난 시스템이다.

2단 시스템이 꼭 필요한 이유는 로켓 공학 기본 방정식의 결과이다. 전 세계로 이동하기 위해서 로켓은 궤도 속도에 도달해야 하고, 지구의 경우에 이 속도는 초속 8킬로미터이다. 하지만 로켓은 공기역학적 저항력과 중력 때문에 상승하면서 속도를 잃고, 그래서 추진 시스템이 가해줘야 하는 진짜 속도증분(델타 V, △V)은 9.5km/s에 가깝다. 이것은 실제 추진제 배합이 내는 배기속도의 두 배가 넘고, 다시 말해 필요한 추진제의 양이 페이로드를 훨씬 넘어설 것이라는 뜻이다. (박스 참고)

그러나 추진제 양이 증가하면 발사체에 더 큰 탱크와 엔진이 필요하게 되고, 이것이 건조 질량의 대부분을 잡아먹어서 페이로드의 몫이 전혀 남지 않게 된다. 결과적으로 전 세계에 도달하는 데 필요한 9.5km/s △V 궤도진입속도에 도달할 수 있는 1단 로켓 시스템은 불가능하다. 페이로드가 0 미만으로 떨어지기 때문이다. 아주 조금의 페이로드를 싣고 약간의 거리를 갈 수는 있지만, 전체적으로 볼 때 잠재적 성능이 불충분하다. 페이로드와 1단 로켓 그리고 스페이스X/블루 오리진 타입의 2단 시스템의 거리를 비교해놓은 [그림 2.1]에 잘 나와 있다. 발사장 근처에 남는 1단 로켓은 처음의 4km/s △V를 만들고, 승객을 나르는 상단 로켓이 나머지를 맡는다. [그림 2.1]에서 로켓 비행기는 전부 새턴 5호나 우주 왕복선, 스페이스X 스타십 부스터 시스템의 설계상 이륙 무게 정도에 달하는 2500톤의 이륙 중량을 갖고 있고, 추진체로 메테인/산소 로켓을 사용한다고 가정한다.[1] (메테인/산소는 로켓 비행기에 최적의 추진제 배합이다. 성능이 뛰어나고, 다루기 쉽고, 전 세계에서 입수 가능하고, 비용이 아주 싸기 때문이다.) 톤으로 표시한 이들의 페이로드는 세로축에 표시했고, 킬로미터로 표시한 작동 범위는 세로축에 표시해두었다.

이를 보면 1단 로켓 비행기의 페이로드는 8000킬로미터 범위에서 0으로 떨어지는 반면에 2단 시스템은 전 세계 거리로 100톤의 페이로드인 객실을 실어 나를 수 있다. [그림 2.1]은 탄도 비행체와 양력(L)/항력(D)의 비율이 2(우주 왕복선은 1의 극초음속 L/D를 가졌고, 나사의 오비털 사이언스 X-34는 2.5이다)인 날개 달린 비행기 양쪽 모두의 성능 데이터를

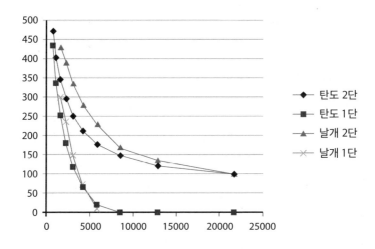

[그림 2.1] 2단과 1단 재사용 로켓 비행기의 페이로드와 작동 범위 비교표. 페이로드(y축)는 톤 단위이고, 거리(x축)는 킬로미터 단위이다.

보여준다. 이런 양력 형태 덕분에 재진입 후에 활주가 가능하지만, 이것은 시스템에 건조 중량을 더하기 때문에 이들이 도달할 수 있는 순수한 확장 거리는 한정되어 있다. 각각의 로켓에서 좀 더 멀리까지 도달하는 더 높은 L/D를 가진 날개 형태를 만들 수는 있겠지만, 기본 내용은 변하지 않는다.

그러면 전 세계에 갈 수 있는 이 2단 로켓 비행기는 어떤 모습일까? 날개가 없는 타입보다 당연히 이륙이 더 시끄러울 거고, 착륙도 마찬가지일 것이다. 그래서 이런 시스템의 발사장은 내륙으로 수십 킬로미터 안에, 혹은 넓은 들판이나 사막 안쪽으로 위치한 플랫폼 형태여야 한다. 이것은 잠깐의 배나 수상비행기, 헬리콥터 이동이 여행의 일부로 포함될 것임을 뜻한다. 또 전 세계를 가로지르는 비행에서는 40분간의 무중력 상태와 우주비행사들이 본 것과 같은 풍경을 경험하게 될 것이다. 이것은 대단히 큰 세일즈 포인트이다. 사실 버진 갤럭틱 같은 회사들은 사람을 아무 데로도 이동시키지 않고 20만 달러에 4분 동안의 무중력 체험을 제공하고 있으며,

상당수의 참가자가 몰린다.[2]

내 계산에 따르면 100톤의 승객실이 있는 로켓 비행기는 매 비행마다 2100톤의 메테인/산소 추진제를 소모한다. 톤당 120달러가 들 때 여행당 연료비는 약 25만 달러에 달할 것이다. 객실과 탱크, 엔진을 포함해 140톤인 장거리 비행체는 200명의 승객을 나르는 보잉 767기에 맞먹는 건조 중량을 갖는다. 각각의 승객이 현재의 해외 일등석 표값인 2만 달러를 지불한다면(빠른 해외 이동에 더불어 버진 갤럭틱의 무중력 체험의 10분의 1 가격으로 10배 더 재미있는 경험이다) 비행 한 번에 400만 달러의 총수입을 얻을 수 있다. 그러면 추진제 외에 다른 운영비까지 감당할 여력이 충분히 생기고, 심지어 일부 표는 최고 가격보다 좀 더 싸게 내놓을 수도 있을 것이다. (5000달러라면 나는 최소한 한 번은 사겠다. 죽기 전에 최소한 한 번은 무중력을 경험하고 우주의 반짝이는 하늘을 보고 싶기 때문이다. 뉴질랜드까지 표 한 장 예약이요.)

기술적 설명: 로켓공학의 기본 원칙

당신의 몸무게가 50킬로그램이고 롤러스케이트를 신고 서 있다고 해보자. 5킬로그램의 벽돌을 초속 10미터로 어느 한쪽으로 던지면, 이 행동으로 인해 당신은 초속 1미터의 속도로 반대방향으로 밀려가게 된다. 이것은 물리학에서 운동량 보존의 법칙이라고 알려진 기본 법칙이다. 물체를 둘로 나누어 두 개를 반대 방향으로 보내면, 각 운동량(질량 곱하기 속도)은 똑같을 것이다.

로켓도 이와 같은 원리로 작동한다. 로켓이 빠르게 분사되는 추진 기체의 형태로 한쪽으로 더 많은 운동량을 가할수록 로켓 자체가 반대 방향으로 속도가 더 빨라진다. 위의 예로 보자면, 스케이터가 벽돌보다 무거우니까 좀 더 천천히 멀어진다. 로켓도 속도를 아주 조금 변화시킬 정도로 소량의 추진제만 사용하면 그런 식으로 움직일 것이다. 하지만 빠른 속도가 필요하면 로켓은 기체를 주입해서 추진제의 배기속도보다 더 빠르게 움직이도록 만들 수 있다. 그러나 로켓이 사용하는 추진제 1킬로그램은 로켓과 나머지 추진제 전부를 밀어야 하고, 그다음 1킬로그램은 로켓과 추진제 빼기 1킬로그램만큼을 밀고, 그다음 1킬로그램은 로켓과 추진제 빼기 2킬로그램만큼 밀어야 한다. 결과적으로 추진제를 사용하면 사용할수록 밀어야 하는 전체 질량은 줄어들게 된다. 반대로 말하자면 로켓이 사용해야 하는 추진제의 양은 바라는 궁극적 속도에 따라 기하급수적으로 증가하게 된다. 이것은 그 유명한 로켓 방정식으로 이어진다. 배기속도 C를 가진 어떤 로켓이든 그 총질량(즉 건조 질량 더하기 추진제 질량)과 건조 질량의 비율은 △V/C에 따라 기하급수적으로 증가한다. 수학적으로 표현하자면 이렇다.

$$\text{질량비} = \text{총질량} / \text{건조 질량} = e^{\Delta V/C} \qquad (1)$$

이 방정식의 의미는 아래 [그림 2.2]에 나와 있다. 여기서 우리는 가로축에 있는 핵심 인자 △V/C가 변함에 따라 발사체의 질량비와 발사체가 실을 수 있는 페이로드가 어떻게 변하는지를 볼 수 있다.

[그림 2.2]에서 로켓은 페이로드와 탱크, 엔진을 포함해서 10톤의

건조 중량을 가진 것으로 가정한다. △V/C가 0이면 탱크나 엔진이 필요 없으니까 건조 중량 10톤이 모두 페이로드이다. 하지만 △V/C가 증가하면 질량비도 올라가고, 그러면 점점 더 많은 추진제가 필요해진다. 그래서 이제 로켓에 탱크와 엔진도 필요해지고, 이것이 일반적으로 추진제의 10퍼센트 무게 정도 된다. [그림 2.2]에서 나는 그렇게 가정했다. 하지만 로켓은 건조 중량이 겨우 10톤이니까 탱크와 엔진이 더 커져야 하고, 페이로드는 더 작아져야 한다. △V/C가 2.0보다 커지면 페이로드는 급격히 떨어지고, 결국 △V/C가 2.4가 되면 임무수행능력은 0이 된다.

메테인/산소 로켓 추진제는 3.7km/s의 배기속도를 내고, △V가 9.5km/s인 궤도까지의 발사에서 △V/C는 2.6이기 때문에 1단 궤도 발사체는 현실적으로 불가능하다. 수소/산소는 배기속도 4.4km/s가 나오니까 여기 사용되는 △V/C는 겨우 2.16이다. 하지만 이 추진제

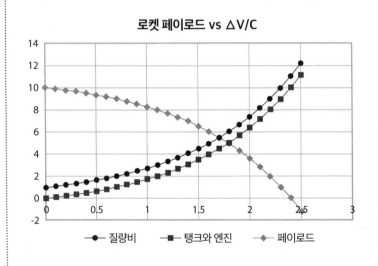

[그림 2.2] △V/C 함수에 따른 로켓의 질량비와 페이로드의 변화

는 훨씬 더 비쌀 뿐만 아니라 부피가 더 커서 탱크의 질량이 커지기 때문에 결국 수소/산소를 쓰는 발사체가 딱히 나을 것도 없다.

(주의: 우주공학자들은 종종 로켓의 분사 속도를 km/s 단위가 아니라 초당 '비추력specific impulse', 즉 'Isp'로 쓴다. 개념적으로 로켓의 비추력은 추진제 1파운드를 사용해서 1파운드의 추진력을 얻을 때까지 걸리는 초이다. 즉 초 단위로 주어진 Isp를 초당 미터로 된 배기속도로 바로 바꾸려면 그냥 Isp에 9.8을 곱하면 된다. 예를 들어 Isp가 378초인 일반적인 메테인/산소 로켓 엔진은 3704m/s 또는 3.7km/s의 배기속도를 가진다.)

그러나 우리가 2단 로켓을 사용한다면 필요한 △V가 둘로 나누어지기 때문에 각각에 필요한 △V/C는 쉽게 달성할 수 있는 1.4 미만이 된다.

그래서 스페이스X와 블루 오리진이 개발하고 있는 2단 재사용 발사체가 궤도까지의 수송과 빠른 대륙 간 여행에 적합한 디자인인 것이다.

좀 더 광범위하게 말하자면, 배기속도의 두 배 이상인 △V에 도달할 수 있는 로켓 발사체를 원한다면 다단을 사용해야 한다.

우주 관광

1990년대 이래로 수많은 옹호자들이 우주 관광이야말로 최후의 변경을 열어주는 영리한 사업 방향이라고 주장했다. 소수의 백만장자들이 각기 2000만 달러 정도를 내고서 러시아 미르 정거장이나 국제 우주 정거장까지 가는 몇 번의 비행이 성과의 전부였던 초고가의 우주비행 시대에는 이런 개념이 비현실적이었다.[3] 하지만 비교적 가까운 미래에 이런 장면은 급격히 바뀔 수 있다. 빠른 전 세계 여행을 가능하게 만드는 대륙 간 로켓 비행기 기술이 승객을 훨씬 감당할 만한 가격으로 궤도까지 실어 나르는 데 사용될 수 있기 때문이다.

왜 사람들은 궤도에서 휴가를 보내고 싶을까? 에게 해의 섬이나 아스펜, 타히티에 너무 많이 가본 사람들의 경우에 우주 호텔에 머무는 것은 완전히 다른 경험이 될 것이다. 여전히 납득이 안 되는가? 논쟁의 여지가 있긴 하지만, 신혼부부나 재미있는 걸 좋아하는 커플에게 무중력이 얼마나 호기심을 당길까? (정확히 반대의 결과를 입증하는 과학소설 업계에서 인기 있는 유쾌한 노래가 있긴 하다.) 침실 공간에 아래쪽으로 향한 커다란 투명 창이 있어서 커플에게 파란 지구가 돌아가는 장관을 제공한다면(그리고 그 반대도) 최소한 일부 사람들에게는 꽤나 멋진 경험이 될 것으로 보인다. 취향이 다른 사람들의 경우에는 검은 벨벳 위에 뿌려놓은 수백만 개의 보석처럼 반짝이는 또렷한 별들이 가득한 끝없는 우주 공간을 향해 창문이 나 있어도 좋을 것이다. 침실에서 시간을 보내는 중간중간 커플은 여러 명이 함께 들어가 벽에 빠르게 부딪쳤다 튕겨 나오는 커다란 공간에서 테니스, 라켓볼, 농구, 축구, 체조, 무술 같은 특이한 무중력 스포츠를 즐길 수도 있다. 약간의 추가금을 내면 고객들은 선외 활동 강좌를 듣고 우주복을 입고 우주 유영을 나갈 수 있는 자격을 얻게 된다. 액자에 넣을 수 있는 우주비행사 자격증도 제공될 것이다. 좀 더 실내 활동을 즐기는 사람들은 자기 전까지 남은 시간 동안 호텔의 천문대에서 천문학이나 지구를 연구할 수 있다. 호텔의 주요 명물을 더 다양하게 만들기 위해서 소개팅 서비스 역시 제공 가능하다. 재미있는 것과 모험을 좋아한다는 특징 말고도 호텔에서 만나게 되는 대부분의 사람들이 확실히 부자일 것이기 때문에 이 것은 특히 유용한 서비스일 것이다.

궤도 로켓 비행기가 전 세계 초고속 교통 서비스에 사용되기 시작하면 이런 사업이 어떻게 발전할지 상상하기란 쉬운 일이다. 예를 들어 뉴욕에서 시드니까지 날아가서 착륙하는 대신에 로켓 비행기가 궤도를 몇 번 돌 동안 우주에 그대로 남아서 한 시간짜리 여행을 당일치기 여행으로 만들어 다시 뉴욕으로 돌아오는 것이다. 이런 여행의 논리적인 진화라면 당일치기를 1박으로 늘리고 결국 일주일짜리 크루즈 여행으로 만드는 것이리라. 하지만 크루즈 선박 여행이라는 디자인에는 한계가 있다. 매일 200명의 승객을 태우고 지상에서 또 다른 지상으로 비행을 할 수 있는 로켓 비행기가 일주일간 운행하는 크루즈 여행선이 되어 당연하게도 더 적은 사람을 태우고도 수입을 유지하려면 요금을 상당히 올려야 할 것이다.

그러니까 며칠짜리 여행을 고려하고 있다면 더 나은 계획은 즐거운 휴가를 위한 적당한 시설을 모두 갖추고 궤도에 떠 있는 우주 호텔을 만들고, 로켓 비행기는 고객을 거기로 데려왔다가 집으로 데려가는 데에만 사용하는 것이다.

호텔은 이미 구상 중이다. 미국의 버짓 호텔Budget Hotels 소유주인 백만장자 로버트 비글로Robert Bigelow는 이런 호텔을 짓기 위해 비글로 에어로스페이스라는 회사를 설립했고 이미 우주에서 거주 모듈 기술을 시험해보았다.[4] 20여 년 전에 비글로가 회사를 설립했을 때 그는 한참 시대를 앞서가 있었다. 하지만 이제 시대가 곧 그의 뒤를 따라잡을 것 같다.

궤도에서의 연구

지구 저궤도에서 누릴 수 있는 특수한 무중력과 고진공 상태를 이용하는 궤도 연구소 역시 비교적 근미래에 이윤을 창출할 수 있다. 이런 연구소의 생산품은 질량이 전혀 없는 '지식'이다. 그러므로 엄청난 환산 가치를 가진 시장성 있는 제품을 생산하는 데 최소한 이론적으로는 귀중한 원자재가 조금밖에 들지 않는다. 이것은 과도하게 높은 가격이 붙어 있는 우주 왕복선조차 두 번의 열흘짜리 임무에서 무중력 실험 덕분에 연구진들이 특정 동물 바이러스의 구조를 밝혀내 경제적으로 수십억 달러에 달하는 동물용 백신을 개발하게 되어 일종의 이윤을 냈을 정도로 확실히 입증된 분야이다. 왕복선 프로그램의 일환으로 스페이스햅SpaceHab이라는 잘나가는 회사가 실험실 모듈을 만들어 대여해주고 있다. 실험실 모듈은 정기적으로 왕복선에 실려서 움직인다. 돈도 많이 들고 불투명한 나사의 관료주의를 상대하는 게 힘들어서 영리 기업들은 이 서비스를 대규모로 신청하지 않다 보니 나사가 그 주요 고객이다. 국제 우주정거장이 제공하는 연구 시설 역시 마찬가지 상황이다. 그러나 장기 주재 전문가가 있는 특정 분야의 궤도 연구소는 단순한 연구 공간 이상을 제공할 수 있다. 프로젝트를 지원하는 더 싼 가격의 발사체가 있으면 가격이 상당히 떨어져서 이런 연구소에 대한 투자가 지구의 연구 시설이 제공하는 결과물들과 경쟁하는 수준에 이를 것이다.

궤도상에서는 중력이 왜곡하는 영향이 거의 없어져서 여러 종류의 결정체와 화합물의 구조를 알아내고 생성할 수 있는 조건이 형성된다. 게다가 지구 저궤도는 지구상의 실험실들은 경제적인 문제로 만들 수 없는 고진공 상태를 제공한다. 이런 환경에서 이루어진 연구를 통해 얻은 지식은 질병 치료제부터 지구상의 생명체에 혁명을 일으킬 거라고 주장할 만큼 발전된 새로운 슈퍼컴퓨터의 '두뇌'에 이르기까지 다양한 상품을 개발하는 데 이바지할 수 있다. 백신, 합성 콜라겐(각막 구성에 사용), 표적 치료제, 구조 단백질, 결정 재료(컴퓨터 칩과 퀀텀 장치를 위한), 고순도 에피택시 박막 생산, 특수 고분자와 합금, 전기영동 응용장치의 형태로 천문학적인 가치를 지닌 미소중력이나 고진공 연구 제품도 존재한다. 이런 제품들은 반도체, 컴퓨터, 기계, 생명공학, 약물제조 같은 고성장 분야, 연간 2400억 달러 이상의 기반을 가진 사업 분야에서 획기적인 기술을 탄생시킬 수 있다.

몇몇 사람들은 무중력 연구는 무인인공위성에서 하는 편이 낫다는 생각을 하기에 이르렀다. 이런 시설도 분명히 발사될 것이다. 하지만 연구소를 직접 운영해본 내 입장에서는 이런 주장은 착각이다. 물론 설계를 잘한 단독 실험들을 자동화된 우주선 안에서 수행하고 유용한 데이터를 얻을 수도 있다. 하지만 연구 프로그램을 미지의 지적 영역까지 깊게 파헤치기 위해서는 도구를 계속 입수할 수 있는 진짜 인간 실험자가 있어야 한다. 자동화 실험은 예상 데이터를 기록할 수 있지만, 인간 조사원만이 예상하지 못한 발견에 대응할 수 있다. 그리고 대부분의 큰 발견은 갑자기 튀어나온다.

예상하지 못했던 발견은 수십억의 가치를 가질 수도 있다.

궤도 산업

특허를 내는 것이 궤도 연구소에서 돈을 버는 가장 좋은 방법이다. 지구에서 실현 가능한 산업 공정으로 이어지는 지식을 우주에서 발견하는 것이 이런 우주 기반 시설에서 가장 큰 이득을 얻는 길이다. 하지만 그게 불가능하다면 어떻게 해야 할까? 연구소에서 우주의 무중력 환경에서만 재연 가능한 공정을 발견한다면? 수익성 있는 대량생산 사업을 실제로 궤도에서 착수할 수 있을까?

이 질문에 대한 답은 여러 가지 다양한 요인에 달렸지만, 그중 가장 중요한 것은 오늘날 지구 저궤도까지 대략 킬로그램당 5000달러에 이르는 우주 발사 비용이다. 이런 가격으로는 궤도 산업체를 만든다는 건 생각도 할 수 없다. 하지만 현재 도달 가능할 것으로 보이는 $200/kg 가격이라면 상황이 완전히 달라진다. 우주를 기반으로 하는 제조업이 이윤을 내기 위해서는 단위 무게당 생산되는 제품의 가치가 이 금액을 넘어서야 한다. 사실이 금액을 한참 넘어서야 한다. 원료를 궤도로 가져오고 제품을 아래로 운송하는 것뿐만 아니라 궤도 공장, 예비품, 소모품, 전력 시스템, 노동자들과 그들의 소비품들, 그리고 적절한 궤도에서 공장 우주선이 안정된 상태로 계속 작동하게 만들어줄 추진제와 다른 소모품들까지 발사 시스템이 전부 운반해야 하기 때문이다. 게다가 궤도 공장 산업은 회사의 지구 및 우주에 있는 직원들의 봉급과 복리후생비, 사무실 임대료, 광고비, 보험, 세금, 이자지불금, 다른 간접비, 표준 소매 인상금, 그리고 이런 사업이 고위험군이라는 것을 고려할 때 투자자들에게 지불할 큰 배당금까지 모두 감당할 수 있어야 한다. 그러니까 발사 비용이 $200/kg이라면 궤도 공장의 제품은 투자할 마음이 들 만큼의 순수익을 내야 하니까 소매가가 최소한 $2000/kg은 되어야 할 것이다. 개략적으로 말해서 이것은 금값의 20분의 1이고 은값의 세 배이다($2000/kg은 $57/온스로 환산된다). 게다가 생산된 제품은 지구에서 생산되는 대체품보다 훨씬 더 질이 좋아야만 훨씬 비싸다는 사실에도 불구하고 잘 팔릴 것이다. 전부 합쳐서 이런 요인들 때문에 모든 합금과 다른 재료들의 생산 작업은 배제되고, 고급 컴퓨터 칩, 특수한 제약품, 또는 무손실 광섬유 케이블('메이드 인 스페이스'라는 회사가 무중력 조건에서 실제로 생산 가능하다는 사실을 보여주었다)이 걸맞을 것이다.

마지막으로 제품의 판매고가 아주 높아야 한다. 궤도 연구소를 운영하는 기본 경비가 연간 4000만 달러(절반의 예산을 할애한다고 가정할 때 연간 100톤의 다양한 물자들을 실어 나를 수 있는 금액이다)라면, 도매가 $2000/kg의 제품이 딱 20톤만 팔린다면 이 사업은 실패할 것이다. 모든 사업상의 경비를 고려하면 최소한 총수익이 8000만 달러, 혹은 제품 40톤 정도는 되어야 한다. 최종 생산품이 100그램 단위당 200달러의 소매가로 팔리는 약이나 컴퓨터 칩이라고 해보자. 이 경우에는 연간 40만 단위가 팔려야 한다. 굉장히 수요가 많은 특수한 제품이라고 할 때 이 정도의 판매량은 충분히 실현 가능하다.

우주 상업 단지

우주 상업 단지라는 아이디어는 사업을 규정하려는 것이 아니라 필요한 어떤 것이든 지원할 수 있는 기반시설을 만들려는 것이다. 이것만 만들면 사람들은 따라올 것이다……. 최소한 이론은 그렇다. 달리 말하자면 당신이 트러스, 전기배선, 자세 제어 장치, 가압 모듈 몇 개가 있는 커다란 우주선을 만들면, 궤도에 임대할 수 있는 공간이 있다고 발표하는 셈이다. 당신의 첫 번째 고객은 궤도 연구팀일 수도 있다. 그게 논리적인 추측이다. 앞에서 본 것처럼 우리가 지금까지 논의했던 모든 궤도 산업 중에서 단기적 기술 발전하에 큰 이윤을 볼 가능성이 제일 높은 것이 연구 분야다. 연구를 수행하는 중에 연구 업체가 처음에 희망한 것과 달리 궤도에서만 생산 가능한 특별한 제품을 발견할 수도 있다. 그렇게 되면 그들은 공장 구역을 만들기 위해서 당신에게서 추가적인 모듈을 임대해야 할 것이다. 필요하면 당신은 이런 수요를 충족하기 위해 당신의 우주 상업 단지에 가압 모듈을 추가로 덧붙일 수 있다. 궤도 공장 가동으로 수요가 크게 늘어나서 궤도의 숙박시설 공급 가격이 떨어지고 이로 인해 우주 관광 경제가 향상될 수도 있다. 거기까지 가면 우주 호텔 기업이 꼭 필요했던 지원을 받게 될 거고, 당신은 거울 벽이 달린 디럭스 침실 모듈을 덧붙일 수 있다.

우주 상업 단지 계획은 현재의 발사 가격에서도 실행 가능하고, 국제 우주 정거장ISS 운영을 통한 기본 경험을 갖고 있으나 그 선례보다 훨씬 많은 장점을 갖는 우주 기반 활동(연구)이라는 초기 형태로부터 점진적으로 간다는 이점을 갖고 있다. 예를 들어 당신의 상업 단지는 활동 허가라는 ISS의 부조리한 과정을 절대 따르지 않을 것이다. 그뿐만 아니라 ISS는 연구실 임대료에 보조금을 주어 거의 공짜로 빌려 주고 있다지만, 민간 제약 회사들은 자신들의 연구 결과를 비밀로 유지할 수 있는 곳에 할증료를 내고 궤도 연구실을 빌리는 편을 더 선호할 것이다.

우주 상업 단지에 관해 개념이 뒤죽박죽 사용되고 제대로 된 정의가 없다는 게 가장 큰 장점이자 가장 큰 단점이다. 이는 터무니없는 짓으로 판명될 수도 있는 우주 사업에 관한 고정된 아이디어에 사로잡히는 상황을 유연하게 피할 수 있게 해주지만, 사업 계획은 '우리가 만들면 사람들이 올 것이다'라는 사고방식 이상의 기반을 가져야만 한다. 자금이 풍부한 궤도 연구 프로젝트나 다른 초기 고객 같은 확실한 몇 가지 선행 약정이 있어야 상업 단지를 진행하기가 용이하다. 다행히 운송 가격이 떨어지면 이런 약정을 미리 얻어내기가 점점 더 쉬워질 것이다.

세계를 하나로

지난 20년 동안 전 세계 무선통신의 규모와 속도가 놀랄 정도로 빠르게 커져서 5년마다 10배씩 증가했다.[5] 2000년에 전 세계 총 데이터 트래픽은 한 달에 4000테라바이트TB였다. 지금(2019)은 한 달에 400만TB에 가까워지고 있고, 2030년경에는 한 달에 40억TB에 이를 것으로 예상된다.

2000년에 무선 데이터는 휴대폰을 사용하는 선진국 시민 소수에게만 허용된 것이었다. 하지만 오늘날에는 전 세계 인구의 3분의 1이 스마트폰을 갖고 있고 텔레비전 전송을 가능케 하는 속도로 인터넷에 접속할 수 있다. 2030년경에는 데이터 그리드가 지구상의 거의 모든 사람에게 도달할 것이고, 수십억 대의 자율주행차들을 통제하고 조정할 수 있을 정도로 강력해질 것이라고 예측한다.

데이터 전송 시장은 이미 거대하고, 계속 폭발적으로 커지고 있다. 그 엄청난 수요를 어떻게 맞출 수 있을까? 그리고 누가 전송한 데 대한 돈을 받게 될까?

우주 사업가들은 자신들이 답을 갖고 있다고 믿는다. 그들은 방대한 통신위성 부대로 세계를 하나로 합칠 것이다. 그렇게 함으로써 세상을 풍요롭게 만들고, 그들 자신은 온 세상에서 가장 부유한 사람이 될 것이다.

현재의 통신위성들은 지표면에서 3만 6000킬로미터 떨어진 지구정지궤도에서 작동한다. 이 높이에서 위성은 지구가 자전하는 것과 정확히 같은 속도로 지구 주위를 돌아서 지상에서 보면 하늘의 똑같은 자리에 고정되어 있다. 이런 특징은 그 개념의 창시자인 과학소설가 아서 C. 클라크가 알아차렸듯이 통신 목적으로는 굉장히 유용하다. 지상에 있는 안테나들이 목표물을 향해 고정되어 있어도 되고, 행성의 적도면 주위로 120도씩 떨어져 있는 위성 세 개만으로도 지구 전체를 아우른다. 하지만 그 정도의 거리까지 전송하려면 위성이 커져야 하고 에너지도 많이 들기 때문에 비싸진다. 게다가 무선 신호가 지표면에서 지구정지궤도까지 올라갔다가 돌아오는 7만 2000킬로미터의 왕복여행을 하는 데 0.25초가 걸린다. 이것은 일방으로 가는 라디오나 TV 방송에서는 별 문제가 안 되지만, 양방향 통신에서는 심각한 문제가 된다. 장거리 전화의 경우에 양쪽으로 발생하는 0.25초의 신호 지연은 대단히 짜증스러울 수 있다. 움직이는 상태에서 무선 조종 기계를 작동시키는 시스템이라면(예를 들어 자율주행차나 비행기) 끔찍한 결과가 생길 수도 있다.

위성이 대략 1200킬로미터 정도로 더 낮은 궤도에 있을 수 있다면 시간 지연은 30분의 1로 줄고 전송에 드는 에너지는 1000분의 1로 줄 것이다. 하지만 그 높이의 위성은 지구를 2시간마다 한 바퀴씩 돌고, 비교적 가까운 데 있을 때에만 지상에서 보일 것이다. 그 결과 계속 시야에 나타났다 사라지기를 반복하고, 각각이 궤도를 따라 움직이면서 제한된 범위만을 일시적으로 커버할 수 있을 뿐이다. 이런 높이에서 비행기를 이용해서 전 세계 통신을 전부 공급하기를 바란다면, 세 대의 위성만으로는 안 된다. 수천 대가 필요할 것이다.

바로 그게 계획이다. 그리고 이것을 이루려는 경쟁이 이미 시작되었다.

제일 먼저 나타난 것은 그레그 와일러, 브라이언 홀츠, 데이비드 베틴저를 포함해 구글 직원들이 설립한 월드부WorldVu라는 회사다.[6] 이후에 원웹OneWeb이라고 이름을 바꾼 이 회사는 2015년 1월에 버진 그룹, 구글, 월컴에서 지원을 받아 648대의 소형위성단을 만들어 띄우기로 했다. 이 위성은 각 질량 200킬로그램에 1200킬로미터 고도에서 궤도를 돈다. 이것은 대단히 큰 위성단이 될 것이다. 현재 지구 주위를 도는 위성의 총 개수는 1500개이다.

하지만 계획은 점점 커졌다. 2017년 2월에 원웹은 648개의 위성의 소유권이 이미 다 팔렸다고 발표했다. 단 한 개도 발사되지도, 심지어 만들어지지도 않은 상태로 말이다. 그래서 소프트뱅크 그룹에서 10억 달러를 더 지원받으면서 회사는 계획된 위성단을 2420개까지 늘렸다.[7] 그 직후에 삼성이 고도 1557킬로미터를 도는 4000대의 위성으로 이루어진 스페이스 인터넷 고도 위성단 계획을 갖고 있다고 발표했다.[8]

이에 뒤처지지 않고 2017년 5월에 일론 머스크가 그의 스페이스X 사도 1200킬로미터 높이를 돌며 83개의 궤도면에서 작동하는 4425대의 소형 위성으로 이루어진 스타링크라는 위성단을 내놓을 거라고 발표했다. 차례차례 이 위성들은 고도 340킬로미터를 나는 7518개의 위성으로 대체될 것이다.[9] 완전히 배치가 끝나면 위성단은 시간 지연을 100분의 1까지 줄이고 단위 에너지당 데이터 속도를 현재 정지궤도 통신 시스템과 비교해 1만 배 더 증가시킬 것이다. 시험위성이 2018년에 발사되었고 최초의 작동 가능 위성이 2019년에 배치될 예정이며 2024년경에는 모든 시스템이 작동 가능해질 것이다.

이 세 개의 위성단만으로도 1만 9000대의 위성에 이른다. 현존하는 모든 우주비행체들을 다 합친 것의 10배가 넘는 숫자다. 그들이 사용할 우주비행체는 작고, 아마도 한 번에 50대 이상씩 발사할 수 있을 것이다. 그러니까 이들을 발사하는 데 400대의 중형(대략 10톤을 궤도까지 나르는) 부스터 발사체가 필요하고, 연간 50회의 추가 발사를 한다고 볼 때 8년 이상의 시간이 들 것이다. 이 위성들이 만들어낼 예상 수입이 굉장히 커서 현재의 발사 가격에도 불구하고 이 발사로부터 이윤을 남길 수 있다. 하지만 발사 가격이 떨어지면 자본 환경이 더욱 좋아질 것이다. 그러면 당연히 기술적으로 훨씬 진보한, 전 세계의 도전자들이 쏘아올린 새로운 세대의 위성단들이 나타날 것이다.

여기서 어디로 향하게 될지는 말하기가 어렵다. 하지만 한 가지만은 분명하다. 통신혁명이 막 시작되었다.

큐브샛 혁명

우주 시대의 여명기 이래로 위성을 궤도까지 보내는 비용은 소모성 부스터의 비싼 킬로그램당 발사 가격에 좌우되었다. 이 문제에 대한 한 가지 해결책은 발사체를 재사용 가능하게 만들어서 화물 비용을 낮추는 것이다. 하지만 다른 방법이 있다. 무게를 줄여서 위성 발사 가격을 떨어뜨리는 것이다. 소형화는 컴퓨터와 다른 전자장치 분야에서 큰 진전을 이루었다. 실제로 오늘날의 고성능 휴대폰은 아폴로 프로그램을 가능하게 만들었던 방 하나 크기의 메인프레임보다 강력한 연산력을 가졌다. 컴퓨터를 1000분의 1 크기로 줄일 수 있다면, 위성이라고 왜 안 되겠는가? 킬로그램당 5000달러일 때 1만 킬로그램의 위성은 발사에 5000만 달러가 들지만, 10킬로그램의 위성이라면 겨우 5만 달러밖에 들지 않는다. 싸게 우주에 나가고 싶다면 이것이 가장 쉬운 방법일 수 있다.

큐브샛CubeSat의 발명가인 로버트 트위그Robert Twigg(스탠퍼드 대학 교수)와 조디 푸익 수아리Jordi Puig-Suari(샌루이스 오비스포의 캘리포니아 폴리텍 교수)가 택한 것이 이런 방법이다. 1990년대 말에 이 두 사람은 질량 1킬로그램에 부피 1리터, 한 변이 10센티미터로 된 정육면체 모양으로 최소 성능의 위성을 만드는 게 가능하다는 사실을 명백히 깨달았다. 현재의 비싼 발사 가격에서도 이런 물체는 대학에서 쓸 수 있는 정도의 예산으로 싸게 우주로 보낼 수 있고, 학생들은 진짜 우주비행체를 만들고 그것이 궤도에서 얼마나 잘 작동하는지 실제로 멋진 경험을 해볼 수 있다. 하지만 최초의 큐브샛의 목적은 그런 교육용 도구였으나 다행히 개발자들은 개념을 더욱 발전시켰고 정육면체를 여러 개 합쳐 더 성능 좋은 위성을 만들 계획을 세웠다. 설계자들은 이 특성의 장점을 재빨리 도입해 두 개, 세 개, 여섯 개, 열두 개의 정육면체로 된 큐브샛(2U, 3U, 6U, 12U 시스템이라고 한다)을 만들었다. 이들의 성능은 합쳐진 유닛과 전기공학의 계속된 발전, 초소형 우주 발사체 기기와 추진제 시스템 시장의 탄생으로 빠르게 증가했다. 2005년에 10대의 큐브샛이 발사되었고 2010년에는 70대, 2015년에는 누계가 420대까지 치솟았다. 후반에 큐브샛의 성능은 대단히 좋아져서 2015년에 발사된 큐브샛 100대 중 겨우 5대만이 학교 프로젝트였다. 나머지는 나사와 군대 또는 상업용 이미지 및 원격 탐사 회사들이 쏜 진지한 우주비행체였다.[10]

가장 선호하는 형태는 6U 버전으로 체적이 10×20×30센티미터로 이루어졌고 대략 신발 상자 크기이다. 이 글을 쓰는 시점에서 여러 회사들이 통신, 자세 제어, 접이식 태양전지판까지 갖추어진 이런 시스템을 만들어주는 서비스를 제공한다. 일반적으로 질량 6에서 10킬로그램인 이 작은 위성들은 발사 가격이 매우 싸지만 중요한 과학 임무를 수행할 수 있을 정도로 강력하다. 2018년에 그중 2대인 마르코-AMarCO-A와 마르코-BMarCO-B가 나사의 인사이트 마스 착륙선에 편승하는 페이로드로 발사되어 본선의 화성 진입, 하강, 착륙을 실시간 통신으로 전달하는 임무를 성공적으로 수행했다. 또한 같은 해에 나사는 많은 업체로부터 달 표면에서 얼음 상태의 물이나 다른 자원을 찾기 위해서 달 궤도에 그런 기체를 보내겠다는 제안서를 숱하게 받았다. (나의 회사인 파이오니어 애스트로노틱스도 경쟁자 중 하나이다. 우리에게는 라이즈RISE, Radar Ice Satellite Explorer라는 임무를 진행하는 팀이 있다. 이 임무는 네 대의 6U 큐브샛을 이용하여 달의 극 궤도로 가서 달이 아래서 자전하는 동안 지표 투과 레이더로 달 전

[그림 2.3] 라이즈 임무는 각기 신발상자 크기만 한 4대의 6U 큐브샛을 이용해 지표 투과 레이더로 달에서 극의 얼음과 지하 동굴을 찾는 것이다. (라이즈 팀 제공)

체를 스캔해 극 부근의 얼음 형태 물과 다른 곳의 지하 동굴을 찾는 것이 목표이다.) 몇몇 승자가 있을 것이고, 이들은 2021년부터 발사를 시작할 것으로 예상된다.

이것은 그저 시작일 뿐이다. 우주 발사 혁명이 진행되기 시작하면 고성능의 10킬로그램 6U 큐브샛을 보내는 비용은 5만 달러에서 2000달러까지 떨어져서 정부, 기업체, 대학, 백만장자뿐만 아니라 중산층 개인까지도 우주 탐사를 해볼 만한 활동으로 끌어올 것이다.

직접 해보고 싶은 우주 탐사 임무가 있는가? 조만간 해볼 기회가 올 수도 있다.

우주에서의 에너지?

궤도 상업을 우주여행으로 발전하는 원동력으로 여기는 많은 사람들이 거대한 태양발전위성 SPS 시스템으로 지구에서 쓸 전기를 생산하는 것을 고려한다. 지상에서 소비하기 위해서 우주에서 전력을 경쟁력 있는 가격에 생산하는 것이 가능하다면, 시장은 거의 무한대일 것이다. 그렇게 되면 대량의 거대한 SPS 시스템이 만들어질 것이고, 그 건설과 운용에 재사용 중형 및 대형 발사체가 대단위로 필요해질 것이다. 온갖 페이로드 용량을 가진 부스터 시스템으로 우주에 싸게 나가는 방법이 빠르게 발달하고, 최후의 변경으로 가는 문이 활짝 열릴 것이다. 프린스턴 대학 교수 제러드 오닐 같은 옹호자들에 따르면 이런 상업은 지구 고궤도에 대형 정착지, 문자 그대로 우주 도시를 개발하기 위한 경제적 기반을 제공해줄 수 있고, 이런 미래상은 블루 오리진의 설립자 제프 베조스를 필두로 많은 우주 기업가들이 뛰어드는 자극제가 되었다.

우주에서 태양 에너지는 지구 대기에 의해 감소하지 않는 상태로 하루 24시간 입수 가능하다. 게다가 대부분의 지상 태양전지판이 방향이 고정된 반면에 궤도의 태양전지판은 태양을 따라 돌아갈 수 있다. 대기가 없으면 유효 태양광 밝기가 1.5배 증가하고, 태양을 따라 움직이는 능력은 궤도 태양전지판에 의한 평균 전력 생산량을 네 배 증가시킨다. 그러니까 두 가지 장점을 다 고려하면 궤도 태양전지판은 지상의 적도 사막에 방향이 고정된 태양전지판에 비해 단위 면적당 여섯 배의 시간 평균 결과가 나올 수 있다. SPS 장치는 태양 생산 전력을 극초단파로 지구로 보내고, 지구에서는 '렉테나(정류형 안테나)'로 이것을 수신한다. 그다음에 극초단파 에너지를 전력망에서 소비하기 위해 고전압 교류전력으로 바꾼다. 전력의 절반 정도는 전송 과정에서 손실되고, 지상의 태양전지판에 비해 궤도 전지판의 장점은 세 배로 감소한다. 하지만 이를 상쇄하는 장점으로 지상의 렉테나는 태양전지판보다 작고, 싸고, 날씨 때문에 태양발전이 별로 효용이 없는 곳까지 포함해 세계 어디든지 설치할 수 있다. 그러니까 적절한 반구에서 SPS가 작동을 시작하고 나면 전력을 얻기 위해 그 반구 쪽 어디든 적당히 설치 가능하다. 이것은 제3세계의 외딴 지역까지 엄청난 대량의 전기가 들어가게 만들고, 정치적으로 불안정해서 안전하지 못할 나라에 값비싼 발전 설비를 어렵게 설치할 필요도 없다.

하지만 이런 발전의 가격은 얼마쯤일까? 현재의 발사 금액과 태양전지의 무게를 고려하면 SPS의 상업적 계획은 완전히 가망이 없다. 그러니까 대신 발사 경비가 $200/kg까지 감소했고 태양광 전지도 현재 단위전력당 질량의 5분의 1로 줄었다고 해보자. 태양에서 지구만큼 떨어진 거리에서 작동할 때 질량/전력 비율이 20킬로그램/킬로와트인 태양전지판은 지금도 입수 가능하다. 이것보다 다섯 배 더 가벼운 판은 그러니까 질량/전력 비율이 약 4kg/kW가 된다. 하지만 지구까지 전송하는 동안 전력의 절반이 손실되고, 이를 뒷받침하는 구조, 메커니즘, 자세 제어 장치, 극초단파 전송 시스템을 포함한 SPS 우주비행체의 무게가 태양전지판 자체의 무게와 최소한 맞먹을 것으로 추정된다. 그러니까 SPS 우주비행체에서 생산되어 전송되는 순 전력은 16kg/kW에 가까울 것이다.

자, SPS 우주비행체는 지구 저궤도에 있을 수 없다. 그 경우에는 90분에 한 번씩 지구를 돌게 되어 지구의 렉테나 수신국에 지속적으로, 심지어는 자주 송신을 할 수가 없기 때문이다. 대신에 SPS는 천천히 움직이는 고궤도에 있어야 하고, 제일 좋은 선택지는 3만 6000킬로미터 상공에 있는 정지궤도GEO이다. 그 고도에서 SPS는 지구를 24시간에 한 번 돌고, 지구가 같은 속도로 돌기 때문에 위성이 지구 적도의 고정된 위치 위에 떠 있게 된다. SPS의 궤도는 적도 위쪽이지만, 높은 고도 덕분에 대부분의 반구가 잘 보여서 송수신이 편리해진다. 하지만 GEO까지 페이로드를 나르는 경비는 LEO(지구 저궤도)까지 나르는 경비의 네 배로 오늘날 $20,000/kg 정도이다. 우주 발사 혁명 이후로도 $800/kg은 될 것이다. 그러니까 SPS의 발사 경비는 $12,800/kW 또는 덴버 크기 도시에 필요한 전력을 공급할 수 있는 1000메가와트 단위에 128억 달러이다. 하지만 이것은 SPS 발사 경비일 뿐이다. 조립(1000MW SPS는 크기가 5제곱킬로미터 이상이고 무게는 8000톤에 이를 것이다), 유지보수, 보험, 우주비행체 부품, 장비, 건설, 렉테나와 전력 조절 장치의 부동산비, 봉급, 세금, 기타 등등의 경비를 다 더하면 SPS의 총 비용은 최소한 400억 달러에 이를 것이 분명하다. 이것은 지상에 만들어진 천연가스, 원자력, 태양발전, 풍력 등 온갖 종류의 비슷한 생산 장치들보다 자릿수가 다를 만큼 비싼 금액이다. 이런 설치비로는 SPS에 연료비가 들지 않는다는 사실도 별로 도움이 되지 않는다. 400억 달러의 이자만 해도 연간 20억 달러이다! 이후 20년 동안 유지보수 및 감가상각을 고려하면 비용은 최소한 연간 60억 달러가 될 것이다. 이를 쪼개면 사용자 비용은 $0.68/kWh(이윤을 전혀 붙이지 않는다고 가정할 때)로 현재 미국 대부분의 지역에서 통용되는 $0.06/kWh의 열 배가 넘는다.

이는 SPS가 기저에너지원으로 상업적 경쟁력을 가지려면 우주 운송 비용이 25분의 1로 떨어져야 할 뿐만 아니라(LEO까지 $200/kg) 태양발전 시스템의 질량 역시 50분의 1로 떨어져야 한다는 뜻이다. 이는 상당히 오래 걸릴 수 있다.

SPS를 기저에너지원으로 쓴다는 개념이 가진 핵심적인 문제는 이것이 기술적으로 가능할 수 있다 해도 다른 여러 가지 평범한 방법으로 훨씬 싸게 생산할 수 있는 보통의 상품인 전력을 공급하려 한다는 점이다. 그런 면에서 마치 지구에 더 싼 공급원이 많이 있다는 사실을 무시하고서 달에서 자갈을 수입해서 도로 건설에 공급하겠다는 사업 계획과 비슷하다. 우주에서 지구로 팔 만한 물건을 수입하겠다면 무중력 상태에서 만든 제약품처럼 특수한 속성이 있어야 한다.

SPS 전력에 그 높은 가격을 정당화할 만큼 특수한 속성이 뭐가 있을까? 운 좋게도 한 가지 있다. 즉각 어디로든 전송할 수 있다는 것이다. 그러니까 SPS를 1000메가와트의 원전이나 천연가스 발전소가 공급하는 싼 대량 전력의 경쟁자로 여길 것이 아니라 외딴 지역에 필요한 에너지를 공급하는 기술로 여기는 것이 더 걸맞다. 현재 전력망 밖에 있는 북극 정유 굴착장이나 고립된 군사기지에 비싼 경비와 운송상의 어려움, 그리고 어떤 경우에는 심각한 위험까지 무릅쓰고 전력을 공급하기 위해 사용하는 1에서 10메가와트 수준의 디젤 발전기를 대체하는 방편으로 말이다. 이런 고객들은 필요한 전력을 얻기 위해 기꺼이 훨씬 높은 SPS의 가격을 지불할 용의가 있을 수 있다.

SPS는 싼 국가 전력과 경쟁하기 위해 8000톤 질량의 1000메가와트 SPS 장치를 만드는 대신에 정말로 전기가 필요하고 높은 가격도 지불할 마음이 있는 전력망 외의 고객들에게 고급 전력을 공급하기 위해 40톤 무게의 5메가와트 시스템을 설계하는 데 집중해야 한다. 외따로 떨어진 개발구역의 소규모 전력망 역시 잠재적 시장이다. 재난 상황에 야외 설치형 렉테나 시스템을 통해 공급하는 긴급 예비전력의 빠른 공급도 또 다른 시장 가능성을 갖고 있다. 2017년 허리케인 마리아가 지나간 후에 푸에르토리코의 여러 지역에 몇 달이나 전기가 들어오지 않아서 공공보건, 안전, 취업에 심각한 악영향을 미쳤다. $0.68/kWh임에도 불구하고 SPS가 공급하는 전기는 이런 상황에서는 굉장한 환영을 받았을 것이다.

전기는 다른 방법으로 가질 수가 없다면 굉장한 가치를 갖는다. 목숨을 구할 수도 있다. SPS 기술이 인류에게 가까운 미래에 전체 전력 중 상당량을 공급할 일은 별로 없을 것 같지만, 지구상 어느 곳에서든 어떤 사람도 완전히 전기가 없이 지내는 일이 없도록 만드는 데 도움이 될 수 있다.

이런 틈새 역할이 태양발전위성에 대한 오늘의 위대한 미래상에 비교하면 상당히 작은 결과처럼 보일 수 있다. 하지만 모든 거대한 것들이 작은 데서부터 출발했으니, 누가 알겠는가?

전쟁 방지

미국은 새로운 국가안보정책을 필요로 한다. 60년이 넘는 세월 동안 처음으로 우리는 대규모의 전통적 전쟁의 가능성을 진정으로 맞이하고 있고, 한심할 정도로 준비가 안 된 상태다.

동유럽과 중부유럽은 현재 방어 체계가 너무나 약해서 사실상 침공해달라고 초대하는 수준이다. 미국은 외국을 보호하기 위해 핵전쟁을 벌이지는 않을 것이다. 그러니까 억제력은 바닥났고, 독일군은 열두 개 사단으로 나뉘어 있다가 세 개로 줄었으며, 영국군은 대륙에서 철수했다. 미군 부대는 3만 명으로 줄고 탱크도 거의 남겨두지 않았다. 러시아와 라인 강 사이를 막고 있는 유일하게 강력하고 열의 있는 지상군은 폴란드군이다. 이걸로는 부족하다. 한편 아시아에서는 중국 경제가 크게 성장해서 그 지역에서 결국 수적 군사 우위를 가질 것으로 보인다.

우리가 어떻게 균형을 되찾을 수 있을까? 침략자들을 막을 대단히 강력한 전통적 군대를 만들어서? 잠재적 적국끼리 탱크 대 탱크, 사단 대 사단, 예비군 대 예비군으로 서로 대등하게 맞추는 방식으로는 적을 막을 수 없을 것이다. 그보다는 급격한 기술적 우위를 얻어 그들을 완전히 짓누를 방법을 찾아야 한다. 이것은 우주의 패권을 얻음으로써 가능하다.

우주의 지배권이 중요하다는 사실을 이해하기 위해서는 역사적 시각이 조금 필요하다. 전쟁은 영토의 지배력을 놓고 싸우는 것이다. 하지만 수천 년 동안 육상에서의 승리는 종종 바다에서의 우세에 따라 결정되었다. 20세기에 육상과 바다에서의 승리는 언제나 하늘을 지배하는 힘에 따라 결정됐다. 21세기에 육상과 바다, 하늘에서의 승리는 우주를 지배하는 힘에 달릴 것이다.

우주의 군사적 중요성은 미국이 우주 자산을 소유한 이래로 모든 전쟁이 우주적 우위가 없어도 이길 수 있는 소국들과의 싸움이었다는 점 때문에 가려진 상태였다. 데저트 스톰(걸프전)이 최초의 우주전쟁이라 할 수 있다. 연합군이 위성항법시스템 GPS을 광범위하게 사용했기 때문이다. 하지만 우리에게 그런 기술이 없었다 해도 결과는 같았을 것이다. 이것은 우주의 지배권이 진짜 군사력에 있어서 장식 정도밖에 되지 않는다는 인상을 주었다. 유용하고 편리한 장식이긴 하지만, 어쨌든 그냥 장식 수준일 뿐이다.

하지만 제2차 세계대전에서 추축국이 오늘날 우주에 있는 수많은 자산 중 딱 하나인 정찰위성을 갖고 있었고 연합국에는 그에 대항할 만한 것이 없었다면 역사가 어떻게 바뀌었을지 생각해 보자. 대서양전투는 U-보트의 승리로 돌아갔을 것이다. 모든 수송대의 위치에 관해 확실한 정보를 갖고 있었을 테니 말이다. 석유와 다른 보급품들이 끊겨서 영국은 무너졌을 것이다. 동부 전선에서는 모든 소련 탱크 부대가 미리 발견되어 독일의 공군에 전멸했을 거고, 지중해와 북아프리카에서 살아남은 모든 영국 군함이나 탱크 역시 마찬가지였을 것이다. 태평양에서는 미드웨이해전이 전혀 다른 방향으로 흘러갔을 것이다. 일본군이 무시무시한 첫 번째 공습을 가라앉지 않을 섬 대신에 미군 항공모함에 퍼부어 침몰시켰을 테니까. 항공모함이 사라지면 남은 플레처 함대의 순양함과 구축함 들에게 공중 엄호가 사라져서 모든 걸 다 알고 앞을 가로막는 장애물도 하나 없는 일본의 공군에게 한 척도 남김없이 추격당해 침몰했을 것이다. 서해안에서 용맹하게 출항한 미 군함 모두가 똑같은 운명을 맞이했을 것이고 하와이, 오스트레일리아, 뉴질랜드 역시 뒤따라 무너지고 결국에는 중국과 인도도 무너졌을 것이다. 우주의 지배권이라는 딱 한 가지 요소를 독점했으면 추축국은 전쟁에서 이겼을 것이다.

하지만 현대의 우주 지배력은 정찰위성보다 훨씬 많은 것을 포함하고 있다. 우주에 있는 GPS를 사용하면 군수품을 100배 더 정확하게 찾아낼 수 있고, 우주 기반 통신은 군의 명령 및 통제 능력을 전례 없이 높여주었다. 적의 정찰위성을 파괴하면 적은 사실상 아무것도 볼 수 없게 된다. 통신위성을 파괴하면 어떤 대화도 나눌 수 없다. NAVSAT(항법위성)을 파괴하면 목표를 찾지 못한다. 미래에 벌어질 모든 심각한 재래식 전투에서, 설령 일본제국 대 미국이나 현재의 폴란드(탱크 1000대) 대 러시아(1만 2000대)처럼 상대도 안 될 듯한 적수끼리라 해도 결과를 정하는 것은 우주 지배력이다.

유럽뿐만 아니라 자유세계 전체의 방어가 이 문제에 달려 있다. 지난 70년 동안 미 해군 항공모함 태스크포스는 세계의 바다를 지배해서 팍스 아메리카나Pax Americana(미국의 지배를 통한 평화)를 만들고 유지했다. 이는 전후 시대에 사람들의 생활을 보장하고 발전시키기 위한 것이었다. 하지만 또 다른 큰 전쟁이 벌어질 경우, 적에게 우주에서 이 항공모함들을 찾아서 목표로 정할 능력이 있다면 버튼 한 번으로 이들을 전부 없앨 수도 있다. 이런 이유 때문에 미국이 우주에서, 또 우주를 통해서 작업하는 능력을 확실히 보장할 뿐만 아니라 다른 나라들이 이 능력을 갖지 못하게 철저히 막을 수 있을 정도로 강력한 우주적 역량을 갖는 것이 굉장히 중요하다.

우주 우세space superiority는 적보다 더 좋은 우주 자산을 갖는 것을 의미한다. 우주 제패space supremacy는 특정 능력을 완전히 독점했다고 장담할 수 있는 것을 의미한다. 후자가 우리가 가져야 하는 것이다. 우주 제패를 이루면 미국의 동맹국의 능력 역시 수십 배로 늘고, 마찬가지로 증가한 우리의 육지와 바다 기반 공군과 미사일 부대의 타격력을 바탕으로 어떤 재래식 공격도 생각조차 할 수 없게 만들 만큼 강력해질 것이다. 반대로 우리가 이렇게 하는 데 실패한다면 우리는 계속 취약한 상태로 있어서 점점 더 대담해지는 보복주의 세력의 공격을 자초하는 셈이다.

이런 이유 때문에 러시아와 중국 모두 위성요격체계ASAT를 개발하고 적극적으로 시험하고 있다. 지금까지 그들이 시험한 시스템들은 지상에서 발사해서 궤도를 몇 번 돌다가 1000킬로미터 아래의 고도에서 목표물에 충돌해서 파괴하는 방식으로 설계되었다. 이것은 우리의 정찰위성을 없애는 데에는 충분하지만 GPS와 통신위성은 각각 2만 킬로미터와 3만 6000킬로미터에 떠 있기 때문에 불가능하다. 그러나 여기까지 도달하는 방법은 간명하고, 이 위성들이 우리에게 얼마나 중요한지를 고려할 때 당연히 이런 기술이 개발 중에 있다고 믿을 만하다.[11]

오바마 행정부는 좋은 선례를 보이고 우리 자신이 위성요격체계를 개발하지 않음으로써 상대도 개발하지 않도록 설득하는 방법을 쓰려 했다. 하지만 이 방법은 실패했다. 그 결과 많은 국방 정책 입안자들이 이제 더 공격적으로 움직여서 우리의 위성요격체계를 개발해야 한다고 주장한다. 이전 정책보다 훨씬 냉정하지만, 이런 접근법도 여전히 현 상황에서 부족하다.

미국 무장군은 그 어떤 잠재적 적들보다 더 많이 우주 자산에 의존하고 있다. 양측 모두가 서로의 우주 자산을 파괴할 수 있는 싸움을 한다고 치면, 우리 쪽이 이런 공격에서 훨씬 큰 피해를 입은 패배자가 될 것이다.

우리에게 필요한 것은 위성요격체계가 아니라 훨씬 더 좋은 것이다. 전투 비행기와 완전히 같은 전투위성이다.

전투 비행기에는 두 가지 핵심 기능이 있다. 적의 비행기를 파괴하고 우리 것을 지키는 것이다. ASAT는 일반적인 개념상 첫 번째만 수행한다. 그러니까 대공 미사일 쪽에 더 가깝다.

하지만 공중에서의 우위를 가져올 결정적인 무기는 항상 전투기였다. 전투기만이 폭격기와 나머지를 적의 전투기로부터 보호하고 적이 하늘을 사용하는 걸 막을 수 있다. 우주에서도 이 두 가지가 모두 필요하다.

우리에게는 적의 우주 자산을 파괴할 수 있을 뿐만 아니라 우리의 정찰위성, GPS, 통신위성을 적의 ASAT로부터 보호하는 호위 역할까지 할 수 있는 전투위성이 필요하다.

이런 전투위성은 비교적 작고 싸야 한다. 대략 100킬로그램 정도에 다가오는 ASAT의 앞을 가로막기 위해 빠르게 움직일 수 있도록 순간 추진 시스템impulsive propulsion system 같은 것을 갖추어야 한다. 또한 다가오는 ASAT를 원거리에서 파괴하거나 막기 위해 원격 무기 시스템이 달려 있어야 한다. 한정된 유도 명령에 따라 날아가는 작은 고속 로켓을 발사하는 발사식 무기 시스템을 고려해볼 수도 있겠다. 전투위성을 잘 조종할 수 있다면 이런 단거리 시스템으로도 충분할 수 있다. 공격하러 오는 ASAT에 작은 속도 변화만 일으킬 타격이라 해도 목표물을 놓치게 만든다. 아니면 복잡한 유도 방식으로 원거리에서 차단해줄 수 있는 지향성 에너지 무기 시스템이나 더 큰 미사일을 사용할 수도 있다. 하지만 정말 필요한 것은 ASAT의 자살 공격을 넘어설 수 있는 기체다. 이런 원리를 바탕으로 한 방어 시스템은 전부 금세 밀릴 수 있기 때문이다.

위성요격체계로서 전투위성의 성능 역시 필수다. 어쨌든 우리가 적의 정찰위성을 파괴하지 않는 한 바다 위의 미 해군 함대 전체가 쉽게 발각되어 적의 ICBM, 잠수함, 다른 무기 들의 공격에 대단히 취약해지기 때문이다. 그러니까 전쟁 상황에서 우리는 하늘에서 적의 위성을 싹 쓸어버려야 한다. 하지만 이런 필수 임무를 단순히 ASAT에만 맡길 수 없다. 적이 자신들의 우주 자산을 보호할 전투위성을 만들었다면 우리 ASAT가 쉽게 패배할 테니 말이다.

적의 호위용 전투위성을 물리칠 수 있는 미국의 전투위성만이 이를 해결해줄 수 있다고 믿는다.

마지막으로, 전투위성이 적과 싸우면 불가피하게 손실이 생길 거라는 건 당연하다. 그러니까 방어막을 효과적으로 만들기 위해 대체품을 빠르게 발사할 수 있는 기술도 시스템 구조에서는 핵심 부분이다.

제2차 세계대전 이전 시대에는 많은 공군력 이론가들이 폭격기가 지상의 전투에 실제로 큰 영향을 미치는 공중 자산이기 때문에 큰 폭격기 부대를 만들어 운용하는 것이 공중 우세의 핵심이라고 주장했다. 이 이론은 틀렸고, 독일 하늘에서 B-17기를 운용했던 제8공군이 실효도 거의 내지 못하고 끔찍한 손실을 입는 상황을 초래했다. P-51 머스탱 같은 장거리 호위 전투기가 도입된 후에야 미국은 승리에 필요한 제공권을 얻을 수 있었다.[12]

오늘날 미국의 우주 지배력은 위태로운 상태다. 세계대전 이전 폭격기 이론가들이 주장했던 것과 같은 오류를 바탕으로 하기 때문이다. 물론 통신, GPS, 정찰위성이 지상의 전쟁에 실제로 영향을 미치는 우주 지배력의 상업적 부분을 이루고 있는 것은 사실이다. 위성들이 존재해온 수십 년 동안 우리가 우주 지배권을 가진 적과 싸운 적이 한 번도 없기 때문에 위성에 딱히 보호가 필요치 않을 것처럼 보일 것이다. 하지만 그런 능력을 가진 잠재적 적을 상대로 보호가 필요하다.

통신위성이 없으면 우리는 군대를 제대로 배치할 수가 없을 것이다. 정찰위성이 없으면 상황을 거의 볼 수 없을 것이다. GPS 시스템이 없으면 우리 군의 효과적인 화력이 수십 분의 1로 줄어들 것이다. 이런 능력들을 잃는다면 앞으로의 전쟁에서 승리는 거의 불가능하다. 적이 자신들의 우주 자산은 보호하고 우리의 우주 자산을 없애는 데 성공한다면 우리의 패배는 기정사실이 된다. 그런 결과는 용납할 수 없다.

오늘날 우리가 전쟁 상황인 건 아니지만, 필수적인 시스템을 만드는 데는 시간이 걸린다. 공격을 막을 준비가 충분히 되어 있으려면 지금부터 필수적인 기술을 개발해야 한다.

우주 제패를 건 이 전투는 서구 동맹이 이길 수 있는 싸움이다. 자유를 바탕으로 한 사회가 더 창의적이고, 우리가 마음만 먹으면 자유가 없는 잠재적 적들은 아무도 이 분야에서 우리를 따라잡을 수 없다. 우리는 훨씬 더 진보한 위성 체계, 전투위성 시스템, 정말로 활발한 우주 발사 및 운송 역량을 개발해야 하고, 해낼 수 있다. 그러면 다음번에 침략국이 우리나 우리가 지켜주겠다고 약속한 나라를 상대로 전쟁을 일으키면, 관광 비자를 제한하겠다는 공허한 위협 대신에 그들의 위성을 파괴해 계속하면 확실히 패배할 거라고 효과적으로 미리 알려줄 수 있다.

기업체들의 우주 발사 혁명은 자유세계에 이 핵심적 우위를 얻을 기회를 제공한다.

러시아나 중국이 이런 서양의 군사적 우주 계획과 경쟁할 마음이 있다면, 방법은 한 가지뿐이다. 자유화를 해야 한다.

어느 쪽이든 전쟁은 없을 것이다.

지구 궤도 너머로의 도약

우리는 새로운 우주 시대의 입구에서 살고 있다. 기업가들은 싸게 우주에 나갈 수 있는 방법을 찾아냈다. 그 결과 근지구 영역에서 온갖 종류의 상업 활동이 곧 현실이 될 뿐만 아니라 수익을 낼 것이고, 결과적으로 이런 일은 생길 수밖에 없다.

보이지 않는 손은 멈추지 않는다. 누군가가 뭔가를 해서 돈을 벌 수 있다면 왕이나 대통령, 종교나 비밀경찰이 아무리 막는다 해도 좋든 싫든 그 일은 일어난다.

그 말은, 보이지 않는 손이 해야 하는 모든 일을 할 것이라고 믿을 수는 없다는 뜻이다.

민간 영역은 궤도까지 가는 비용을 낮추고 빠른 세계 여행이 가능하게 만들어주는 새롭고 훨씬 진보한 재사용 발사체의 개발을 지원할 것으로 예상된다. 또한 우리가 이미 얘기했던 것처럼 궤도 연구소, 제조 공장, 우주 관광 등 궤도에서의 광범위한 인간 활동을 시작하는 데도 자금을 댈 것이다. 기술과 작업 수단, 이런 발사와 궤도 작업에 필요한 시장의 상당 부분이 지난 40년간 정부의 대규모 투자로 생겼기 때문에 이제 이런 일들은 가능할 것이다. 여기에 잘못된 부분은 없다. 사실 이것은 지구상의 변경 지역들이 처음에 정부나 성스러운 목적을 가진 사회집단에 의해 열리고, 그 후에야 민간 상업에 의해 발전된 거의 보편적인 역사 패턴을 따른다. 그 결과 지구 중심 지역에서 인간의 활동을 널리 확장하려는 사업이 이제 자리를 잡았다.

하지만 다른 세계로의 여행은 어떻게 되고 있을까? 사람들은 용기를 낼 수 있지만, 돈이 머뭇거린다. 돈은 이미 해봐서 입증된 방식으로 재생산되는 것을 좋아한다. 우리의 기본 목표가 돈을 버는 거라면 미지를 탐험하는 것보다 훨씬 믿음직스러운 방법이 여럿 있다. 그래서 지구에서 수익을 위해 새로운 변경을 개발하는 것은 전혀 다른 동기를 가진 개인들이 상당한 위험과 비싼 경비를 감수하고 그 지역을 모두 탐험하고 개척한 다음에야 이루어진다.

지난 40년간 정부의 우주 계획은 근지구 영역을 다듬어서 현재 민간 기업체들을 위한 잠재적 경기장으로 만들어놓은 것이었다. 이것은 굉장히 긍정적인 발전이다. 전 세계 고속 교통은 시장에 궤도 관광을 현실로 만들어줄 정말로 싼 재사용 로켓 시스템을 제공할 것이다. 후에 궤도 제조 공장이 추가될 궤도 연구실은 의약과 컴퓨터 기술에 혁신이 될 수 있는 다양한 제품을 만들 수 있다. 저비용 우주 진출과 궤도 서비스 활동들을 합치면 오늘날 대부분 사람들의 상상을 넘어서는 방식으로 사회에 영향을 미칠 만한 성능을 가진 전 세계 통신 시스템을 개발할 수도 있다. 예를 들어 이렇게 증가한 통신 위성단은 세계 어디서든 인간의 지식을 모아놓은 창고에 실시간으로 접속이 가능하게 만들 것이다. 게다가 사용자들이 시스템의 중앙 도서관이나 서로에게 목소리, 영상, 음악 등 고용량 데이터를 주고받을 수 있게 만들어준다. 이는 수십억 대의 자율주행차들이 전 세계 어디에 있는지 알기 쉽게 만들 뿐만 아니라 이전까지 불가능했던 자동 비행체 조종을 가능케 해 개인 비행기의(마침내 하늘을 나는 차다!) 대중화를 현실로 만들 수도 있다.

이런 시스템의 실제적 가치는 분명하지만, 이들이 암시하는 바는 실제적인 것을 넘어서서 사회적이고 역사적인 데까지 이른다. 나라들이 완전히 서로 연결되어 문화적으로 깊게 융화되고 인간의 지식이 급격히 보편화될 것이다. 사실 싼 우주 발사로 인한 전 세계적인 통신과 교통 서비스의 완전한 확립은 인류가 I 유형 세계 문명의 마지막 단계를 밟고 있음을 의미한다.

즉 오늘날 인류가 맞이한 근본적 문제, 우주의 행성 사이를 여행하는 II 유형 문명이 되고자 하는 문제는 지구 중심 영역에 궤도 민간 기업을 세우는 걸로는 해결되지 않을 것이다. 물론 이런 작업이 사람들을 훈련시키고 기술을 갈고닦고 미래의 우주 탐사를 위한 조직을 만드는 등의 '선원 학교' 역할을 할 것은 사실이다. 근해의 어장들이 과거의 위대한 해양 탐험가들의 배를 다룰 선원들을 키워내는 데 도움이 되었던 것과 같은 식으로 말이다. 또한 앞으로 해야 하는 탐사에 필요한 많은 기술들을 더 싸게 만들어 줄 것이다. 하지만 인간은 절대로 지구 궤도에만 안주하지 않을 것이다. 거기에는 안주할 만한 게 없기 때문이다. 우리는 그 너머로 나아가야 한다. 저가의 운송수단과 정착지로 자라날 전초기지에 도움이 될 만한 다른 서비스들을 제공하는 기업가들의 도움은 필수적이다. 달이나 화성으로 가는 데 필요한 수많은 비행 시스템을 만듦으로써 그들은 정치적 리더들이 그런 프로그램을 시작하자고 결정하는 것을 가로막는 가격과 위험, 일정이라는 문턱을 확 낮추고 있다. 하지만 결국에는 저 너머에 있는 세상이 제시하는 도전을 우리 사회 전체가 받아들일지 결정해야 한다. 그리고 이것은 돈이 아니라 희망으로 살아가는 사람들이 닦는 길이다.

3장

달 기지를 만드는 법

문 다이렉트

팰컨 헤비 발사의 획기적 성공으로 미국은 수십 년간 유인 우주비행 프로그램을 괴롭히던 정체를 끝낼 전례 없는 기회를 맞았다. 간단히 말해서 달은 이제 우리 손안에 있다.

임무 계획은 다음과 같이 진행될 것이다. 팰컨 헤비는 지구 저궤도LEO까지 60톤을 실어 나를 수 있다. 그 지점부터는 수소/산소 로켓 추진 화물 착륙선이 달 표면으로 10톤의 페이로드를 운반할 것이다.

그러니까 우리는 계획된 기지 자리까지 이런 착륙선을 두 대를 보내야 한다. 이를 위한 최적의 장소는 극지 중 하나이다. 달의 양쪽 극지 모두에 항상 햇빛이 비치는 곳과 근처에 얼음 형태의 물이 축적되는 항상 그림자가 진 크레이터가 있기 때문이다. 이 얼음을 전기분해해 수소/산소 로켓 추진제로 만들면 지구 귀환 우주선과 기지의 대원들에게 달의 나머지 지역을 탐사할 수 있게 하는 로켓 비행체 양쪽 모두에 연료로 쓸 수 있다.

첫 번째 화물 착륙선이 태양전지판, 고속 데이터 통신 장비, 100킬로미터 범위까지 극초단파 에너지를 쏠 수 있는 장치, 전기분해/냉장 기계, 두 대의 대원용 차량, 트레일러, 원격조종 자동 로버 여러 대가 포함된 많은 장비들을 실어 온다. 착륙한 다음 로버 몇 대를 사용해서 태양전지판과 통신 시스템을 설치하고, 다른 몇 대는 착륙지점을 상세히 조사하고, 따라올 착륙선을 위해 정확한 목표 지점에 무선 표지를 설치한다.

두 번째 화물 착륙선은 음식, 여분의 우주복, 과학 장비, 도구, 다른 보급품 들로 가득한 10톤짜리 거주 모듈을 가져온다. 이것이 달에서 우주비행사들의 집이자 실험실, 작업장 역할을 할 것이다. 착륙한 후에는 로버들이 이 우주선에 전원 장치를 연결하고, 모든 시스템을 점검한다. 다 끝나면 로버들은 다시 흩어져서 기지와 그 주변 지역을 상세하게 사진으로 기록한다. 이 모든 데이터는 임무 설계자들과 과학 및 공학 지원팀을 돕고 궁극적으로 수백만 명의 대중이 임무에 참여할 수 있는 가상현실 프로그램의 기반을 만드는 데 도움이 되도록 지구로 전송된다.

기지는 이제 가동 준비가 끝났고, 첫 번째 대원을 보낼 차례다. 팰컨 헤비가 또 다른 화물 착륙선을 궤도까지 실어 가는 데 사용되고, 페이로드는 연료를 꽉 채운 달착륙선 Lunar Excursion Vehicle, LEV이다. 이 기체에는 아폴로 시대에 쓰인 달착륙선처럼 2톤의 선실이 있고, 달 표면에서 지구 궤도까지 기체를 옮길 수 있는 8톤의 수소/산소 추진 시스템이 달려 있다. 그다음에는 사람이 탑승 가능한 팰컨 9 로켓이 드래건 캡슐에 대원들을 태우고 LEO까지 가고, 거기서 그들은 LEV로 갈아탄다. 그다음에 화물 착륙선이 대원들이 탄 LEV를 달까지 나르고, 드래건은 LEO에 그대로 남는다.

달 기지에 착륙한 후에 대원들은 남은 설치 작업을 완료하고 탐사를 시작한다. 핵심 목표는 영구 그림자 크레이터로 가서 기지에서 그곳으로 전송한 에너지를 이용해 원격 로봇으로 얼음 형태의 물을 채취하는 것이다. 이 보물을 트레일러에 실어 기지로 가져온 후에 비행사들은 전기분해/냉장 기계에 물을 집어넣고, 기계는 이것을 액체 수소와 산소로 만든다. 이 결과물들은 앞으로 쓸 일에 대비해 화물 착륙선의 빈 탱크 안에 저장된다. 주로 로켓 추진제로 사용되겠지만, 연료전지를 위한 전력 공급원이자 생명 유지용 소모품의 무한한 원천으로도 사용된다.

두 달 동안 이런 작업과 자원 탐색 및 과학 조사를 추가적으로 더 하고 비행사들은 LEV에 타고 이륙해 지구 궤도로 돌아온다. 거기서 그들은 집으로 돌아가는 여정의 마지막 단계로 재진입 캡슐 역할을 할 드래건과 조우한다. 이것은 처음에 궤도까지 타고 왔던 드래건일 수도 있고 다음 대원들을 실어 가느라 막 발사된 다른 드래건일 수도 있다.

그러니까 달에서 수소/산소 추진제를 입수할 수 있을 때까지 이후의 각 임무를 수행하기 위해서는 1억 2000달러의 팰컨 헤비 한 대와 6000만 달러의 팰컨 9 한 대만 있으면 된다. 이건 별로 나쁘지 않다. 하지만 기지가 제대로 설립되고 나면 표면에서의 체류를 6개월까지 늘리지 못할 이유가 없다. 게다가 귀환을 위한 추진제를 달에서 입수할 수 있다면 대원들은 방금 이전 팀을 데리고 돌아온 LEV를 그대로 타고 날아가면 된다. 이런 임무를 시작하기 위해서는 달 기지로 돌아가는 편도 비행을 위해 LEV에 재급유할 추진제 6톤과 함께 새로운 대원들을 드래건에 태우고 궤도까지만 가면 된다. 이것은 한 번의 팰컨 9(또는 블루 오리진의 뉴 글렌) 발사만으로도 가능할 것이다. 그러니까 프로그램의 장비 구입이 발사 가격과 거의 동일하다고 가정하면, 지속적으로 연간 2억 5000만 달러가 못 되는 금액에 영구적으로 사람이 주재하는 달 기지를 만들고 유지할 수 있게 된다. 이것은 우주국 현 예산의 1.3퍼센트도 안 된다. 미국이나 나사(혹은 이 문제에 있어서는 제프 베조스라든지)가 쉽게 부담할 수 있는 금액이다.

우주비행사들은 기지 부근의 일부 지역만 탐험할 필요가 없을 것이다. 수소와 산소로 재급유를 하면, 달까지 오가는 데 사용한 동일한 LEV 우주선을 타고 기지에서 달 위의 어느 곳까지든 가서 착륙해 탐험 대원들을 위한 현장 숙소로 사용하다가 다시 그것을 타고 기지로 돌아올 수 있다. 우리는 그저 변경 기지 하나를 얻는 것이 아니다. 기지에서 달 전체를 완전히 탐사할 수 있다.

나사는 아직까지 이 계획을 받아들이지 않았다. 대신에 루나 게이트웨이Lunar Orbit Gateway라고 이름 붙인 달 궤도 우주정거장을 짓겠다는 계획을 세우는 중이다. 이 쓸데없는 짓에 최소한 수백억 달러가 들 거고, 유용한 목적이라고는 전혀 없다.[1] 우리에게는 달에 가기 위해서 달 궤도 정거장이 필요치 않다. 화성에 가기 위해서도 그런 정거장은 필요 없다. 그런 정거장이 전혀 필요하지 않다. 우리의 시간과 돈을 그런 걸 짓는 데 낭비한다면, 우리는 아무 데도 갈 수 없을 것이다.

미국인들은 실제로 어딘가에 가는 유인 우주비행 프로그램을 원하고 또 가질 자격이 있다. 우리가 달에 가고 싶다면, 달에 가야 하는 거다. 우리에게는 이제 그럴 능력이 있다. 이 기회를 잡자.

문 다이렉트 계획

지구의 달은 아프리카 크기만 한 표면적을 가진 세계이다. 이는 달 거주지를 주장하는 크라프트 에리케가 우리의 "여덟 번째 대륙"이라 부른 이유이기도 하다.[2] 우주 정착지라는 선택지로서 달은 크고 작은 천체 중에서 가장 가깝고, 현존하는 화학 추진제로 사흘간의 비행으로 도착할 수 있다는 부인할 수 없는 장점을 갖고 있다. 또한 우리에게 달에 영구적인 기지를 지을 수 있는 능력이 있다는 사실도 명백하다. 어쨌든 우리는 VCR이나 휴대용 계산기, 전자레인지, 버튼식 전화기가 나오기도 전에 월면차를 조종했으니까. 달 표면에는 대량의 산소, 실리콘, 철, 티타늄, 마그네슘, 칼슘, 알루미늄이 있다. 산화물 형태로 바위에 단단히 결합되어 있긴 하지만 어쨌든 존재한다. 이 자원들의 존재를 입증하는 데이터가 [표 3.1]에 나와 있다. 이 표는 다양한 아폴로 달 표본들의 화학적 분석 결과를 보여준다.[3]

이 자원들은 작업할 것이 아무것도 없는 지구 중심 궤도 공간보다 목적지로서 달에 훨씬 큰 장점을 선사한다. 이 물질들은 소비재, 로켓 추진제, 전력 시스템, 달 정착지나 관련된 활동들을 지원할 건설 재료나 차폐막 재료의 일부를 만드는 데 사용될 수 있다. 달에는 또한 작지만 이론상 입수 가능한 헬륨-3도 있다. 이것은 내행성계에는 자연적으로 존재하지 않는

화합물	아폴로 11호 현무암	아폴로 14호 각력암	아폴로 17호 표토
SiO_2	40.46	48.09	44.47
TiO_2	10.41	1.51	2.84
Al_2O_3	10.08	16.72	18.93
FeO	19.22	9.53	10.29
MgO	7.01	10.18	9.95
CaO	11.54	10.67	12.29
Na_2O	0.38	0.73	0.43

[표 3.1] 대표적인 아폴로 달 표본의 화학 분석

동위원소이다. 헬륨-3는 열핵융합 반응기의 연료로서 중대한 이점을 여러 가지 가졌고 미래의 달 정착지에 돈을 벌어 오는 원자재가 될 수 있다. 달에는 진공 환경이 있고 지구의 6분의 1밖에 안 되는 중력을 가졌기 때문에 고향별보다 우주선을 발사하기가 훨씬 쉽다. 그래서 많은 사람이 달이 일정 거리 이상의 행성 간 원정을 떠날 때 최적의 출발지 역할을 할 수 있다고 추정한다. 게다가 달의 무공기 환경은 일부 지역에 존재하는 다양한 원자재들을 대규모 진공 처리하는 데 필요한 특수한 근지구 장소가 될 수 있다. 9장에서 보겠지만 또한 우주의 나머지 지역에 관해 천문학 연구를 해서 물리학에서의 중대한 돌파구를 찾아내 엄청난 이득을 얻을 훌륭한 발판 역할을 할 수도 있다. 이런 장점들은 몇몇 사람들이 상업적 개발을 바탕으로 달 정착지에 관한 야심찬 계획을 세우게 만들기도 한다.

하지만 문제가 있다. [표 3.1]의 조사 내용이 가리키듯이 달의 암석과 토양에 산소와 다른 중요한 금속이 상당히 많이 있기는 해도 유기물, 수화물, 탄산염, 질산염, 황산염, 인산염, 염화물 같은 핵심 물질들이 전혀 없다. 수소, 탄소, 질소라는 핵심 생명필수요소가 달에 존재하지만, 태양풍에 의해 스며든 표면 물질 중에서 굉장히 적은 양(50ppm 정도)에 불과하다. 그러나 클레멘타인(1994), 루나 프로스펙터(1998~1999), 엘크로스(2009), 달 정찰 인공위성(2009~현재) 임무로부터 나온 데이터에서 달의 극지 근처 영구 그림자 크레이터에 응축된 얼음 형태의 물이 대량으로 있다는 아주 강력한 증거가 발견되었다.[4] 물은 훌륭한 로켓 추진제 조합인 수소와 산소로 전기분해할 수 있기 때문에 우리가 이것을 제대로 이용할 수만 있다면 달 개발에 큰 이점이 된다.

두 번째로 중요한 생명필수요소인 황과 인 역시 아주 드물어서 달 토양에서 보통의 농도가 500에서 1000ppm 정도이다. 두 번째로 중요한 산업용 원소인 포타슘, 망간, 크롬은 그럭저럭 흔하지만(2000ppm 정도), 니켈과 코발트는 꽤 부족하고(보통의 표토에 각 200ppm과 300ppm 정도지만 유성이 충돌한 잔해이기 때문에 특정 지역에는 좀 더 많이 있을 수 있다) 구리와 아연, 납, 플루오린, 염소는 찾기가 대단히 어렵다(각 5~10ppm). 헬륨은 태양풍이 스민 표토에 약 10ppm의 농도로 존재하고, 아르곤과 네온은 각 1ppm 농도로 발견된다. 그러나 상업적 가치가 있는 헬륨-3는 전체 헬륨 비축량의 2500분의 1(대부분은 평범한 헬륨-4이다) 혹은 표토의 4ppb(1ppb는 10억 분의 1이다) 정도이다. 어쨌든 헬륨-3의 가치가 굉장히 높아서 연구에 따르면 이렇게 낮은 농도라 해도 채취할 가치가 있다.

그러니까 이 모든 것을 염두에 두고, 우리가 어떻게 달을 차지할 수 있을까? 내가 이미 기본 계획을 세워두었다. 이제 자세히 이야기해보자.

아폴로 프로그램은 사령선인 본선이 전체 임무 질량을 줄이기 위해서 궤도에 남아 있고 경량의 달착륙선 LEM만 달 표면에 내려갔다 올라오는 달 궤도 랑데부Lunar Orbit Rendezvous, LOR를 이용했다. 하지만 목표가 달에서 몇 가지 실험을 하는 정도가 아니라 영구적인 달 기지를 세우는 거라면 달에서 수소와 산소 추진제를 생산하는 것이 초기에 가장 기본적인 우선순위에 들어갈 것이다. 달 추진제가 생산되고 나면 달 표면에서 바로 돌아오는 것이 달 탐사에서 기체 질량을 훨씬 낮추고 더 경제적인 접근법이 될 것이다.

게다가 LOR 대신 직접 귀환을 하게 되면 전체적인 프로그램의 안전성이 높아진다. 달 표면에서 곧장 돌아오면 지구로 돌아오는 발사 시간대가 24시간 열려 있다. 궤도선과 비행 계획을 맞추어야 할 필요가 없다. (계획 중인 루나 게이트웨이는 이런 면에서 유서 깊은 LOR 계획보다 더 형편없다. 아폴로가 사용했던 2시간짜리 달 저궤도 대신에 2주짜리 궤도를 사용하기 때문이다.) LOR 단계의 실패라는(승무원을 잃게 되는) 위험 역시 감소한다. LOR 계획을 사용하면 필수적인 궤도 우주선의 보수라는 귀찮은 선택지도 마주해야 한다. 궤도선을 돌보기 위해 누군가를 계속 태워놓는 쪽을 택한다면 그 사람에게 비행상의 위험, 무중력 상태가 건강에 미칠 악영향, 지상의 탐사대원들과는 비교가 안 되는 대량의 방사선 피폭이라는 문제를 안겨주는 셈이다. 아니면 궤도선을 무인 상태로 남겨둘 수도 있지만, 그럴 경우에는 신경 쓸 사람이 아무도 없는 동안에 고쳤어야 할 문제가 점점 커져서 궤도선이 흘러가 버리고 당신과 당신 친구들이 달에 고립될 수도 있다.

달에 잠깐 방문하는 게 아니라 머물기 위해서 간다면 직접 귀환 방식이 확실히 올바른 비행법이다. 그래서 문 다이렉트Moon Direct 계획이 갈 때든 올 때든 달 궤도 랑데부 선이 필요하지 않게 달 표면까지 바로 날아갔다가 달 표면에서 지구로 바로 돌아오는 방식을 취하는 것이다.[5]

기지는 극지 중 한 곳에 세워야 한다. 거기가 얼음 형태의 물이 발견된 곳이기 때문이다. 게다가 극지의 크레이터에는 얼음이 차 있지만, 근처 언덕과 산에는 거의 항상 햇빛이 비쳐 달 표면의 거의 모든 다른 지역이 겪는 2주 동안의 긴 암흑기에도 태양전력을 생산할 수 있는 지역이 있다.

예를 들어 달의 남극에 있는 섀클턴 크레이터는 수백만 톤의 얼음 형태 물을 갖고 있는 것으로 여겨진다. 거기서 100킬로미터 떨어진 곳에 몬스 말라퍼트Mons Malapert라는 8킬로미터 높이의 산이 있다(달 기준고도 아래 3킬로미터부터 기준고도 위 5킬로미터까지 솟아 있다). 이 산은 87퍼센트의 시간 동안 전체적으로 햇빛을 받고, 4퍼센트의 시간 동안은 부분적으로 햇빛을 받는다. 기지를 이 두 지역 사이에 설치하고, 말라퍼트 산

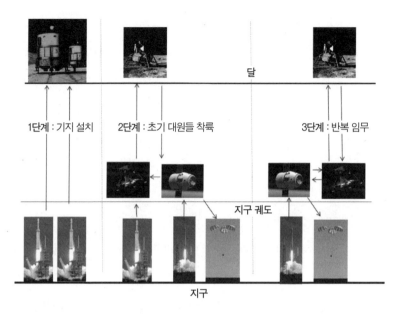

[그림 3.1] 문 다이렉트 프로그램. 1단계에서 두 대의 팰컨 헤비 부스터가 기본 거주 모듈과 다른 화물들을 달에 설치한다. 2단계에서는 팰컨 헤비 한 대와 팰컨 9 한 대가 연료를 가득 채운 LEV에 대원들을 태우고 달까지 실어 간다. 3단계에서는 한 대의 팰컨 9이 대원들을 궤도로 실어 오고 LEV에 재급유한다. 그 후 대원들은 LEV를 타고 달로 돌아가서 달 기지에서 재급유한다.

꼭대기에 설치한 태양전지판으로부터 유선이나 무선 전송을 통해 계속 전력을 공급받으면 된다. 아니면 몬스 말라퍼트 바로 남쪽에 얼음이 차 있는 것으로 보이는 작은 크레이터가 있다. 만약 그렇다면 전체적인 기지 배치가 훨씬 작아질 수 있다. 어느 쪽이든 24시간 공급 가능한 태양 에너지와 물 자원과 가까이 있어야 한다는 걸 고려하면 극 지역은 꽤 가능성이 있다.

  하지만 기지의 추진제 생산이 진행되기 전까지는 설치 작업을 위해 대원들을 달까지 실어 올 모든 기체들이 집으로 돌아갈 때 필요한 추진제까지 전부 실어 와야 한다. 그러니까 우리에게는 승무원 캡슐과 함께 달 표면으로 연료가 꽉 찬 달 상승기체를 운반할 수 있는 화물 착륙선이 필요하다. 이런 착륙선은 얼마나 커야 할까?

아폴로 시대 LEM 상승기체는 2미터톤의 건조 질량을 갖고 있다.[6] 승무원을 태울 수 있고 화성으로부터 돌아오는 재진입(달보다 훨씬 강하다)을 견딜 수 있는 열 차폐막을 가진 스페이스X의 드래건 캡슐은 질량이 8미터톤이다. 달 표면에서 지구로 곧장 돌아와서 지구 대기로 직접 진입하는 데 필요한 속도증분 △V는 초속 3킬로미터이다. 우주선이 4.5km/s의 배기속도를 가진 수소/산소 로켓 추진제를 사용한다면, 이런 활동을 하기 위해 우주선 자체의 건조 질량 정도의 추진제가 필요할 것이다(기술적으로 말하자면 '질량비'가 2가 된다. 습식 질량이 건조 질량의 두 배이기 때문이다). 이 경우에 우리는 드래건뿐만 아니라 탱크, 엔진, 항공기기 등 추가 1톤쯤으로 이루어진 상승 추진 시스템까지 보낼 수 있는 많은 추진제가 필요하다. 즉 종합해서 말하자면 지구 귀환 시스템은 질량이 18톤쯤 될 것이다. 드래건이 8톤, 로켓 몸체가 1톤, 추진제가 9톤이다. 여유분까지 두자면 20톤 정도 될 것이다. 드래건을 이용해서 돌아가고 싶으면 우리의 화물 착륙선은 이 정도를 나를 수 있어야 한다.

20톤을 달 표면까지 운송하려면 달 궤도로 40톤을 보내야 한다. 그런데 LEO부터 달 궤도까지 우주선을 보내는 데 필요한 △V 4.2km/s은 지구 궤도에서 화성까지 6개월짜리 천이궤도로 보내는 데 필요한 △V와 똑같다. 즉 달 궤도로 40톤을 보낼 수 있는 시스템은 똑같은 화물을 화성으로도 보낼 수 있다. 이걸로 작업을 하는 데 충분하다. 다음 장에서 계획의 그 부분을 설명하겠다.

불행히 달 궤도나 화성 천이궤도로 40톤을 보내는 것은 현재의 팰컨 헤비나 현존하는 다른 발사체들의 성능을 넘어선다. 스페이스X는 이런 기술을 개발하기 위해 작업 중이다. 이것은 궤도에서 팰컨 헤비 2단에 재급유를 하거나 계획 중인 스타십처럼 더 큰 부스터를 만들면 가능하다. 하지만 아직은 없다. 또한 나사 SLS에 제대로 된 상단 로켓이 있다면 가능하다. 돈은 상당히 들겠지만 말이다(발사당 약 10억 달러 정도).

그런데 다른 선택지가 있다. 드래건을 쓰는 대신에 지구로 돌아올 때 아폴로 LEM을 모델로 한 훨씬 가벼운 LEV를 쓰는 것이다. LEV에는 열차폐막이 없기 때문에 돌아오는 데 △V가 6km/s면 된다. 달 상승에 3km/s, LEO를 싣는 데 3km/s이다. 수소/산소 추진제를 쓰면 질량비가 4면 된다. 이것은 드래건의 귀환 계획에 필요한 것의 두 배이다. 하지만 우주선의 페이로드가 질량의 4분의 1밖에 안 되기 때문에 필요한 총 질량은 절반밖에 안 된다. 그러니까 달 표면까지 20톤을 운반할 수 있는 화물 착륙선 대신에 우리에게는 10톤을 착륙시킬 수 있는 우주선이면 충분하다. 이것은 팰컨 헤비의 역량 내이다.

그래서 문 다이렉트 계획이 나온 것이다. 우선 10톤짜리 주거 및 보급품 모듈 두 대를 착륙시키고, 그다음에 연료를 가득 채운 LEV에 탄 대원들을 실어 나를 화물 착륙선을 보낸다.

대원들은 주거 모듈 부근에 착륙해야 한다. 이 부분은 간단하다. 아폴로 우주선 때 우리는 몇 년 전에 먼저 착륙했던 서베이어 탐사기에서 200미터 이내 지점에 대원들을 착륙시켰고, 오늘날에는 그보다 뛰어난 유도 시스템을 갖고 있다. 착륙한 다음 대원들의 첫 번째 임무는 태양전지판의 배치를 완료하고 미리 도착한 집을 제대로 작동시키는 것이다. 그다음에 크레이터로 출발한다.

크레이터는 언제나 어둡고 온도가 40캘빈 이하로 대단히 춥다. 그러나 월면차, 우주복, 원격 조종 로버에 조명과 내부 히터가 장착되어 있어서 크레이터 안으로 들어가서 탐사하고, 얼음을 모을 수 있었다. 전력이 다 닳기 전에 나오는 것만 잊지 않으면 된다. 그러니까 방사성 동위원소 전력원(방사성 동위원소 열전 발전기나 그보다 효율적이라서 좋은 동적 동위원소 전력원)이 이런 면에서는 이상적이다. 본질적으로 고갈되지 않고, 무엇보다 대단히 차가운 얼음을 녹이는 데 사용할 수 있는 폐열이 생기기 때문이다. 하지만 원자력 시스템이 없다면(프로그램을 민간에서 진행할 경우라면 그럴 것이다) 광발전소의 테두리부터 크레이터까지 케이블을 연결해 안에 있는 재충전소에 전력을 공급할 수 있다.

 하지만 최고의 계획은 전송된 전력을 쓰는 것이다. 지상에서 만든 상업용 전력과 경쟁하기 위해 지구 표면에서 3만 6000킬로미터 위에 있는 정지궤도에서 극초단파로 전기를 전송한다는 건 아직 상상에 불과한 일이지만, 수십 킬로미터 정도를 보내는 것은 전혀 다른 문제이다. 특정 크기의 수신기에 전력을 전송하기 위해서 필요한 무선 안테나의 크기는 전송 거리 곱하기 무선 주파수를 따른다. 그러니까 똑같은 주파수의 무선을 3만 6000킬로미터 대신에 36킬로미터를 보낸다면 1000분의 1 크기의 전송기면 되기 때문에 모든 것이 훨씬 쉬워진다. 즉 지름 10킬로미터 대신에 10미터면 되는 것이다. 게다가 달에서는 대기가 무선 파장을 흡수할 걱정도 할 필요가 없다.

 그 결과 지구에서 작동하는 것보다 훨씬 짧은 밀리미터 단위의 주파수를 사용할 수 있다. 이는 필요한 전송기의 크기를 최소한 10분의 1만큼 더 줄일 수 있게 만든다. 지구 대기를 뚫고 무선을 잘 전송하려면 수증기에 흡수되지 않기 위해 1.5센티미터 이상의 주파수가 필요하다. 하지만 달에서는 물과 강한 공명을 일으킨다는 사실에도 불구하고 0.9밀리미터의 무선을 사용해 작은 전기 전송기의 전송 범위를 훨씬 늘릴 수 있다. 크레이터 가장자리에 설치한 주파수 사용식 12미터의 전송기 안테나는 범위가 40킬로미터 정도 될 거고, 우주비행사들이 복사선을 꽝꽝 언 얼음 표토 위

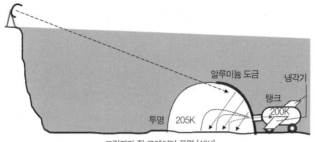

극초단파 전송기

알루미늄 도금

냉각기

탱크

200K

투명 205K

그림자가 진 크레이터 표면 (40K)

[그림 3.2] 항상 어두운 달의 극지 크레이터에 있는 영구동토에서 수증기를 얻기 위해 전송된 극초단파를 사용하는 방법. 극초단파가 투명한 면을 통해 텐트 안으로 들어와 반사되어 땅으로 열을 전달한다. 거기서 나온 수증기는 트레일러 탱크로 들어간 후 기지로 운반돼 전기분해에 사용한다. (파이오니어 애스트로노틱스의 헤더 로즈 제공)

에 설치한 작고 투명한 텐트 안으로 반사해 보내는 데 사용하는 2미터 이동식 안테나로 전기를 보낸다. 텐트 안의 지표에 부딪친 극초단파는 얼음을 수증기로 바꾸고, 그다음에 파이프를 통해 텐트 바깥의 트레일러에 있는 응축 탱크로 전달된다.

트레일러 탱크 분량의 얼음을 채취한 후 팀은 그것을 기지로 갖고 돌아온다. 거기서 얼음을 데워 액체 물로 만든다. 그다음에 추진제 생산기에 넣어 액체 수소와 산소로 만들고 현재 비어 있는 화물 착륙선의 추진제 탱크에 넣어 보관하면 된다.

달에 도착한 첫 번째 대원들은 더 실용적이 되도록 이 과정을 축소시켜야 한다. 그래야 그들이 떠난 후 자동화해서 지구에서 원격 조종으로 계속할 수 있기 때문이다. 이것을 한 다음 그들은 전력 시스템과 통신망, 다른 기본적 개발 임무들을 다음 번 대원들이 더 확장시키도록 놔둔 채 LEV를 타고 지구로 바로 출발하면 된다. 주거공간을 넓히고 추가 장비들을 더 많이 가져오기 위해서 무인 주거 모듈/화물 우주선을 좀 더 보낼 수도 있을 것이다.

추진제 생산이 완벽하게 진행되고 24시간 전력 공급이 가능해지고 나면 유인 우주선에 더 이상 귀환용 추진제를 싣고 달까지 날아 올 필요가 없다. 대신에 막 돌아온 LEV에 다시 급유해 달로 갈 수 있게 될 것이다. 이런 반복 임무는 팰컨 9을 딱 한 번 발사하는 것으로 가능해진다. 대원들을 드래건에 태워 궤도까지 싣고 간 후 LEV가 달까지 돌아가는 데 필요한 7.5톤의 추진제만 공급해주면 된다. 아니면 팰컨 헤비를 발사하고 대원들은 추가 8톤의 페이로드를 실은 화물 착륙선에 있는 연료를 넣지 않은 LEV를 타고 갈 수도 있다. 초기 비행에서 더 많은 장비들이 도착할수록 기지의 역량은 빠르게 증가할 거고, 머물 수 있는 사람의 숫자도 증가하고, 임무 기간도 몇 주에서 몇 달, 심지어는 몇 년으로 늘어날 것이다. 이렇게 되면 기지는 특정 지역 연구 시설에서 행성 전체를 아우르는 활발한 달 탐사 프로그램의 중심지로 탈바꿈할 것이다.

장거리 이동 능력 얻기

달은 아프리카 크기의 거친 지형을 가진 세계다. 이런 세계를 걸어서 또는 지상차를 사용해서 제대로 탐사할 수는 없다. 제대로 달을 둘러보기 위해서는 날 수 있어야 한다. 물론 달에는 공기가 없기 때문에 비행기는 불가능하다. 하지만 수소/산소 추진제를 생산하는 극지방 얼음이라는 이점을 이용해 로켓 추진식 탄도 비행체를 사용해서 달 전체를 비행할 수 있다.

LEV는 무게가 2톤이다. △V가 6km/s까지 된다고 하면 달의 극지부터 1500킬로미터 떨어진 지역(위도 50도)까지 가서 착륙했다가 돌아올 수 있다. 앞에서 보았듯이 여기에는 질량비 4, 또는 왕복 여행의 경우에 추진

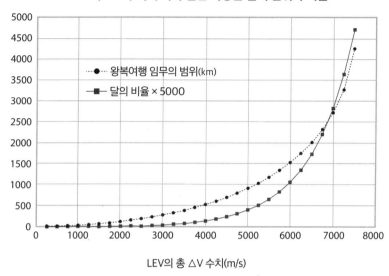

LEV의 △V 수치에 따라 접근 가능한 달의 범위와 비율

- ····●···· 왕복여행 임무의 범위(km)
- ─■─ 달의 비율 × 5000

LEV의 총 △V 수치(m/s)

[그림 3.3] 왕복여행 월면차로 쓰일 경우 LEV의 범위가 검은색 줄표로 표시되어 있다. 접근 가능한 달 표면 전체의 비율은 회색으로 표시되어 있다(5000=100퍼센트). 편도 비행의 경우는 나와 있는 △V를 2로 나누어라.

제 6톤이 필요하다. 아니면 질량비가 2.5일 때 4km/s를 낼 수 있고, 이는 한쪽 극지에서 이륙해 3톤의 추진제를 사용해서 반대편에 착륙하는 편도 여행을 하기에 충분하다.

이런 시스템을 사용하면 남극의 기지에서 달의 남반구 대부분의 지역을 다닐 수 있고, 북극의 기지에서는 북반구 대부분을 다닐 수 있으며 한쪽 기지에서 반대쪽까지 한 시간 이내에 날아갈 수 있다.

그러니까 겨우 6톤의 추진제를 궤도까지 싣고 가서 달까지 오가게 해주는 바로 그 LEV가 딜 탐험가들이 극기지에서 나와서 나머지 세계에 쉽게 접근하도록 만들어줄 수 있다.

얼음 형태 물에서 1톤의 액체 수소/산소 추진제를 생산하려면 일간 400

킬로와트가량의 전기가 필요하다. 그러니까 극지부터 남위 40도까지 갔다가 다시 돌아오는 장거리 탐사에 필요한 추진제 6톤을 만들기 위해서는 2400kW-일, 또는 100킬로와트의 기본 전력 시스템으로 24일의 작동이 필요하다.

그렇게 되면 또 사람들이 달 위를 돌아다닐 수 있을 것이다.

달에서 얻는 에너지

최근에 지구로 값비싼 제품을 대규모로 들여와서 달 정착지를 부양하는 두 개의 계획이 제안되었다. 두 경우 모두 생산품은 에너지다. 긍정적인 면으로 보자면 에너지는 확실하게 크고 성장 중인 지구 시장을 가진 물품이다. 부정적인 면으로 보자면 이것은 특수한 성격이 없는 산물이다. 지구의 전력 시장에서 킬로와트는 그냥 킬로와트일 뿐이고, 소비자들은 전선 속의 전력이 달에서 왔든 도시 쓰레기장에서 쓰레기를 태워서 나왔든 알지도 못하고 상관하지도 않는다. 전력은 대량으로 판매 가능하지만, 현행 요금과 같거나 더 싸게 생산될 경우만이다. 두 개의 달 전력 기반 개발 계획은 이런 도전을 기꺼이 받아들이되, 그 방식은 완전히 다르다.

구상안 중 하나는 달의 원자재로 달에서 태양전지판을 대량으로 만들어서 달 표면에 이것을 설치한 후 전력을 지구로 전송하는 것이다.

이 계획에는 여러 가지 문제가 있다. 우선 에너지를 우주를 가로질러 40만 킬로미터나 전송해야 한다. 이것이 계획을 중단시키는 문제가 될 수 있다. 왜냐하면 전송되는 에너지가 적당한 크기의 전송기에 집중되는 경우라면 양쪽의 전송 안테나 둘 다 커야 하고 전송 주파수도 굉장히 높아야 하기 때문이다. 예를 들어 지구의 지상에 있는 지름 10킬로미터의 렉테나

리시버에 3기가헤르츠(10센티미터 파장)의 주파수로 보낸다고 가정하면, 이 시스템은 달에 지름 40킬로미터의 전송 안테나를 필요로 한다. 시스템이 더 높은 주파수로 작동하게 설계되었다면, 예컨대 30기가헤르츠(1센티미터 파장)라면 전송 안테나가 그에 비례해서 작아지지만, 더 높은 주파수에서는 최소한 전송되는 에너지의 절반이 지구 대기에 흡수될 것이다.

대규모 태양전지판에 필요한 모든 실리콘을 생산하는 것도 쉽지 않은 일이다. [표 3.1]에서 봤듯이 달 표면에 SiO_2가 풍부한 것은 분명 사실이지만, 이 물질을 금속 실리콘으로 환원하려면 탄소와 반응시켜야 하고, 이것은 달에 절대적으로 부족하다. 대단히 고온(1500℃)에서 해야 하는 이화학반응은 다음과 같다.

$$SiO_2 + 2C \rightarrow Si + 2CO \qquad (3.1)$$

생산된 일산화탄소 폐기물을 재처리해 사용된 탄소를 재활용해서 재사용할 수도 있지만, 현실적으로는 그런 재활용 화학 처리 시스템에서는 늘 손실이 생긴다. 그러니까 얻기 힘든 탄소가 대량으로 필요해질 것이다.

또 다른 문제는 달 표면에 고정되어 있는 태양전지판은 낮/밤 사이클과 (더 느리고 긴 간격을 갖겠지만) 지구 표면에 위치한 태양전지판같이 최상의 선택이 아닌 태양의 각도 때문에 정확히 똑같은 평균 전력 생산 손실을 입게 될 것이다. 지구 기반의 광발전과 비교할 때 달의 광발전은 잘해봐야 항상 맑은 날씨 덕분에 전력 생산이 두 배 정도 늘어나는 이점밖에는 없다. 그나마도 이런 이점은 전력을 전송할 때 입는 손실 때문에 사라진다. 설령 대기 중의 손실을 최소화하기 위해 저주파로 전송한다 해도 마찬가지다. 그러니까 달에 태양전지판과 그 거대한 전송 시스템을 만들고 설치하는 데 따른 추가 경비까지 생각할 때 달 광발전이 지구 기반 광발전(이마저도 아직 화석연료, 수소전지, 핵발전, 풍력, 지열발전에 비해 경쟁력이 떨어지는)에 비해 어떻게 경제적 우위를 가질 수 있는지 이해하기가 어렵다. 게다가 지구는 항상 돌고 있기 때문에 달 태양광 발전소가 한 지역에 계속 전력을 보내는 것도 불가능하다. 대신에 하루에 몇 시간 정도 한 장소에 전력을 공급할 수 있을 뿐이라 유용성에도 좀 문제가 있다.

위스콘신 대학 교수인 제리 쿨친스키와 존 샌터리어스, 아폴로 우주비행사 해리슨 슈미트가 낸 또 다른 제안은 더 관심을 끈다.[7] 이들은 달의 표토에서 헬륨-3를 채취한 다음 이 특수한 물질을 지구로 가져와서 지구의 핵융합 원자로에 사용하자고 제안하고 있다. 자, 이 계획에서 눈에 확 띄고 종종 지적되는 결함은 그런 핵융합로가 존재하지 않는다는 점이다. 하지만 그 사실은 지난 수십 년간 과학 연구와 발전을 좌지우지해온 워싱턴 D.C.와 그 비슷한 지역들의 높으신 분들께서 우선순위를 착각해서 생긴 결과일 뿐이다. 국제적인 경쟁에 힘입어 세계 각국의 핵융합 프로그램들은 1960년에서 1990년 사이에 빠르게 진보했고, 이 모두를 합쳐서 전 세계적으로 함께 노력해서 국제 핵융합 실험로ITER를 만들자는 결정으로 1990년대 이래 모든 진전이 거의 멈추는 상황에 이르렀다. 극복 불가능한 기술적 장벽 때문이 아니라 자금과 열의 부족으로 그 이래 수 년 동안 통제된 핵융합을 이루는 길이 가로막혔다. 미국에서 핵융합 총 예산은 현재 연간 4억 달러 정도이고(실제 금액으로 1980년의 3분의 1 수준이다) 30년 동안 미국 에너지부에서는 새로운 중요 실험적 기계를 하나도 만들지 않았다. 이런 상황에서 핵융합 프로그램이 조금씩이나마 계속 진전했고 이제 발화점에 다가가고 있다는 사실은 대단히 놀랍다.

하지만 지금, 이전까지 강대국 정부만이 할 수 있다고 믿었던 일들을 열정적인 기업체가 이뤄낼 수 있다는 것을 보여준 스페이스X의 성과에 크게 힘입어 대단히 유망하고 창의적인 스타트업 회사 여럿이 벤처 투자자들로부터 상당한 지원을 받게 되었다. 우주 발사와 마찬가지로 굉장히 활발한 민간 핵융합 경쟁이 현재 진행 중이고, 성공할 가능성이 대단히 높아 보인다.

모든 원자핵은 양전하를 띠고 있어서 서로 반발한다. 이런 반발을 극복하고 핵을 융합시키기 위해서는 좁은 곳에 넣은 상태로 아주 빠르게 움직이게 만들어서 고속으로 충돌할 가능성을 높여야 한다. 100,000,000℃ 정도 온도인 과열 상태의 핵융합 연료는 핵을 엄청나게 빠른 속도로 움직이게 만든다. 이것은 너무 뜨거워서 연료를 고체 벽으로 가둬놓기 어렵다. 쓸 만한 고체 물질은 이런 온도 근처에 가져가면 즉시 증발한다. 하지만 100,000℃가 넘는 온도에서 기체는 물질의 네 번째 상태인 플라스마로 변한다. 플라스마 상태에서는 원자의 전자와 핵이 서로 독립적으로 움직인다. (학교에서 우리는 물질이 고체, 액체, 기체라는 세 가지 상태가 있다고 배운다. 이것이 지구상을 거의 뒤덮고 있고, 플라스마는 불길과 번개 속에서 일시적인 형태로만 존재한다. 하지만 우주 대부분의 물질은 플라스마이고, 태양과 모든 항성의 내용물 역시 플라스마로 이루어졌다.) 플라스마의 입자들이 음전하를 띠고 있기 때문에 이들의 움직임은 자기장에 영향을 받는다. 그러니까 토카막, 스텔러레이터(핵융합반응 실험 장치), 자기거울 같은 다양한 종류의 자기 구속 방식은 핵융합된 플라스마가 연료실 벽에 절대 닿지 않도록 설계되었다.

최소한 이론적으로는 그렇게 작동하게 되어 있다. 하지만 실제로 모든 자기 구속 핵융합 방식은 입자가 새기 때문에 플라스마가 점차 분산되어 빠져나간다. 플라스마 입자가 빠져나갈 때 벽을 빠르게 강타하고 핵융합 기준에서 아주 낮은 온도로 식어서 플라스마가 에너지를 잃게 만든다. 하지만 플라스마가 누출로 에너지를 잃는 속도보다 핵융합 반응으로 더 빠르게 에너지를 생산한다면, 추가적인 연료가 시스템에 공급되는 한 고온을 유지해서 꾸준하게 에너지를 생산하는 핵융합 불길로 남을 수 있다. 플라스마의 밀도가 높을수록 핵융합 반응이 더 빨라지고, 개별 입자가 더 오래 구속되어 있을수록 에너지 누출 속도는 더 느려진다. 그러니까 핵융합 시스템의 성능에 영향을 미치는 핵심 파라미터는 플라스마 밀도(세제곱미터당 입자 수)와 기계에서 얻는 평균 입자 구속 시간(초)의 곱이다. 세계의 핵융합 프로그램은 로슨 파라미터라고 하는 이 파라미터를 높이는 데 대단한 진전을 보였다. 지난 40년 동안 이 파라미터는 1만 선에서 반응으로 생성된 힘이 플라스마를 데우는 데 사용되는 외부적 힘과 동등한 상태인 '임계조건breakeven'에 필요한 $10^{20}s/m^3$까지 올라갔다. 우리가 이것을 3배 더 높일 수 있다면, 한 번 시작하면 플라스마가 그 자체를 데울 정도의 에너지를 생성하는 발화점에 도달하게 된다. 그렇게 되면 시스템으로 돌아오는 에너지는 무한해질 것이다.

핵융합은 분명히 더 개발 가능하고, 그렇게 되면 앞으로 천 년 정도는 에너지 부족이라는 망령을 제거할 수 있을 것이다. 하지만 모든 핵융합 반응이 동등하게 일어나는 것은 아니다.

현재 세계의 핵융합 프로그램은 중수소(핵이 양성자 하나와 중성자 하나로 이루어진 수소)와 삼중수소(핵이 양성자 하나와 중성자 두 개로 이루어진 수소) 사이에서 가장 쉬운 핵융합 반응을 일으키는 데 초점을 맞추고 있다. 중수소는 비방사성 원소이고 지구상에서 6000개의 보통 수소 중 딱 하나의 비율로 자연적으로 존재한다. 이것은 킬로그램당 1만 달러 정도로 비싸지만 연소되면 대량의 에너지(현재 가격으로 킬로그램당 500만 달러 정도의 양)가 방출되기 때문에 큰 문제는 되지 않는다. 삼중수소는 약간의 방사성을 띠고, 반감기가 12.33년이라 제조를 해야만 한다. 중수소-삼중수소(D-T) 핵융합로에서 이것은 핵융합 연료를 우선 다음과 같이 반응시켜서 만들 수 있다.

$$D + T \rightarrow He4 + n \qquad\qquad (3.2)$$

3.2의 반응으로 에너지를 17.6메가전자볼트(MeV) 얻을 수 있고, 이것은 보통의 화학반응 에너지의 백만 배 정도이다. 총 생산량 중에서 14.1MeV는 중성자('n'으로 표시)에서 나오고 3.5MeV는 헬륨 핵에서 나온다. 헬륨 핵은 대전입자이기 때문에 장치의 자기장에 갇혀 있고, 주위의 중수소와 삼중수소 입자와 충돌하면서 그 에너지가 플라스마를 데운다. 하지만 중성자는 전기적 중성이라서 자기 구속장에 영향을 받지 않아 반응 과정에서 반응실에서 튀어나와 원자로의 제1방벽에 충돌해 벽의 금속 구조를 망가뜨리고, 계속 나아가다가 결국에 벽 뒤에 자리한 고체 물질의 '블랭킷Blanket'에 사로잡힌다. 블랭킷은 이 중성자의 에너지 대부분을 흡수하고, 그 과정에서 섭씨 수백 도까지 가열된다. 이 온도에서 블랭킷은 고온 증기 파이프의 열원으로 작동하고, 열은 전기를 생산하는 터빈으로 전송된다. 블랭킷 자체는 중성자를 흡수하고 헬륨과 삼중수소 핵을 하나나 두 개 생산할 수 있는 리튬으로 차 있다. 여기서 만들어진 삼중수소는 나중에 블랭킷 물질에서 분리되어 융합로의 연료로 사용된다. 그러니까 D-T 융합로는 그 자체의 연료를 만들어낼 수 있다.

하지만 모든 중성자가 전부 리튬에 흡수되는 것은 아니다. 일부는 융합로의 제1방벽이나 블랭킷을 식히는 파이프, 혹은 다른 부품을 이루는 강철이나 다른 물질들에 흡수된다. 그 과정에서 융합로의 금속 구조가 방사성으로 변한다. 즉 D-T 융합로 자체는 방사성 폐기물을 만들지 않지만, 중성자를 흡수해서 융합로의 금속 구조가 방사성 물질을 생성한다. 즉 융합로 구조를 만드는 데 사용된 합금의 종류에 따라서 D-T 융합로는 같은 양의 전력을 생성하는 핵분열 반응기의 0.1에서 1퍼센트 정도의 방사성 폐기물을 생성하게 된다. 핵융합 옹호자들은 이것이 핵분열에 비해 엄청난 향상이라고 지적하는데, 사실 그렇다. 하지만 이것이 오늘날과 미래의 환경에 걸맞을 정도로 훌륭한가 하는 문제에는 아직 답을 찾지 못했다.

D-T 융합로의 중성자 방출이 일으키는 또 다른 문제는 빠르게 움직이는 중성자가 융합로의 제1방벽에 손상을 입히는 것이다. 이 손상은 시간이 지나며 누적되어 5년에서 10년마다 시스템의 제1방벽을 교체하도록 만들 수 있다. 제1방벽은 방사성이기 때문에 이것은 돈이 많이 들고 시간을 잡아먹는 작업이 될 거고, 핵융합 발전의 경제성에 대단히 부정적인 영향을 미칠 것이다.

그러니까 싸고 방사성 폐기물 없는 핵융합의 가능성을 높이는 핵심은 중성자를 생성하지 않는 D-T 반응의 대체제를 찾는 것이다. 중수소와 헬륨-3의 반응이 그 대체가 될 수도 있다. 이 반응은 다음과 같이 일어난다.

$$D + He3 \rightarrow He4 + H1 \qquad (3.3)$$

이 반응은 18MeV의 에너지를 생성하고 중성자는 만들지 않는다. 이 말은 D-He3 원자로에서는 사실상 방사성 철이 전혀 생성되지 않으며 제1방벽에 중성자의 집중 공격이 거의 없기 때문에 더 오래 유지될 거라는 뜻이다. ("사실상 생성되지 않는다" "거의 없다"고 말하는 이유는 D-He3 원자로에서도 중수소 사이에서 약간의 D-D 부반응이 일어나서 중성자가 조금 만들어지기 때문이다.) 게다가 리튬 블랭킷이나 증기 파이프도 필요하지 않다. 대신에 원자로에서 생성되는 에너지가 전부 대전입자의 형태이기 때문에 증기 터빈 발전기 시스템보다 효율이 두 배 이상 높은 자기유체역학방식으로 곧장 전기로 전환시킬 수 있다.

하지만 두 가지 문제가 있다. 우선 D-He3 반응은 D-T보다 일으키는 것이 더 어렵다. 반응을 시작시키기 위해서 로슨 파라미터가 $1 \times 10^{21} s/m^3$이 되어야 한다. 이것은 핵심적인 문제는 아니다. 그저 D-He3 발전기가 D-T 기계보다 조금 더 크거나 좀 더 효율적으로 밀폐해야 한다는 뜻일 뿐이다. 하나를 할 수 있다면, 몇 년 안에 다른 하나도 할 수 있을 것이다. 더 큰 문제는 헬륨-3가 지구상에 존재하지 않는다는 사실이다. 하지만 달에는 존재한다.

태양풍에는 소량의 헬륨-3가 들어 있고, 지질 연대가 흐르면서 달 표토의 위층에 이 특수한 동위원소가 4ppb 정도 축적되었다.

4ppb는 별로 많은 것은 아니다. 대부분의 물질의 경우에 이것은 너무 적은 농도라서 산업적으로 채취할 만한 경제성이 없다. 4ppb면 원료 25만 톤을 처리해야 결과물 1킬로그램을 얻을 수 있다. 이렇게 낮은 농도의 원료에서 금을 정제한다면 확실히 쓸모없는 일일 것이다. 하지만 헬륨-3는 금보다 훨씬 더 가치 있다. 오늘날 가격으로 금 1킬로그램은 4만 달러 정도이다. 그러나 헬륨-3 1킬로그램은 60퍼센트 효율의 MHD 전환 시스템을 사용하는 핵융합로에서 연소시킨다고 할 때 1억 킬로와트-시의 전기를 생산할 것이다. 일반적인 미국의 현재 가격인 $0.06/kWh로 따지면 이것은 $600만/kg의 생산 가치를 지닌다. 이 말은 전기사업국에서 연료

에 총수입의 3분의 1까지 쓴다고 할 때 헬륨-3를 $200만/kg 혹은 금의 50배 정도 가격으로 팔 수 있다는 뜻이다. 이것은 굉장히 높은 가격이라 심지어 현재의 우주 운송 가격으로도 이것을 달에서 실어 오면 경제성이 있을 정도다.

그뿐만 아니라 미국보다 더 높은 가격으로 전기를 팔 수 있는 다른 시장도 있다. 많은 유럽인이 도심의 미국인보다 전기세를 4배 더 지불하고 있으며, 현재 요금이 훨씬 비싼 지역들은 더 있다. 실제로 우주에서 전기 가격은 현재의 미국 평균 가격의 1000배에 달하고, 발사 가격과 함께 전기 가격도 확실히 낮아지고는 있지만 앞으로도 한참 동안 꽤 비싼 가격을 유지할 것이다. 그러니까 He3의 가치를 줄잡아도 최소한 킬로그램당 1000만 달러 정도로 추정할 수 있다.

하지만 어쨌든 이것을 얻기 위해서는 순수한 달 표토 25만 톤을 처리해야 한다. 그 말은 가로세로 1킬로미터에 깊이 10센티미터의 지역을 '갈아 엎고farming' 그 모든 물질을 '흔들고 굽기shake and bake' 시스템에 집어넣어야 한다는 뜻이다. 여기서 토양은 약 700℃까지 가열되어 헬륨-3와 안에 있던 다른 모든 휘발성 물질들이(수천 배 더 많은 흔해 빠진 헬륨-4를 포함해서) 기체로 분출된다. 반응기가 분당 5톤을 처리할 수 있다면, 24시간 내내 작동할 때 여기에 35일이 걸린다. 그다음에 2500킬로그램의 평범한 헬륨-4에서 1킬로그램의 헬륨-3를 건지기 위해 동위원소 분리 작업을 해야 한다. 이것은 헬륨을 아주 낮은 온도까지 낮춰서 분류하는 방식이다. 각기 다른 동위원소는 각기 다른 끓는점을 갖고 있기 때문이다.

헬륨-3 1킬로그램을 생산하는 과정에서 처리하는 이 많은 토양에서 태양풍이 남기고 간 질소, 수소, 탄소도 각 10톤씩 얻을 수 있다. 인간 정착지의 불안정한 기반을 고려할 때 이 부산물들이 달의 광업 기지에 필요한 물류수송을 덜어주는 데 도움이 될 수도 있다. 그렇게 되면 이 물질들은 헬륨-3 채광 사업에 추가 수입을 가져온다. 발사 가격이 $200/kg이니까 달까지 페이로드를 나르는 데 $100만/톤이 들 거고, 대부분을 채취해서 팔 수 있다고 가정하면 탄소와 질소 20톤에 1500만 달러쯤 벌 것이다.

2500만 달러의 환금성 상품($100/톤)을 만들기 위해 25만 톤의 달 토양을 처리하는 것은 너무 힘든 돈벌이처럼 보일 수 있다. 실제로 작업이 거의 다 자동화되어 있지 않다면 이것은 경제성이 별로 없다. 하지만 '흔들고 굽기' 처리 시스템이 기본적으로 대단히 단순하기 때문에 자동화가 가능할 수 있다. 원격으로 작동하는 수많은 불도저들이 빠르게 표토 수 톤을 파서 계속 움직이는 컨베이어 벨트에 붓고, 벨트가 원료를 오븐으로 옮기는 장면을 상상해보자. 하나의 작업장에서 두 개의 오븐이 사용될 것이다. 하나는 구워내기 위해 밀폐되어 있고, 다른 하나는 채워 넣기 위해 열려 있어야 한다. 첫 번째 오븐이 토양에서 휘발성 물질들을 가스로 분출시키고 나면 트랩도어가 열려서 '마른dried up' 폐기물 흙이 폐기물 컨베이어로 쏟아져 나오고, 앞쪽은 새 흙을 받기 위해서 열린다. 그러는 동안 두 번째 오븐이 밀폐되고 안에 든 표토를 굽기 시작한다. 이런 식으로 각 오븐이 번갈아가며 작업을 하는 식으로 진행된다. 기체가 토양에서 분리되고 나면 자동화하기 아주 쉬운 일반적인 화학공학 유체 처리 기술에 따라 작업할 수 있다.

하지만 또 다른 문제가 있다. 분당 5톤의 달 토양을 처리하는 데 필요한 장비는 상당한 질량을 가질 것이다. 오븐과 동위원소 분리 시스템, 컨베이어 벨트, 소규모 불도저와 트럭 부대를 최소한으로 어림짐작한다 해도 200톤 정도가 될 것이다. LEO까지 발사 가격이 $5000/kg이라면 200톤을 궤도까지 보내는 발사 비용이 10억 달러이지만, 수소/산소 로켓 추진제를 이용해 달까지 운송한다면 옮겨야 하는 전체 질량이 다섯 배로 늘어난다. 그러니까 월 2500만 달러 혹은 총수입 3억 달러를 생산하기 위한 장비를 달까지 운송하는 비용은 50억 달러가 들 것이다. 이런 금액이라면 장비의 운송비를 회수하는 데만 16년가량 걸릴 거고, 이것은 위험요소를 고려하면 그리 끌리지 않는 일이다. 하지만 새로운 세대의 우주 발사 사업체들이 나타나면서 장기적으로 발사 비용을 현재 금액의 25분의 1까지 줄일 수 있는 공학적 가능성이 점점 높아지고 있다. LEO까지 $200/kg의 발사 경비가 가능해지면 헬륨-3 채굴 장비의 운송비를 1년 안에 회수할 수 있다. 그러면 장비 가격 자체는 그리 높지 않으니까 이 사업이 훨씬 매력적으로 여겨질 것이다.

그러니까 우주 태양발전 전송 계획과 달리 헬륨-3 사업 계획은 실제로 운용 가능하지만, 당장은 아니다. 경제적으로 통제 가능한 핵융합 발전소, 고급 자동 채굴 및 분리 장비, 아주 싼 우주 발사 및 달 궤도 운송 시스템의 개발이 필요하다. 계획의 모든 면에 불확실한 부분이 많다는 점을 고려하면 달의 헬륨-3를 채굴할 수 있도록 우주여행 문명을 만들기 위해 큰돈을 투자할 사람이 조만간엔 아무도 없을 거라는 사실이 명백하다. 그보다는 다른 이유로 성숙한 우주여행 문명이 발달하고, 그 결과 인류에게 달의 헬륨-3가 자원으로서 입수 가능해질 것이다. 헬륨-3가 우리를 우주로 이끄는 유도제가 되는 것이 아니라 우리가 우주를 지배하게 되면 헬륨-3가 우리 손에 들어오게 될 것이다.

이것은 두 가지 이유로 중요하다. 우선 달의 헬륨-3는 현재의 에너지 소비 수준의 인간 문명을 약 천 년 동안 뒷받침해줄 수 있는 대량의 자원이다. 둘째로 더 중요한 것은 D-He3 핵융합이 또 다른 에너지원일 뿐만 아니라 새로운 종류의 에너지라는 점이다. 우주에서 인간이 살 수 있는 부분에 자연적으로 존재하지 않는 반물질을 제외하면 D-He3 연료는 알려진 그 어떤 물질보다 높은 에너지/질량비를 갖고 있다. 핵융합 로켓의 연료로 사용할 때 D-He3 반응은 배기속도를 광속의 5퍼센트까지 빠르게 일으킬 수 있다. 로켓이 일반적으로 배기속도의 두 배까지 이르도록 설계되니까 이 말은 D-He3 로켓이 광속의 10퍼센트까지 이를 수 있고, 근처 별까지 40년에서 60년 안에 도착할 수 있게 해준다는 뜻이다. 이게 굉장히 길게 느껴질 수도 있지만 인간의 생애보다 짧고, 더 전통적인 시스템을 사용하는 항성간 비행에 걸리는 천 년의 시간과 비교하면 훨씬 유리하다.

이런 고성능 핵융합 로켓이 현실화되기까지는 엄청난 공학적 진보가 필요하다. 하지만 핵심은 D-He3 로켓이 현재의 물리학에 기반해 성간비행을 가능하게 만들어주는 몇 안 되는 시스템 중 하나라는 것이다. 이것은 가볍게 받아들일 수 있는 가능성이 아니다. 이것이 눈에 띄는 온갖 장애, 문제, 매력적인 대안들에도 불구하고 통제된 핵융합을 추구해야 하는 이유다. 별들은 킬로와트보다 훨씬 가치가 있다.

우주로 가는 디딤돌

달에서 물을 발견하면서 과학소설과 항공우주공학 문헌에서 한동안 논의되었던 아이디어가 새롭게 되살아났다. 달 기지를 그 너머에 있는 세계로 가는 임무의 발판으로 사용하자는 거다. 달은 지구 중력의 6분의 1밖에 되지 않고 대기가 없기 때문에 지구 표면에서보다 훨씬 쉽게 우주의 목적지 어디든 갈 수 있다. 그러므로 달 표면에서 로켓 추진제를 구할 수 있게 되면 달은 훌륭한 급유 정거장이자 행성간 교통의 기항지로 탈바꿈할 것이다. 이 제안은 달에서 물이 발견되기 전부터 나왔었다. 달에 바위의 금속 산화물 형태로 산소가 다량 있다는 것은 늘 잘 알려져 있었고, 그것을 추출하는 기술도 이미 선을 보였다. 특히 달 토양의 10퍼센트 농도를 이루고 있는 광물 티탄철광 $FeTiO_3$은 800℃에서 수소와 반응시키면 환원된다. 이 화학반응식은 다음과 같다.

$$FeTiO_3 + H_2 \rightarrow Fe + TiO_2 + H_2O \qquad (3.4)$$

여기서 생성된 물을 전기분해하면 수소와 산소가 만들어진다. 수소는 원자로로 돌려보내 재활용하고, 산소는 시스템에서 최종적으로 유용한 산물 중 하나이다. (또 하나는 반응 3.4로 생성되는 아주 유용한 구조재인 철이다.) 반응에 필요한 고온, 누출량을 채울 수소의 계속적인 공급, 티탄철광의 채굴과 정련의 필요성 때문에 이 시스템은 좀 어렵다. 하지만 원자로 자체는 카보텍 코퍼레이션과 우리 회사 파이오니어 애스트로노틱스에서 시험에 성공했고, 시스템의 복잡성은 충분히 발달한 달 기지에서라면 감당할 수 있을 것이다.[8] 물론 유일하게 유용한 추진제 산물은 산소이다. 이것이 달 기지에서 할 수 있는 최선이라면, 달에 오는 우주선은 여전히 산소와 태울 자체 연료(수소, 메테인, 케로신)를 가져와야 한다. 그러나 로켓선에서 총 연료/산소 추진제 조합의 최소 75퍼센트가 산소로 이루어져 있으므로 달에서 산소만 공급해줘도 어쨌든 유용할 것이다. 특히 로켓이 극지 외의 지역에 있는 기지에서 작동할 때는 더더욱 그렇다. 하지만 달에서 물이 있는 지역이라면 산소와 수소 모두 공급 가능하고, 이것을 생성하기 위한 화학공정은 훨씬 간단해진다(전기분해만 하면 된다).

그러니까 달을 급유 정거장으로 쓴다는 아이디어는 흥미롭다. 가능성도 나름 있지만, 한계도 있다. 달 기지 우주선이 지구로 돌아가기 위해서, 또는 달 주변을 돌아다니기 위해서 달의 추진제를 사용해 급유한다는 건 그럴 듯하다. 하지만 놀랍게도 지구에서 화성까지 가는 우주선이 달 기지에서 급유를 하는 것에는 어떤 이득도 없다. 왜냐하면 우주선과 장비, 식량 대부분이 지구에서 나오고, LEO에서 화성까지 가는 데 필요한 로켓 △V(4.2km/s)는 LEO에서 달 표면까지 가는 데 필요한 △V(6km/s)보다 작기 때문이다. 그러니까 이미 만들어진 로켓 추진제가 지금 달 기지에 있고 공짜로 쓸 수 있다고 해도 그걸 쓰자고 화성으로 가는 우주선이 달에 들르는 것은 말도 안 되는 일이다. 화성으로 곧장 날아가는 것이 더 쉽고 더 싸다. 달 기지가 재사용 달 표면-궤도 셔틀을 운행하고 추진제를 달 표면이 아니라 달 궤도에서 공급해줄 수 있다면 상황은 좀 다르겠지만, 크게 달라지는 건 아니다. LEO에서 달 궤도로 가는 데 필요한 △V는 4.2km/s로 LEO에서 화성으로 가는 데 필요한 속도와 똑같기 때문에 화성으로 가는 우주선이 달 궤도에서 급유를 하는 것은 여전히 쓸데없는 일이다. 특히 달에서 생산한 추진제를 달 궤도로 가져오는 것도 절대 공짜는 아닐 테니 말이다.

하지만 화성을 넘어서 더 멀리 가게 되면 득실의 균형이 달라진다. 예를 들어 LEO에서 주소행성대의 중심에 있는 미행성 세레스까지 가는 △V는 9.6km/s로 달 궤도나 달 표면으로 가는 데 필요한 속도보다 크다. 그러니까 달 추진제를 여기서 싼 가격(지구에서 LEO까지 9.6km/s에 필요한 추진제를 그냥 가져가는 것과 비교할 때)에 입수할 수 있다면 달에서의 급유가 유리해질 수 있다. 결정된 목적지가 더 멀어진다면 필요한 임무 △V가 더 높아지고, 달에서의 급유가 갖는 이점도 더 커질 것이다. 물론 한두 번의 외행성계 임무를 위해서 달 급유 정거장을 만드는 것은 전혀 이득이 되지 않을 것이다. 필수 기반시설의 경비가 너무 크기 때문이다. 하지만 정기적인 행성간 이동이 있다면, 예컨대 주소행성대나 외행성계의 거대한 기체행성들(5장과 6장에서 논의하겠지만, 귀금속과 핵융합 연료 같은 자원이 풍부하게 발견되는 곳이다)에서 채굴 작업을 지원하기 위해 계속 오가게 된다면 달 급유 정거장이 핵심적인 보조 역할을 해줄 수 있다.

달은 화성으로 가는 디딤돌이 아니라 동시에 추구할 수 있고 그래야만 하는 또 다른 목적지다. 하지만 우주로 나아가는 징검다리가 될 수는 있을 것이다.

우주궤도열차

지금까지 이 책에서 나는 우주여행의 수단을 로켓으로 한정해서 이야기했다. 이것이 현재 유일하게 실질적인 기술이기 때문이다. 하지만 훨씬 더 유용한 대안이 있고, 이 탄생지는 달이 될 것이다.

하지만 우선은 처음부터 이야기를 시작하자.

1960년에 소련의 신문 〈콤소몰스카야 프라우다 Komsomolskaya pravda〉에 지구에서 궤도까지 가는 새로운 교통수단을 설명하는 공학자 Y. N. 아르추타노프 Y. N. Artsutanov와의 인터뷰가 실렸다.[9] 아르추타노프 계획에서는 지구정지궤도에 위치한 위성이 질량중심, 즉 그 궤도를 일정하게 유지한 채 지구로 내려가고 올라오는 케이블을 동시에 길게 연장한다. 케이블은 계속해서 3만 6000킬로미터를 이어지다가 가장 아래쪽 부분이 지구 표면에 도착하고, 거기서 케이블을 고정시킨 후 엘리베이터 동체를 지지하는 데 사용한다. 이 엘리베이터는 위성까지 페이로드를 운반하는 데 사용되고, 거기서 정지궤도로 방출된다. 페이로드가 케이블을 따라 계속 간다면 궤도속도보다 빨라져서 달, 화성, 목성, 그 너머까지 도달하는 궤도를 따라갈 수 있을 것이다. 다시 말해 아르추타노프는 우주에 스카이후크skyhook, 가상철로를 설계했던 것이다.

이 개념은 러시아어와 영어 양쪽으로 출간되었으나 거의 무시당하고 즉시 잊혔다. 그러다 마침내 1975년 라이트-피터슨 공군기지의 제롬 피어슨Jerome Pearson이 재발견했다.[10] 피어슨은 시스템의 질량과 점점 가늘어지는 테더(케이블) 디자인, 위험하게 진동하는 상태를 만들지 않고 테더를 따라 움직이는 페이로드의 허용 속도 도함수를 포함해 초기 저자들보다 훨씬 상세히 파헤치는 일련의 논문들을 출간했다. 그 후에 정지궤도 테더 개념을 자신의 소설 《낙원의 샘 The Fountains of Paradise》에서 주요 소재로 사용한 아서 C. 클라크에 의해서 이 구상이 널리 알려졌다.

아르추타노프, 피어슨, 클라크가 상상한 스카이후크 개념은 지구에서 우주로 가는 싼 교통수단이라는 문제에 완전하고 쉬운 해결책을 제시하는 근사한 아이디어다. 다만 한 가지 문제가 있다. 이게 불가능하다는 것이다. 그 이유는 다음과 같다. 만약에 정지궤도 테더의 제일 아래쪽에 짐을 올린다면, 테더는 이 짐을 지탱할 수 있을 정도로 두꺼워야 한다. 그다음 테더는 짐뿐만 아니라 짐을 지탱하는 테더 일부까지 지탱할 수 있을 정도로 두꺼워야 한다. 즉 지상에서 정지궤도까지 3만 6000킬로미터를 가는 동안 테더는 점점 더 두꺼워져야 하고, 그 지름과 무게는 기하급수적으로 늘어난다. 선택된 테더 구성 물질의 힘과 질량비에 따라 위성에 있는 테더의 단면적은 제일 아래쪽에 있는 테더의 단면적보다 10에서 20배쯤 커질 거고, 테더의 질량과 들어 올려야 하는 페이로드의 질량 사이에도 비슷하게 대단히 큰 비율이 나올 것이다. 3만 6000킬로미터 길이의 단결정 흑연 섬유처럼 환상적인 물질을 가정하지 않는 한, 1톤을 들어 올리도록 설계된 테더는 그 자체 무게가 1000조 톤이 되어야 할 것이다. 실제 물질로 스카이후크는 만들 수가 없다.

최소한 지구에서는 불가능하다. 하지만 달에서는 상황이 꽤나 달라진다. 달에서 스카이후크는 지구 중력의 6분의 1을 상대로 짐을 들어 올리면 되고, 필요한 테더 길이도 훨씬 짧아진다. 테더 설계 방정식에서 이런 요인들이 미치는 영향은 엄청나게 크고, 결과적으로 케블라나 스펙트라 같은 현대의 최신식 물질을 사용해서 달에 정말로 스카이후크를 만들 수 있다. 달의 스카이후크 역시 들어 올리거나 내리는 페이로드 질량의 100배 정도가 되어야 하지만, 달 표면과 궤도 사이로 페이로드를 왔다 갔다 하는 데 계속 사용할 수 있기 때문에 이런 기반시설에 대한 투자는 잘 발달된 달 기지 운용을 뒷받침할 정도의 이득을 낼 수 있을 것이다.

달 스카이후크를 설계하는 방법은 여러 가지가 있다. 하나는 지구와 달의 중력이 균형을 이루는 라그랑주 점 'L1'에 질량중심을 두는 정지 시스템이다. 제일 아랫부분이 달에서 지구를 바라보는 면의 적도 정중앙에 위치한 이런 정지 상태 스카이후크는 페이로드를 위아래로 운반하기 위해서 아르추타노프의 원 논문에서처럼 케이블카가 필요하다. 또 다른 방법은 스카이후크의 질량중심을 달의 적도 저궤도에 놓고, 거꾸로 움직이는 끝부분이 지상과 비교해서 속도가 0이 되도록 적절한 속도로 테더가 회전하도록 만든다. 이런 시스템을 이용하면 당신은 지상에서 테더 끝이 다가오는 것을 기다리기만 하면 되고, 끝부분이 다가오면 페리스 대회전차처럼 그 끝에 위치한 자리에 올라타고 궤도까지 올라갈 수 있다! 테더의 지상 선로 위 여기저기 다른 위치에 이런 '테더 정거장'이 여섯 개 있고, 테더 끝부분은 2시간마다 각 정거장을 지나간다. 달을 가로질러 빨리 움직이고 싶다면, 한 정거장에서 타서 다른 정거장에서 내리면 된다. 적도 궤도 테더의 경우에는 정거장이 겨우 여섯 개 있고 전부 다 적도를 따라서 자리하고 있을 것이다. 회전하는 밧줄을 극 궤도에 위치시키면 달 전체에 훨씬 많은 정거장을 만들 수 있겠지만, 특정 정거장에 대한 서비스는 이에 상응해서 더 적어지게 된다.

하지만 내가 가장 좋아하는 아이디어는 스카이후크를 움직이지 않는 극 궤도에 놓고 질량중심은 달 표면에서 5200킬로미터 높이에 위치시키는 것이다. 그러면 스카이후크는 약 14시간 주기로 달 주위를 돌고 제일 아랫부분은 표면에서 수 킬로미터 높이에서 겨우 0.22km/s의 속도로 움직이게 된다. 극지에 위치한 상승 동체(혹은 제트팩을 멘 우주비행사)는 아주 작은 △V를 이용해서 위로 올라가 근처에 떠 있다가 스카이후크를 잡은 다음(0.22km/s는 지구에서 여객기나 KC-135 공중 급유기의 속도 정도이다. 제트 전투기는 정기적으로 급유기와 만나서 300mph의 속도로 공중에서 급유한다) 그냥 잠시 가만히 있다가 비슷하게 작은 △V로 하강해서 출발했던 극지와 반대편 극지 사이의 어떤 위도로든 착륙할 수 있다. 이는 달 표면 전역에서 두 지점 사이를 거의 추진제도 필요 없이 갈 수 있게 해준다! 물론 궤도 테더 시스템 아래에서 달이 자전하기 때문에 한 장소에 한 달에 딱 두 번밖에 방문할 수 없어서(14시간마다 한 번씩 테더 시스템이 들르게 되는 극은 제외하고) 모든 지역을 정기적으로 자주 갈 수 있게 만들려면 여러 개의 비행 테더가 필요하다.

그러나 싸게 행성 전체를 여행하는 건 여러 가지 이점 중 하나에 불과하다. 지면이나 테더에 가만히 매달려 있는 대신에 기체를 케이블카 기관차로 견인해 갈 수도 있다. 그렇게 달 궤도까지 가거나 거기를 지나 더 높은 고도까지 가면 지구로 돌아가거나 바깥쪽으로 화성이나 사실상 태양계의 다른 목적지 아무 데나 갈 수 있는 충분한 속도를 얻게 된다. 추진제도 거의 필요치 않다! 게다가 지구에서 온 우주선이 궤도에 있는 테더 정거장에 도착해서 그것을 타고 내려가면 거의 추진제가 들지 않는 상태로 달의 어느 곳에든 착륙할 수 있다. 그러면 달 표면으로 가져갈 수 있는 유용한 페이로드의 양이 두 배가 된다. 테더가 비교적 짧고(스카이후크로서는), 궤도를 선회하고, 지구 중력 대신 달 중력의 영향을 받기 때문에 그 총 질량은 시스템이 궤도까지 들어 올릴 수 있는 질량의 두 배가 안 될 거고, 화물을 몇 번만 날라도 투자금을 회수할 수 있을 것이다.[11]

이미 이야기했듯이 이런 시스템을 지구 표면에서 우주로 페이로드를 가져가는 데 사용할 수는 없다. 하지만 우주선을 지구 저궤도에서 달까지, 혹은 그 너머까지 보내는 걸 돕는 데 쓸 수는 있다. 예를 들어 우리가 4200 킬로미터 높이의 지구 궤도(6.14km/s, 3시간짜리 궤도)에 회전하지 않는 테더 우주선 시스템의 질량중심을 둔다면, 같은 궤도면에 있는 LEO에서 출발한 우주선이 겨우 0.74km/s의 △V만으로도 아래쪽 끝에(높이 3400킬로미터에서 늘어져 있다) 도달할 수 있다. 이 작은 △V는 우주선을 타원형 궤도인 LEO에서 근지점에 있게 하지만, 3400킬로미터에서는 원지점으로 보내고 속도는 테더 아래쪽 끝과 같은 5.7km/s로 만든다. 그러니까 우주선이 매달려 있는 데는 △V가 전혀 필요치 않다. 그다음에 케이블카 기관차가 우주선을 넘겨받아 테더 중앙 정거장을 지나 선을 따라 2400킬로미터를 예인한다. 그 6600킬로미터 높이에서 테더는 우주선을 7.6km/s의 속도로 내보내고, 덕분에 우주선은 달 외측 궤도로 출발할 에너지를 갖게 된다. 만약 테더의 도움이 없었으면 3.2km/s의 △V가 필요했을 이륙이다. 모든 것이 올바르게 진행되면 우주선은 달 궤도 테더를 붙잡아 착륙하는 데 사용해 전체 여정의 △V를 6km/s에서 겨우 1km/s까지 감소시킬 수 있다. 이 가상의 우주궤도철로는 이것을 사용하는 모든 임무에서 발사 중량을 최소한 4분의 1로 감소시키거나 페이로드를 4배로 증

[그림 3.4] 화성으로!

가시킬 것이다. 비슷한 개념을 화성까지의 이동을 개선하는 데 사용할 수 있다.

미국의 개척자들은 처음에 걸어서 또는 말이나 뗏목, 카누를 타고 서쪽으로 향했다. 하지만 길의 머나먼 끝에 마을이 만들어진 후에는 여행을 훨씬 쉽게 만드는 수단을 취했다. 고속도로와 수로를 만들고, 결국에는 대륙횡단열차로 모든 사람들이 전국을 더 빠르고 쉽게 다닐 수 있는 길을 열었다. 달과 화성의 최초 정착자들 역시 작고 좁은 로켓을 타고 비싼 표값과 상당한 불편을 견디게 될 것이다. 하지만 그들의 자식들이나 손주들은 우주궤도열차를 타고 근사하게 여행할 것이다.

우주비행 혁명은 수백만 명의 사람들이 우주를 통과해서 지구의 이쪽에서 저쪽으로 여행하고, 수천 명의 사람들이 우주를 가로질러 달, 화성, 결국에는 그 너머의 세계까지 가는 것을 가능하게 만들 것이다.

하지만 이 지구에는 70억 명의 사람들이 있기 때문에 여전히 당신이 낯선 세상을 경험할 가능성은 그리 높지 않다.

그러나 희망을 잃을 필요는 없다. 부분적인 해결책을 제시할 수 있는 새로운 기술이 빠르게 발전하고 있다. 가상현실이라는 기술이다.

가상현실이 작동하는 방식이다. 우선 특정 환경의 모습을 모든 각도에서 세세하게 저장한 광대한 데이터 세트를 만든다. 그다음에 그 풍경을 보여주는 고글을 쓰고, 당신의 움직임과 당신이 보고 움직이는 모든 방향을 측정할 장비를 장착하면 이제 당신은 정말 거기 있는 것처럼 그 환경을 경험하게 된다. 비록 눈에 보이는 풍경뿐이라 해도 말이다. 혹은 주위를 돌아다니고 모든 걸 볼 수 있지만 만지거나 물건을 옮기지는 못하는 영화 〈사랑과 영혼Ghost〉의 주인공이 된 것처럼 경험하게 된다. 그러니까 솔직히 거기 정말 간 것만큼 좋지는 않다. 그래도 이게 두 번째로 좋은 것이긴 하다.

당신이 달이나 화성에 가고 싶은데 표를 살 만큼의 돈이 없거나 직장에서 휴가를 낼 수 없다고 해보자. 나사나 스페이스X 또는 이 사업을 지휘하는 사람 누구든 간에 생각이 좀 있다면 문제의 행성으로 자동 로버 한 소대를 보내서 기지 주위 모든 지역의 사진을 찍어 오는 일을 시킬 것이다. 지구에서 컴퓨터로 문제의 장소를 가상현실 시뮬레이션으로 만들기 위해서 말이다. 그러면 당신은 거길 탐사하는 것을 돕겠다고 자원하면 된다. 나사는 당신의 시간에 돈을 지불할 수도 있다. 머스크는 아마 당신에게 약간의 요금을 물릴 것이다(그는 나사보다 영리하다). 그러나 어느 쪽이든 당신도 거기에 갈 수 있다. 고글을 쓰고 화성을 돌아다니면서 돌들을 자세히 관찰해보자. 만약 뭔가 이상한 것을 발견했다면, 예를 들어 광물이라기보다는 화석처럼 보이는 돌을 찾았다면, 로버나 주위에 있는 우주비행사를 호출해서 돌에서 흙을 털어내고 바위 깨는 망치로 깨뜨려서 현미경으로 들여다보거나 그것을 확인하기에 알맞은 일을 해보라고 제안할 수 있다.

현대의 카메라는 물체를 조사해보고 싶은 전문 과학자들 무리가 따라갈 수 있는 속도보다 훨씬 빨리 사진을 찍는다. 나사는 화성 궤도선이 찍은 사진을 살펴보라고 대중에게 공개함으로써 이미 이 문제를 해결해보려는 시도를 하고 있고, 아마추어 자원자들이 중대한 발견을 여럿 했다. 우리가 다른 세계의 지표면에 발을 디디게 되면 우주비행사나 제트추진연구소 로버 운전자들이 그들만의 힘으로 탐사할 때와는 비교도 할 수 없을 정도로 훨씬 많은 데이터를 얻을 것이다.

수백만 명의 유령 아르바이트생들이 이들을 돕기 위해 필요해질 것이다. 당신도 그중 한 명이 될 수 있다.

4장
화성: 우리의 신세계

달을 넘어가면 인류가 우주로 나아가는 데 있어서 중대한 단계인 화성이 있다. 화성은 달보다 수백 배 더 멀리 있지만, 훨씬 더 큰 포상을 제시한다. 실제로 우리 태양계의 외계행성들 중에서 독특하게도 화성은 생명체뿐만 아니라 기술 문명의 진보를 뒷받침하는 데 필요한 모든 자원을 보유하고 있다. 지구의 달이 가진 비교적 사막 같은 환경에 비해 화성은 땅속에 영구동결상태로 얼어붙은 바다와 대량의 탄소, 질소, 수소, 산소를 보유하고 있고, 모두 다 이것을 사용할 만큼 영리한 사람들이 쉽게 입수할수 있는 형태이다. 게다가 화성에서는 지구에서 다양한 광물을 생성했던것과 똑같은 화산활동 및 물의 순환이 일어나고 있다. 사실상 산업계가 큰흥미를 갖는 모든 원소들이 이 붉은 행성에 존재한다고 알려져 있다.[1] 24시간 밤/낮 사이클과 태양 표면의 폭발로부터 지표를 지켜줄 정도로 두꺼운 대기 덕택에 화성은 자연적인 햇빛을 통해 대규모의 온실효과를 얼마든지 일으킬 수 있을 만한 유일한 외계행성이다.

화성에는 정착할 수 있다. 우리 세대와 그 이후 수많은 세대에게 있어서 화성은 신세계다.

마스 다이렉트

화성으로의 유인탐사임무는 먼 미래를 위한 모험, '다음 세대'를 위한 임무라고 몇몇 사람들은 말한다. 그런 관점은 사실 아무 근거도 없다. 그 반대로 내 책 〈*The Case for Mars*〉에서 상세히 설명한 것처럼 미국은 오늘날 공격적이고 지속적인 유인화성탐사, 10년 안에 붉은 행성에 도착하는 최초의 유인탐사임무를 수행하는 데 필요한 모든 기술을 갖고 있다.[2] 화성에 가기 위해서 미래적 기술을 가진 거대한 우주선을 건조할 필요는 없다. 반세기 전 우주비행사들을 싣고 갔던 것과 비슷한 기술로 만든 부스터 로켓으로 곧장 화성을 향해 발사되는 비교적 작은 우주선으로 붉은 행성에 갈 수 있다. 성공하기 위한 핵심은 수 세기 동안 지상의 탐험가들이 지켜온 것과 비슷한 전략인 '가볍게 여행하고 여행지에서 자급하라'는 말을 따르는 것이다. 이런 식으로 붉은 행성에 접근하기 위한 계획을 '마스 다이렉트Mars Direct'라고 한다.

마스 다이렉트 계획은 다음과 같이 진행될 것이다. 초반의 발사에서는, 예컨대 2026년이라고 하면, 아폴로 프로그램 때 사용한 새턴 V호와 같은 성능을 가진 1단 중량 부스터를 케이프 커내버럴에서 발사하고, 상단을 사용해서 40톤의 무인 페이로드를 화성으로 가는 궤도로 쏜다. 8개월 후 화성에 도착하면 우주선은 공기차폐막과 화성 대기 사이의 마찰력을 이용해서 행성 주위의 궤도로 뚫고 들어가서 낙하산과 그 뒤 최종 감속 로켓을 통해 착륙한다. 이 페이로드는 지구귀환차량ERV이다. 우주선은 두 대의 급유하지 않은 메테인/산소 기반 로켓 추진기를 갖고서 화성으로 날아간다. 또한 액체 수소 6톤, 메테인/산소로 작동하는 소형트럭 뒤쪽에 실은 100킬로와트 원자로, 작은 압축기 세트와 자동 화학반응기, 그리고 몇 대의 소형 과학용 로버도 실려 있다.

우주선이 성공적으로 착륙하자마자 트럭이 원격 조종으로 착륙지점에서 몇 백 미터 떨어진 곳으로 가서 압축기와 화학반응기에 전력을 공급하기 위해 원자로를 설치한다. 지구에서 가져온 수소는 95퍼센트가 이산화탄소CO_2 기체인 화성 대기와 빠르게 반응해서 메테인과 물을 생성하고, 그래서 행성 표면에 장기적인 극저온 수소 저장고가 전혀 필요치 않다. 이렇게 생성된 메테인은 액화해서 저장하고, 물은 전기분해해서 산소는 저장하고 수소는 메테인 생성기에 넣고 재활용한다. 결국에 이 두 반응(메테인 생성 및 물 전기분해)은 24톤의 메테인과 48톤의 산소를 생성한다. 하지만 메테인을 최적의 혼합 비율로 연소하기에는 산소가 부족하기 때문에 화성의 CO_2를 직접 분해해서 추가로 산소 36톤을 생성한다. 모든 과정에는 10개월이 걸리고, 결론적으로 총 108톤의 메테인/산소 이원 추진제가 만들어진다. 이는 화성의 추진제와 이 추진제를 만들 때 필요한 지구의 수소와의 레버리지가 18:1임을 나타낸다. ERV에 연료를 넣는 데 이원 추진제 96톤이 사용되고, 12톤은 화학 연료를 쓰는 고성능 장거리 지상 탐사차에 사용하게 된다. 추가적인 산소도 대량으로 비축해두는데, 호흡에 사용하고 또 지구에서 가져온 수소와 결합해서 물을 만들기 위해서다. 물은 89퍼센트가 산소이고(무게로) 대부분의 식량에서 물이 큰 부분을 차지하기 때문에 이것이 지구에서 가져와야 하는 생명 유지용 소비재의 양을 크게 경감시킨다.

추진제 생산이 성공적으로 완료되면, 2028년에 부스터 두 대가 더 케이프에서 이륙해서 40톤의 페이로드를 화성 쪽으로 쏘아 보낸다. 페이로드 하나는 2027년에 발사했던 것과 거의 같은 무인 연료 공장/ERV이고, 다른 하나는 승무원 네 명이 탄 거주 모듈, 3년간 버틸 수 있는 양의 음식과 건조식량들, 압축 메테인/산소로 움직이는 지상 로버가 실려 있다. 화성으로 가는 동안 거주 모듈과 연료가 소진된 부스터 상단 사이에 테더가 이어져서 두 기계를 빙빙 돌려 승무원들에게 인공중력을 공급한다. 도착하면 유인 우주선이 테더에서 떨어져 나와 대기 마찰로 감속해서 2026 착륙지점에 착륙한다. 여기에는 연료가 가득한 ERV와 눈에 잘 띄고 불빛으로 표시된 착륙지점이 기다리고 있다. 이런 항법 도우미들의 도움으로 대원들은 정확히 그 지점에 착륙할 수 있겠지만, 수십, 심지어 수백 킬로미터쯤 지점을 벗어나게 된다면 대원들은 로버를 타고 와서 도착 예정지로 와야 한다. 수천 킬로미터쯤 떨어진 곳에 착륙하게 된다면 두 번째 ERV가 도움이 될 것이다. 하지만 대원들이 착륙해서 1번 지점에 계획대로 도착했다고 하면, 두 번째 ERV가 수백 킬로미터 떨어진 곳에 착륙해서 2030 임무를 위한 추진제를 만들기 시작하고, 2030 임무에서는 추가 ERV를 가져와서 화성 착륙지 제3번을 만든다. 그러니까 2년마다 대형 부스터 두 대를 발사해서 한 대는 대원들을 내려주고 한 대는 다음 임무를 위한 착륙지를 준비하는 데 사용한다. 화성 탐사 프로그램을 지속적으로 이어가기 위한 평균 발사 속도는 1년에 부스터 한 대인 셈이다. 이 정도는 확실하게 감당할 수 있다. 사실상 이 '자급하기' 방식은 유인화성임무를 상상의 세계에서 아폴로 호를 달에 보낼 때 겪었던 것과 비슷한 수준의 어려운 임무라는 현실로 내몬다.

([사진 5] 참고)

대원들은 화학연료를 사용하는 고성능 지상 탐사차를 이용해서 화성 표면을 멀리까지 돌아다니며 탐사를 하며 1.5년 동안 머문다. 12톤의 표면 연료 저장소로 그들은 떠나기 전까지 2만 5000킬로미터 이상을 돌아다닐 여력이 있고, 덕분에 화성에 과거에, 혹은 현재 생명체가 있다는 증거를 깊게 탐사하는 데 필요한 이동성을 확보하게 된다. 이 탐사는 생명체가 지구에만 특수한 현상인지 아니면 우주 전역의 보편적 현상인지를 밝히는 핵심 조사다. 아무도 궤도에 남아 있지 않기 때문에 모든 대원이 화성 대기 덕택에 자연스러운 중력과 우주선宇宙線 및 태양 방사선에 대한 방어막을 갖게 되고, 궤도에 모선이 남아 있고 소수만이 착륙하던 이전 화성임무계획에서 단점이었던 빨리 지구로 귀환해야 한다는 강력한 이유가 존재하지 않는다. 체류를 마치고 대원들은 화성 표면에서 ERV를 타고 지구로 곧장 날아간다. 여러 번의 임무가 진행되면서 화성 표면에는 작은 기지들이 연이어 생기고, 인간의 인지가 닿는 넓은 지역을 생성하게 된다.

이것이 기본적인 마스 다이렉트 계획이다. 1990년에 내가 처음 제안했을 때는 나사에서 진지하게 생각해보기엔 너무 급진적이라고 여겨졌으나, 당시 나사 탐사국 국장보였던 마이크 그리핀과 나사 국장 댄 골딘의 설득으로 이후 수 년간 존슨 우주 센터에서 인간 화성 임무를 설계하는 담당 그룹이 이것을 자세히 살펴보기로 했다. 그들은 마스 다이렉트 계획을 바탕으로 설계 참고자료 임무Design Reference Mission, DRM라는 상세한 연구 자료를 만들었으나 원래의 구상보다 원정대 규모를 두 배로 늘렸다. 그런 다음 이 커진 마스 다이렉트에 드는 돈을 바탕으로 화성 탐사 계획의 추정 경비를 세산했다. 결과는 500억 달러였다. 이것은 나사의 1989년 '90일 보고서'(이 보고서는 의회에 엄청난 충격을 주어 조지 H. W. 부시 대통령의 우주탐사계획을 취소하는 결과를 불러왔다)에 포함된 수십 대의 우주선으로 이루어진 전통적이고 번거로운 궤도 집합 방식의 인간 화성 탐사에 4000억 달러가 들 거라고 추정했던 바로 그 예산 추정팀이 내놓은 금액이다. 여기서 이야기한 처음의 간소한 마스 다이렉트 계획으로 규모를 줄이면 프로그램은 아마 200억 달러로 해낼 수 있을 것이다. 이것은 미국, 유럽, 중국, 러시아, 일본이 쉽게 감당할 수 있는 금액이다. 신세계를 위해서 지불하기에는 얼마 안 되는 돈이다.

본질적으로 화성에서 입수 가능한 가장 확실한 현지 자원인 화성 대기를 이용하는 이 계획은 달에 가는 수준의 교통 시스템을 이용해서 유인화성탐사임무를 해낼 수 있게 만들어준다. 유인화성임무에 달까지 가는 교통수단에 필요한 것 이상의 신기술과 복잡한 활동을 집어넣을 필요성을 없앰으로써 이 계획은 경비를 훨씬 줄일 수 있고 인간의 화성 탐사를 한 세대 빠르게 만들 수 있다.

마스 다이렉트 2020

원래의 마스 다이렉트 계획은 1989~1990년에 고안한 것이었다. 지금도 여전히 괜찮은 계획이지만, 계획을 성공시키는 데 엄청난 이점이 될 만한 두 가지 핵심 사건이 있었다.

첫 번째는 나사와 유럽 우주국이 지휘한 행성탐사 프로그램 덕분에 화성에 대량의 물이 있다는 사실을 발견했다는 점이다. 1996년에 나사는 화성에 패스파인더 착륙선과 화성전역조사선 Mars Global Surveyor, MGS을 보냈다. 1997년에 도착한 패스파인더는 최초의 화성 로버인 소저너를 투입했다. 이 작은 탐사 로봇은 화성 표면에서 과거에 액체 물이 존재했다는 증거인 역암을 발견했다. 이후 10년 동안 화성 궤도에서 활동하며 MGS

는 과거 북부 바다였던 것처럼 보이는 아주 평평한 분지를 포함해 화성 표면에서 물이 만든 특징 수천 가지를 찾아냈다. 그뿐만 아니라 2000년과 2005년에 MGS가 같은 크레이터를 찍은 사진에서 그 두 날짜 사이에 크레이터 가장자리로 강이 흘렀던 흔적이 남아 있는 것처럼 보여서 현대에 물의 비정상 흐름이 있었음을 암시해주었다. 이런 활동을 할 만한 원천은 액체 지하수면이다. 그러다가 2001년에 나사는 이 붉은 행성에 마스 오디세이 궤도선을 보냈다. 토양의 수소 농도를 감지할 수 있는 중성자 스펙트로미터를 이용해서 오디세이는 행성 전체를 지도화하고, 거의 모든 곳에서 최소한 5~10퍼센트의 물을 발견했다. 대륙 크기의 일부 지역에서는 무게로 60퍼센트의 물이 있는 걸로 확인되었다. 2003년에 나사는 화성으로 스피릿과 오퍼튜니티 로버를 보냈고, 유럽 우주국은 마스 익스프레스 궤도선을 보냈다. 2004년 초에 도착한 로버들은 고대 화성 호수의 가장자리에서 물이 증발하고 남겨진 소금 침전물을 찾아냈다. 마스 익스프레스는 더 대단한 일을 해냈다. MARSIS 지표투과레이더를 이용해서 2008년부터 지하수가 있다는 보고를 보내기 시작했고, 2018년에는 화성의 남극 근처에서 *액체* 소금물로 된 20킬로미터 너비의 지하 호수를 발견했다.[3] 이런 호수는 우주비행사들의 자원 노릇을 할 수 있을 뿐만 아니라 화성 표면이 춥고 건조해지면서 지하로 들어간 고대의 화성 생명체들이 아직 살아 있을 만한 환경을 제공한다. 이런 생명체의 가능성은 마스 익스프레스가 처음에 감지해서 논란이 되었던 메테인 분출로 더 강력하게 뒷받침되었고, 2012년에 화성에 착륙한 나사의 큐리오시티 로버도 차후에 메테인 분출을 확인해주었다. 메테인 분자는 자외선에 파괴되기 때문에 화성 대기에서 한정된 시간 동안 존재한다. 그 결과 오늘날 발견되는 메테인은 최근에 만들어진 것이어야 하고, 유일한 가능성은 생물학적으로 만들어졌거나 열수 활동으로 만들어졌다는 것뿐이다. 즉 생명체가 존재하거나 생명체 친화적인 장소가 있다는 뜻이다. 하지만 최고의 발견은 나사의 화성정찰위성 MRO이 해냈다. 2006년에 붉은 행성에 도착한 이 궤도선은 처음에 그 뛰어난 광학장치로 아북극 위도의 가파른 지역 양옆으로 드러난 층층이 쌓인 거대한 얼음 매장층을 조사했다. 그러다 2018년에 SHARAD 지표투과레이저를 사용해서 아래로 북위 38도까지 순수하거나 거의 순수한 물 얼음으로 이루어진 화성 빙하 수백 개를 찾아냈다. 이 위도는 지구에서는 샌프란시스코나 그리스의 아테네와 같은 위치이다. 이 빙하가 갖고 있는 물의 양은 대단히 놀랍다. 약 150조 세제곱미터로 1미터도 넘는 깊이로 붉은 행성 전체를 뒤덮을 수 있는 양이다![4]

이 말은 마스 다이렉트 계획을 수행하는 우주비행사들이 메테인/산소 로켓 추진제를 만들기 위해서 CO_2와 반응할 수소를 화성으로 가져올 필요가 없다는 뜻이다. 대신에 추진제를 만들거나 작물을 키우거나 플라스틱이나 섬유를 만드는 데 필요한 모든 핵심 원료들을 화성에서 쉽게 발견할 수 있을 것이다.

또 다른 핵심 사건은 스페이스X이다.

2018년 2월에 6년의 개발 끝에 스페이스X가 마침내 궤도까지 60톤의 페이로드 성능(우주왕복선, 록히드 마틴의 아틀라스 V호, 러시아의 프로톤, 유럽의 아리안 V호의 세 배이고, 보잉의 델타 IV 헤비의 두 배다)을 가진 4분의 3 재사용 시스템 팰컨 헤비 부스터를 쏘았다.[5] 이 책 서문에서 이야기한 것처럼 이것은 엄청난 성과다. 주류 우주항공업계 회사들이 이런 프로젝트를 할 때 예상하는 시간의 절반 만에 예상 경비의 30분의 1에 해냈기 때문이다. 보통 진짜 중량발사체의 성능으로 여겨지는 약 100톤 대신에 궤도까지 60톤을 나르는 팰컨 헤비는 인간을 화성으로 보내는 데는 약간 작아 보이기도 한다. 하지만 이걸로도 충분하다.

스페이스X의 팰컨 헤비 발사체가 지구에서 곧장 페이로드를 보내는 데 사용된다면, 화성에는 12톤 정도가 도착할 것이다. 임무당 세 번씩 발사하게 마스 다이렉트 계획을 수정하면, 아주 가까운 미래에 2인 팀으로 유인화성탐사를 시작할 수 있을 것이다.

하지만 만약에 팰컨 헤비 부스터의 상단을 지구 저궤도에서 급유한다면 화성에 40톤을 가져갈 수 있고, 이것은 새턴 V호보다도 큰 용량이다. 이렇게 하면 마스 다이렉트 계획을 완전한 규모로 수행하는 데 충분하고도 남는다. 게다가 △V를 달 천이궤도에 들어갈 수 있는 크기로 만든 후에 팰컨 헤비의 2단이 분리되게 만든다면, 전체 발사 시스템을 재사용할 수 있고 달까지도 훨씬 많은 짐을 운송할 수 있을 것이다.

([사진 6] 참고)

하지만 팰컨 헤비는 스페이스X가 가진 야심의 끝이 전혀 아니다.

2016년 9월 29일에 멕시코의 과달라하라에서 열린 국제우주공학총회 IAC의 연설에서 스페이스X의 대표인 일론 머스크는 행성간 운송 시스템 ITS에 관한 회사의 계획을 대대적으로 광고했다.[6] 머스크에 따르면 ITS는 비행당 100명씩의 승객을 날라 백만 명을 빠르게 이동시켜 화성의 정착지화를 가능하게 만들고, 목성의 달 유로파 같은 다른 천체에 대규모 유인 탐사임무를 수행할 수 있게 해줄 것이다.

나는 머스크가 그 놀라운 발표를 할 때 그 회의장에 있던 수천 명의 사람들(그리고 온라인으로 보았을 더 많은 사람들) 중 한 명이었고, 연설에 담긴 여러 가지 훌륭하고 강력한 아이디어들에 감탄했다. 하지만 머스크의 계획은 그 좋은 아이디어들 일부를 대단히 부적당한 방식으로 조합해서 그가 제안하는 시스템을 비현실적으로 만들었다.

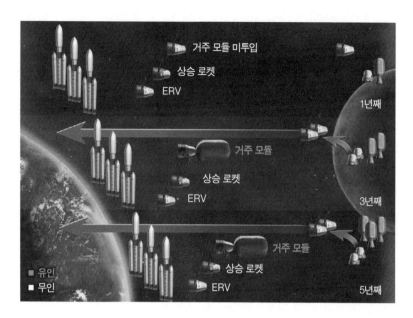

[그림 4.1] '드래건 다이렉트' 계획의 임무 진행 도표. 2년마다 세 대의 팰컨 헤비가 발사되어 상승 로켓과 지구귀환차량, 유인 거주 모듈을 보낸다. 드래건 캡슐에 충분한 거주 공간을 더하기 위해서 부풀릴 수 있는 거주 모듈을 사용한다. (화성협회의 마이클 캐럴 제공)

머스크가 설명했듯이 스페이스X ITS는 메테인/산소 화학 이원 추진제를 사용하는 굉장히 큰 완전 재사용 가능 2단 발사 시스템으로 이루어질 것이다. 준궤도 1단 로켓은 새턴 V호의 이륙 추진력의 네 배를 낼 것이다. 궤도에 도착하는 2단은 새턴 V호 1단 로켓의 추진력과 똑같다. 다 합쳐서 이 2단 로켓은 지구 저궤도LEO까지 최대 550미터톤의 페이로드를 나를 수 있다. 이것은 새턴 V호 페이로드의 네 배다.

로켓 꼭대기에 있는 몇 백 명 정도의 승객이 타는 우주선은 2단 로켓과 분리할 수 없을 것이다. 2단 로켓에 더해 우주선이 궤도까지 가기 위해 연료를 쓰기 때문에 궤도에서 약 1950톤의 추진제를 다시 채워줘야 한다 (즉 승객이 탄 로켓을 한 번 발사하려면 그에 필요한 추진제를 운반하기 위해 네 번의 발사를 더 해야 한다는 뜻이다). 연료가 채워지면 우주선은 화성으로 향할 수 있다.

여행 기간은 물론 지구와 화성이 궤도상에서 어디에 있는지에 달렸다. 가장 짧은 편도 여행은 80일 정도이고, 가장 긴 것은 180일 정도다. (머스크는 여정을 60일 정도, 심지어는 30일 정도로 줄이기 위해 시스템을 개선할 수 있다고 주장했다.)

화성에 도착해서 승객들을 내려준 다음 우주선은 화성의 물과 이산화탄소로 화성에서 만들어진 메테인/산소 이원 추진제를 급유한 다음 다시 지구 궤도로 돌아온다.

([사진 7] 참고)

2016년 9월의 ITS 계획에는 여러 가지 눈에 띄는 장단점들이 있었고, 나는 그다음 달에 긴 비평문을 통해 이것을 상세히 분석했다.[7] 장점 면에서 이 시스템은 완전 재사용이 가능하고, 현지에서 생산되는 메테인/산소 추진제를 사용해서 화성에서 곧장 돌아오는 방식으로 화성의 자원을 최대로 활용하며, 스페이스X가 팰컨 로켓에서 보여준 그 혁신적인 초음속 역추진 기술을 사용하여 화성에 큰 페이로드를 착륙시키는 문제를 해결했다. 단점으로는 시스템이 너무 크고, 이렇게 거대한 로켓이 화성까지 날아갔다가 돌아오는 것은 화성의 추진제 제조 시스템에 불필요하게 큰 짐이 될 수 있다. 실제로 로켓의 에너지 요구량이 핵발전이나 광발전 시스템을 넘어서게 되는 때가 금방 올 것이다. 게다가 화성까지 ITS 우주선이 갔다가 돌아오는 것은 4년 동안 이 우주선을 사용하지 못하게 만드는 일이 된다(이 우주선이 출발하고 2년 후에 하는 다음 번 화성 출발에 쓰기엔 너무 늦게 돌아오기 때문이다). 더 나은 계획은 우주선을 정지궤도에 세우고서 화성간 페이로드를 LEO에서 분리하거나(그러면 다음 날에 우주선

을 다시 사용할 수 있다) 달 천이궤도TLI에서 분리하는(즉 지구 탈출에 약
간 못 미쳐서. 이렇게 하면 우주선을 다음 주에 다시 쓸 수 있다) 것이다.

스페이스X는 나의 비평을 마음 깊이 받아들였던 모양이다. 다음 해에
머스크가 오스트레일리아의 아델레이드에서 열린 IAC 컨퍼런스에서 다
시 계획을 설명하면서 ITS(이제 BFR이라고 이름을 바꾸었다)를 4분의 1
로 축소시켜 훨씬 감당하기 쉬운 150톤을 궤도로 보내는 걸로 이야기했
기 때문이다.[8] 게다가 새로운 BFR(후에 '스타십'으로 이름을 바꾸었다)에
는 LEO나 TLI까지 페이로드를 싣고 가고, 페이로드 혼자서 달이나 화성
까지 가는 임무를 완료할 수 있는 '화물 변이cargo variant'가 있다.

궤도에서 급유할 필요 없이 LEO에서 단 분리를 한 스타십은 붉은 행성
까지 50톤을 혼자 보낼 수 있다. 마스 다이렉트에는 충분한 양이다. 궤도
급유를 하면 스타십은 150톤을 TLI까지 가져갈 수 있고, 거기서 다수의
화성 정착자들이 타고 있는 120톤의 화물을 발사할 수 있다.

하지만 무엇보다 가장 훌륭한 점은 이게 단순히 말뿐이 아니라는 점이
다. 이 글을 쓰고 있는 동안에도 최초의 스타십 부품들이 만들어지고 있
다. 우리는 나아가는 중이다.

화성을 탐사하기 위해서는 기적적인 신기술이나 궤도에 있는 우주공항,
거대한 행성간 우주전함 같은 것이 필요하지 않다. 우리의 첫 번째 화성
전초기지를 10년 안에 세울 수 있을 것이다. 미래 세대가 아니라 우리가
인류를 위해 이 신세계로 나아간 최초의 개척자라는 영원한 영광을 안을
수 있다. 필요한 건 오로지 현대의 기술, 19세기의 공업화학 약간, 확실한
상식과 약간의 용기뿐이다.

미니 BFR

2018년 가을에 일론 머스크는 스페이스X가 BFR(후에 '스타십' 으로 이름을 바꾸었다) 개발 프로그램을 지원하기 위한 시험품으로 팰컨 9의 상단을 기반으로 한 '미니 BFR'을 만들려 한다고 발표했다. 나는 이런 시스템의 가능성에 대단히 놀라서 그에게 다음과 같은 편지를 보냈다.

일론,

당신이 시험용으로 팰컨 9 미니 BFR을 개발 중이라는 이야기를 들었습니다.

정말 잘된 일입니다.

거기서 한 걸음 더 나아가 그걸 실제 운용 시스템으로 만들면 좋을 것 같습니다.

그러면 많은 이점이 있을 것입니다.

1. 스페이스X에 역사상 처음으로 완전 재사용 가능 중형발사체가 생기게 되고, 이건 회사에 있어 굉장히 수익성이 큰 일벌이 될 것입니다.
2. 그것은 분명히 근시일 내에 인간이 화성에 가는 도구가 될 것입니다.

다음을 고려해봐요.

3. 미니 BFR 우주선, 짧게 줄여 소형 팰컨 우주선SFS은 궤도에서 팰컨 헤비 1단 로켓만으로 화성 궤도 천이를 할 만큼 연료를 충전할 수 있을 것입니다.

4. 화성에서 돌아오는 데는 추진제가 훨씬 적게 필요할 테니까 표면 에너지도 훨씬 적게 들 것입니다. 이것은 매우 중요합니다. 아무도 당신이 수 메가와트의 우주 원자로를 만들도록 고농축 U235를 주지 않을 거고, 나사가 그걸 개발하는 건 당신이 죽고도 아마 한참 지난 다음일 것입니다. 그러니까 화성에서 추진제 생산을 하려면 태양열 발전을 사용해야 할 거고, BFR을 작동하는 데 필요한 시스템 크기가 걸림돌이 될 수 있습니다. 하지만 SFS라면 아마 가능할 것입니다.

5. 당신이 BFR을 가져서 정착지를 만들기 위해 그걸 사용한다 해도, 150톤을 LEO까지 나르는 완전 재사용 가능 부스터로 사용하거나 TLI에서 급유하고 그다음에 페이로드를 발사하게 하는 편이 BFS를 화성까지 완전히 보냈다가 돌아오게 만드는 것보다 훨씬 많은 일을 할 수 있을 것입니다. 이렇게 하면 우주선을 몇 년 대신 며칠 만에 재사용할 수 있으니까요. 정착지를 만드는 동안 당신은 거의 모든 승객들을 편도로 보낼 거고, 돌아오는 사람은 아주 적을 것입니다. 정착자들이 여행하는 가장 싼 방법은 화물에 타는 거고, 그 말은 화성에 설치하게 될 거주 모듈을 타고 화성으로 가는 것이죠. 소수의 귀환자들을 데려올 때는 훨씬 작은 우주선이면 됩니다. 훨씬 낮은 자금이 들어가고 정착지에 훨씬 적은 에너지 부담을 안기는 SFS가 거기에 딱입니다.

6. BFS와 달리 SFS는 이미 이것을 싣고 갈 수 있는 1단이 있습니다. 이건 큰 이점입니다. 왜 드래건이 오리온보다 우월할까요? 발사할 수 있기 때문이죠. 여기도 같은 논리가 적용됩니다.

추가사항:

7. 싼 우주비행으로 이어질 수 있는 궁극적인 시장은 대륙간 여행 분야입니다. 당신이 한 자리에 2만 달러씩 받고 BFS에 승객을 태울 때까지는 오랜 시간이 걸립니다. SFS를 훨씬 더 빨리 채울 수 있습니다.

8. SFS가 BFS보다 화성 임무에 더 유리한 이유와 같은 이유로 달 임무에도 더 유리합니다.

9. 겨우 몇 년 안에 당신은 근지구 소행성대나 달 근접통과 임무를 하기 위해 LEO에서 SFS를 발사하는 프로젝트를 할 수 있을 것입니다.

10. 운용 가능한 SFS 시스템을 만들면 수많은 유산과 BFS를 설계하기 위한 운영상의 경험을 얻을 것입니다.

잘 생각해봐요.

잘되길 바라며,

로버트

그 친구가 내 조언에 귀 기울이기를 바라보자.

화성 정착지 만들기

> 세상을 새롭게 시작하기 위한 힘이 우리 손안에 있다.
>
> -토머스 페인, 1776

    화성 정착지를 만들 때의 문제는 근본적으로 운송상의 문제에 있는 것이 아니다. 우리가 화성으로 가는 정착자들을 실은 주거지를 편도 여행으로 발사하기 위해 스타십이나 그 비슷한 우주선을 사용할 예정이라면, 그리고 우주 왕복선의 최전성기에 발사하던 것과 같은 속도로 쏜다면, 1600년대에 영국이 북아메리카 정착지를 만들던 것과 비슷한 속도로 화성 인구를 늘리게 될 것이다. 그리고 우리 자원을 고려할 때 훨씬 적은 비용이 들 것이다. 아니, 화성 정착지를 만드는 데 있어서의 문제는 많은 사람들을 붉은 행성으로 옮기는 것이 아니라 사람들이 도착한 후 늘어나는 인구를 뒷받침하기 위해 화성의 물질들을 자원으로 바꾸는 능력이다. 이렇게 하기 위한 기술은 첫 번째 화성 기지에서 개발될 거고, 그래서 이 기지는 이후에 올 이민자 물결의 상륙 거점 역할을 할 것이다. 최초의 마스 다이렉트 탐사 임무는 지구에서의 수렵-채집과 유사한 방식으로 화성에 접근할 거고, 기본적인 연료와 산소 요구량을 맞추기 위해서 가장 쉽게 입수할 수 있는 자원인 대기를 이용할 것이다. 반면 영구적으로 거주자가 있는 기지는 농경 및 산업 사회의 관점에서 화성에 접근할 것이다. 토양에서 물을 추출하고, 점점 더 대규모가 되어가는 온실 농업을 하고, 현지 원료에서 도자기, 금속, 유리, 플라스틱을 만들고, 인간의 거주 및 산업, 농경 활동을 위한 커다란 여압與壓(낮은 기압을 사람에게 맞는 기압으로 바꿔 유지하는 일) 구조물을 만드는 기술을 개발할 것이다.[9]

시간이 흐르며 기지 그 자체가 작은 마을로 변화할 것이다. 지구와 화성 사이의 비싼 운송 경비는 우주비행사 중에서 기본적인 18개월의 의무 기간을 넘어서서 4년, 6년, 그 이상을 기꺼이 머무를 사람에게 더 큰 경제적 보상을 하게 만들 것이다. 실험을 통해서 화성 대기압에서 CO_2로 가득한 온실 속에서도 식물이 자랄 수 있다는 사실이 이미 입증되었다. 그러니까 화성 정착자들은 늘어나는 거주민들을 먹이는 데 필요한 음식을 공급하기 위해 커다란 팽창식 온실을 설치할 수 있을 것이다. 이런 농업을 돕고, 커다란 여압식 구조물을 짓는 데 필요한 핵심 재료인 대량의 벽돌과 콘크리트를 생산할 수 있도록 이동식 극초단파 기계들이 화성의 넘치는 영구 동토로부터 물을 추출하기 위해 사용될 것이다. 기지는 서로 연결된 마스 다이렉트식 '참치 캔' 주거지 네트워크로 시작되겠지만, 두 번째 십 년기에 정착자들은 쇼핑몰 크기의 벽돌과 콘크리트로 된 여압식 지역에 살 수도 있다. 그리고 얼마 지나지 않아 현지 산업 활동이 늘어나면서 케블러와 스펙트라 같은 고강도 플라스틱을 대규모로 제조할 수 있게 되고 햇빛이 비치는 여압 지역을 둘러싸는 지름 100미터에 이르는 팽창식 돔을 만들어 거주 공간이 크게 늘어날 것이다. 도착한 새 원자로들은 전력 공급을 계속 늘려줄 것이고, 현지에서 제조되는 태양광 패널과 태양열 전력 시스템 역시 마찬가지다. 하지만 지리적으로 화성이 가까운 과거에 화산 활동이 있던 곳이기 때문에 붉은 행성에 지하 열수 저장고가 있을 가능성도 높다. 이런 저장고가 발견되면 정착자들에게 물과 지열 에너지를 풍부하게 공급하는 공급원으로 쓰일 수 있다. 더 많은 사람들이 꾸준하게 도착하고 더 오래 머물수록 마을 인구는 늘어날 것이다. 이렇게 되는 와중에 아이들이 태어나고 화성에 사는 가족들이 생기며 최초의 진정한 정착지 주민이라는 인간 문명의 새로운 가지가 생겨날 것이다.

화성에 최초의 인간 탐험가 팀을 보내기 위해서 기본적으로 새롭거나 심지어는 더 싼 행성간 운송 수단이 필요치는 않다. 그러나 화성 기지로의 물류 요구량을 맞추다 보면 시장이 형성되어 결국 행성간 운송에 있어서 저가에 상업적으로 발전된 시스템이 만들어질 것이다. 인간이 붉은 행성에서 자족할 수 있도록 기지에서 화성 자원을 사용할 방법을 개발하는 것과 합쳐지면 이런 운송 시스템은 화성에서 실제 정착지 형성 및 경제 개발이 시작되도록 만들 수 있을 것이다.

([사진 8] 참고)

화성에서의 초기 탐사와 기지 건설 활동은 정부나 기업의 지원금으로 이루어진다 해도, 진짜 정착지는 결국 경제적으로 자립해야 한다. 화성은 이런 면에서 달이나 소행성대에 비해 큰 이점을 갖고 있다. 달과 소행성대와 달리 이 붉은 행성에는 생명체와 기술 문명 양쪽 모두를 지탱하는 데 필요한 모든 원소들이 다 있어서 식량과 모든 기초적이고 부피가 크고 단순한 공산품들을 자족할 수 있기 때문이다. 다시 말해서 화성은 아주 오랫동안 전제국가가 될 가능성이 없고, 설령 된다 해도 그게 그리 이득이 되지 않을 것이다. 지구상의 국가들이 번영하려면 서로 무역을 해야 하는 것처럼, 미래의 행성 문명들도 무역을 해야 할 것이다. 간단히 말해서 아무리 자립적인 문명이 된다 해도 화성인들은 언제나 돈을 필요로 하고, 당연히도 돈을 원하게 될 것이다. 그럼 이걸 어디서 얻을 수 있을까?

화성에 현금이 들어오게 만들 만한 방법은 여러 가지가 제시되었다. 예를 들어 화성이 지구로 귀금속을 수출하는 소행성대의 광산 기지들에 식량과 다른 유용한 물품들을 공급하는 공급처 역할을 할 수도 있다. 아니면 화성의 물이 지구보다 중수소 농도가 여섯 배 높기 때문에 핵융합이 가능해지고 나면 고향별에 이 귀중한 핵융합 연료를 수출할 수도 있다. 이 중수소들은 화성의 삶을 지탱해주는 루틴과 연료 제작 작업 중간과정으로 물을 수소와 산소로 전기분해해야 하기 때문에 거기서 유익한 부산물로 추출할 수 있다. 또는 화성에서 완전 재사용 행성간 운송 시스템을 이용해서 채굴해 지구에 팔면 이윤을 얻을 만한 귀금속을 발견할 수도 있다. 하지만 또 다른 선택지는 그냥 땅을 파는 것이다. 미국 서부 정착 시기에 했던 것처럼 개발되지 않은 땅을 미래의 개발 예상도를 바탕으로 추정가를 정할 수 있다. 안정된 기지, 교통로, 실제 발전소나 발전소 가능지(예를 들어 지열처럼), 다른 잘 알려진 자원이 풍부한 지역과 가까운 땅일수록 가격이 높아진다.

이런 가능성들도 있긴 하지만, 내가 보기에 화성이 지구로 보낼 수 있는 가장 가능성 높은 수출품은 특허다. 화성 정착자들은 변경에서 그들이 필요한 것을 충족시키기 위해 자유롭게 혁신을 시도해볼 수 있는(사실 혁신을 *해야만 한다*) 기술적으로 뛰어난 사람들 집단일 것이다. 덕분에 화성 정착지는 발명이 넘쳐나는 곳이 될 것이다. 예를 들어 화성인들은 온실에서 모든 식량을 키워야 하고, 작물을 키우는 밭의 구석구석까지 전부 생산량을 최대로 높여야 한다. 그러므로 생산량이 엄청 높은 작물을 만들기 위해 유전자 조작을 하도록 강하게 장려할 거고, 형식주의나 근거 없는 두려움으로 독창적인 활동을 제한하는 사람들을 용납하지 않을 것이다.

비슷하게, 화성 정착지에서는 인간의 노동 시간만큼 공급이 부족한 것도 없을 것이기 때문에, 19세기 미국의 노동력 부족이 노동력을 절약해주는 발명품을 줄줄이 탄생시켰던 것처럼 화성의 노동력 부족도 로봇 공학과 인공지능 같은 분야에서 화성인들이 천재성을 발휘하게 할 것이다. 폐기물로 사라지게 될 귀중한 물질들을 되찾는 재활용 기술도 크게 발전할 것이다. 화성인들이 필요로 하는 것을 충족시켜주는 이런 발명들이 지구에서도 귀중하다는 사실이 드러날 거고, 이에 지구에서 인증 받은 관련 특허들이 붉은 행성에 끊임없는 수입을 줄 수 있다. 실제로 화성 정착지가 민간 프로젝트로 완료된다면 이런 발명가 정착지, 화성판 멘로 파크를 만드는 것은 수익이 나는 사업 계획을 위한 기반이 되어줄 것이다.

화성을 정착지로서 매력적으로 만드는 '천연자원'이 무엇이냐는 물음에 나는 아무것도 없다고 대답하겠다. 천연자원이라는 것은 어디에도 없기 때문이다. 있는 것은 오로지 천연 원료뿐이다. 지구의 땅은 인류가 농경을 발명하기 전까지는 자원이 아니었고, 그 자원의 규모와 가치는 농경 기술이 발전하면서 몇 배로 증가했다. 석유는 우리가 석유 시추 및 정제법, 거기다가 이것을 상품으로 사용할 수 있는 기술을 발명하기 전까지는 자원이 아니었다. 우라늄과 토륨은 우리가 핵분열을 알아내기 전에는 자원이 아니었다. 중수소는 아직은 자원이 아니지만, 제한된 선택지만을 갖고 있던 미래의 화성인들이 결국 핵융합 기술을 발명하게 되고 우리가 그것을 사용하게 된다면 그때는 중수소가 엄청난 자원이 될 것이다. 화성에는 현재 아무 자원도 없지만, 능력 있는 사람들이 그곳에 가서 원료를 활용할 방법을 개발한다면 무한한 자원을 가진 곳이 될 것이다.

화성 사람들이 똑똑하기 때문에 화성 문명은 부유해질 것이다. 이는 발명의 원천으로서만 아니라 인간이 동물적 본능을 억누르고 그 창조력을 발휘하면 무엇을 할 수 있는지 보여주는 사례로 지구에도 이득이 될 것이다. 그리고 다른 데에서 빼앗는 것이 아니라 새것을 만듦으로써 무한한 가능성이 존재한다는 사실도 알려줄 것이다. 발명뿐만 아니라 화성은 결국 지구, 달, 소행성대와 그 너머의 변경 기지들에 수출할 제품들도 갖게 될 것이다. 화성 정착자들은 현지에서 생산된 추진제를 넣은 재사용 로켓 호퍼로 이런 자원들을 화성에서 화성의 달인 포보스로 옮길 수 있을 것이다.

포보스에는 화물을 행성간 운송용으로 발사할 수 있는 전자식 발진 시스템을 설치해두고, 더 크거나 복잡한 화물은 태양풍을 에너지원으로 하는 원격조종 우주선을 이용해 포보스에서 저가로 실어 나를 수 있다.

아니면 포보스에서 5800킬로미터 아래쪽까지 스카이후크 테더를 매다는 방법도 있다. 포보스는 행성 중심에서 3400킬로미터 위에 있는 화성 표면에서 다시 6000킬로미터 떨어진 곳에서 2.14km/s 속도로 궤도를 돌고 있다. 이를 고려하면 테더의 아래쪽은 0.24km/s 속도로 같은 방향으로 돌고 있는 화성 적도 위를 0.82km/s 속도로 움직이게 된다. 그 결과 적도에서 발사된 로켓은 0.58km/s의 △V로 테더에 도착해서 결합하고, 그 다음에 케이블카로 포보스까지 끌려 올라가게 된다. 포보스에서 바깥으로 연장된 또 다른 케이블이 있다면, 로켓은 *바깥쪽으로 내려져서*(이 케이블을 따라서 실질적인 중력은 화성의 반대편으로 향할 것이다. 원심력이 중력보다 강하기 때문이다) 포보스 너머 3726킬로미터에서 탈출속도에 도달하고 멀어지며 점점 속도가 올라갈 것이다. 테더의 인장력이 케블러와 같다고 가정하면(2800메가파스칼), 테더는 들어 올릴 수 있는 페이로드의 열 배 미만의 질량을 가진다. 이런 시스템을 이용하여 화물은 직접적으로 운송할 때 필요한 로켓 △V의 10분의 1 정도로 지구로 다시 전달되거나 소행성대와 그 너머로 발사될 수 있다. 이렇게 하면 화성 정착자들이 물품을 지구와 달, 소행성대, 목성과 토성과 천왕성과 해왕성의 달들로 싸게 보내는 것이 가능해진다. 소행성 채굴에 필요한 첨단기술 제품들이 한동안은 지구로부터 올 수도 있지만 음식과 옷, 다른 필수품들이 멀리 있는 곳보다 화성에서 훨씬 쉽게 생산 가능하기 때문에 화성이 소행성대와 외행성계, 그 너머로 향하는 탐사와 무역의 기항지이자 중심 기지가 될 수 있을 것이다.

화성 테라포밍

현존하는 과학 증거들은 화성이 한때 생명체에 우호적인, 따뜻하고 액체 물이 있는 행성이었음을 알려준다. 이산화탄소를 대량으로 보유하고 있는 대기 자원과 토양에 흡수되거나 얼어붙은 물도 여전히 존재한다. 화성에 인간의 산업적 가능성이 꽃을 피우고 나면, 인간 정착자들은 먼 과거의 따뜻하고 액체 물이 존재하는 기후로 행성을 되돌리기 위한 작업을 시작할 수도 있다. 우리가 현재 지구에 하고 있는 것과 비슷한 속도로 화성에 플루오르화탄소CF 슈퍼온실가스를 생성하고 일부러 이 기후변화 물질을 대기 중에 내보냄으로써 화성 정착자들은 수십 년 안에 행성을 최대 10℃까지 따뜻하게 만들 수 있다. 이런 온난화는 토양에서 이산화탄소를 대량으로 대기 중에 방출하는 효과를 일으킬 것이다. CO_2가 온실가스이기 때문에 이것도 행성의 온도를 더욱 올릴 것이다. 온도가 올라가면 화성 대기 중의 수증기 압력도 높아지고, 수증기 역시 아주 강력한 온실가스이기 때문에 행성의 온도는 또다시 올라가고, 그래서 CO_2가 더 많이 토양 밖으로 방출되고, 그런 식으로 반복된다. 이런 긍정적인 피드백 메커니즘 결과 온실효과 폭주가 화성에 행성 규모로 일어나고, 최종적으로는 행성의 평균 온도를 반세기 안에 50℃ 이상 올릴 수 있다.[10] 동시에 대기압은 현재 지구의 1퍼센트 수준에서 35퍼센트 수준까지 올라갈 것이다(즉 5psi이다).[11] 5psi 기압은 그리 대단하게 들리지 않을 수 있지만, 이는 1970년대 초반에 스카이랩 우주정거장에서 썼던 기압이다. 대기가 60퍼센트의 산소와 40퍼센트의 질소로 이루어져 있으니까(지구에서 일반적인 20퍼센트의 산소/80퍼센트의 질소 대신에), 이런 기체로는 완벽하게 호흡이 가능하다. 그러니까 인간이 이렇게 바뀐 화성에서 지배적인

5psi의 CO$_2$ 대기로 숨을 쉴 수는 없다고 해도, 더 이상 우주복을 입을 필요는 없다. 산소가 풍부한 기체를 공급해주는 간단한 호흡기구만으로 충분하다. 외부 압력이 5psi가 되면 내부가 호흡 가능한 5psi 대기(3psi 산소/2psi 질소)로 된 아주 큰 팽창식 돔을 쉽게 설치할 수 있기 때문에 이용 가능한 정착 지역도 엄청나게 넓어질 것이다. 게다가 외부 환경이 액체 물이 존재할 수 있을 만큼 따뜻하기 때문에 화성의 영구동토가 녹기 시작하고, 식물들이 화성의 열대 지역부터 온대 지역에 이르기까지 번성할 것이다. 약 천 년쯤이 지나면, 혹은 유전자 조작 생물체를 이용하면 훨씬 빨리 이런 식물들이 화성 대기에 산소를 더 많이 만들어내 인간과 고등동물이 호흡할 수 있게 될 것이다. 결국에 호흡기와 도시의 돔도 더 이상 필요치 않은 날이 올 것이다.

화성을 현재처럼 생명체가 없거나 거의 없는 상태에서 다양하고 새로운 생명체와 생태계로 이루어진 살아 숨 쉬는 세상으로 만드는 '테라포밍 terraforming'이라는 업적은 인간의 영혼에 있어서 가장 크고 고귀한 일 중 하나일 것이다. 누구든 이런 일을 생각하면 자신이 인간이라는 사실을 자랑스러워하지 않을 수 없을 것이다.

초기 화성 정착지에서의 삶은 대부분의 사람들에게 지구에서의 삶보다 더 어렵겠지만, 최초의 북아메리카 정착지에서의 삶도 유럽에서의 삶보다 훨씬 힘들었다. 사람들은 식민지 시대에 미국에 가던 것과 같은 이유로 화성에 갈 것이다. 성공하고 싶어서, 새롭게 시작하고 싶어서, 지구에서 박해받는 집단에 속해 있어서, 자기들만의 방침에 따른 사회를 만들고 싶어 하는 집단이라서 말이다. 많은 종류의 기술을 가진 많은 종류의 사람들이 가겠지만, 거기 가는 사람들은 전부 다 삶에서 뭔가 중요한 일을 할 기회를 기꺼이 잡으려는 사람들일 것이다. 이런 사람들이 위대한 프로젝트를 만들고, 위대한 목적을 이룰 것이다. 계속해서 발전하는 기술의 도움을 받아서 이 사람들이 행성을 변화시키고 죽은 세계에 삶을 부여할 것이다.

포커스 섹션: 행성 보호?

일부 사람들이 인간의 화성 탐사를 끈질기게 반대하는 이유는 '행성 보호'를 위해서다.

그들의 주장은 이런 식이다. 지구의 생명체가 화성의 생명체와 만나본 적이 없고, 그래서 우리에게는 화성의 병원체로 인한 질병에 저항이 전혀 없을 것이다. 화성에 해로운 질병이 존재하지 않는다는 것을 확신하기 전까지는, 탐사 대원들이 쉽게 죽거나 혹은 지구로 가져와 인류뿐만 아니라 지구 생물권 전체를 파괴시킬 수도 있는 이런 유해물에 감염되는 위험을 감수할 수 없다.

위의 주장에 관해서 가장 상냥하게 해줄 수 있는 대답은 말도 안 되는 헛소리라는 거다. 첫째로 화성 표면에 만약 생명체가 존재한다면, 혹은 존재한 적이 있었다면, 지구는 이미 그들에게 노출되었고 여전히 노출된 상태일 것이다. 그 이유는 지난 수십억 년 동안 수조 톤의 화성 지표 물질들이 유성 충돌로 붉은 행성의 표면에서 튀어나왔고, 그 물질 중 상당량이 우주를 가로질러 지구에 떨어졌다. 과학자들이 'SNC 운석'이라는 특정 종류의 운석을 약 100킬로그램 수집해서 그 원소의 동위원소 비를 화성 표면에서 바이킹 착륙선이 측정한 동위원소 비와 비교했고, 덕분에 이것이 사실임이 밝혀졌다. 이 비율들(질소-15와 질소-14의 비율 같은 것)과 바위 안에 갇힌 기체가 화성 대기와 똑같다는 사실은 이 물질들이 화성에서 온 것이라는 부인할 수 없는 확증이다. 일반적으로 각 SNC 운석이 수백만 년 동안 우주를 떠돌다가 지구에 도착한다는 사실에도 불구하고 전문가들은 만약 이 물질에 박테리아 포자가 붙어 있었다면, 고진공 상태를 가로지르는 이 기나긴 기간이나 화성에서 처음 방출될 때, 그리고 지구에 재진입할 때의 충격이 이 물질들을 살균하기에 충분하지 않다고 생각한다. 실제로 그 유명한 SNC 운석 ALH84001을 화학적으로 분석해보니 일부분은 행성간 여행을 하는 내내 단 한 번도 40℃ 이상 올라간 적이 없었다. 그러니까 화성에서 출발할 때 이 안에 박테리아가 있었다면 여행 기간 동안에도 쉽게 살아남을 수 있었을 것이다. 게다가 우리가 발견한 양을 기반으로 할 때 이 화성 암석들은 연간 500킬로그램의 비율로 지구에 계속해서 떨어지고 있다. 즉 화성 세균이 무섭다면 빨리 지구를 떠나는 것이 최선의 선택이다. 화성과의 생물학 전쟁 발사체라는 면에서 지구는 어뢰의 골목 Torpedo Alley(제2차 세계대전 때 독일군이 연합군을 공격해서 대규모로 수장시킨 대서양 해역을 부르는 이름) 한가운데 있는 셈이기 때문이다. 하지만 겁먹지 마라. 이 물질들은 그렇게 위험하지 않다. 사실 지금까지 화성의 일제 사격으로 인한 유일한 사상자는 1911년 이집트 나클라 지역에 떨어진 운석에 맞아 죽은 개 한 마리뿐이다. 통계학적으로는 위층 창문에서 밖으로 떨어진 가구에 지나가던 사람이 맞을 확률이 훨씬 더 높다.

그러니까 우주비행사들이나 원격조종 견본 회수 임무를 통해 가져온 암석을 격리한다는 아이디어는 캐나다산 기러기를 밀수하지 않는지 확인하기 위해서 국경 경비대가 오는 차를 전부 검사하는 것과 같은 수준의 이야기다. 기러기들은 사실 혼자서도 항상 날아 들어온다.

그러나 이 문제의 핵심은 화성 표면에 생명체가 거의 확실하게 존재하지 않는다는 점이다. 거기에는 액체 물이 없다. 존재할 수도 없다. 표면 평균 온도와 대기압 때문에 액체 물이 만들어지지 못한다. 게다가 화성은 산화성 가루들로 뒤덮여 있고 자외선이 계속 비친다. 과산화물과 자외선이라는 이 두 가지 특성은 지구에서 살균법으로 흔히 쓰인다. 그러니까 화성에 지금 생명체가 있다면, 거의 백 프로 지하수 속에 푹 잠겨서 살고 있을 것이다.

하지만 우주비행사들이 어떤 식으로든 생명체를 찾게 된다면, 그것들이 유해성이 있을까? 아니, 전혀 없을 것이다. 왜냐고? 병원체들은 숙주에 확실하게 맞추어져 있다. 다른 모든 생명체들처럼 병원체들도 특정 환경에서 살아가는 데에 분명히 적응해왔다. 인간의 병균의 경우에 이 환경은 인체 내부나 포유류처럼 인간과 아주 가까운 종의 내부이다. 약 50억 년 동안 오늘날 인간에게 해를 주는 병원체들은 우리 조상들 몸속의 방어막과 계속해서 생물학적 군사 경쟁을 해왔다. 우리의 방어막을 뚫고 들어와서 체내에 있는 무차별 사격 지대에서 살아남을 수 있도록 진화하지 못한 병균들은 우리를 공격하는 데 성공할 가능성이 전혀 없다. 그래서 인간이 네덜란드느릅나무병에 걸리지 않고 나무는 감기에 걸리지 않는 것이다. 자, 화성의 토착 생명체 숙주들은 느릅나무보다 인간과 훨씬 먼 관계일 것이다. 사실 육안으로 볼 수 있는 화성의 동식물이 존재한다는 증거도 없고, 존재하지 않을 거라고 믿을 만한 이유가 훨씬 많다. 다시 말해서 토착 숙주가 없다면 화성의 병원체도 존재할 수 없고, 숙주가 있다 해도 그들과 지구의 생물종 사이의 큰 차이 때문에 공통 질병이라는 아이디어 자체가 말도 안 되는 생각이다. 독립적인 화성 미생물이 지구로 와서 개방된 환경에서 지구 미생물과 경쟁을 한다는 생각 역시 말도 안 된다. 미생물은 특정 환경에 적응한다. 화성 유기체가 지구에서 지구의 생물종을 능가한다는 것은(또는 지구의 생물종이 화성에서 화성 미생물을 능가한다는 것은) 아프리카 평원에 데려다 놓은 상어가 사자 대신 현지 생태계의 최고위 포식자 노릇을 한다는 생각만큼 어이가 없다.

내가 이 아이디어를 논박하는 데 과하게 시간을 들이는 것 같다면, 이는 일정 부분 예정된 화성 견본 (원격조종) 회수 임무에 관한 나사의 기획 회의 때문이다. 여기서 누군가가 소위 대중의 우려를 불식시키기 위해서 화성에서 얻은 견본은 전부 다 강한 열로 살균한 다음에 지구로 가져와야 한다고 진지하게 주장했다. 찾아내는 것이 엄청나게 어려울 테지만, 화성 견본 회수 임무가 가져올 수 있는 최고의 보물이 바로 화성 생명체 견본이다. 하지만 회의에 참석한 사람들 몇 명은 그걸 우선 파괴해버리려고 했다 (그뿐만 아니라 견본 안에 있는 귀중한 광물학적 정보 상당수까지도). 이 제안이 하도 끔찍해서 나는 모인 과학자들에게 이렇게 물었다. "여러분은 부화 가능한 공룡 알을 발견하면 프라이해서 먹을 겁니까?" 질문은 그렇게 엉뚱한 것도 아니었다. 어쨌든 공룡은 우리와 비교적 가까운 친족이고, 실제로 질병도 갖고 있으니까. 사실 흙을 한 삽 풀 때마다 현재의 생물권에 위협적인 질병이 가득한 지구의 과거를 한 조각 가져오는 셈이다. 하지만 그렇다고 해서 고생물학자나 정원사들이 보통 오염 방호복을 입는 것은 아니다.

부화 가능한 공룡 알의 발견이 생물학적 보고이지만 위협적이지는 않은 것을 의미하듯이 살아 있는 화성 유기체 견본도 값을 매길 수 없을 정도의 발견물이지만 절대로 위험물은 아니다. 사실 화성의 생명체를 조사하면 지구 생물체에만 특수한 특성과 생명체에 보편적인 특성을 구분할 수 있는 가능성이 높아진다. 그런 식으로 우리는 생명의 근본적 성질에 관한 기본적인 것을 알아낼 수 있다. 이런 기본적 지식은 유전공학, 농업, 의학에 있어서 놀라운 발전의 기반이 될 것이다. 아무도 화성 풍토병으로 죽지 않겠지만, 오늘날 지구의 질병으로 죽어가고 있는 수천 명의 사람들이 우리 손에 화성 생명체 견본만 있으면 치료법을 찾을 수도 있다.

행성 보호 논쟁의 또 다른 형태는 우리가 화성에서 찾는 어떤 미생물이든 실은 토착 생물이고, 우주비행사들과 함께 화성으로 이송된 벌레들이 아니라는 것을 증명하기 위해서 화성에 갈 필요는 없다는 주장이다. 이것 역시 바보 같은 이야기다.

두 가지 가능성이 있다. 화성에서 발견한 미생물이 우리가 지구에서 익숙한 종류로 유전 정보를 전달하는 데에 똑같은 RNA-DNA 알파벳을 사용하는 것이거나 혹은 전혀 다른 것일 가능성이다. 만약에 다른 유전적 알파벳을 사용한다면 우리가 그것들을 거기로 가져간 게 아니다. 똑같은 유전자 알파벳을 사용하지만 미생물학자들이 4세기 동안 수색했음에도 불구하고 지구에서 관찰된 적이 없는 종류라면, 이것 역시 우리가 가져온 건 아닐 것이다.

우리가 한 번도 가지 않은 곳, 예를 들어 지하 저수지 같은 곳에서 미생물을 찾았다면, 설령 지구의 벌레와 비슷하다 해도 우리가 가져온 건 아니라는 사실이 분명해진다.

그러나 우리가 찾아낸 것이 우리가 가본 적 있는 장소에 있던 미생물이고, 우리가 지구에서 본 것과 같은 종류라면? 예를 들어 E. 콜라이E. coli(대장균)라면? 그럼 어떻게 알 수 있을까?

간단하다. 미생물이 우리가 도착하기 전에 화성에 있었다면, 분명히 과거에도 거기 있었을 거고 그러면 그것을 증명할 화석이나 다른 생물표지를 남겨두었을 것이다. 물론 화석이 지질학적 과거가 존재한다는 증거가 아니라 신이 우리의 성경이나 다른 고대 문서에 관한 믿음을 시험하기 위해 땅에 묻어놓은 가짜라고 믿는 '창조주의자'가 아닌 한, 이 증거는 확고하다.

반면 당신이 가봤던 곳에서 익숙한 벌레를 발견했고, 이들이 당신이 도착하기 전에는 화성에 존재했었다는 증거가 없다면, 당신은 노벨상을 받기 전에 좀 더 계속해서 살펴볼 필요가 있을 것이다.

그러니까 우리가 화성에 가지 않는 것이 과학을 위한 일이라고 주장하는 것은 완전히 틀린 이야기다.

거기 간다면, 답을 알 수 있다. 가지 않으면 영원히 알 수 없다.

찾으면 발견할 것이다. 진실이 너희를 자유케 하리라.

5장

재미와 이윤을 얻을 수 있는 소행성대

저 돌들이 천상에서 떨어졌다는 걸 믿기보다는
차라리 두 명의 양키 교수들이 거짓말을 했다는 쪽을 믿겠다.

- 토머스 제퍼슨

거의 모든 종류의 물체에서 큰 것보다는 작은 것이 더 많다는 건 보편적
인 자연법칙이다. 찌를 듯한 미국 삼나무보다 민들레가 더 많고, 상어보다
피라미가 더 많고, 코끼리보다 쥐가 더 많고, 자갈보다 모래알이 더 많고,
바위보다 자갈이 더 많다.

그러니까 거대한 행성보다 훨씬 조그만 행성들이 많고, 미니행성보다
행성 사이를 자유롭게 떠다니는 바윗덩어리가 더 많다는 건 놀랄 일이 아
니다. 이 중 몇몇은 지구와 부딪쳐서 가끔 "천상에서 떨어진다"고도 한다.
그러나 놀랍게도 1801년 1월 1일에 시칠리아 천문학자 주세페 피아치가
소형 행성을 발견하며 새로운 세기가 열렸다. 그는 화성과 목성 사이에서
태양을 중심으로 공전하는 이 별에 세레스라는 이름을 붙였다.

알려진 행성 일곱 개가(천왕성은 1781년 윌리엄 허셜이 발견했다) 딱
올바른 숫자를 이루고 있다고 생각하는 철학자들에게는 안타깝겠지만 세

레스의 발견은 천문학자들에게 대단히 만족스러운 일이었다. 특히 태양에서부터의 공전 거리 2.7천문단위가 독일의 천문학자 티티우스와 보데가 1770년대에 다른 행성들의 공전 거리 비율을 바탕으로 해서 예측한 빠진 행성까지의 공전 거리 2.8천문단위에 매우 근사했기 때문이다. (1천문단위[AU]는 지구가 태양 주위를 공전하는 거리인 1억 5000만 킬로미터이다.) 세레스는 지름이 겨우 900킬로미터밖에 되지 않는 아주 작은 행성이라는 사실이 밝혀졌으나(지구의 달 지름의 4분의 1이다) 이런 실망감은 이후 몇 년 동안 천문학자들이 근처에서 비슷한 궤도로 도는 미행성 팔라스, 주노, 베스타를 발견하며 보상받을 수 있었다. 독일의 천문학자 하인리히 올베르스는 이 네 개의 별이 멀쩡한 크기의 행성이 쪼개진 조각들이라는 주장을 내놓았다. 그러니까 더 많은 조각들을 발견할 수 있을 걸로 예상되었고, 19세기가 진행되며 망원경의 성능이 발전해 수십 개, 수백 개의 추가 '소행성'들이 발견되어 이 가설이 입증되었다. 1890년쯤에는 300개가 넘는 소행성이 알려졌고, 모두가 2AU에서 3AU 사이에서 화성 1.52AU과 목성5.2AU 궤도의 산술평균인 2.8AU에 집중적으로 모여서 띠 형태로 태양 주위를 공전했다.

하지만 그러다가 1898년에 태양으로부터의 최대 거리인 원일점이 1.78AU이고, 최소 거리인 근일점은 겨우 1.14AU인 소행성이 발견되었다. 그러니까 이 소행성은 화성의 공전궤도를 가로지르고, 가끔은 지구에서 2000만 킬로미터 이내로 들어온다. 이렇게 궤도를 가로질러 움직이는 것은 굉장히 잘못된 경로로 여겨졌고, 그래서 주요소행성대에서 움직이는 얌전한 여신들과 구분하기 위해 새로운 10킬로미터급 소행성에는 남신의 이름인 에로스가 붙었다.

곧 행성을 가로지르는 다른 남성형 소행성들이 발견되었고, 그중 몇 개

[그림 5.1] 근지구 소행성 에로스. 2000년 나사의 니어 우주선이 찍은 사진이다. (나사 제공)

는 화성 궤도뿐만 아니라 지구 궤도까지 가로질렀다. 1932년에 소행성 아폴로가 지구 궤도를 가로질러 우리 세계에서 1000만 킬로미터 이내를 지나갔다. 1936년에는 아도니스가 200만 킬로미터 거리에서 우리를 지나쳤다. 1989년 3월 23일 '작고'(800미터 또는 충돌 에너지 1억 2000킬로톤), 그래서 이름이 없는 소행성 1989FC가 우주에서 지구가 지나간 지 채 여섯 시간도 되지 않은 자리, 72만 킬로미터 떨어진 곳을 지나갔다.

위에서 말했듯이 지구 궤도를 가로지르는 1킬로미터 이상 크기의 '남성' 혹은 '근지구' 소행성은 현재 200개가량이 발견되었고, 최소한 2000개는 존재할 거라고 추측하고 있다. 화성과 목성 사이 주요소행성대에는 6000개 이상의 '여성' 소행성이 존재하는 것으로 알려졌고, 여기에는 10킬로미터 이상 되는 모든 소행성과 100킬로미터 이상의 소행성 수백 개 그리고 900킬로미터에 이르는 큰 소행성도 하나 포함된다. 이들은 태양과 지구 양쪽 모두에서 먼 궤도를 따라 움직이기 때문에 주요소행성대의 작은 여성형 소행성들은 지구를 가로지르는 남성형 소행성들보다 훨씬 보기가 어렵다. 주요소행성대에 1킬로미터 이상 크기의 소행성은 최소한 200만 개가 있을 것으로 여겨진다.[1] 그러니까 여성형 소행성은 남성형보다 천 배쯤 많고, 남성형에 비해 훨씬 크기가 작다. 여성형 소행성들이 얌전해서 참 다행이다. 이들이 남성형처럼 움직였다면 지구의 모든 생명체들은 이미 천 번이 넘게 멸종했을 것이다.

물론 여성형 소행성들이 훨씬 지배적으로 존재하는 데에는 이유가 있다. 남성형 소행성은 오래 살아남지 못한다. 그들은 우리에게 부딪쳐 자살한다.

이런 사건은 지구의 이전 거주자들에게는 굉장히 곤란한 일이었다. 다수가 충돌에 의해 지구상에서 사라졌기 때문이다. 다음 장에서 이런 일을 방지하려면 어떻게 해야 하는지 의논하겠다.

모든 소행성들의 총 질량은 달의 질량의 겨우 4퍼센트 정도, 혹은 지구 질량의 0.05퍼센트 정도다. 하지만 그 숫자 때문에 모든 소행성의 총 표면적은(현재 형태에서) 달이나 아프리카 대륙과 같다. 이것은 상당한 크기이지만, 가능성을 꽤나 축소해서 생각하게 만든다.

지구는 반지름이 약 6400킬로미터이지만, 최대라고 해봐야 바깥쪽 6킬로미터, 다시 말해 0.1퍼센트만이 접근 가능하다. 반면 대부분의 소행성은 내용물에 완전히 접근 가능하다. 인간 거주를 위해 변화시킨다고 치면, 1킬로미터 크기의 소행성은 대도시급의 거주 공간을 공급해줄 수 있다. 예를 들어 제러드 오닐의 우주 거주지와 비슷한 구조로 다시 만든다고 할 때, 반지름 1킬로미터의 소행성 하나로 지름 1킬로미터에 두께 1미터,

길이 1250킬로미터, 4000제곱킬로미터의 회전하는 원통 구조를 만들 수 있다. 비교를 해보자면 런던(인구 820만 명)은 넓이가 1623제곱킬로미터다. 이런 식으로 접근하면 주요소행성대에 잠재적으로 거주 가능한 총 영역은 17세제곱 AU 또는 2.3×10^{27}세제곱킬로미터 공간에 분산되어 있는 지구의 100배 넓이 정도가 될 것이다. 이것은 수백만 개의 세계가 들어 있는 드넓은 바다로 언젠가는 수백만 개의 새로운 도시국가, 나라, 문명의 고향이 될 수도 있다.

소행성 탐사

어떤 면에서 우리는 달을 제외하면 다른 어떤 외계천체보다도 소행성에 대해 이미 많은 걸 알고 있다. 수십만 개의 견본이 있기 때문이다. 토머스 제퍼슨의 불신과는 다르게 지구에 떨어져서 수집 가능한 소행성의 조각, 즉 운석을 이야기하는 것이다. 운석은 순수한 금속부터 돌, 탄소질 물질 등 다양한 소행성 구성 성분을 보여준다. 대기진입에서 가장 잘 살아남고, 지구의 암석과 구분하기가 가장 쉽기 때문에 철질운석이 지구의 운석 수집품 중에서 대표적인 자리를 누린다. 하지만 우주에서 소행성에서 반사된 분광특성과 운석의 분광특성을 비교해 천문학자들은 소행성을 그 조성에 따라 분류할 수 있었다. 주된 종류는 아래 표에 실어두었다.

지구접근천체 NEO에는 특정 소행성 종류가 몰려 있지는 않다. NEO는 소행성 전체 중에서 아주 일부분이기 때문이다. 또한 크기가 작기 때문에 알려진 NEO 대부분에서 조성을 결정할 만한 반사분광을 얻기가 어렵다. 그러나 천문학자 루시-앤 맥패든이 조사한 것들 중에서 약 80퍼센트가 S 소행성이었고 20퍼센트는 C 소행성이었다. M과 E는 평가한 견본의 작

종류	조성	집중된 위치
M	금속	주요소행성대 내부, 화성 근처
E	규산염암	주요소행성대 내부, 1.9AU
S	석철	주요소행성대 중심, 2.4AU
C	탄소질	주요소행성대 외부, 3.3AU
P	탄소질/휘발성	주요소행성대 최외부, 4AU
D	고체 휘발성	목성 너머

[표 5.1] 소행성의 주된 종류

은 크기 때문에 아마도 관찰하지 못했을 것이다. 이것들은 S와 C 종류보다 일반적으로 더 드물기 때문이다. P와 D는 근지구 공간에서는 금세 증발해서 사라져버린다. 우리 쪽으로 날아온다면 혜성 형태로 관측될 것이다.

가까이서 지나가는 몇 개의 NEO의 레이더 영상(제트추진연구소의 스티브 오스트로가 1992년 12월 소행성 토타티스가 350만 킬로미터 거리에서 우리 행성을 지나가는 동안 골드스톤 심우주 통신단지를 레이더로 사용해서 영상을 찍은 것)을 제외하면, 소행성은 지구에 위치한 망원경으로 사진을 찍기에는 너무 작거나 너무 멀리 있다. 그래서 우리가 처음으로 소행성을 제대로 보기 위해서는 행성간 우주선이 사진을 갖고 돌아올 때까지 기다려야 했다. 이런 사진의 첫 번째는 갈릴레오 우주선이 1991년 10월 목성으로 가는 길에 주요소행성대의 소행성 가스프라를 찍은 것이었다. 갈릴레오의 자력계는 또한 소행성 주위로 놀랄 만큼 강력한 자기장을 파악했다. 이것은 대량의 금속성 철이 있음을 의미했다. 가져온 영상은 가스프라가 감자 모양의 천체이고, 지름 11킬로미터에 길이는 19킬로미터임을 보여주었다. 표면에 있는 크레이터의 숫자로 보아 담당 과학자들은 가스프라가 겨우 연령이 4억 년밖에 되지 않았을 거라고 판단했다. 다른 태양계 천체들은 그 나이의 열 배는 되기 때문에 이것은 약간 미스터리었다. 어쩌면 가스프라는 4억 년 전 두 개의 더 큰 천체가 엄청난 충돌을 해서 깨져 나온 조각일 수도 있다.

1993년 8월, 주요소행성대 안쪽으로 더 나아간 갈릴레오는 51킬로미터 길이의 또 다른 소행성 이다를 살펴볼 수 있었다. 놀랍게도 이다는 1킬로미터 크기의 자신만의 달을 갖고 있었고, 담당 과학자들은 여기에 닥틸이라는 이름을 붙였다. 이다 주위를 도는 닥틸의 공전 속도는 이다의 질량에 좌우되고, 이다의 크기는 이미 알고 있기 때문에 담당 팀은 닥틸의 공전 속도를 이용해 이다의 밀도가 물 밀도의 2.5배로 탄소질 조성과 일치한다는 사실을 알아냈다.[2]

하지만 갈릴레오의 근접통과는 그저 빠르게 스치고 지나가는 것에 불과했다. 전용 우주선을 소행성으로 보내서 거기 머물며 근접 사진을 찍고 자세한 수치들을 측정하게 만들면 훨씬 많은 것을 알아낼 수 있다. 이는 존스 홉킨스 응용물리학 연구소가 설계한 지구 근접 소행성 랑데부(Near Earth Asteroid Rendezvous, 니어 NEAR) 호가 수행했다. 니어는 1999년 1월에 최초로 발견된 가장 큰 NEO 에로스에 도착해서 그 주위를 공전했다. 니어는 1년이 넘게 에로스 주위를 돌며 점차 궤도 아래쪽으로 내려와서 실제로 2001년에 행성에 착륙했고, 그 과정에서 근사한 사진들을 전송했다.[3]

이 대단한 업적은 그 후 일본의 하야부사 우주선에 밀리고 말았다. 하야부사는 소행성 이토카와에 착륙했을 뿐만 아니라 다시 이륙해서 2010년 지구로 흙 표본을 갖고 돌아왔다.[4] 유럽의 로제타 우주선은 2008년 소행성 스테인스와 2010년 루테티아를 지나쳐서 2014년 추류모프-게라시멘코 혜성의 궤도에 도착했다.[5] 또 다른 주목할 만한 우주임무는 JPL 던 우주선이다. 던은 2011년부터 2012년까지 큰 소행성 베스타 주위를 공전한 후 초고속 배기속도 전기추진을 이용해서 다시 출발해 2015년에 왜행성 세레스 주위를 공전하는 대단한 업적을 이루었다.[6]

가장 최근 소행성 우주임무는 일본의 하야부사2와 나사의 오시리스-렉스이다. 이들은 각 2014년 12월과 2016년 9월에 탄소질 소행성 류구와 베누를 탐사하러 출발했다. 하야부사2는 2018년 7월에 류구에 도착했고 곧장 조그만 유럽 이동식 소행성 표면 정찰European Mobile Asteroid Surface Scout, MASCOT 상륙선을 내보내서 표본을 채취했다.[7] 2019년 12월에 다시 이륙해서 운이 좋으면 2020년 12월에 지구로 표본을 갖고 돌아올 것이다. 오시리스-렉스는 2018년 8월에 베누에 도착했고 지금은 궤도에 머물며 소행성의 지도를 만들고 있다.[8] 모든 게 잘되면 2020년 7월에 베누에 착륙해서 자동조종 팔로 최소한 60그램의 표본을 채취해서 2023년 9월에 재진입 캡슐을 이용해 지구로 그것을 보낼 예정이다.

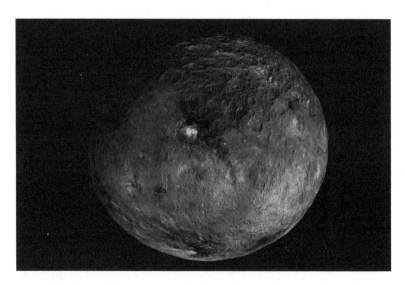

[그림 5.2] 2015년 나사/JPL 던 우주선이 사진으로 찍은 주요소행성대의 소행성 세레스. 밝은 점은 얼음으로 추정된다. (나사 제공)

가이아실드: 인간 소행성 임무

하지만 이런 로봇 탐사정들이 대단하긴 해도, 이것들은 표면만 건드릴 뿐이다. 인류 미래의 안정을 위해서 NEO에 관한 상세한 지식을 얻는 것은 대단히 중요하기 때문에 인간의 탐사에 들어가는 경비는 얼마든지 정당화할 수 있다. 우리가 4장에서 설명한 마스 다이렉트 프로그램을 시작한다면, 화성 탐사를 위해 개발한 것과 같은 발사체와 주거 모듈이 근지구 소행성들과 만나고 귀환하는 임무에 사용될 것이다. 사실 지구 저궤도 LEO를 편도 궤적으로 떠나서 화성에 착륙(△V가 약 4.7km/s)하는 데 필요한 로켓 추진제 양이 LEO부터 많은 NEO까지 갔다가 돌아오는 왕복 여행에 드는 추진제 양과 거의 같기 때문에, 마스 다이렉트 같은 임무를 위해 설계된 장비들은 NEO 탐사에 필요한 요소들을 공통적으로 갖는다. 하지만 소행성에는 대기가 없고 중력이 작기 때문에 재진입 및 착륙 시스템의 필요성이 사라지고, 소행성은 작기 때문에 지상 탐사차도 필요치 않고 탐사 대원과 기지에 남을 대원을 나눌 필요도 없다. 따라서 유인 소행성 탐사 임무는 화성 탐사에 필요한 것보다 훨씬 작고 더 한정된 장비만으로 시작할 수 있다. 이런 임무는 오늘날 존재하는 발사체와 기술을 사용해서 4년 안에 출발시킬 수 있다. 유인 화성 탐사 프로그램이 없다면 이 임무가 프로그램이 생기는 걸 도울 수도 있다. 소행성까지 갔다가 오는 과정에서 우주비행사들이 현재 아무 데도 가지 않는 우주 정책을 지지하는 자들이 시작하지 않는 변명으로 들먹이는 우주선宇宙線, 약한 중력, 인간 요인이라는 가상의 벽을 부술 것이기 때문이다.

나는 나의 소행성 임무 계획을 '가이아실드Gaiashield'라고 부른다. 또 한 번의 대량멸종으로부터 지구의 생물권을 보호하는 데 필요한 지식과 우주여행 능력을 인류에게 주기 위한 중대한 첫 단계이기 때문이다.

가이아실드 임무는 국제 우주정거장에 사용된 것과 비슷하게 지름 5미터에 길이 20미터의 단순한 원통형 거주 모듈을 사용할 수도 있고, 대신에 비글로 타입의 팽창식 거주 모듈을 사용할 수도 있다. 이 모듈은 우주에서 저장 가능한 메테인/산소 화학 추진제 로켓과 함께 통째로 팰컨 헤비나 뉴글렌 혹은 SLS 발사체에 실어 발사할 수 있다. 모듈에는 미국의 1970년대 우주정거장 스카이랩과 약간 비슷하게 날개처럼 바깥쪽으로 펼쳐지게 부착된 광전지 패널을 장착시킨다. 궤도에 도달하면 팰컨 9을 사용해서 대원들을 드래건 캡슐에 태운 채 실어 나른다. 드래건 캡슐은 임무 마지막에 재진입 및 착륙체로 쓰기 위해서 거주 모듈에 부착된 채 그대로 남는다. 대원들이 지구를 출발하기 위한 준비를 다 마쳤다고 결정하면 팰컨 헤비급 발사체 또 한 대가 50톤의 고에너지 수소/산소 추진제 로켓을 보내고, 로켓이 스택과 결합한 후 지구 주위의 길쭉한 타원형을 한 탈출속도 근접 궤도로 쏘아 보낸다. (H_2/O_2 로켓은 추진제가 쉽게 우주에서 저장 가능하지 않기 때문에 마지막으로 보낸다. 만약 우주에서 저장 가능한 로켓을 쓰면 일정이 좀 더 유연해지지만 페이로드를 줄여야 할 것이다.) 메테인/산소 추진 시스템을 사용해 대원들은 지구를 탈출해서 소행성 횡단 궤적으로 들어간다. H_2/O_2 로켓은 지구의 상부 전리층을 여러 차례 통과하며 서서히 공력제동aerobraking을 해서 재사용할 경우에 대비해 LEO로 돌아간다.

소행성 천이궤도에 들어서고 나면 작은 반동 제어 추진기가 켜져서 우주선이 회전축과 태양전지판이 태양을 향하게 한 상태로 태양전지판이 위치한 면 쪽으로 빙 돈다. 우주선 중력 중심과 모듈의 끄트머리 데크 사이의 스핀 암spin arm 길이는 약 10미터 정도다. 결과적으로 4rpm으로 회전하면 '제일 아래쪽' 데크에 달과 같은 크기의 중력이 생성될 것이다. 6rpm으로 회전하면 화성급의 중력이 생긴다. 장기적인 무중력 상태 노출이 인간의 건강에 미치는 영향에 관한 우주정거장 연구 프로그램을 옹호하려 하는 나사 관료들은 종종 인공중력 시스템의 코리올리 힘과 다른 부수적 영향으로 인한 방향감각 상실 가능성에 대해 깊은 우려를 표하고 있지만, 1960년대에 했던 실험은 인간이 6rpm으로 빠르게 도는 우주선에서도 적응하고 잘 활동할 수 있다는 것을 보여준다. MIT의 래리 영 교수 같은 많은 현대의 인공중력 연구자들은 회전속도가 10rpm까지 올라가도 적응할 수 있다고 생각한다. 인공중력이 있으면 가이아실드 대원들은 무중력에서 장기간 비행할 시 강력한 운동 프로그램을 따르는 데 실패했던 우주비행사들이 겪은 심각하게 부정적인 건강상의 문제들을 방지할 수 있다.

우주선이 소행성에 도착하는 데에는 6개월 정도가 걸릴 것이다. 지구에서 가까운 거리에 있다 해도, 거기까지 가는 데 지구 궤도의 한쪽부터 반대쪽까지 가는 타원형 궤적이 필요하기 때문이다. 소행성과 만나기 직전에 대원들은 우주선의 회전 속도를 떨어뜨리고, 추진 로켓의 추진제 대부분을 사용해서 △V를 약 0.5km/s 정도로 바꾸어 소행성에서 몇 킬로미터 떨어진 궤도에 안착시킨다. 우주선은 거기에 1년 동안 머물 것이다. 그다음에 대원들은 우주 왕복선의 부착식 인간조종장치Manned Maneuvering Unit, MMU와 비슷한 가방식 기체 추진기를 사용해서 우주선에서 소행성으로 날아가 원하는 대로 행성 위를 뛰어다니며 자세히 탐사한다. 행성 전체에서 심부 표본을 반복적으로 채취하는 데는 조그만 이동식 굴착기를 사용한다.

집중적인 탐사의 해 마지막에 추진 로켓이 마지막 남은 추진제를 써서 우주선에 지구 천이궤도로 들어가는 데 필요한 0.5km/s의 △V를 만들어 준다. 다시 6개월을 여행해서 우주선이 지구에 접근하면, 대원들은 반세기 전에 아폴로 우주비행사들이 그랬던 것과 비슷하게 재진입 캡슐을 타고 지구로 돌아와 배로 구조된다. 대원이 사라진 우주선은 지구와 소행성 사이의 순환 궤도에 남아서 적절한 기술이 개발되면 수리되어 더 사용될 날을 기다릴 것이다.

그러니까 대원들은 행성간 우주에서 2년을 보내게 될 것이다. 이것은 화성까지의 왕복여행에 필요한 기간의 두 배다(각 방향으로 이동하는 데 각 6개월이 걸리고, 화성 표면에서 1.5년을 보낸다). 이 여행 동안 그들은 우주 방사선을 100렘 정도 받게 된다. 이것은 각 대원들이 노년에 치명적인 암에 걸릴 통계적 위험을 2퍼센트 정도로 만든다. (반면에 보통의 흡연자들은 20퍼센트의 위험을 안고 있다.) 이것은 유인 우주임무에 관련된 다른 위험들에 비하면 아주 작기 때문에 많은 우주비행사들이 기꺼이 하려고 할 것이 분명하다.

그러니까 팰컨 헤비, 뉴 글렌, 또는 SLS 부스터를 두 번 발사하고, 드래건을 붙인 팰컨 9을 한 번 발사하는 걸로 행성간 우주에 있는 근지구 소행성으로 가는 간소한 2인 유인 우주임무는 쉽게 성사될 수 있다.

하지만 스페이스X 스타십이 사용 가능해지면 근지구 소행성까지 스무 명이 넘는 대원을 멋지게 보낼 수 있다. 이 임무는 스페이스X가 2023년까지 대원들과 여덟 명의 예술가들을 태우고 달 주위를 돌겠다고 선언한 프로젝트와 상당히 비슷할 것이다. 다만 임무가 일주일이 아니라 2년이 걸려서 더 많은 물자를 갖고 가야 한다는 사실만 제외하면 말이다. 하지만 궤도까지 150톤의 페이로드를 가져갈 수 있는 스타십의 능력을 생각하면 문제가 되지 않는다.

임무 계획은 대단히 간단하다. 우선 물자와 대원을 태운 스타십을 궤도로 발사한다. 그다음에 두 대의 화물용 스타십으로 임무용 우주선에 급유하기 위한 300톤의 추진제를 보낸다. 그리고 나서 널찍한 공간과 여행을 즐길 사람들을 태운 채 소행성까지 2년의 왕복 여정을 떠나는 것이다.

([사진 9] 참고)

스타십은 인공중력 우주선이 아니지만, 두 대가 날아간다면 코와 코가 맞닿도록 테더로 서로를 연결할 수 있다. 테더가 500미터 길이이고 결합된 두 대가 2rpm의 속도로 회전한다면, 여행하는 동안 각 우주선에는 지구 수준의 중력이 생긴다. 소행성에 도착하면 추진기를 사용해서 회전을 멈추어 탐사 활동을 더 편리하게 만들고, 무중력 콘서트와 다른 오락거리도 할 수 있도록 만든다. 두 척의 우주선을 이런 식으로 보내면 뭔가 문제가 생겼을 때 100퍼센트 임무 예비책까지 딸려 보내는 셈이다. 아니면 우주선 한 척만 사용하고, 이런 목적을 위한 평형추를 매달아서 인공중력을 만드는 방법도 있다.

현재의 기술로 만든 소형 거주 모듈을 사용하든 아니면 사치스러운 스타십 크루저를 사용하든 간에 가이아실드는 대단한 소행성 과학 탐사 임무가 되겠지만, 그 이상의 의미도 있다. 이것은 도약의 임무가 될 것이다. 나사가 화성에 인간 탐사자를 보내는 것을 주저하는 이유는 두 가지다. 첫 번째는 이런 임무가 굉장히 비쌀 거라는 생각이다. 그리고 두 번째는 이 임무의 위험성에 대한 두려움이다. 이 두 가지 요인이 서로에게 더욱 불을 지피고, 장기 우주여행에 대한 두려움까지 더해져서 나사는 화성 임무를 수십 년이 걸리는 끔찍하게 비싼 준비 활동의 맨 끝에 놔두게 되었다.

장기 우주비행으로 인한 체력 저하는 방사선 때문에 일어나는 게 아니다. 어떤 우주비행사도 비행하는 동안 가시적인 영향을 미칠 정도로 많은 양의 방사선을 받은 적이 없다. 오히려 잘 알려진 문젯거리들은 전부 장기간의 무중력 노출과 그로 인한 합병증 때문이다.

인공중력을 사용한 유인 행성간 우주선으로 가이아실드 임무를 실행하면 우리가 태양계로 나가는 걸 가로막는 우주선의 위협과 무중력 우주병이라는 괴수를 영원히 없앨 수 있다. 또한 행성간 유인 탐사가 어마어마하게 비쌀 거라는 미신 역시 무너뜨릴 수 있고, 유인 화성 탐사임무를 하는 데 필요한 단발성 기술 개발만 갖고도 얼마든지 해낼 수 있다.

코페르니쿠스 전에 프톨레마이우스파 천문학자들은 인류가 크리스털 구에 둘러싸여서 천국으로부터 분리되어 있다고 믿었다. 어떤 면에서 그 구는 여전히 그 자리에 있다. 하지만 유리가 아니라 두려움으로 만들어진 구이다. 가이아실드 임무가 그것을 박살내줄 것이다.

소행성 채굴

소행성으로 향하는 대부분의 열렬한 관심은 인류와 지구 생물권의 나머지에게 가할 수 있는 그들의 위협에 주로 집중돼 있다. 하지만 불이 그 본질을 이해하지 못하는 동물과 아이에게 치명적인 위험이 되지만 유능한 성인의 손에서는 인류의 가장 큰 도구가 되는 것과 마찬가지로, 소행성도 지각을 갖지 못한 생물권이나 지상에만 한정된 I 유형 문명 인류에게는 대규모 죽음만을 선사하지만, II 유형의 우주여행 문명에는 엄청난 부를 약속한다.

소행성대는 고급 금속 광석을 비교적 지구로 수출하기 쉬운 저중력 환경에서 대량으로 보유하고 있는 것으로 잘 알려져 있다. 예를 들어 《우주의 자원 *Space Resources*》에서 저자인 애리조나 대학의 존 루이스John Lewis

교수는 지름이 겨우 1킬로미터인 작은 단독형 S 소행성을 분석해보았다. 지극히 평범한 소행성이다. 이 천체는 질량이 20억 톤 정도로 그중 2억 톤은 철이고, 3000만 톤은 고급 니켈, 150만 톤은 전략금속인 코발트, 7500톤은 시가時價로 평균 가치가 킬로그램당 4만 달러 선인 백금군 혼합물이다.[9] 그러면 백금군 물질만으로도 총 3000억 달러에 이른다! 여기에는 의심의 여지가 별로 없다. 우리에게는 운석의 형태로 소행성 표본이 많기 때문이다. 보통 운석 내 철에는 6~30퍼센트의 니켈, 0.5~1퍼센트의 코발트, 그리고 지구의 최고급 광물보다 최소한 10배 많은 백금군 금속이 들어 있다. 게다가 소행성에는 탄소와 산소도 다량 들어 있기 때문에 화성에서 금속을 정제하는 데 필요한 다양한 일산화탄소 기반 화학반응을 이용해 이 모든 물질을 소행성에서, 그리고 서로로부터 분리할 수 있다.

소행성 금속을 수출할 때의 경제성은 조사해볼 만한 가치가 있다.

우선 채굴이 경제적으로 이득을 보기 위해서는 당연히 정제가 필수이다. 금속군 물질이 킬로그램당 4만 달러의 가치가 있다 해도 이것은 큰 덩어리 한 조각에 7500/2,000,000,000=0.000375퍼센트밖에 들어 있지 않기 때문에, 백금 함량(만)을 기준으로 할 때 $0.15/kg이므로 운송 가치가 없다. 시가로 보아(강철 $0.70/kg, 니켈 $13/kg, 코발트 $60/kg, 백금군 금속 $40,000/kg) 소행성의 철과 니켈이 우주에서는 엄청난 사용 가

성분	양	가치/kg	총 가격
돌	18억 톤	0	0
철	2억 톤	$0.70	$1400억
니켈	3000만 톤	$13	$3900억
코발트	150만 톤	$60	$900억
백금군	7500톤	$40,000	$3000억

[표 5.2] 전형적인 20억 톤의 S형 소행성의 성분 가치

치를 갖지만, 지구로 가져와서 팔 만한 가치가 있으려면 원료를 최대 코발트 분율에 백금군을 더한 정도까지 정제해야 한다(0.5퍼센트의 백금군과 99.5퍼센트의 코발트를 합한 생산품은 $260/kg의 가치를 갖는다).

하지만 한편으로는 좀 더 정제를 할 만한 가치가 분명히 있다. 10퍼센트 백금과 90퍼센트 코발트를 만들 수 있으면 이것은 $4000/kg의 가치를 갖고, 광부들이 지구로 100톤을 가져오면 $4억을 벌 수 있기 때문이다. 그러니까 적당한 기술만 쓸 수 있다면 사업이 충분히 이루어질 것이다. 하지만 쉽게 들어오는 돈은 영원하지 않다.

소행성대에서 귀금속을 싸게 얻을 수 있게 되면 이 물량이 지구의 시장에 넘쳐나게 돼 현재보다 가격이 훨씬 내려갈 것이다. 사업에 뛰어든 최초의 광부들이 버는 이윤은 대단히 높겠지만, 그런 큰 수익은 빠르게 업계에서 경쟁자들을 끌어들일 것이다. 이로 인해 들어오는 물량이 늘어나 소행성 광업으로 얻는 이윤의 비율이 전반적으로 비슷한 고위험 직종 평균보다 딱히 높지 않은 선까지 귀금속 가격이 떨어질 것이다. 이렇게 되면 가격이 안정화되어 소행성 광업은 일반적인 사업으로 변할 거고, 추가적인 금속 가격 하락은 주로 기술적 발전에 좌우될 것이다. 물론 기술의 발전 덕분에 사업 자체는 계속 존재할 수 있다.

그러니까 소행성 백금 열풍의 최종 결과는 대담한 처음 몇 명에게만 엄청난 재산이 되고, 이후의 수많은 사람들에게는 꾸준한 벌이가 될 것이며, 새로운 우주 기술 회사들의 탄생의 장이 되고, 지구의 모든 사람들에게는 많은 (현재의) 귀금속 가치를 급격히 떨어뜨리는 일이 될 것이다. 마지막 부분의 사회적 가치를 얕잡아 보면 안 된다. 백금군 금속은 배터리를 사용하는 것보다 훨씬 나은 무공해 전기차를 만드는 연료전지를 포함해 많은 유명한 신기술의 핵심 재료다. 예를 들어 메탄올(핵에너지나 재생가능

에너지를 이용해서 천연가스, 석탄, 바이오매스, 쓰레기, 심지어는 CO_2 와 물로 생산할 수 있다)로 달리는 연료전지 차량에 오늘날 가솔린 차량처럼 빠르게 급유할 수 있고, 전기차를 널리 받아들이는 데 최대의 장애물인 긴 충전 시간과 높은 배터리 가격이 사라질 것이다. 싼 소행성산產 백금은 이런 차량을 대단히 매력적으로 만들고, 지구 문명을 석유 의존에서 해방시키고, 자동차와 다른 많은 도시 공기 오염원을 없애고, 이들이 유발하던 건강 문제도 모든 곳에서 사라지게 만들 것이다.

하지만 지구의 귀금속 시장은 이제 막 시작이다. 지구로 운송되는 백금 1킬로그램마다 30톤의 훌륭한 니켈 합금 강철이 딸려 나와 공장, 우주선, 주거시설을 만들고 심지어는 우주에 생기게 될 새로운 인간 문명의 수많은 분파들을 위한 공중도시까지 만드는 데 이용할 수 있을 것이다.

소행성 차지하기

소행성 채굴의 상업적 가능성은 대단히 크기 때문에 이미 이윤을 목표로 여러 스타트업들이 생겼다. 제일 앞서가는 업체 중 유명한 곳이 피터 디아만디스, 에릭 앤더슨, 크리스 르위키가 설립하고 구글의 여러 거물들과 다른 부자들의 지원을 받는 플라네터리 리소시즈Planetary Resources, 그리고 경험 많은 우주 기업가 데이비드 검프와 릭 텀린슨이 설립하고 유명한 소행성 전문가 존 루이스 교수가 최고과학자로 있는 딥 스페이스 인더스트리즈Deep Space Industries다. 하지만 이런 강력한 창립자들이 있음에도 불구하고 이런 회사들이 품은 대담한 계획은 그렇게 희망적이지 않다. 현재로서는 소행성대에 존재하는 귀금속을 채굴해서 지구로 가져올 수 있는 그럴 듯한 기술이 없기 때문이다. 결과적으로 이런 회사들은 계속 운영하기 위해서 좀 더 전통적인 항공우주 기술 개발을 목표로 할 수밖에 없다.

하지만 이런 상황은 우주에서 사유재산을 점유할 수 있는 기반을 만들어줄 법률이 생기는 순간 엄청나게 바뀔 것이다. 소행성, 달, 화성, 다른 외계천체들은 미개척에 자원이 풍부할 가능성이 높은 땅을 많이 갖고 있다. 현재는 상업적 가치가 없지만, 이것은 금방 해결할 수 있다.

다음을 고려해보자. 개발이라는 측면에서 1600년대의 미국 트랜스애팔래치아 지역은 화성과 별다를 바 없었음에도 불구하고, 정착자들이 오기 백 년 전에 켄터키에서 넓은 땅이 비싼 가격에 사고 팔렸다. 이곳이 수요가 있었던 이유는 두 가지다. (1) 최소한 몇몇 사람들은 여기가 언젠가 개발 가능할 거라고 믿었다. (2) 영국 왕실 토지권리증의 형태로 법적 협의가 존재해서 트랜스애팔래치아 땅을 사적으로 소유할 수 있었다.

그러니까 우주에서 사유재산권을 보장할 수 있는 메커니즘이 작동한다면, 광산 소유권도 이제 사고팔 수 있을 것이다. 이런 메커니즘에는 소행성대를 순찰하는 경비(예를 들어 우주 경찰)를 배치할 필요도 없다. 미국 같은 적당히 강력한 국가의 권리증이나 재산 등기부면 충분하다.

예를 들어 미국이 채굴권을 특정 수준의 신용을 갖고 소행성(또는 다른 외계 부동산)을 조사하는 민간 집단에 내주었다면 이 권리는 그곳의 미래 추정 가치를 바탕으로 현재 거래가 가능하고, 가까운 미래에 자동 채굴 측량 조사기에 돈을 대는 데 사용될 수도 있다. 미국 관세국경보호청이 어디서 생산된 수입품이든 소유권을 무시하고 채굴한 물질로 만들어진 경우에 직간접적으로 보복관세를 매김으로써 이 권리는 국제적으로, 그리고 태양계 전역에서 인정될 것이다.

현재의 미국 특허 및 저작권 당국에서 지적재산권이라는 개념을 만들었다고 해서 미국 정부가 모든 아이디어를 다 소유하고 있다는 의미가 아닌 것처럼, 이런 종류의 메커니즘은 태양계에 있어서 미국이 통치권을 갖고 있다는 의미가 아니다. 하지만 지적재산권의 경우처럼, 몇몇 정부의 협정은 아무 가치 없던 땅을 부동산 가치가 있게 만드는 데 꼭 필요하다. 미국 특허국은 모든 나라의 투자자들에게 그들의 창조력을 양도 가능 재산에 쏟을 수 있는 도구를 공급하는 혜택을 준다. 같은 방식으로 우주 채굴권을 내주는 미국 관청은 국적과 상관없이 모든 행성 탐사 희망자들에게 혜택을 주는 셈이다.

그러나 이런 메커니즘이 자리 잡히면 우주의 미개발 자원들이 그것을 탐사할 경비를 대주는 엄청난 자본의 원천이 될 수 있다. 또한 개인의 경우에 소유권을 확실히 인정해주는 것은 그 소유주가 땅을 이용할 수 있는 기술을 더 많이 개발하게 만드는 장려책이 된다. 그런 식으로 우주 자원의 탐사와 개발 능력이 발전하면 현존하는 재산권과 미래에 얻을 수 있는 재산의 가치가 더욱 증가하고, 이용 가능한 금융 자원도 더 넓어지고 우주 개발 속도도 더 빨라질 것이다.

플라네터리 리소시즈와 딥 스페이스 인더스트리즈 같은 회사의 운영자들과 후원자들은 이런 종류의 우주 재산권을 다루는 법적 체제를 만들 법안을 입법하기 위해 치열하게 로비를 해야 할 것이다. 그리고 우리도 법안 통과를 지지해야 한다. 이 법안이 통과되면 우주 탐사와 개발을 더 확대시킬 수 있는 거대한 새 금융 세력이 움직일 것이기 때문이다.

서명 한 번에 민간 재원을 바탕으로 한 강력한 우주 탐사 활동이 탄생할 수 있다. 이것은 자유시장의 대담함과 천재성을 활용해서 모든 인류에게 태양계의 손 타지 않은 광대한 자원이라는 지식과 이득을 빠르게 가져올 수 있을 만한 활동이다.

입법자들은 이를 유념하고 행동해야 할 것이다.

우주 삼각무역

소행성 사업을 가능하게 하는 법안이 통과되면 이것이 큰 사업이 될 거라고 예상은 한다 해도, 이런 권리를 활용하는 주요소행성대에서의 대규모 인간 활동은 화성에 확고한 기반이 있지 않는 한 지탱하기 어려울 것이다. 소행성에서 물과 탄소질 물질은 쉽게 발견할 수 있겠지만(소행성 집단은 달보다 훨씬 자원이 풍부하다), 수출할 수 있는 금속이 가장 풍부한 소행성들에서 휘발성 물질도 많은 것은 아니기 때문이다. 오히려 그 반대이다. 금속이 많은 M형 소행성에는 휘발성 물질이 거의 없다. 게다가 주요소행성대의 많은 행성들에 농경을 하는 데 필요한 탄소, 수소, 산소는 전부 있지만 질소는 대체로 드물다. 그리고 주요소행성대의 햇빛이 농사를 짓기에는 너무 약해서 식물들이 인공적으로 만든 빛을 보고 자라야 한다. 이것은 소행성 거주지화에 있어서 큰 약점이고, 꽤 많은 인구를 먹여 살리기 위해서 전깃불로 식물을 키우는 것이 현재의 우주 에너지원을 고려할 때 실용적인 일인지도 의문이다. 또한 소행성들 전체에 언젠가는 상당히 많은 광부 인력이 생기겠지만, 진보된 자동 기술이 생기기 전까지는 소행성 하나에 다면적인 산업 발전에 필요한 분업을 제대로 할 수 있을 만큼의 인력이 확보되지 않을 것이다.

소행성대의 광업 기지는 비교적 근시일 내 이루어질 수 있는 제안이다. 하지만 농장, 산업, 도시는 주요소행성대에서 통제된 핵융합 기술이 널리 퍼져서 인공전력이 대규모로 도입된 이후까지 기다려야 한다. 21세기에는 소행성 탐사자와 광부를 지원할 물자 대부분이 어딘가 다른 곳에서 와야 한다.

나의 책 《*The Case for Mars*》에서 상세히 설명했듯이, 포보스 테더 시스템이 생기기 전이라 해도 지구에서 주요소행성대까지 도달하는 데 필요한 $\triangle V$는 화성에서 갈 때 필요한 수치의 두 배가 넘어서 질량비를 최소한 일곱 배는 커지게 만들고, 임무의 총 이륙 질량은 *50배*나 커지게 만든다. 이것은 화학 추진 시스템을 쓰든 전기 추진 시스템을 쓰든 마찬가지다.[10] 포보스 테더 운송 시스템이 완성되면 화성의 페이로드 운송의 이점이 지금보다 열 배 이상 증가할 것이다.

그러니까 이에 따른 결론은 간단하다. 화성에서 생산해서 소행성대로 보낼 수 있는 물품이라면 무조건 화성에서 생산해야 한다.

즉 내행성계에서 미래의 행성간 상업의 윤곽이 뚜렷해진다. 행성간 '삼각무역'이 이루어질 것이다. 지구가 첨단기술 제조품들을 화성으로 보내고, 화성이 하급기술 제조품들과 주요 식품들을 소행성대와 달로 보내고, 소행성은 금속을, 달은 아마도 헬륨-3를 지구로 보낼 것이다. 이 삼각무역은 식민지 시대에 영국과 북아메리카 식민지, 서인도 사이의 삼각무역과 아주 유사하다. 영국은 제조품을 북아메리카로 보내고, 아메리카 식민지는 주요 식량과 필수적인 공예품들을 서인도로 보낸다. 그리고 서인도에서는 설탕 같은 환금성 작물을 영국으로 보낸다. 영국, 오스트레일리아, 향료제도 사이의 비슷한 삼각무역 역시 19세기에 동인도에서 영국의 무역을 지탱해주었다.

소행성에 정착하기

캘리포니아, 네바다, 콜로라도는 모두 다 금이나 은이라는 희망을 주어 광부들을 그 머나먼 지역으로 유혹했고 광부의 목적지로 미국 역사에 자리를 잡았다. 하지만 결국에 정착자들이 광산촌을 마을로 도시로 변화시키면서 광업은 두 번째로 중요한 산업이 되었다. 주요소행성대에서도 같은 역사가 반복될 수 있다.

소행성들 전체를 보면 생명체와 문명에 필요한 모든 물질들이 있지만, 개별적으로는 다 갖고 있지 않다. 그러니까 정착을 가능하게 하는 데 필요한 것은 별들 사이에서 무역을 쉽게 만들어주는 기술이다. 게다가 이미 이야기했듯이 소행성 정착지에는 많은 에너지가 필요하다. 햇빛이 적게 와서 자연적인 햇빛은 효과적으로 농경을 하기에 적당하지 않기 때문이다. 지구의 햇빛 수준을 맞추려면 7배 농축기가 필요할 것이다.

다행히 주요소행성대의 별들에는 두 가지 조건을 맞출 수 있는 물질이 풍부하다. 바로 물이다.

지구에서 물 1갤런(3.8리터)에는 핵융합기로 연소시키면 가솔린 350 갤런(1330리터)을 연소할 때 방출되는 것만큼의 에너지를 얻을 수 있는 양의 중수소가 들어 있다. 던 우주선이 세레스 표면에서 촬영한 얼음 같은 소행성 물의 중수소 함량은 그 두 배 정도로 추정된다. 그러니까 우리에게 중수소 핵융합 원자로가 있다면, 소행성 정착을 돕는 데 필요한 에너지가 현지에 있는 연료만으로도 충족 가능하다. 순수한 중수소는 반응 에너지의 40퍼센트가 중성자(주변의 물질들에 방사능을 유발할 수 있다) 형태로 나오는 D-He3(중수소-헬륨3)보다 핵융합 연료로 덜 매력적이지만, 외행성계에서 He3가 풍부하게 입수되기 전까지는 어느 정도 역할을 해줄 것이다.

핵융합로는 물을 데워 고온의 증기로 만들어 로켓 노즐로 배출시켜서 추진력을 만들어내는 방식으로 물을 추진제로 사용할 수 있다. 이런 융합 열성 증기 로켓은 3.6km/s가량의 배기속도를 낼 수 있어서(비추력은 대략 350초) 케로신/산소 화학 로켓과 비슷한 성능을 보이지만, 저장하기 쉽고 주요소행성대 어디서나 쉽게 입수할 수 있는 추진제를 사용한다는 것이 장점이다. 핵분열 원자로 역시 이런 목적으로 사용할 수 있고, 사실 수소를 추진제로 쓰는(그래서 배기속도가 무려 9km/s에 달하는) 이런 핵열 로켓은 1960년대에 미국에서 25만 파운드의 추진력 크기까지 개발해서 시험해보았다. 하지만 대신에 열 로켓을 발사하기 위해서 핵융합로를 사용하면 소행성 정착지는 지구로부터 연료 독립을 할 수 있다.

또는 물을 수소와 산소로 전기분해하는 데 핵융합로를 사용할 수도 있다. 액체 물보다 생성하고 저장하기가 훨씬 어렵지만, 이것은 우주선이 무거운 원자로는 추진제 생산 기지에 놔두고 전통적인 경량 화학 로켓만 갖고 소행성 사이를 돌아다닐 수 있게 해준다.

이런 시스템의 도움으로 소행성 정착지라는 군도들 사이에서 활발하게 무역이 일어나고, 전체적으로 분업과 물적 자원의 분산을 일으켜 거대하고 활발한 우주 기반 문명을 탄생시킬 것이다.

새로운 사회를 위한 신세계

소행성의 다양성은 단기적으로는 사회적 진화에 있어서 단점이 되겠지만, 장기적으로는 큰 이점이 된다. 화성은 크긴 해도 어쨌든 하나의 세계이다. 여러 가지 사회적 실험이 여기서 시작되겠지만, 결국에 이 모든 것들이 녹아들어 하나 혹은 최대 몇 개 정도의 인간 문명의 새 지류로 합쳐질 것이다. 하지만 화성 정착지를 위한 자원의 활용, 노동력 절감, 우주 운송, 에너지 생산에 관한 기술 개발로 인해 소행성 정착의 길이 열릴 거고, 이로 인해 소행성 정착지를 만든 기술과 특성 양쪽 모두가 더욱 진보할 것이다. 이에 따라 그 문화와 법률 체계가 절대로 합쳐져서는 안 되는 새로운 세계가 수천 개쯤 생길 수 있다.

실제로 소행성이 인류에게 제공할 수 있는 가장 큰 보물은 백금이 아니라 자유다. *자유보다 더 귀중한 것은 없다.*

우주 정착지가 정말로 자유로울 수 있을까? 어떤 작가들은 외계에서의 자유는 불가능하다고 주장한다. 우주 정착지 통치부가 당신의 공기를 차단해서 언제든지 당신을 죽일 수 있기 때문이다.[11] 하지만 이것은 반대로 생각하는 것이다. 역사적으로 폭군이 억압하기 가장 쉬운 사람들은 명목상 자급 가능한 시골 농민들이었다. 이들은 개개인이 꼭 필요한 존재가 아니기 때문이다. 중세의 말에 따르자면 "도시의 공기가 사람을 자유롭게 만든다." 개인에게 자율권을 주는 것은 도시 사회에서 사람들의 상호의존 및 의사소통이다. 우주 정착지에서는 거의 모든 사람들이 한 명 한 명 필수적일 거고, 그래서 힘을 갖고 있으며, 이들 모두가 통치자들에게 위험해질 수 있다.

강력한 자율권을 가진 시민들로 이루어진 사회에서는 사람들을 올바르게 대해야만 한다.

하지만 자유는 폭정이 없다는 것만으로 충분하지 않다. 거의 모든 인류 역사에서 사람들은 그들이 태어나기 전에 완전히 정립된 법률하에, 현실 속에서 살아야만 했다. 하지만 자신의 세계에서 그저 소속원으로서 사는 게 아니라 세계를 만드는 창조자로서 살 권리가 가장 근본적인 형태의 자유다. 하지만 이것은 지평이 열려 있는 사회에서만 확실히 존재하는 권리다. 모두에게 맞는 한 가지 방식이라는 것은 없다. 언제나 사회를 어떻게 조직해야 하는지에 관한 새로운 아이디어를 가진 사람들이 있을 거고, 그들이 진정으로 자유로우려면 이 아이디어를 시험해볼 만한 장소가 있어야 한다. 소행성대는 이런 새로운 실험 수천 가지의 시험장을 공급해줄 것이다.

어쩌면 누군가는 공화주의자일 수 있고, 누군가는 무정부주의자일 수도 있다. 누구는 공산주의자고 누구는 자본주의자일 수 있다. 어떤 사람은 가부장제를 지지하고 어떤 사람은 가모장제를 지지할 수도 있다. 귀족사회를 지지하거나 평등주의를 지지할 수도 있다. 종교를 믿는 사람도 있고, 이성주의자인 사람도 있을 것이다. 쾌락주의 사상가도 있고, 금욕주의 사상을 따르는 사람도 있을 것이다. 몇몇은 향락주의자고, 몇몇은 금욕주의자일 수 있다. 전통주의자도 있고, 끊임없이 혁신을 추구하는 사람도 있을 것이다. 열렬하게 트랜스휴머니즘(기술로 사람의 정신적, 육체적 성질과 능력을 개선하려는 운동)과 증강 지능, 아이들의 유전자 조작을 받아들이는 사람이 있는가 하면, 이런 걸 전부 거부하는 사람도 있으리라. 인간의 잠재력을 좀 더 확실하게 알아낼 기회를 제공하는 사회는 이민자들을 끌어들이고 더 성장할 것이고, 그렇지 못한 곳은 사라질 것이다. 하지만 성공하는 다양한 사회들이 수두룩할 것이다. 고대 그리스 섬의 도시국가들처럼 어지러울 정도로 많은 다양한 사회들이 나타나 번성하고, 넓고 끝없이 창의적인 우주 코스모폴리스에서 상품과 아이디어들을 주고받을 것이다.

인류의 나머지는 그들을 보고, 그들의 경험에서 배울 것이다. 그리고 효과가 있는 것들은 반복될 것이다. 그런 식으로 우리는 계속 진보한다.

포커스 섹션: 우주 정착자들을 위한 화학

주변 환경에서 먹을 수 있는 식물을 찾고 동물 사냥법을 알아내야 했던 옛날의 개척자들과 마찬가지로 우주 정착자들도 그들의 새로운 세계에서 어떻게 유용한 자원을 얻을 수 있을지를 알아야만 한다. 다음은 핵심 기술의 간단한 요약본이다.

달에서

달에서는 달 토양에 10퍼센트 농도까지 들어 있는 타이타늄철석에서 산소를 생성할 수 있다. 반응식은 다음과 같다.

$$FeTiO_3 + H_2 \rightarrow Fe + TiO_2 + H_2O \qquad (5.1)$$

여기서 생성된 물을 전기분해해 수소를 만들고, 이것을 다시 원자로로 돌려보내고 산소는 금속 철과 함께 시스템의 유용한 최종 생성물이다. 이 시스템의 타당성은 텍사스 휴스턴의 카보텍에서 일하는 연구원들이 입증했다. 타이타늄철석을 채굴하고 싶지 않다면, 에어로제트의 샌더스 로젠버그가 창안한 시스템인 탄소열 환원 반응을 사용해볼 수 있다. 이것은 대단히 흔한 규산염을 포함해 훨씬 다양한 달의 암석에 사용 가능하다.

$$MgSiO_4 + CH_4 \rightarrow MgO + Si + CO + 2H_2O \qquad (5.2)$$

그다음에 물은 전기분해해서 산소를 생성하고, 전기분해로 만들어진 일산화탄소와 수소는 다음 반응으로 합쳐서 메테인으로 만든다.

$$CO + 3H_2 \rightarrow CH_4 + H_2O \qquad (5.3)$$

반응 5.1과 5.2는 강한 흡열반응이고(다시 말해 에너지를 넣어줘야 한다), 고온에서(1000℃ 이상) 해야 한다. 반응 5.3은 발열반응이고(다시 말해 에너지를 생성한다) 400℃에서 빠르게 일어난다. 탄소와 수소 반응물은 달에서 아주 희귀하기 때문에(극지 부근의 영구적으로 어두운 크레이터를 제외하면) 굉장히 효율적인 재활용이 가능하도록 시스템을 설계해야 한다.

화성에서

화성에서 가장 입수하기 쉬운 자원은 대기이고, 이것은 다양한 방법으로 연료, 산소, 물을 만드는 데 이용될 수 있다. 가장 쉬운 기술은 지구에서 수소를 약간 가져가서 화성 공기의 95퍼센트를 이루고 있는 CO_2와 다음과 같이 반응시키는 것이다.

$$CO_2 + 4H_2 \rightarrow CH_4 + 2H_2O \qquad (5.4)$$

반응 5.4는 사바티에 반응이라고 하며 1890년대 이래로 지구의 화학산업계에서 대규모 일방향 반응기 형태로 널리 이용되었다. 이것은 발열반응이고 빠르게 일어나며 400℃에서 알루미나 펠렛에 부착한 루테늄을 촉매로 쓰면 완전한 반응이 가능하다. 나는 1993년 덴버의 마틴 마리에타에서 일할 때 이 반응과 물의 전기분해, 재활용 루프까지 다 합쳐서 화성에서 사용하기에 적절한 소형 시스템을 실증한 바 있다. 생성된 메테인은 훌륭한 로켓 연료이다. 물은 그대로 마시거나 전기분해해서 산소(추진제나 호흡용으로)와 수소(재활용한다)로 만든다.

화성 자원 활용을 위해 나온 또 다른 시스템은 지르코니아 전해셀을 이용해 CO_2를 직접 분해하는 방법이다. 반응은 다음과 같다.

$$CO_2 \rightarrow CO + 1/2O_2 \qquad (5.5)$$

반응 5.5는 강력한 흡열반응이라서 1000℃ 이상에서도 사용 가능한 고온을 견디는 밀폐 세라믹 시스템을 사용할 필요가 있다. 이 반응의 타당성은 1970년대 말에 제트추진연구소의 로버트 애시가 처음 입증했고, 이런 시스템의 성과는 애리조나 대학의 쿠마르 라모할리Kumar Ramohalli와 K. R. 스리다르K. R. Sridhar가 그 이래로 크게 개선했다. (스리다르는 이후에 일종의 연료전지로 이 반응을 거꾸로 하는 기술을 지구에서 사용하기 위해 상용화하는 것을 목표로 하는 블룸 에너지라는 회사를 세워서 성공을 거두었다.) 이 반응의 큰 장점은 순환되는 반응물이 필요치 않다는 것이고, 단점은 많은 에너지가 필요하다는 것이다. 같은 양의 추진제를 생산하는 사바티에 반응에 비해 세 배의 에너지가 필요하다. 이런 시스템의 소규모(시간당 산소 20그램을 생성한다) 형태인 목시MOXIE는 마스 2020 로버에 적용되었고, 우리는 곧 이것이 화성에서 얼마나 잘 활약하는지 알 수 있게 될 것이다.[12]

화성 추진제 생성의 또 다른 방법은 물-기체 변화의 역반응RWGS이다.

$$CO_2 + H_2 \rightarrow CO + H_2O \qquad (5.6)$$

이 반응은 약한 흡열반응이고 19세기부터 화학계에 알려져 있었다. 사바티에 반응에 비해서 이 반응의 장점은 반응한 모든 수소가 물에 들어간다는 것이고, 물은 그 후 전기분해돼 다시 사용되고 약간의 재활용된 수소만 공급하면 거의 무한정 산소를 생산할 수 있다. 이 반응은 400℃에서 빠르게 일어난다. 하지만 평형상수가 낮아서 대체로 100퍼센트 반응하지는 못하고, 완전 반응하는 사바티에 반응(5.4)과 경쟁하게 된다. 1997년 파이오니어 애스트로노틱스에서 일하던 브라이언 프랭키와 토모코 키토 그리고 나는 알루미나 촉매를 입힌 구리가 이 반응의 수율을 100퍼센트로 올려준다는 것을 증명했고, RWGS 반응기와 재활용 루프에서 물 냉각기와 공기 분리막을 사용하면 거의 100퍼센트에 가까운 전환을 쉽게 일으킬 수 있다.

우리의 초기 RWGS 유닛은 하루에 1킬로그램의 속도로 물을 생성했고, 이것은 자동식 화성 표본 회수 임무용 상승체에 필요한 산소 추진제를 만드는 데 적당한 속도다. 이 반응을 기반으로 파이오니어 애스트로노틱스의 상업용 분사分社인 파이오니어 에너지에서 나의 R&D 팀이 하루 80킬로그램의 물 생성 속도로 작동하는 RWGS 시스템을 만들었다. 이것은 마스 다이렉트 유인 탐사 임무에 필요한 모든 산소 추진제를 만들기에 충분한 속도다.

추가 수소를 넣어 RWGS를 돌리면 CO와 H_2로 이루어진 증기 폐기물이 생성된다. 이것은 '합성가스'라고 하고 두 번째 촉매층에서 발열반응해서 메탄올(반응 5.7)과 프로필렌(반응 5.8), 또는 다른 연료를 생산할 수 있다. RWGS '폐기물' 기체를 메탄올로 만드는 활용법은 1997년 파이오니어 애스트로노틱스 프로그램에서 처음 선보였고, 그 후 2017 파이오니어 에너지 프로젝트 때 더 큰 규모로(시간당 5킬로그램의 메탄올) 보여주었다. 한편 1998년 프로그램에서 파이오니어 애스트로노틱스 팀은 프로필렌 생성반응을 발표했다.

$$CO + 2H_2 \rightarrow CH_3OH \qquad\qquad (5.7)$$

$$6CO + 3H_2 \rightarrow C_3H_6 + 3CO_2 \qquad\qquad (5.8)$$

화성에서 질소와 아르곤으로 이루어진, 호흡 시스템을 위한 완충 기체는 펌프를 이용해서 대기에서 직접 추출할 수 있다. 이 기체들이 대기에서 각 2.7퍼센트와 1.6퍼센트를 이루고 있기 때문이다. 물 역시 워싱턴 대학의 아담 브루크너, 스티브 쿤스, 존 윌리엄스가 보여준 것처럼 제올라이트 흡착층을 이용해 대기 중에서 추출할 수 있다. 아니면 토양을 가열해서 추출할 수도 있다. 화성 토양은 마스 오디세이 우주선이 보여준 것처럼 보통 적도에서는 토양 중에 물이 무게당 5~10퍼센트를 이루고 있고, 아한대 지역에서는 60퍼센트까지 이루고 있다. 유럽 마스 익스프레스 우주선이 남극 근처에서 지표투과레이더를 이용해 지하의 액체 소금물을 발견했고, 나사의 화성정찰위성은 북반구에서 북위 38도 되는 한참 남쪽까지 이르는 거의 순수한 물로 된 거대한 얼음 빙하가 먼지 쌓인 상태로 늘어서 있는 것을 발견했다. 그러니까 비교적 간단한 굴착과 토양 가열, 혹은 얼음 용해 기술만으로도 화성에서 풍부한 물을 생성할 수 있을 것이다.

철 역시 화성에서 반응 5.9나 5.10을 이용해서 아주 쉽게 생성할 수 있다. 내가 아주 쉽다고 말한 이유는 고체 재료인 Fe_2O_3가 화성에 어디에나 존재해서 이 별을 붉은색으로 만들고, 덕택에 간접적으로 그 이름에 영향을 미쳤기 때문이다.

$$Fe_2O_3 + 3H_2 \rightarrow 2Fe + 3H_2O \qquad\qquad (5.9)$$

$$Fe_2O_3 + 3CO \rightarrow 2Fe + 3CO_2 \qquad\qquad (5.10)$$

반응 5.9는 약한 흡열반응(에너지를 흡수한다)이고 물의 전기분해 재활용 시스템과 함께 사용해서 마찬가지로 산소를 생성할 수 있다. 반응 5.10은 약한 발열반응(에너지를 생성한다)이고 전기분해장치와 RWGS 장치와 나란히 사용해서 역시나 산소를 생성할 수 있다. 철은 그대로 사용하거나 강철로 바꿀 수 있다. 탄소, 망간, 인, 규소, 니켈, 크롬, 바나듐, 즉 주된 탄소강 및 스테인리스 스틸 합금을 만드는 데 사용되는 핵심 원소들이 전부 다 화성에 비교적 흔하기 때문이다. 이것을 보여주기 위해서 2017년에 파이오니어 애스트로노틱스는 반응 5.10을 이용해서 화성 토양과 똑같이 만든 표본으로 탄소강을 만드는 것을 보여주었다.

RWGS로 생성한 일산화탄소는 다음과 같은 방법으로 탄소를 생성하는 데 사용할 수 있다.

$$2CO \rightarrow CO_2 + C \qquad (5.11)$$

이 반응은 발열반응이고 고압과 600℃ 정도의 온도에서 자발적으로 일어난다. 이렇게 생성된 탄소는 탄소-탄소 구성물을 만들거나 반응 5.12와 5.13을 통해서 규소나 알루미늄을 생성하는 데 사용된다.

$$SiO_2 + 2C \rightarrow 2CO + Si \qquad (5.12)$$
$$Al_2O_3 + 3C \rightarrow 2Al + 3CO \qquad (5.13)$$

SiO_2와 Al_2O_3 모두 화성에서 흔하기 때문에 원료를 찾는 것은 아무 문제가 되지 않을 것이다. 하지만 반응 5.12와 5.13 둘 다 강한 흡열반응이다. 그러니까 알루미늄이 정말로 필요한 특수 분야가 아니라면 화성의 구

조물 금속 재료로는 강철이 선택될 것이다.

소행성에서

소행성은 금속이 풍부하고 탄소도 갖고 있기 때문에 화성을 위해 개발된 탄소 기반의 자원 활용 반응 대부분을 거기서 사용할 수 있다. 소행성 광부들이 특히 관심을 가지는 것은 상업용 수출을 목적으로 하는 다양한 금속들의 순수한 표본을 얻는 방법일 것이다. 이것을 얻는 한 가지 방법은 애리조나 대학 교수 루이스가 지적한 것처럼 카보닐을 만드는 것이다.[13]

예를 들어 일산화탄소는 110℃에서 철과 결합해서 철카보닐[Fe(CO)_5]을 생성한다. 이것은 실온에서 액체 상태다. 이 철카보닐을 틀에 부어 200℃ 정도로 가열하면 분해된다. 틀 안에는 아주 강한 순수 철이 남고, 일산화탄소는 방출되어 다시 사용할 수 있다. 비슷한 카보닐들이 일산화탄소와 니켈, 크롬, 오스뮴, 이리듐, 루테늄, 레늄, 코발트, 텅스텐 사이에서 형성될 수 있다. 이 각 카보닐들은 약간 다른 조건에서 분해되기 때문에 금속 카보닐 혼합물은 연속된 분해로 한 번에 금속 하나씩 순수 원소로 분리가 가능하다.

이 기술의 추가적인 장점은 정확한 저온 금속 주조가 가능하다는 점이다. 예를 들어 철카보닐에서 카보닐 기체를 분리하면, 아무리 복잡한 모양의 움푹한 물체를 만들고 싶든 간에 철을 층층이 발라 만들 수 있다. 이런 이유 때문에 카보닐 제조와 주조는 화성과 그 너머에 자리한 수천 개의 세계에서 광범위하게 사용될 게 분명하다. 이런 물질들의 3-D 프린팅 가능성은 이제 막 조사되기 시작했다. 하지만 프린트를 할 수 있다고 거의 확신하고, 우주 정착자들은 그릴 수 있는 거라면 뭐든 만들 수 있을 것이다.

6장
외행성 세계

서문

외행성계는 태양의 내측 영역보다 그 규모가 수천 배나 넓은 광대한 지역이다. 여기에는 아주 거대한 행성 네 개, 작은 행성 하나, 행성 크기의 달 여섯 개, 여러 개의 더 작은 별들, 알려진 것과 알려지지 않은 수십억 개의 상상 가능한 온갖 모습을 한 소행성과 혜성 같은 물체들이 있다. 이곳은 순수한 아름다움과 상상 불가능한 잠재력의 세계다. 우리의 첫 번째 탐사선들은 우리의 고향 별에 있는 것을 왜소해 보이게 만드는 바다를 포함한 얼음 달들처럼 놀라운 발견들을 했다. 하지만 이들은 자연이 심어둔 비밀을 간직한 세계의 겉만 살짝 핥은 정도이다. 두꺼운 대기를 뚫고 활동을 감지할 수 있는 원자력, 훨씬 빨라진 데이터 속도, 얼음이 덮인 바다 속에 들어가 생명체를 찾을 잠수 차량을 가진 더욱 능력 있는 새 세대의 우주선이 필요할 것이다. 하지만 그래도 우리는 알 수 없을 것이다. 인간의 정신이 따라가야 하고, 거리라는 문제에는 달이나 화성까지의 유인 우주임무에 필요한 것보다 훨씬 더 뛰어난 추진 기술이 개발되어야 한다. 그러니까 외행성계가 인간의 활동 영역이 될 때까지는 상당한 시간이 걸리겠지만, 그날은 분명히 올 것이다. 미래를 뚜렷하게 볼 수는 없지만, 우리는 이미 이 외행성계에 계속적인 인간의 생존과 발전, 우리 후손들의 커다란 희망을 향한 열쇠가 담겨 있다는 것을 잘 알고 있다.

외행성계 탐사

인간의 외행성계 탐사는 최초로 그 방향으로 망원경을 향했던 갈릴레오 때부터 진지하게 시작되었다. 베네치아 정부는 소형망원경을 완벽하게 만든 갈릴레오에게 큰 보상을 내렸다. 해전에서 굉장히 유용했기 때문이다. 하지만 교회는 그가 하늘에서 본 것들에 관해서 별로 기뻐하지 않았다. 1610년 1월 7일 밤에 자신의 기구를 하늘로 향한 갈릴레오는 목성의 네 개의 주요 위성('갈릴레오 위성')을 확인했다. 각각이 수성만 한 크기인 이오, 유로파, 가니메데, 칼리스토이다. 지구 말고 다른 행성 주위를 도는 이 천체의 발견은 교회가 인가한 프톨레마이우스-아리스토텔레스 세계관에 큰 타격을 입혔다. 또한 앞으로 올 해양 발견 시대에 실질적으로 대단히 중요하게 작용했다. 항해사들에게 하늘에서 완벽하게 믿을 만한 시계를 제공함으로써 갈릴레오 위성 시스템은 탐험가들이 세계 어디서든 자신들의 위도를 알 수 있게 해주었다(어떤 절대적인 기준에 시계를 맞춰 놓을 수 있다면, 아침 해가 뜨는 시간이 위도를 알려준다). 그러니까 목성을 연구한다는 완전히 비현실적인 행동을 함으로써 갈릴레오는 마침내 인간이 지구에 대해서 깨닫고 확실하게 길을 찾을 수 있도록 만들었다. 그 결과 베네치아 해운 도시국가의 재산이 하찮게 보일 정도의 부를 쌓아주는 장거리 해상 무역의 시대가 도래했다.

망원경이 커지고 더 발전하면서 다른 중요한 발견들이 이어졌다. 1655년 하위헌스가 발견한 토성의 고리와 그 달인 타이탄, 1665년 카시니가 발견한 목성의 대적점, 1781년 허셜이 발견한 천왕성, 1846년 애덤스와 르베리에가 발견한 해왕성, 1846년 러셀이 발견한 해왕성의 커다란 달 트리톤, 1930년 톰보가 발견한 명왕성, 1944년 카이퍼가 발견한 타이탄의 대기, 1977년 코월이 발견한 거대한 얼음 소행성 키론 등이다. 1960년대에 목성에는 위성 12개, 토성에는 9개, 천왕성에는 5개, 해왕성에는 2개가 있는 것으로 알려졌다.

외행성계 탐사는 1970년대에 자동 탐사 우주선이 나타나며 변혁을 맞이했다. 1972년 목성을 근접통과한 파이오니어 10호 임무로 시작해서 1973년에는 파이오니어 11호, 1977년에는 보이저 1호, 둘 다 목성을 근접통과한 다음에 토성을 향해서 1979년과 1980년에 각각 고리 달린 행성에 도착했다. 이것은 여러 대의 우주선이 중력의 도움을 받아 여러 번의 행성 근접통과 임무를 수행한 첫 번째 사례였다. 이 기술은 이후 보이저 2호가 연달아 목성(1979), 토성(1981), 천왕성(1986), 해왕성(1989)을 방문하며 멋지게 완성시켰다. 보이저 2호 임무를 가능하게 만들었던 정치적 움직임은 거의 천체역학만큼이나 어렵고 까다로웠다. 돈을 아끼기 위해서 카터와 레이건 시대 나사 본부 임원들과 행정관리예산국 관료들은 보이저 2호의 임무를 목성과 토성으로 한정시키고 싶어 했다. 임무에 착수하기 위해서 제트추진연구소 운영부는 그렇게 하겠다고 동의한 후 나중에야 천왕성에서 데이터를 가져오는 데 동의를 얻었고('우주선이 어차

피 그쪽으로 가니까'), 그다음 같은 속임수를 써서 해왕성까지 관측하는 것을 허락받았다.[1]

보이저 임무는 엄청난 업적이었고 바이킹, 아폴로, 허블과 함께 나사의 네 가지 최고 업적 중 하나로 꼽힌다. 거대 행성들의 놀라운 컬러 사진을 가져온 것뿐만 아니라 보이저는 알려진 모든 달의 사진을 찍고 문자 그대로 수십 개의 달들을 추가로 발견했다. 목성, 천왕성, 해왕성의 고리 체계도 발견했고, 토성의 고리에서 새로운 특징들도 많이 알아냈다. 거대 행성들 주위의 자기장도 측정해서 엄청나게 강력한 자기장과 그에 연관된 방사능대가 목성 주위에 있다는 사실도 밝혔다. 거대 행성들의 내부가 예상보다 훨씬 더 따뜻하다는 사실을 보여주는 수치들도 측정했다. 두 보이저호 모두 이오에서 폭발 중인 화산의 사진을 찍어 왔다. 이것은 전혀 예상치 못한 일이었고, 목성 주위를 공전하는 천체들의 기조력起潮力으로 생기는 지열 에너지의 발열량을 아주 확실하게 보여주었다. 이 사실의 중요성은 보이저의 또 다른 발견으로 더욱 두드러진다. 바로 행성 전체가 얼음으로 덮여 있는 유로파의 사진이다. 보이저 호가 알아낸 것처럼 유로파의 얼음에는 균열이 있어서 액체 물로 된 바다 위에 두꺼운 바닷물 얼음이 깔려 있는 것으로 추정된다. 보이저가 이오에서 화산을 관측하기 전까지는 목성형 행성들에 액체 물이 존재할 수 있을 거라고는 아무도 생각지 못했었다. 하지만 기조력이 이오의 내부에서 바위를 녹일 만큼 열을 가할 수 있다면, 거대 행성 바깥쪽에서 두 번째로 큰 위성인 유로파 내부도 기조력에 의해 얼음의 녹는점 이상으로 데워질 수 있지 않을까? 그리고 만약에 유로파의 얼음 아래로 액체 물과 열이 존재한다면, 거기에 생명체가 살고 있을 수도 있지 않을까?

이런 추측은 1996년과 1997년에 갈릴레오 우주선이 보이저보다 훨씬 높은 해상도로 유로파의 사진을 다시 찍어 유로파의 얼음 덮개가 실제로 바닷물 얼음이고, 100킬로미터 깊이로 보이는 액체 물로 된 바다 위에 50 킬로미터 정도의 두께로 떠 있다는 사실을 확실하게 보여주었다. [2] 유로파에는 액체 물이 있을 뿐만 아니라 그 양이 지구에 있는 것보다 더 많다! 1980년대에 해양학자들이 광합성이 아니라 해저 열수구와 관련된 화학 합성을 바탕으로 하는 먹이사슬에 의존하는 심해 생명체를 발견했다. 비슷한 생태계가 유로파의 바다 깊은 곳에 존재할 수 없으리라는 법은 없다. ([사진 10] 참고)

그래서 유로파의 바다를 탐사하는 것은 이제 나사의 우주 생물학 연구 프로그램의 주된 목표가 되었다. 큰 문제는 얼음 50킬로미터를 어떻게 뚫고 들어가느냐 하는 것이다. 최소한 지표에서는 얼음이 엄청나게 차가워서 -160℃ 정도이다. 그 온도의 얼음은 바위만큼 단단하다. 굴착 장비를 설치하도록 유로파에 인간 대원들을 보낸다 해도(유로파는 목성의 아주 위험한 방사능대 한가운데 있기 때문에 광장히 힘든 일일 것이다) 그 정도로 두툼한 얼음을 뚫는 것은 엄청난 과제일 것이다. 내가 나사에 제안했던 또 다른 방법은 방사성 동위원소로 가열한 대포알만큼 단단한 구를 우주선에서 발사해서 유로파의 표면에 고속으로 충돌시키는 것이다. 그렇게 하면 구가 얼음을 뚫고 들어가서 천천히 주위를 녹이며 아래로 내려가기 시작할 것이다. 구에 고정시킨 탐사기 주위로 녹은 물의 표면층은 화학물질과 운이 좋으면 유로파의 과거 바다에 살았던 얼어붙은 미생물을 담고 있을 수도 있다. 탐사기를 더욱 깊이 끌고 들어갈수록 더 최근에 만들어진 얼음을 찾을 수 있고, 이런 물에는 분석에 적합한 내용물들이 들어 있을 것이다. 그래서 탐사기는 점점 더 깊이 들어가서 지질학적 시간으로 아주 오랫동안 유로파의 바다가 어떻게 되어왔는지를 깊이 살펴본다. 탐사기가 얼음 속에 있는 한 저주파 무선을 통해서 궤도선에 데이터를 전송할 수 있다. 또한 통신 중계용 역할을 하는 상륙선에 소리로 연락을 보낼 수도 있다. 소리는 바다에 도달하면 끊기고(무선은 물보다 얼음에 훨씬 잘 파고들기 때문이다) 빠르게 가라앉아서 여전히 측정이 필요하다. 바닥에 닿으면 무게추를 풀고 탐사기가 바다를 가로질러 다시 떠오르면 더 많은 것들을 측정하게 놓아두다가 얼음에 부딪치면 다시 궤도선으로 보내는 연락망을 복구할 수 있다.

탐침이 하루에 몇 미터 정도 속도로 얼음에 상당히 느리게 침투하기 때문에, 적당한 시간 내에 액체 바다까지 도달하길 바란다면 얼음이 가장 얇은 장소를 목표로 삼으면 도움이 될 것이다. 수송용 우주선에 장파장 얼음 투과레이더를 장착하면 궤도에서 이걸로 유로파를 뒤덮고 있는 빙상의 두께를 전부 측정할 수 있다. 얇은 지역을 찾아내면, 그쪽을 목표로 탐사기를 발사하면 된다.

이런 임무는 대단히 야심찬 것이지만, 외행성계 세계의 바다에서 생명체를 찾는 방법 중에서는 그래도 쉬운 편이다. 1997년에 지구를 떠나서 2004년에 토성에 도착해 달들 사이를 돌며 그들 전부의 근사한 사진을 찍

[그림 6.1] 토성의 카시니 우주선 상상도. (나사 제공)

다가 2017년에 추진제가 다 떨어져 궤도에서 벗어나버린 카시니 탐사선이 외행성계의 문을 열어주었다. 카시니 임무에서 가장 큰 발견 중 하나는 반지름이 겨우 255킬로미터인 토성의 작은 달 엔셀라두스 남극 근처 지역에 우주를 향해 물을 수백 킬로미터 높이까지 계속해서 뿜어내는 간헐온천이 있다는 사실이다. [3] 엔셀라두스는 한쪽으로는 토성, 다른 쪽으로는 커다란 달 디오네 사이에서 조수의 상호작용으로 이리저리 밀리고 당기는 모양이다. 양쪽의 두 행성은 지하수에 열을 가해 뜨거운 액체로 만들고 물을 아래에 격리하고 있는 얼음 덮개에 주기적으로 균열을 만든다. 얼음이 깨지면 분출유정 같은 일이 일어난다. 차이라면 하늘로 솟구치는 보물이 석유가 아니라 궤도에 있는 우주선이 수집해서 생명체가 있는지 표본으로 삼을 수 있는 지하의 바닷물이라는 점이다.

이런 현상이 훨씬 접근하기 쉬운 유로파에서도 주기적으로 일어날지 모

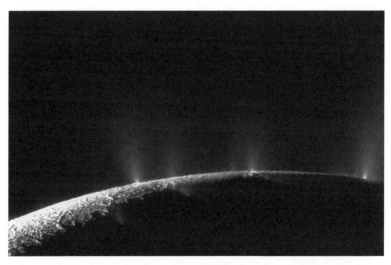

[그림 6.2] 나사의 카시니 우주선이 토성의 달 엔셀라두스의 얼음 덮개 균열에서 우주로 솟구쳐 오르는 간헐천을 찍은 사진. 얼음 아래 바다에 생명체가 있다면 이 물줄기를 표본으로 채취해 확인할 수 있을 것이다. (나사 제공)

른다는 희망을 갖고서(이론상으로는 그래야 하고, 확실치는 않은 증거가 있긴 하다) 나사는 유로파 클리퍼라는 우주선을 목성 주위의 타원 궤도로 보내려는 계획을 세우고 있다. 이 궤도는 높은 방사능을 대부분 피하면서도 유로파와 여러 번 만날 수 있어서 간헐천의 모습을 목격할 가능성이 있다.[4] 그렇게 운이 좋지 못하다 해도 온갖 종류의 최신식 카메라, 분광계, 자기계, 열방출 측정 기구, 얼음투과레이더 등을 다량 장착할 예정이라 어쨌든 많은 데이터를 가져올 수 있을 것이다. 예정된 우주선은 굉장히 커서 최소한 2022년은 되어야 사용할 수 있는 SLS 중량 부스터로 발사해야 한다. 갈릴레오나 카시니 궤도선 모두 임무를 수행하기 위해서 SLS 힘의 4분의 1 정도밖에 안 되는 부스터로 충분했다는 사실을 고려하면, 설계 과정에서 끼어든 SLS에 억지로 일을 주는 것처럼 보일 수도 있다. 이런 종류의 생각은 프로그램의 성공에 도움이 되지 않고, 앞으로 바뀌기를 바란다.[5]

어쨌든 간에 2017년에 중형 우주선을 물줄기를 찾을 수 있을 만한 엔셀라두스 궤도로 보내려는 경쟁적인 계획 여러 개가 나사에 제출되었다.[6] 계획을 제출한 팀들은 굉장히 창의적이었다. 운이 조금만 따르면, 그 중 하나가 계획을 진행할 기회를 얻게 될 것이다.

하지만 외행성계는 그저 과학적 흥미만을 일으키는 영역이 아니다. 인류 문명이 진보하는 데에 필요하고, 또 우리를 별에 데려다주는 데에 필요한 자원의 공급처로 판명될 수도 있다.

에너지원

한 세기 후 인간의 상황을 대강 추측해보기 위해서는 우선 과거의 경향을 살펴봐야 한다. 인류의 기술 발전의 역사는 점점 더 커져가는 에너지 활용의 역사로 볼 수 있다. 일상생활뿐만 아니라 교통, 산업 및 농경 제품의 생산에 소모되는 에너지를 고려한다면, 전기가 넘쳐나던 1990년대에 미국인은 증기와 가스불을 사용하던 1890년대 선조들에 비해 1인당 약 세 배나 에너지를 더 사용했고, 1890년대 사람들은 산업화 이전인 1790년대 사람들에 비해 1인당 에너지 소모량이 약 세 배가 늘었다. 어떤 사람은 이런 경향이 세계의 자원에 직접적인 위협이라고 매도하지만, 실제로는 이런 에너지 소비의 증가 정도가 생활수준의 상승과 역사적으로 비례해왔으며, 우리가 생활수준과 1인당 에너지 소비량을 선진국과 빈곤한 제3세계 사이에서 비교해본다면 오늘날에도 마찬가지다. 에너지 소비와 나라의 부 사이의 이런 관계는 우리가 현재 입수할 수 있는 자원에 대한 요구량을 극도로 높인다. 우선 현재 세계의 모든 사람들을 지금 미국의 생활수준으로 올리기 위해서는(전 세계적인 통신이 가능한 세상에서 그 외의 방식이 장기적으로 받아들여질까 의심스럽다) 전 세계의 에너지 소비량이 최소한 열 배는 높아져야 한다. 하지만 세계 인구는 증가하고 있고, 전 세계의 산업화가 이런 경향을 늦추긴 하지만 지구의 인구 수준은 최소한 두 배는 늘어난 다음에야 안정화될 가능성이 높다. 마지막으로 현재의 미국인의 생활수준과 기술 활용 정도가 궁극적인 도착점일 리 없고 (21세기 초의 미국에도 여전히 가난은 사방에 존재한다) 한 세기 전의 상황을 우리가 지금 받아들일 수 없듯이 우리의 한 세기 뒤 후손도 지금의 상황에 만족하지 못할 것이다. 전반적으로 인류의 에너지 이용은 계속해서 기하급수적으로 늘어날 것이다. 2018년에 인류는 23테라와트의 에너지를 사용했다(1테라와트TW는 100만메가와트의 에너지다). 현재의 2.6퍼센트 성장률을 고려하면 2100년쯤에는 거의 200테라와트를 사용할 것이다. 총

연도	에너지	2000년 이후로 사용된 에너지
2000	15TW	0TW-년
2025	28	516
2050	53	1,490
2075	101	3,350
2100	192	7,000
2125	365	13,700
2150	693	26,400
2175	1,320	50,600
2200	2,500	96,500

[표 6.1] 인간의 에너지 자원 예상 이용량

추정 에너지 사용량과 사용된 자원의 누적량(2000년부터)을 [표 6.1]에 실어두었다.

비교를 위해서 총 에너지 자원 혹은 추정 에너지 자원을 표 [6.2]에 실었다.

[표 6.2]에서 각각의 거대 행성에서 나오는 He3의 양은 대기에 현재 존재하는 것부터 지구의 해수면 높이 압력의 10배가 되는 깊이까지를 환산한 것이다. 압력이 더 큰 깊이에서도 추출할 수 있다면 입수 가능한 총 He3는 그에 비례해 늘어날 것이다. 커져가는 인간 문명에서 필요로 하는 에너지 양과 자원의 입수 가능량을 비교해보면, 연소하는 화석연료와 핵분열에 관련된 환경 문제를 완전히 무시한다 해도, 두어 세기 안에 지구와 달의 에너지 비축량은 사실상 고갈될 것이다. 태양광 발전을 대규모로 이용한다면 이 미래를 약간 바꿀 수 있겠지만, 조만간 거대 행성의 대기에 있는 커다란 에너지 저장고를 이용하지 않을 수 없을 것이다.

열핵융합로는 서로 부딪치고 반응할 수 있도록 진공실 안에 있는 초고열 대전입자들로 이루어진 플라즈마를 가둬두기 위해서 자기장을 이용한다. 고에너지 입자들은 자기장 덫에서 점진적으로 빠져나올 수 있는 능

자원	양
알려진 지구상의 화석연료	3,000TW-년
알려지지 않은 추정 지구상 화석연료	7,000
증식로 없는 핵분열	300
증식로 있는 핵분열	22,000
달의 He3를 이용한 핵융합	10,000
목성의 He3를 이용한 핵융합	5,600,000,000
토성의 He3를 이용한 핵융합	3,040,000,000
천왕성의 He3를 이용한 핵융합	3,160,000,000
해왕성의 He3를 이용한 핵융합	2,100,000,000

[표 6.2] 태양계의 에너지 자원

력을 갖고 있기 때문에 원자로 진공실은 최저 크기가 정해져 있다. 그래야 입자들이 반응을 일으킬 수 있을 정도로 오래 머물도록 탈출을 지연시킬 수 있기 때문이다. 이 최저 크기 조건 때문에 핵융합 발전소가 저동력 장치에서는 선호도가 떨어지지만, 인간의 에너지 요구량이 오늘날보다 수십 배, 수백 배쯤 더 커질 미래 세계에서는 핵융합이 확실하게 가장 싼 선택지일 수 있다.

지금부터 한 세기쯤 후에는 오염 없는(방사성 폐기물이 없는) 중수소-헬륨-3 반응을 이용하는 핵융합이 인류의 주된 에너지원 중 하나가 될 것이고, 외행성들은 태양계의 페르시아 만이 될 것이다.

태양계의 페르시아 만

오늘날 지구의 경제는 석유를 쓰는 유조선 함대로 페르시아 만과 알래스카 노스슬로프에서 바다를 건너 실어오는 석유에 목을 매고 있다. 미래에 태양계 내행성계의 거주민들은 열핵융합 에너지로 움직이는 우주선

함대가 외부 행성계에서 실어 온 연료를 그들의 핵융합로에 사용할 것이다. 화학 또는 핵열 추진을 사용하는 행성간 탄도비행은 내행성계 유인 탐사와 그 너머의 무인 탐사정 임무에는 적당하겠지만, 기체 거대 행성들을 아우르는 행성간 무역을 하려면 훨씬 더 빠른 것이 필요할 것이다.

D-He3를 에너지원으로 하는 핵융합 원자로는 대단히 발전된 우주선 추진기에 딱 좋은 후보다. 연료는 자연계에서 발견된 어떤 물질보다도 높은 에너지 대 질량비를 갖고 있고, 또한 우주에서는 반응을 하는 데 필요한 진공 상태가 원하는 어떤 크기에서든 공짜인 셈이다. 통제된 핵융합을 기반으로 하는 로켓 엔진은 자기장 덫의 한쪽 끝에서 플라즈마가 새어나오게 놔둔 채 평범한 수소를 새어나온 플라즈마에 더하고, 이 배기 혼합물이 자기 노즐을 통해 우주선 바깥으로 나가게 만들기만 하면 된다. 수소를 더 많이 첨가할수록 추력이 높아지지만(흐름에 질량을 더하는 셈이니까) 배기속도는 낮아진다(첨가된 수소가 흐름을 약간 식히는 경향이 있기 때문이다. 수학에 관심이 있다면, 책 뒤의 주를 보라).[7] 외행성계로 가려면 배기가스는 95퍼센트 이상의 보통 수소일 거고, 배기속도는 250km/s(비추력 25,000초. 이것은 화학 로켓의 비추력 450초와 핵열 로켓의 비추력인 900초와 비교된다) 이상이 되어야 할 것이다. 핵융합보다 좀 더 가까운 미래에 만들어질 수도 있는 핵분열로와 이온 엔진을 사용하는 큰 핵-전기 추진 NEP 시스템은 25,000초의 비추력을 얻을 수 있다. 하지만 NEP 엔진이 필요로 하는 것처럼 복잡한 전기 변환 시스템 때문에 엔진은 핵융합 시스템보다 10배 정도는 무거워질 거고, 결과적으로 여행이 두 배 길어질 것이다. 수소를 첨가하지 않으면 핵융합 장치는 이론적으로 15,000km/s 또는 빛의 속도의 5퍼센트에 이를 만큼 빠른 배기속도를 얻을 수 있다! 이런 순수한 D-He3 로켓의 추력 수준은 태양계 내의 여행을 하기에는 너무

낮지만, 놀라운 배기속도 덕분에 가까이 있는 별들까지 한 세기 미만이 걸리는 여행을 할 수 있게 만들어준다.

거대 행성들의 대기에서 He3을 추출하는 것은 어렵겠지만, 불가능하지는 않다. 필요한 것은 행성의 대기를 추진제로 사용해서 원자로에서 가열해 추력을 낼 수 있는 날개 날린 대기횡단체이다. 나는 그런 비행체를 NIFT(Nuclear Indigenous Fueled Transatmospheric vehicle)라고 부른다. 행성의 달 한곳에 있는 기지에서 출항한 후 NIFT는 기체 행성의 대기 속을 가로지르며 He3를 분리하거나 대기 중에서 이미 수송물을 마련해둔 비행기 정거장에 랑데부한다. 어느 쪽이든 짐을 확보한 후 NIFT는 대기의 공기 중에서 얻은 액체 수소로 자체급유를 한 후 대기를 떠나 He3 수송품을 내행성계에 머물고 있는 궤도 중의 핵융합 에너지 유조선으로 나른다.

[표 6.3]은 외행성계로부터 He3을 가져오는 무역을 좌우할 기본 사실을 알려준다. 표의 비행시간은 지구에서 행성까지 가는 편도여행 시간이고, 표의 탄도비행시간은 최저 에너지 궤도 전이에 드는 시간이다. 추진제의 가격에 따라 이것은 좀 더 짧아질 수 있지만(중력의 보조도 도움이 되지만, 정기적인 무역에 도움이 되기에는 너무 불규칙적이다), 어떤 경우

행성	태양에서의 거리	편도 비행시간			궤도를 도는 속도	NIFT 질량비
		탄도	NEP	핵융합		
목성	5.2AU	2.7년	2.2년	1.1년	29.5km/s	23.7
토성	9.5	6.0	3.0	1.5	14.8	4.6
천왕성	19.2	16.0	5.0	2.5	12.6	3.6
해왕성	30.1	30.7	6.6	3.3	14.2	4.3

[표 6.3] 외행성계 궤도에 도달하기

든 토성과 그 너머까지 상업적 운송을 하기에는 너무 오래 걸린다. 설령 비행체가 완전자동화되어 있다 해도 시간은 돈이다. 표에 있는 NEP와 핵융합 여행시간은 지구 궤도에서 우주선의 초기 질량의 40퍼센트가 페이로드이고 36퍼센트가 추진제이고(편도여행용이다. 우주선은 외행성에서 현지 수소로 재급유한다) 24퍼센트는 엔진이다. 목성은 다른 거대 행성들보다 훨씬 가깝지만 중력이 너무 커서 아주 빠른 적도 회전 속도의 도움을 받는다 해도 궤도에 도달하기 위해 필요한 속도가 29.5km/s나 된다. NIFT는 기본적으로 배기속도가 약 9km/s인 핵열 로켓NTR이고, 그래서 '도움닫기' 역할의 대기 속도 1km/s까지 가정해도 이렇게 상승하는 데 필요한 질량비가 20이 넘는다. 이는 근본적으로 목성이 He3 채굴에 있어서 금지 구역이라는 뜻이다. 질량비가 6이나 7을 넘어서는 수소 연료 로켓을 만든다는 게 거의 불가능하기 때문이다. 반면에 낮은 중력과 여전히 큰 적도 회전 속도의 도움을 받으면, 4라는 건조 가능한 질량비를 가진 NIFT는 토성이나 천왕성, 해왕성 궤도에 도달할 수 있을 것이다.

타이탄

토성이 He3 저장고에 접근해 추출 가능한 가장 가까운 외행성이기 때문에 개발하는 첫 번째 외행성이 될 가능성이 높다. 토성을 선택하는 데에는 이 고리 행성이 완벽한 위성 시스템을 갖고 있다는 사실 역시 중요한 도움이 된다. 그중에서 약 2600킬로미터의 반지름을 가진 타이탄은 실제로 수성보다 크다.

타이탄을 흥미롭게 만드는 것은 크기뿐만이 아니다. 토성의 가장 큰 달은 생명체가 살아가는 데에 필요한 모든 물질들을 풍부하게 갖고 있다. 많은 과학자들이 타이탄의 화학적 요소가 생명의 근원기 때 지구 상태와 거의 비슷하다고 생각한다. 저온의 환경에서 화학반응이 느려서 그 상태로 오랫동안 유지된 것이다. 타이탄의 표면과 대기, 바다를 이루는 이 풍부한 생물 발생 이전의 유기물들은 토성의 He3 획득 활동을 지원해줄 광범위한 인간 정착지의 기반을 제공해줄 수 있다.

두껍고 흐린 대기 때문에 타이탄의 표면은 우주에서 잘 보이지 않고, 이 세계에 관한 많은 기본 사실들이 미스터리로 남아 있다. 우리가 아는 것은 다음과 같다.

타이탄의 대기는 질소 90퍼센트, 메테인 6퍼센트, 아르곤 4퍼센트로 이루어져 있다. 대기압은 지구 해수면 기압의 1.5배지만, 표면 온도가 100K(-173℃)라서 밀도는 지구 해수면 밀도의 4.5배다. 표면 중력은 지구의 7분의 1이고, 바람 상태는 가벼울 것으로 추정된다.

카시니 궤도선과 하위헌스 상륙선이 보낸 최신 증거에 따르면 표면은 여러 가지 지역이 섞여 있다. 열대 지방에는 얼음 결정 사구가 있는 사막과 험한 산맥이 있고, 극지대에는 액체 메테인 시내, 강, 호수, 바다가 연결망을 이루고 있고, 중위도 지대에는 건조지역과 액체 메테인 습기로 늪처럼 된 곳 양쪽 모두가 있다.

토성의 대기에서 채굴을 하는 NIFT 우주선에 에너지를 공급하는 핵열 로켓 엔진은 추진제로 타이탄의 대기에 풍부한 메테인을 사용해서 타이탄 전역뿐만 아니라 토성의 위성 체계 대부분을 지나다닐 수 있다. 예를 들어 타이탄의 두꺼운 대기와 낮은 중력 때문에 비행속도 160km/hr로 타이탄의 대기 속에서 공기 흡입 모드로 작동하는 8톤 핵열 비행체는 떠 있기 위해서 겨우 4제곱미터의 날개넓이만 필요하다. 다시 말해서 사실상 날개가 없는 셈이다. NTR 엔진에서 로켓 추진제로 메테인을 사용하면

560초의 비추력(5.5km/s의 배기속도)을 얻을 수 있다. 타이탄에서 이륙해 토성의 바로 위 최저 고도의 타원 궤도로 들어가는 데 필요한 △V는 겨우 3.2km/s이다. 로켓의 비추력이 높고 필요한 △V가 작기 때문에 타이탄-토성 NTR 페리의 질량비는 겨우 1.8 정도면 된다. 이 말은 대단히 많은 양의 짐을 나를 수 있다는 뜻이다. 아래로 내리는 화물은 에어로실드가 달린 포드에 실린 채 방출될 것이다. 에어로실드 덕분에 타원 전이 궤도에서 벗어나서 토성-강하 NIFT의 활동을 지원해주는 토성 헬륨-3 처리소의 원형 저궤도로 내려갈 수 있다. 화물 포드를 방출한 후에 페리는 타원 궤도를 계속 돌다가 처음 출발하고 겨우 6일 후에 토성에서 타이탄의 거리 사이의 원지점에 도착한다. 타이탄의 공전 주기가 16일이기 때문에 타이탄은 거기서 페리를 만나지 않을 것이다. 그러니까 로켓의 작은 연소로 인해 궤도의 근점近點이 조금 올라가고, 그래서 페리의 공전 주기가 열흘로 바뀌어 타이탄과 랑데부한 후 공력제동을 해서 다음번 순회 여행을 위해 착륙한다. 토성 저지대로 나른 대부분의 화물은 공전하는 NIFT 기지를 위한 물자나 대원들이다. 하지만 몇 개는 메테인 추진제가 가득한 포드일 수도 있다. 이것들은 궤도 정거장에 저장해둘 수 있다. 토성 저궤도에서 타이탄 천이궤도로 들어가는 데 필요한 △V인 9km/s에 도달할 만큼 축적되면 페리는 공력제동을 하고 정거장으로 들어간 후에 우주선 대원이나 화물을 다시 타이탄으로 가져온다.

아니면 토성의 낮은 달들(그중 여러 개가 상당히 크고 나름의 개발 가능한 세계들이다)을 중간 기착지로 삼는 것도 괜찮을 수 있다. 이 달들 거의 모두가 풍부한 얼음 매장층을 갖고 있고, 주요소행성대에서 사용되는 종류의 핵융합 열 증기 로켓을 만드는 것은 토성 체계 내에서 내부 운송에 대단히 매력적일 것이다. 이것은 페리 활동을 훨씬 더 쉽게 만들어줄 수 있다.

목적지	토성에서의 거리	반지름	ΔV	질량비
미마스	185,600km	195km	13.17km/s	11.0
엔셀라두스	238,100	255	11.25	7.77
테티스	294,700	525	10.05	6.24
디오네	377,500	560	8.60	4.79
레아	527,200	765	6.91	3.52
타이탄	1,221,600	2575	0.00	1.00
히페리온	1,483,000	143	3.84	2.01
이아페투스	3,560,100	720	6.90	3.52
포에베	12,950,000	100	8.33	4.56

[표 6.4] 타이탄 기반의 메테인 추진식 NTR이 토성의 다른 위성으로 가는 여정

타이탄에서 토성의 더 큰 달들(아주 작은 것까지 세면 최소한 62개쯤 있다)까지 가는 데 필요한 추진제 양을 [표 6.4]에 표기해놓았다. 각 여정은 목적지 달에 두 번 착륙하고, 위도나 경도가 최대 40도까지 떨어져 있는 두 장소에서 일한 다음, 공력제어와 타이탄에서의 급유를 하러 돌아가는 과정으로 이루어진다.

메테인이 수소보다 밀도가 여섯 배 더 높기 때문에 메테인 추진제를 사용하는 NTR 비행체는 8 이상의 질량비를 가져야만 할 것이다. 이런 능력이 있다면, 타이탄을 기지로 하는 NTR 비행체는 토성의 모든 달을(미마스를 제외하고) 사실상 마음대로 오갈 수 있을 것으로 추정된다. 비행체가 목적지 달에서 급유를 할 수 있다면, 예를 들어 귀환 비행의 추진제로 물이나 현지의 얼음으로 만든 수소를 사용한다면 필요한 질량비는 표에 쓴 것의 제곱근으로 줄어들 것이다. 그러니까 타이탄과 엔셀라두스 양쪽에 급유지가 있으면 그 사이를 여행하는 데 필요한 질량비는 겨우 2.8이고, 큰 화물도 나를 수 있게 된다.

어떤 면에서 타이탄은 우리 태양계 내에서 인간 정착지를 만들기에 가

장 알맞은 외계 세계이다. 거의 지구 수준의 타이탄 대기압 덕분에 우주복이 필요치 않고 그저 추위를 막아줄 드라이수트만 입으면 된다. 등에는 액화 산소 탱크를 멘다. 타이탄의 환경에서는 냉장할 필요가 없고, 무게도 거의 느껴지지 않을 거고, 정착지 밖에 나와 일주일 동안 여행해도 산소를 공급해줄 수 있다. 탱크에 달린 작은 공기배출 밸브는 메테인 대기 속에서 산소를 아주 약간 흘리며 연소시켜 호흡할 공기와 수트를 적당한 온도까지 데울 수 있다. 지구의 7분의 1의 중력과 지구 해수면 대기 밀도의 4.5배가 되는 대기로 인해 타이탄의 사람들은 날개를 달고 새처럼 날 수도 있을 것이다! (다이달로스와 이카로스 이야기처럼 말이다. 하지만 태양으로부터 지구의 9배가 넘는 거리에 있으니 날개가 녹을 염려는 할 필요가 없다.) 타이탄의 대기에 100K의 열흡수원이 존재해서 핵분열이나 핵융합로의 열에너지를 80퍼센트가 넘는 수율로 쉽게 전기로 전환시킬 수 있기 때문에 전기는 대단히 풍부할 것이다. 가장 중요한 것은 타이탄에 쉽게 입수할 수 있는 탄소, 수소, 질소, 산소가 수십억 톤쯤 있다는 점이다. 이 원소들에 대규모 핵융합로에서 만든 열과 빛, 거기에 지구에서 가져온 씨앗과 번식용 가축들을 더해주면 타이탄의 보호되는 생물권 안에서 커다란 농경 기지를 구축할 수 있을 것이다.

목성계의 거주지화

우리는 토성과 그 너머의 주요 행성들의 거주지화에 대해서 이야기했다. 그런데 지구에 훨씬 더 가깝고 토성에는 하나뿐인 커다란 달을 네 개나 갖고 있는 목성에 대해서는 왜 이야기하지 않은 걸까? 답은 목성계가 과학적으로는 대단히 흥미 있다 해도 그 개발은 토성의 다음으로 미뤄야 하기 때문이다. 그 가장 큰 이유는 거대 행성의 육중한 중력장이 대기 속의 헬륨-3를 추출하는 것을 대단히 어렵게 만들기 때문이다. 목성 개발이 직면하는 또 다른 문제는 여러 달들이 돌고 있는 대단히 강력한 목성의 방사선대이다.

　다음의 표는 목성계에 있는 주요 달들과(최소한 67개가 있다) 각 표면에 맨몸의 인간이 서 있을 때 받게 될 방사선량을 보여준다. 방사선량은 파이오니어 10호와 11호 임무 때 제임스 반 앨런이 내놓은 데이터를 바탕으로 내가 직접 계산했다.

　[표 6.5]에서 방사선량 '0'은 목성의 방사선대에서 오는 방사선량이 무시해도 될 정도라는 뜻이다. 그래도 0.14렘/일 정도의 일반적인 우주선량은

달	목성으로부터의 거리	반지름	방사선량
메티스	127,960km	20km	18,000렘/일
아드라스테아	128,980	10	18,000
아말테아	181,300	105	18,000
테베	221,900	50	18,000
이오	421,600	1,815	3,600
유로파	670,900	1,569	540
가니메데	1,070,000	2,631	8
칼리스토	1,883,000	2,400	0.01
레다	11,094,000	8	0
히말리아	11,480,000	90	0
리시테아	11,720,000	20	0
엘라라	11,737,000	40	0
아난케	21,200,000	15	0
카르메	22,600,000	22	0
파시파에	23,500,000	35	0
시노페	23,700,000	20	0

[표 6.5] 목성계

존재한다. 또한 목성의 방사선대에서 오는 선량이 보통의 상황에서는 무시할 수 있다 해도, 위성이 목성에서 태양과 반대 방향으로 수억 킬로미터 뻗어 있는 거대한 지자기 꼬리를 종종 지나갈 때마다 선량이 훨씬 높아진다. 그러나 아마도 이런 때에는 사람들이 지하로 들어가 숨을 수 있을 것이다.

방사선량 75렘 이상이 인체의 세포회복 및 교체주기와 비교해서 더 짧은 시간, 즉 30일 이내에 쏟아진다면 일반적으로 방사선 병이 발생하고, 500렘 이상을 받으면 죽음에 이른다. 유로파와 그보다 멀리 있는 모든 달에서는 맨몸의 인간에게 겨우 하루 만에 이런 치명적인 선량이 쌓인다. 가니메데에서는 선량률이 그렇게 나쁘지 않아서 사람들은 보통 보호막이 있는 숙소에(아주 튼튼한 120K 얼음으로 쉽게 만들 수 있는) 머물며 필수적인 일을 하기 위해서 가끔씩 몇 시간 정도만 밖으로 나올 수 있다. 칼리스토와 그 너머에 있는 달들의 경우에 목성의 방사선대는 문제가 되지 않는다. 위에서 말했듯이 지자기 꼬리를 지나가는 때가 아니면 말이다.

그러니까 목성의 행성 크기 위성 중에서 칼리스토와 아마도 가니메데만이 인간의 정착지로 합리적인 목표물로 여겨진다. 둘 다 크고, 물과 탄소질 물질, 금속, 규산염 같은 필수 성분들을 보유하고 있다. 햇빛이 너무 약해서 태양광이 매력적인 에너지원이 되지 못하지만(태양광 에너지를 사용하는 나사의 주노 탐사선이 가능하다는 걸 보여주긴 했지만) 가니메데에 목성과 조수의 상호작용으로 생긴 지열 에너지가 존재할 가능성이 꽤 높고(가장 안쪽에 있는 주요 달인 이오에는 확실히 있다. 활화산이 대단히 많아서 폭발하는 중에 보이저 탐사정이 사진을 찍은 것도 있다) 칼리스토에도 있을 것으로 보이기 때문이다. 칼리스토 너머의 달들은 사로잡힌 소행성들일 것이다. 주요소행성대에 있는 것들과 비교할 때 이들의 주요 장점은 이들이 목성계에 영구적으로 자리를 잡았다는 것이다. 인간사회의 주요 분파가 칼리스토에서 발전하게 된다면, 그 달들을 개발할 때 그쪽 방향에서 쉽게 도움을 받을 수 있을 것이다.

목성의 골칫거리는 그 중력장이다. 얄궂게도 이것이 그 가장 큰 자원으로 입증되었다. 목성은 추진제를 전혀 소모하지 않고 놀랄 만큼 빠른 궤적으로 우주선을 쏘아 보내는 능력에서 견줄 데가 없다. 목성 쪽으로 그냥 우주선을 '떨어뜨리기'만 하면 목성에 약간 비켜서 빠른 근접통과를 하게 된다. 우주선의 목적지가 목성이 아니라면, 즉 지구에서 외행성계 쪽을 향하고 있다면, 이것은 쉽게 할 수 있다. 목성을 스쳐 지나감으로써 추진제를 전혀 사용하지 않고 우주선에 엄청난 속도를 더하는 '중력 도움'을 받을 수 있다. 이것이 보이저 임무를 성공하게 만든 비결이다.

하지만 목성계 안에 고정된 궤도 위에 있다 해도, 여전히 빠른 탈출속도를 내기 위해 목성의 중력을 이용할 수 있다. 이 설명이 기묘하게 들릴 거라는 걸 안다. 특히 기초물리학을 아는 사람에게는 더 그렇겠지만, 이건 사실이다!

당신이 칼리스토 제조업 거주지에 살고 있고 토성의 달 타이탄에 있는 헬륨-3 채굴지에 빨리 어떤 물건을 보내고 싶다고 해보자. 칼리스토에는 얼음이 있으니까 이것을 사용해서 수소/산소 로켓 추진제를 만들어 궤도로 나가 목성계에서 고추진 기동을 할 수 있다. 칼리스토에서 이륙해서 달 주위의 굉장히 납작한 타원형 대기궤도에 도달하는 데 2.4km/s의 △V가 필요하다. 거기서 급유를 하거나 아니면 추진제를 조금 가지고 행성간 이동 전문 우주선으로 옮겨 탄 후 1.4km/s의 △V로 칼리스토를 출발해서 목성의 중심에서 489,000킬로미터 떨어진 가장 가까운 지점으로 타원 궤도에 돌입한다. 이 궤도는 칼리스토의 공전 시간의 정확히 절반이기 때문에 궤도를 두 번 돌면 다시 칼리스토를 만나게 될 것이다(16.7일 후). 그 사이에 유로파나 가니메데 근처를 근접통과하는 것을 유념하라. 그러면 그들의 중력이 당신의 궤도를 조금 일그러뜨려서 칼리스토로 돌아갈 때 만남 속도를 증가시킨다. 그 시점에 또 다른 중력도움을 이용해서 목성까지의 거리를 더욱 좁혀 행성 중심에서 78,640킬로미터 떨어진 곳까지 다가간다. 이 말은 당신이 행성 표면 위로 고도 6150킬로미터 지점을 지나갈 거라는 뜻이다. 이렇게 되면 목성의 두꺼운 방사선대를 통과하게 되고, 그래서 우주선에 있는 대원들이나 예민한 전자기기는 전부 다 잘 보호해두어야 한다. 아주 낮은 곳까지 강하하게 되니까 최저 고도에서 55.7km/s라는 엄청난 속도에 이를 것이다. 이 고도에서 목성의 탈출 속도는 56.8km/s이기 때문에 1.1km/s로 살짝만 더 밀어도 행성간 공간으로 빠져나올 수 있다. 하지만 살짝 미는 대신에 화학 로켓을 분사해서 $\triangle V$를, 예를 들어 6km/s 정도로 크게 확 민다. 로켓 추진 시스템은 당신이 얼마나 빠르게 날고 있는지 모르고, 관심도 없다. 속도가 얼마나 더 빨라졌는지만 알 뿐이다. 하지만 우주선의 에너지는 속도의 제곱 함수이다. 그러니까 당신이 빠르게 가고 있을수록 주어진 속도 추가분에 따라 궤적에 더 많은 에너지를 더하게 된다. 연관식은 다음과 같다.

$$V_d{}^2 = V_{max}{}^2 - V_e{}^2 \qquad (6.1)$$

V_d는 우주선이 행성을 떠나는 속도이고, V_{max}는 우주선이 저궤도를 통과해서 빠르게 하강하는 동안 엔진을 분사해서 얻은 최대 속도이고, V_e는 궤도의 가장 낮은 지점에서 행성의 탈출속도이다. 수학을 자세하게 설명하는 건 넘어가고, 현재의 사례에 이 식을 적용해서 효과를 살펴보자. 위

로켓 ΔV (km/s)	최대 속도 (km/s)	출발 속도 (km/s)
1.1	56.8	0
1.5	57.2	6.8
2	57.7	10.2
3	58.7	14.8
4	59.7	18.4
5	60.7	21.4
6	61.7	24.1
7	62.7	26.6
8	63.7	28.8
9	64.7	31.0
10	65.7	33.0

[표 6.6] 고추진 로켓을 사용해서 고속으로 목성을 떠날 때. (처음 궤도는 목성의 중심 주위로 78,640km×1,883,000km)

에서 설명한 것처럼 목성 위를 낮게 통과하는 동안 로켓 엔진을 가동한다. 그 결과는 [표 6.6]에 나와 있다.

그러니까 궤도 강하 때 생기는 로켓 자체의 속도 증가분 6km/s 대신에 놀랍도록 빠른 24km/s로 목성계를 쏜살같이 빠져나갈 수 있다! 이것은 우주선의 초기 속도가 거의 연간 5AU에 달하는 것이고, 오로지 화학 추진제만 사용해서 토성으로 가거나 지구로 돌아오는 데 1년도 걸리지 않을 정도의 속도다. 또는 천왕성까지 3년 만에 갈 수 있다. 핵전기 추진이나 핵융합 같은 고급 추진 시스템이 장착되어 있으면 출발하고서 그 후에 더 빠르게 비행체를 가속할 수도 있다.

그러니까 외행성계에서 기반으로 삼을 수 있는 헬륨-3 무역이 자리를 잡고 나면, 목성이 바깥쪽의 달들의 자원과 그 자신의 중력을 이용해서 중요한 태양계 운송의 교점으로 발전할 수 있을 것이다.

19세기 뉴잉글랜드 사람들은 얼음을 파는 자신들이 견줄 데가 없는 사기를 치고 있다고 생각했었다. 그 영리한 옛 양키들이 무덤에서 일어나 미래의 칼리스토 정착자들이 뭘 하는지 볼 수 있다면 얼마나 부러워할지 상상해보라. 그들은…… 중력을 판다!

카이퍼 띠와 오르트 구름

태양의 행성 가족들을 넘어가면 또 다른 별에 도착할 때까지 수 광년에 이르는 완전한 허공만이 있다고 보통 생각한다. 사실 태양계 주위의 공간은 지름 수 마일 정도에 생명체가 핵심적인 물과 다른 화학물질들이 풍부한 조그만 세계인 혜성이 수두룩하게 많을 것이다. (……) 행성이 아니라 혜성이야말로 우주에서 생명체가 거주할 가능성이 높다.
                                                    - 프리먼 다이슨, 1972

앞에서 말했듯이 해왕성을 넘어가면 휘발성 물질이 풍부한 소행성 크기 물체들이 두 개의 지역을 이루고 있다. 가장 안쪽에 있는 이런 지역은 카이퍼 띠이다. 행성들과 거의 같은 평면('황도') 위에서 궤도를 도는 수백만 개의 얼음 소행성들로 이루어진 카이퍼 띠는 30AU 정도에서 시작되어 약 50AU까지 퍼져 있다. 그 다음에는 이런 물체들이 거의 없는 빈 공간이 나오다가 약 1000AU에서 새로운 얼음 소행성 지역이 시작된다. 이것은 수십억 개의 얼음 천체들이 구형球形으로 우리 태양계를 사방으로 둘러싸고 약 100,000AU, 즉 대략 가장 가까운 항성의 절반 정도 되는 거리까지 퍼져 있는 오르트 구름이다. 태양에서 대단히 멀리 있기 때문에 이런 천체들은 굉장히 천천히 공전한다. 예를 들어 10,000AU에서는 태양 주위를 도는 데 필요한 속도가 겨우 300m/s이기 때문에(지구의 30,000m/s와 비교해서) 약간의 속도 변화만 있어도 이런 천체의 궤도를 급격하게 비틀 수 있다. 이런 교란은 자연적으로 종종 일어나는 걸로 보인다. 지나가던 별이 오르트 구름을 가로지르면 소행성들의 중력장 때문에 궤도가 조금 바뀐다. 이런 일이 생기면 얼음 소행성도(오르트 구름 안에 있는 것이든 우리 태양에 의해 곧 궤도가 더 비틀리게 될 방문객 별이든) 몇 개쯤 외우주 어둠 속에서 평화롭게 있다가 흐트러질 수 있다. 태양에 점점 가까워질수록 별들의 속도가 엄청나게 높아지고 휘발성 물질들이 증발하면서 이들은 거대한 어린 혜성이 되어 타오르며 내행성계로 들어온다.

이런 혜성들은 소행성 충돌을 일으키는 것과 비슷한 효과 때문에 가끔 지구에 부딪친다. 하지만 내행성계에서 살아가고, 이론상으로는 미리 목격한 후 지구 충돌 가능성이 높아지기 전에 그 궤적을 여러 궤도 동안 기록해둔 근지구 소행성과 달리 혜성은 어둠 속에서 나타나 기습이라는 이점 속에 강하고 빠르게 날아온다. 이들을 통제하는 유일한 방법은 이들이 아직 한참 멀리 있을 때 발견해서 방향을 바꾸는 것이다. 이 말은 언젠가, 오로지 안전 때문에라도, 카이퍼 띠와 오르트 구름 양쪽 모두에 인간의 상당한 개입과 기술적 솜씨를 발휘해야 할 거라는 뜻이다.

하지만 인간이 이 거대한 우주 군도에 몰려드는 데에는 다른 이유들도 있을지 모른다. 혜성의 분석 결과를 바탕으로 하자면, 오르트 구름에 있는 휘발성 얼음 소행성에는 물뿐만 아니라 탄소와 질소도 풍부한 것으로 보인다. 이것들 대다수는 유기화학물질과 생명체를 이루는 일반적인 화합물 형태로 존재한다. 또한 철, 규소, 마그네슘, 황, 니켈, 크롬을 포함하여 산업계에서 가장 필수적인 원소들 몇 가지가 적지만 충분한 농도로 존재하고 있다. 이 사실은 몇몇 사람들, 그중에서도 선견지명을 가진 프린스턴 교수 프리먼 다이슨 같은 사람이 이 천체들을 인간의 미래에 있어서 주요

무대로 점찍게 만들었다.[8]

이것은 한참 미래의 일이지만, 불가능하지는 않다. 이런 곳의 거주자들은 건설을 할 때 강철이 별로 필요하지 않을 것이다. 대부분의 일을 하는 데 있어서 가볍고 싸고 20켈빈(-253℃)에서 대단히 튼튼한 얼음이 얼마든지 대용품이 되기 때문이다. 이렇게 작고 멀리 퍼져 있는 거주지에서는 인간의 노동력을 쓸 수 있는 분야가 한정적이기 때문에 엄청난 양의 로봇 자동화와 인간의 다재다능함이 필요할 것이다. 하지만 소행성대에 정착하는 동안 이와 똑같은 문제를 좀 더 소규모로 해결해본 인간의 경험이 밑받침이 될 것이다. 빠진 주된 요소는 에너지다. 어떤 사람들은 별빛을 모으자고 주장하지만, 이것은 별로 말이 되지 않는다. 1메가와트의 에너지를 얻기 위해서 거울이 미국 대륙 정도의 크기가 되어야 할 것이다. 현재 알려진 물리학을 바탕으로 할 때 유일하게 가능한 대안은 핵융합이다. 카이퍼 띠에서는 해왕성 주위에서 채굴한 헬륨-3를 운송해올 수 있을 것이다. 오르트 구름 정착지는 태양계에서 얻기에는 지나치게 멀겠지만, 중수소가 모든 얼음 소행성들에 존재할 테니까 정착자들이 중수소만을 기반으로 하는 원자로를 만드는 방법도 있다. 그러나 헬륨은 5켈빈(-268℃) 이하에서는 액체 상태로 존재할 수 있고, 3000AU 정도에서는 주변 기온이 이 정도이다. 그러므로 그 거리를 넘어선 오르트 구름 천체들에 액상 헬륨이 존재할 가능성도 없지 않다. 헬륨은 우주에서 두 번째로 풍부한 원소이고, 아주 낮은 온도에서는 수소로 된 얼음 천체를 헬륨이 풍부한 얼음 소행성으로 확장시킬 수 있다. 오르트 구름 정착자들에게 그런 천체는 엄청난 발견일 것이다!

나이 든 세대가 21세기에 주요소행성대에 정착하게 만든 바로 그 방랑벽과 다양성에 대한 갈망이 한 세기쯤 후에 후손들이 카이퍼 변경에 있는 수백만 개의 미개척 세계로 가서 운을 시험하게 만들 수도 있다. 왜 가야 하지? 왜 머물러야 하지? 왜 오래전에 죽은 세대들이 만들어놓은 사회법과 가능성으로 한정된 행성에서 살아야 하지? 선구자가 되어서 내가 생각하는 논리에 따라 새로운 세계를 만드는 걸 도울 수도 있는데. 창작욕은 근본적인 욕구다. 한 번 시작되면 밖으로 나아가는 움직임은 멈추지 않을 것이다.

별로 가는 길

외행성계에 정착하는 것을 막는 두 가지 주된 장애물은 에너지와 이동방법이다. 앞에서 말한 것처럼 기체 거대행성과 그 너머 세계에서 태양에너지는 무시해야 한다. 하지만 우리가 이야기하고 있는 시대에서는 헬륨-3를 에너지원으로 하는 핵융합이 지배적인 에너지원일 것이다. 실제로 이런 시스템에 연료로 쓸 헬륨-3를 얻으려는 욕구가 외행성계의 먼 세계에 정착지를 만드는 주된 동기 중 하나가 될 것이다.

이동방법의 문제에 관해서는, 현재의 우주 운송 시스템을 제1세대라고 명명하겠다. 이것은 지구 궤도로 발사하고, 달과 화성, 근지구 소행성에서 유인 우주임무를 하고, 한정된 능력의 무인 탐사정을 다른 행성에 보내는 일을 하기에는 적당하다. 하지만 내행성계에 정착지를 만들고, 주요소행성대로 나가기 위해서는 제2세대 시스템으로 넘어가야 할 것이다. 대표적으로 핵열 로켓 추진기, 핵 전자 추진기, 고급 공력제동 기술이다. 이런 제2세대 시스템은 또한 외행성계의 유인 탐사 능력을 대단히 확장시킬 것이다. 그러나 이 기술도 타이탄의 유인 정착지화를 하기에는 아슬아슬하다. 이 임무에 포함되는 3, 4년 걸리는 편도 비행시간이 과도하기 때문이다. 하지만 달의 He3 공급으로 시작된 핵융합 경제가 성장하면 외행성계에서 입수할 수 있는 대단히 많은 헬륨 비축량으로만 충족 가능한 정도의 높은 수요가 생길 것이다. 제2세대와 관련된 우주 생명 유지 시스템이 발전하면 몇몇 선구자들이 제2세대 운송 기술을 이용해서 타이탄까지 갈 수 있을 것이다. 타이탄에 작은 기지라도 생기고 나면 핵융합 추진기 같은 제3세대 시스템을 개발할 커다란 동기가 생기는 셈이다(특히 그렇게 되면 우리에게 연료로 삼을 He3 공급량이 풍부해질 테니까). 이렇게 되면 타이탄과 나머지 외행성계로의 빠른 여행 및 빠른 개발이 가능해진다. 하지만 이런 제3세대 추진 시스템에 제3세대 폐쇄 생태계 생명 유지 시스템까지 더해지면 아홉 개의 알려진 행성 너머 오르트 구름까지 여행이 가능해지고, 한계까지 발전하게 되면 가까운 항성까지의 비행시간을 50년에서 100년 정도로 줄여서 성간 우주임무를 위한 발판을 만들게 될 것이다.

인간은 외행성계에 단순히 일을 하기 위해서가 아니라 살고, 사랑하고, 건설하고, 머물기 위해서 가게 될 것이다. 하지만 선구자들 삶의 아이러니는 그들이 성공하게 되면 그들의 유일하게 진정한 고향인 변경을 정복하게 되는 거고, 정복된 변경은 더 이상 변경이 아니다. 인류에게 최선을 찾자면, 항상 바깥쪽으로 이동하는 것뿐이다. 더 멀리 갈수록 점점 더 먼 곳까지 갈 수 있게 되고, 더 멀리까지 가야만 한다. 결국에 외행성계는 그 너머에 있는 더 넓은 우주로 가기 위한 중간 기착지일 뿐이다. 콜럼버스의 신세계 발견이 나머지 인류가 그의 발자취를 따라갈 수 있도록 전장식 범선과 증기선, 보잉 707의 탄생을 촉구했던 것처럼, 제3세대 우주선을 타고 우리의 이웃 별을 향해 대담하게 거대한 빈 공간을 지나갈 용맹한 영혼들이 그 뒤로 인류에게 새로운 은하계의 문을 열어줄 제4세대 우주 운송 시스템을 탄생시킬 것이다.

별들은 아직 멀리 있을지 몰라도 인간의 창조력은 무한하다.

포커스 섹션: 상업적 핵융합 혁명

외행성계와 새 항성들을 향한 인간의 진보는 열핵융합 에너지의 개발에 전적으로 달려 있다. 달과 외행성 대기의 대량의 He3 비축분은 핵융합 원자로가 개발이 되어야만 유용한 에너지원이 될 것이다. 핵융합만이 소행성을 도시국가로, 테라포밍 한 불모의 행성을 살아 있는 세계로 바꾸는 II 유형 문명으로 성장하는 데 필요한 에너지원을 만들 수 있다. 그리고 핵융합 로켓의 형태로 직접 쓰든, 반물질이나 레이저 빛으로 변형하든 핵융합 에너지만이 인간의 시간 척도로 성간 여행을 하는 데에 필요한 어마어마한 에너지를 공급할 수 있다.

그러니까 인간이 별들 사이에서 미래를 맞고 싶다면, 우리에게는 핵융합 에너지가 필요하다. 하지만 1950년대부터 1980년대에 이르기까지 상당한 진보를 이뤄냈음에도 불구하고 그 이래로 세계의 정부 지원 핵융합 에너지 연구 프로그램들은 지난 사반세기 동안 거의 완전한 정체 수준으로 멈춰 있었다. 희망이 없는 걸까?

아니, 그렇지 않다. 국가적 핵융합 프로그램들은 냉정 시대에 치열한 국제적인 경쟁 덕분에 큰 진전을 이뤘다. 1980년대 말부터는 이런 프로그램들을 하나의 국제적인 프로젝트, 국제핵융합실험로 ITER로 통합시킨다는 결정 때문에 움직일 만한 자극제가 전부 다 사라져서 진전이 멈췄다. 실제로 ITER의 관리를 맡은 관료들이 그걸 어디에 설치하느냐를 놓고 합의하는 데에 거의 사반세기가 걸려서 2010년에야 결정되었고, 기계가 열핵융합 점화를 한 번 해보기까지 다시 사반세기가 걸려 2035년이나 되어야 할 것 같다.

이 말도 안 되는 굼벵이 같은 진전 속도 때문에 기술 사회의 많은 사람들이 냉소적으로 변했다. "핵융합은 미래의 에너지이고, 언제나 미래의 것일 거다"는 말로 흔히 비꼬았다.

하지만 그러다가 돌파구가 열렸다. 스페이스X가 잘 돌아가는 날렵하고 창의적인 상업적 조직이 이전까지 강대국 정부의 지원이 필요하다고 생각되었던 일을 훨씬 더 빠르게 이뤄낼 수 있다는 것을 보여주었다. 이것은 핵융합 프로그램의 관찰자들에게 청천벽력처럼 떨어졌다. 통제된 핵융합의 성공을 가로막은 극복할 수 없을 듯한 장애물들이 싼 가격의 우주선 발사를 가로막은 장애물처럼 실제로는 기술적인 문제가 아니라 기관의 문제였던 걸까? 모험적인 투자자들이 갑자기 관심을 갖기 시작했다.

나는 1985년에 대학원생 인턴으로 로스 알라모스에서 당시만 해도 새로운 핵융합 개념이었던 구형 토카막spherical tokamak, ST 분야에서 일하고 있었다. 어느 날 점심을 먹다가 우리 그룹장이었던 로버트 크라코프스키가 우리들에게 철학적으로 말한 게 기억난다. "자네들 말이야, 핵융합 에너지가 마침내 개발이 된다면 그건 로스 알라모스나 리버모어 같은 곳에서 된 게 아닐 거야. 차고에서 작업하는 괴짜 한 쌍이 해내는 거겠지."

당시에 우리들은 그 말에 웃었다. 어쩌면 크라코프스키가 너무 지나쳤던 걸 수도 있다. 하지만 차고에서 연구하는 한 쌍의 괴짜가 아니라면, 창고에서 연구하는 뛰어난 엔지니어 한 팀은 어떨까?

이제는 뛰어난 팀의 시대다. 머스크의 발사가 전 세계에 알려진 결과 혁신적인 사설 핵융합 에너지 스타트업 다수가 자금을 지원받고 있다. 그중 몇몇을 여기에 소개한다.

1. 토카막 에너지Tokamak Energy. 2009년 전직 컬햄 연구소 직원인 조나 단 칼링, 데이빗 킹햄, 마이클 그라즈네비치가 시작한 영국 옥스포드서의 벤처 업체는 ST(내가 1980년대에 연구했던 것과 같은 개념으로 ITER에서 받아들이기에는 너무 혁신적이었던)를 상업용 원자로로 개발하기 위해서 대부분 개인 투자금으로 5000만 달러를 받았다. 자기 밀폐 핵융합에서 생성 가능한 에너지양은 $\beta^2 B^4$에 비례해서 증가한다. 여기서 β는 자기압에 대한 플라즈마 압력의 비율이고, B는 자기장의 힘이다. ITER 같은 보통의 토카막은 β가 0.12 정도밖에 안 되지만, ST는 β가 0.4까지 도달할 수 있다. 그 결과 ST는 보통의 토카막에 비해 10분의 1 이하의 크기와 경비밖에 들지 않는 기계로 똑같은 에너지를 생성할 수 있다.

2. 커먼웰스 퓨전 시스템스Commonwealth Fusion Systems, CFS. 2018년에 설립된 이 MIT 소재의 벤처 회사는 지금까지 7500만 달러의 투자를 받았다. 그중 5000만 달러는 이탈리아 정유 회사 ENI가 준 것이고, 2500만 달러는 빌 게이츠와 제프 베조스, 잭 마, 무케시 암바니, 리처드 브랜슨이 후원하는 브레이크스루 에너지 벤처스가 투자한 것이다. CFS 설계 구

[그림 6.3] 건설 중인 ITER(왼쪽). 토카막 에너지의 구형 토카막(오른쪽). (ITER과 토카막 에너지 제공. 동의 후 게재. ⓒ Tokamak Energy Ltd., 2018)

상의 기반은 1980년대에 대단히 창의적인 독불장군이었던 MIT 물리학자 브루노 코피 Bruno Coppi가 초강력 자기장을 이용한다는 간단한 방법으로 아주 작은 토카막에서 핵융합을 한다는 제안으로 거슬러 올라간다. 토카막은 도넛형 통으로 도넛 주위로 자기장이 길게 위치한다. 자기장 선은 입자들을 가두고 따라오게 만들고, 통 주위를 자기장 세기와 반비례하는 반지름의 나선 형태로 빙빙 둘러싸고 있다. 코피는 토카막과 관련된 차원이 토카막의 크기가 아니라 그 크기와 나선의 반지름 크기비라고 추론했다. 입자들이 얼마나 오래 버티다가 벽에 부딪치는지를 결정하는 것이 바로 이 비율이기 때문이다. 게다가 위에서 언급했던 것처럼 자기장의 힘이 셀수록 입자가 더욱 빠르게 반응한다. 그러니까 입자가 벽에 부딪치기 전에 융합 반응을 일으키길 바란다면(벽에 부딪치면 너무 식어서 융합 반응을 할 수 없다) 핵심은 초강력 자석을 구하는 것이다. 하지만 문제는 전통적인 저온 초전도 자석으로 얻을 수 있는 실제적인 가장 강한 자기장은 6테슬라 정도이고, 코피는 12테슬라를 필요로 했다. 그래서 그는 구리 자석을 이용해서 '점화기'라는 시험적 기계를 설계했다. 이것은 상업적 원자로로서는 실용적이지는 못했다. 저항성 구리 자석은 너무 많은 에너지를 쓰기 때문이다. 어쨌든 이게 만들어졌다면 우리는 1990년대에 열핵융합 점화기를 가질 수 있었을 것이다. 하지만 미국 에너지부의 모든 자금은 ITER에 쏠려 있어서 점화기는 만들어지지 않았다. 그러나 2014년경부터 데니스 화이트 교수가 이끄는 MIT 그룹이 코피가 중단한 곳부터 이어받기로 했다. 그들은 전력이 필요치 않고 12테슬라까지 도달할 수 있는 고온 초전도 자석을 사용하는 방식으로 점화기 구상을 개선했다. 그 결과 ITER보다 두 배 강한 자기장을 만드는 CFS 원자로, 혹은 SPARC라고 하는 핵융합로는 ITER의 65분의 1 부피로 5분의 1에 달하는 에너지를 얻을 수 있을 것이다. 또한 CFS는 ITER이 반세기 안에 해내고자 하는 일을 2025년, 즉 7년 만에 하려고 계획 중이다.

3. 트리 알파 에너지 Tri Alpha Energy, TAE. 1998년에 고故 노먼 로스토커 박사가 설립한 남부 캘리포니아 주재 TAE는 최근에 마이크로소프트 공동 창립자인 폴 앨런과 골드만 삭스, 웰컴 트러스트, 실리콘밸리의 뉴 엔터프라이즈 어소시에이트, 벤록 같은 거물들로부터 5억 달러 이상의 투자를 받았다. 전통으로부터 벗어난 TAE의 일탈은 위에서 언급한 스타트업들보다 훨씬 더 급진적이어서 이들은 토카막이나 도넛형 원자로를 아예 쓰지 않는다. 대신에 외부의 원통형 코일을 갑자기 뒤집어서 휘어져 다시 연결되는 방식으로 만든 직선형 자기장으로 생긴 플라즈마 그 자체에서 유도된 도넛형 자기장을 갖는 단순한 원통형 원자로를 사용한다. 이렇게 하면 플라즈마 안에 일종의 고리 모양 전류 소용돌이가 발생한다. 핵융합계에서는 이것을 '역자기장 배위 FRC'라고 부른다. 1980년대에 내가 워싱턴 대학을 졸업할 무렵에 FRC는 종종 0.5 이상의 β값을 냈기 때문에 엄청난 유행이었다. 게다가 그 단순한 구조 때문에 토카막보다 저가의 상업용 시스템이나 핵융합 로켓 에너지원을 만들 수 있을 가능성이 훨씬 높아 보였다. 하지만 1980년대에 토카막이 미국의 핵융합 예산 내의 지원금을 독차지했고, 그 직후에는 미국의 토카막조차도 ITER에 자금을 몰아주느라 지원이 끊겼다. FRC는 ITER에서 고려조차 하지 않을 정도로 지나치게 전위적이었다. 하지만 개인 투자자들은 국제 관료들보다 훨씬 대담했고, TAE는 2024년까지순 에너지 생산을 보여주는 것을 목표로 열심히 몰아붙이고 있다.

4. 헬리온 에너지 Helion Energy. 2005년 워싱턴 대학의 존 슬로 교수가 설립한 헬리온 에너지는 원통형 반응로 안 양쪽 끝에서 가속화되어 가운

[그림 6.4] 트리 알파 에너지는 역자기장 배위를 실용적인 핵융합로로 개발하는 데 5억 달러 이상의 개인 투자를 받았다. (TAE 테크놀로지스 제공)

데서 충돌하는 두 대의 FRC를 사용한다. 가운데에서 원통형 자기장이 FRC를 압축해서 반응 조건으로 만든다. 그다음에 핵융합 반응으로 FRC 플라즈마가 가열되어 반응로 끝을 향해 빠른 속도로 확장되고, 에너지는 그 과정에서 바로 전기로 전환된다. 사이클은 초당 1번씩 반복되어 계속해서 에너지를 만든다(혹은 로켓 추진력을 만든다). 헬리온은 최근에 피터 틸의 미스릴 펀드에서 1400만 달러의 투자를 받았다.

　5. 제너럴 퓨전General Fusion, GF. 캐나다 브리티시컬럼비아의 버나비에서 2002년 미셸 라베르지 박사와 마이클 델라지가 설립한 GF는 지금까지 1억 3,000만 달러를 투자 받았다. GF의 구상은 FRC를 돌아가는 액체 금속 벽이 든 반응로 안에 주입하고, 그다음에 여러 개의 피스톤을 밀어넣어 FRC를 핵융합 조건까지 압축한다. 이것은 AEC의 1972년 프로젝트 LINUS까지 거슬러 올라가는 '내파 라이너imploding liner' 개념의 변주

[그림 6.5] 제너럴 퓨전의 설계에서는 피스톤이 액체 벽을 안쪽으로 밀어서 FRC를 내파시킨다. (제너럴 퓨전 제공)

이다. 기반 이론은 복잡하지만 오류는 없어 보인다. GF는 2020년대 중반까지 모든 것이 잘 작동하는 것을 보여주고 싶어 한다.

6. 록히드 마틴Lockheed Martin. 2010년, 톰 맥과이어 박사와 찰스 체이스의 아이디어하에 록히드 마틴은 내부 자금을 이용해 나름의 '소형 핵융합로CFR' 개발 프로그램을 시작했다. CFR은 일자형 원통 시스템 같은 모양으로 양끝은 강화된 자기장(또는 '자기 거울')으로 막혀 있으나 플라즈마 챔버 안쪽에서 작동하는 한 쌍의 초전도 자기 코일이 감금을 더욱 강화하는 '첨두cusp'를 형성한다. 이것은 아주 매력적인 자기장 배위를 만들지만, 실제 열핵 시스템에서 이것이 작동하도록 만드는 방법은 상당히 어려운 것으로 보인다.

7. EMCC. 1987년, 선견지명을 가진 고故 로버트 버사드Robert Bussard(버사드 램제트Bussard ramjet로 유명하다)가 필로 판스워스(텔레비

전 발명가)가 처음 고안한 1950년대의 구상을 되살려 자기장 대신 정전 기장을 사용해 핵융합 플라스마를 가둔다. 이 아이디어는 효과가 꽤 좋아서 중성자 생성에서 보여주었듯이 아주 간단한 시스템으로도 많은 핵융합 반응을 일으킬 수 있다. 하지만 순 에너지를 발생시킬 수 있을 정도로 밀폐하려면 보조 자기장을 포함해 온갖 종류의 부가 장치들이 필요하다. 버사드는 미 해군에서 예비 지원을 간신히 받아냈으나 이제 그가 사망해서 폴 시크 박사와 박재영 박사가 이끄는 나머지 팀은 개인 후원을 찾고 있다. 관심 있는 사람?

8. 나머지. 위의 회사들에 더해서 몇 개의 다크호스들이 있다. 플라즈마 포커스라는 개념을 사용해서 흥미로운 결과를 만들어낸 에릭 러너 박사가 이끄는 뉴저지 소재의 로렌스빌 플라즈마 피직스 퓨전, 톰 자보 박사, 애런 호삭 박사, 데릭 서덜랜드가 설립했고 FRC와 비슷한 '스페로막 spheromak'이라는 접근법을 추구하고 있는 워싱턴 대학 기반의 프로젝트 CT 퓨전, 2015년 리처드 디넌과 제임스 램버트 박사가 설립했고 ST에 운을 걸어보고 있는 어플라이드 퓨전 시스템, 내파 라이너 개념의 변주를 개발하려 하고 있는 하이퍼 V, 누머렉스, 산디어 연구소/로체스터 대학 기반의 매그리프MagLIF 프로젝트 등이 있다.

별에 도달하기 위해서 우리에게는 별까지 데려다줄 만한 것이 필요하다. 우주 발사 혁명 덕택에 조만간 그 도구가 생길 수도 있다.

7장

별을 향하여: 한계가 없는 세계

서문

성간 여행은 우주공학에 있어서 성배다. 해결해야 하는 문제가 태산 같지만, 그 보상은 아마 무한정일 것이다.

가장 명백한 과제는 거리 문제다. 가장 가까운 걸로 확인된 항성까지의 거리는 우리 태양계에서 가장 먼 행성까지의 거리의 수만 배나 더 된다. 지구는 태양으로부터 1억 5000만 킬로미터 또는 1천문단위 AU만큼 떨어져서 움직인다. 화성은 1.52AU에서 공전하고, 목성은 5.2, 토성은 9.5, 천왕성은 19, 해왕성은 30, 명왕성은 39.5이다. 반면 가장 가까이 있는 확인된 항성계인 알파 센타우리(태양 같은 G형 항성 알파 센타우리 A와 왜성 알파 센타우리 B와 프록시마 센타우리로 이루어져 있다)는 4.3광년, 즉 270,000AU만큼 떨어져 있다. 현재까지 우리의 가장 빠른 우주선인 보이저는 해왕성까지 가는 데 13년이 걸린다. 이것은 연간 평균 2.5AU의 속도다. 하지만 목성, 토성, 천왕성, 해왕성으로부터 연속해서 중력의 도움을 받기 때문에 보이저는 태양계를 최종 속도 3.4AU/년(17km/s)으로 떠날 수 있다. 이 속도로는 알파 센타우리까지 도착하는 데 790세기 이상이 걸린다. 이런 탐사정이 호모 사피엔스가 처음 유럽에 발을 들이던 날에 지구에서 출발했다면, 아직까지도 3만 년을 더 가야 할 것이다.

게다가 항성간 거리가 먼 것뿐만 아니라 가는 동안 도움이 되어줄 자원을 찾는 것도 굉장히 힘들다. 심우주에서 태양광은 0이기 때문에 성간 우주선의 에너지원은 핵이어야 한다. 하지만 그렇다 해도 답은 쉽지 않다. 전형적인 우주 원자로는 연료를 꽉 채웠을 때 겨우 7년 정도만 100퍼센트의 효율로 에너지를 낼 수 있다. 화학 연료를 태우는 시스템들이 몇 시간이나 며칠 정도만 가능한 것과 비교하면 대단하지만, 수만 년을 가야 하는 경우의 출력 요구량으로서는 미미하다.

또한 통신 역시 어렵다. 예를 들어 나사의 최첨단 화성정찰위성은 100와트의 에너지와 지름 2미터의 안테나를 사용해서 X주파수대 단파로 초당 6메가바이트 속도로 화성에서 데이터를 전송하고, 지구의 심주우 통신망 수신소의 지름 70미터 안테나 하나로 받는다. 약 10광년 떨어진 타우 케티(고래자리 타우, 고래자리의 항성)로부터 같은 속도로 같은 장비를 사용해서 데이터를 전송받는다면, 필요한 에너지는 100조와트(100테라와트다!), 또는 현재 인간 문명이 사용하는 모든 에너지의 대략 4배쯤이다.

이런 엄청난 과제들을 앞에 두고 성간 여행이 웜홀이나 우주 워프, 우주끈, 기타 등등의 특이하거나 공상적인 물리 현상에 의존한다는 내용의 소설들이 나왔다. 이 개념들 중 몇 가지는 현재 알려진 우주의 법칙과 수학적으로 일관성을 갖지만, 이들이 존재한다든지, 설령 존재한다 해도 우주

추진을 위한 실용적인 기술을 만들기 위해 인간이 이들을 조작할 수 있는 방법이 있는지에 관한 증거는 전혀 없다.

그러니까 많은 사람들이 성간 여행은 불가능하다고 믿는다.

하지만 나는 동의하지 않는다. 성간 여행은 엄청나게 어려울 것이다. 어쩌면 오늘날의 우리에게는 500년 전 크리스토퍼 콜럼버스나 다른 바다를 건너는 항해사들에게 화성까지의 비행이 주는 아득함만큼이나 어렵게 느껴질 수 있다. 실제로 지구에서 화성까지의 거리와 콜럼버스의 스페인에서 카리브해까지의 항해 거리의 비율(8000 대 1)은 알파 센타우리까지의 거리와 화성까지의 거리 비율과 대략 비슷하다. 즉 인류가 I 유형, II 유형, III 유형 문명으로 연속해서 넘어가는 데 필요한 핵심 임무들은 전부 다 서로 비슷한 관계를 맺고 있고, 콜럼버스 이래 500년 만에 우리가 현재 화성에 도달할 수 있는 정도까지 인간의 능력이 증가했다면 우리가 항성을 향해 도약할 준비를 하는 데에도 앞으로 비슷한 시간이 걸릴 거라고 예상할 수 있다. 엄청나게 오래 걸리지는 않을 것이다. 창조적인 사람들이 훨씬 많아졌고 통신 수단이 나아졌기 때문에, 앞으로 수 세기 안에 태양계 전체에 퍼지게 될 II 유형 문명이 우리의 가까운 과거에 I 유형 문명이 탄생했을 때보다 훨씬 빠른 속도로 기술 발전을 일으킬 것이다.

나는 우리에게 아직까지 알려지지 않은 능력을 부여할 만한 물리학적 돌파구를 전심전력으로 찾고 있다. 언젠가는 찾게 될 수도 있다. 하지만 그런 게 없다 해도 현재 알려진 물리학과 엄청나게 개발되고 개량된 버전의 현재까지의 공학 기술로 우리가 별까지 갈 수 있는 방법이 서서히 드러나고 있다. 이런 개발과 개량은 인류가 II 유형의 생물 종으로 성숙하는 과정의 일부이자 한 단계로 일어나게 될 것이다.

성숙해지면 II 유형 문명은 III 유형 문명을 탄생시킨다.

그 방법은 다음과 같다.

화학 추진기

우리가 현재 효율적인 화학 로켓 시스템을 갖고 있기 때문에 이것이 성간 우주임무를 하는 데 사용 가능한지부터 알아봐야 한다. 표면적으로 볼 때 이 아이디어는 말도 안 된다. 화학 로켓의 최대로 가능한 배기속도는 5km/s(우리의 현재 수소/산소 로켓 엔진은 이미 4.5km/s까지 도달했고, 이것은 이론적으로 가능한 선의 90퍼센트다)이고, 이미 이야기했듯이 로켓 엔진이 우주선에 가할 수 있는 실제적인 최대 속도 증가분은 배기속도의 두 배 정도다. 그러니까 고급 화학 로켓 시스템은 우리에게 10km/s의 추력을 줄 수 있고, 이것은 연간 2AU이다. 다시 말해 알파 센타우리까지 가는 데 13만 5000년이 걸린다.

이것은 상당히 느린 속도지만, 앞에서 본 것처럼 행성의 중력 도움을 받으면 보이저가 이 속도의 두 배로 태양계에서 벗어날 수 있고, 그래서 필요한 비행시간을 겨우 7만 9000년으로 줄일 수 있다. 당연히 이것도 여전히 받아들일 수 없지만, 보이저는 빠른 태양계 탈출 속도를 얻으려던 게 아니라서 중력 도움은 실질적인 추진에 사용되지 않았다.

우리가 한계까지 추진하기를 바란다면, 우주선을 목성으로 보내서 거기서 중력 도움을 받아 잘 단열되고 열 차폐가 되는 우주선이 내행성계로 급강하하게 만든다. 궤도는 우주선을 태양 표면에서 겨우 4만 킬로미터 위로 보내는 길을 택한다. 이 고도에서는 탈출 속도가 600km/s가 되고, 우주선이 목성에서부터 거기로 내려왔으니까 가장 가까운 접근지에서도 그만큼 빠르게 움직일 것이다. 그때가 제트 엔진을 가동하는 순간이다.

결과: 가장 낮은 고도에서 $\triangle V$를 10km/s로 만드는 엔진을 점화하고 나서 태양에서 멀어지는 동안 속도를 낮추면, 그래도 110km/s의 출발 속도를 얻게 된다. 이것은 보이저 속도의 약 7배이고, 알파 센타우리까지 1만 2300년 만에 도착할 수 있다.

우리가 정말로 극한까지 공학 기술을 발전시키고 여러 단계를 중첩하면, 이론적으로는 25km/s의 $\triangle V$까지 만들 수 있다. 그렇게 되면 출발 속도가 175km/s, 즉 알파 센타우리까지 7700년이 걸린다. 화학 로켓 기술로는 이것이 최대한이다.

이 기간의 우주여행을 가능하게 만드는 이론은 두 가지가 제안되었다. 하나는 대원들을 가사 상태로, 이를 테면 초저온 냉동을 시켜 나이를 먹지 않게 하는 것이다. 이 냉동 기술을 사용하는 데에는 수많은 문제들이 있다. 물은 얼면 팽창하고, 그래서 육체가 얼면 세포벽이 파괴된다. 마멋의 경우처럼 약물로 동면을 하게 만드는 방법은 아마도 가능하겠지만, 조금 느린 속도라고 해도 노화와 신진대사는 계속되기 때문에 수천 년의 여행에서는 이 방법이 최후의 수단일 뿐이다.

또 다른 방법은 우주선을 상당수의 사람들이 평생을 살 수 있을 정도로 크게, 핵 에너지를 쓰는 오닐 콜로니처럼 만들어 출항시키는 것이다. 초기 대원들이 뒤를 이을 아이들 세대를 키우고, 그들이 또 다른 세대를 키우는 식으로 목적지 별에 도달할 때까지 7700년 동안 이어가는 것이다. 이런 우주선을 만드는 공학 기술은 어마어마하겠지만, 이런 임무를 불가능하게 만드는 물리학이나 생물학 법칙은 없다. 그러나 초기 대원들이 가진 목적의식이 기록된 인간 역사보다 더 긴 시간 동안 세대에서 세대로 이어져 내려가기를 바라는 것은 지나치게 공상적으로 보인다. 그러니까 항성까지 가는 여행 시간을 인간의 수명 한두 번 이내로 줄일 수 있는 더 개량된 추진기 개념을 찾는 쪽으로 우리의 관심을 돌려야 한다.

핵분열 추진기

화학 로켓 엔진이 5km/s 이상의 배기속도를 내지 못하는 기본적인 물리학적 이유는 화학 연료의 단위질량당 에너지, 즉 엔탈피가 화학 법칙에 의해 킬로그램당 13메가줄 MJ/kg로 한정되기 때문이다. 반면에 핵분열은 단위질량당 에너지가 8200만 MJ/kg으로 최고의 화학 추진제보다 600만 배 이상 높다. 여기서 로켓 추진제의 이론상 최대 배기속도는 엔탈피의 두 배의 제곱근과 같다. 즉 그러니까 화학 연료로 5.1km/s일 때, 핵분열은 12,800km/s가 나오니 훨씬 낫다. 빛의 속도가 300,000km/s이다. 즉 핵분열 로켓은 이론상 빛의 속도의 4퍼센트의 배기속도를 낼 수 있다. 우주선이 일반적으로 배기속도의 두 배가 되는 △V를 얻을 수 있도록 설계되니까 이론적으로 완벽한 핵분열 추진 장치는 빛의 속도의 8퍼센트의 속도를 낼 수 있다. 알파 센타우리가 4.3광년 떨어져 있으니까 편도 이동 시간이 54년이 된다는 뜻이다. △V의 절반이 목적지에서 속도를 늦추는 데 사용된다면, 최고 속도는 빛의 4퍼센트이고 이동 시간은 108년으로 늘어날 것이다.

하지만 몇 가지 문제가 있다. 그중 하나는 가능한 모든 에너지를 이용할 수 있어야 한다는 점이다. 핵열 로켓 같은 기초적인 핵 추진 시스템은 이 부분이 굉장히 형편없다. 흘러들어오는 기체를 가열하는 데 고체 원자로를 이용하기 때문에 얻을 수 있는 최대 배기속도가 겨우 9km/s 정도다. 화학 로켓과 비교하면 좀 낫지만, 성간 우주임무에 필요한 수치 근처에도 가지 못한다. 핵 연료가 기체가 되어도 된다면('기체 노심' 핵열 로켓. 1960

년대에 나사는 이런 시스템에 상당한 노력을 기울였다), 50km/s의 배기 속도를 달성할 수 있다.[1] 이것은 행성간 여행에는 훌륭하지만, 여전히 성간 여행급은 되지 못한다. 원자로가 이온 엔진(NEP 추진기)을 가동할 수 있는 전력을 만드는 데 사용된다면, 수소를 추진제로 사용할 때 수백 km/s의 배기속도를 얻을 수 있다. 하지만 여기에 필요한 시스템은 굉장히 크고, 이들이 만들 수 있는 추진력(즉 가속도)은 낮아서 배기속도는 여전히 성간 우주임무를 하기에는 충분하지 않다. 여기서 필요한 것은 핵 에너지를 바로 추진력으로 바꾸는 방법이다. 한 가지 해답은 대단히 간단해서 1945년부터 알려져 있다. 바로 원자폭탄을 사용하는 것이다.[2]

우주선 바로 뒤에서 원자폭탄을 연속으로 터뜨리면 우주선을 꽤 강하게 밀어줄 수 있다는 것은 분명하다. 물론 이것을 제대로 폭발시키지 못하면 우주선을 증발시키거나, 산산조각 내거나, 혹은 대원들을 수십만 중력가속도로 젤리처럼 만들어버리거나, 치명적인 감마선 노출로 타고 있는 모든 사람을 죽일 수도 있다. 공학계에서 말하는 것처럼 '이런 우려들을 짚고 갈 필요가 있다.' 그러니까 이것을 제대로 해야 한다. 하지만 할 수만 있다면 엄청난 추진 시스템을 갖게 될 것이다.

이것이 미국 원자력 위원회가 자금을 지원해서 1957년부터 1963년까지 운영되었던 일급기밀 프로그램 프로젝트 오리온의 기반 아이디어였다. 원래의 아이디어는 로스 알라모스의 폭탄 설계자 스타니슬라프 울람이 내놓았고, 프로그램은 대단히 미래지향적인 무기 제조자 테드 테일러와 프리먼 다이슨 같은 유능한 사람들을 끌어들였다. 오리온 설계도 중 하나의 도해가 [그림 7.1]에 실려 있다. 여기서 보면 원자폭탄으로 꽉 찬 무기고가 배 한가운데에 위치해 있다. 폭탄이 연속으로 고물 쪽을 향해 긴 관을 따라 발사되어 튼튼한 충격 흡수기가 지지하고 있는 아주 강한 '추진

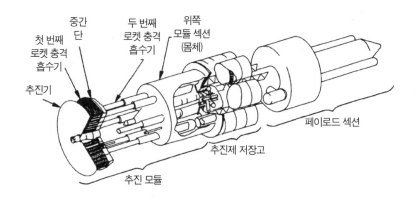

[그림 7.1] 오리온 핵폭탄 추진식 우주선. 폭탄이 중앙 관을 통해 밀려나가 추진판 뒤에서 폭발하고, 추진판이 충격을 흡수하고 페이로드 섹션을 보호한다. (미국 원자력 위원회 제공)

판 pusher plate' 뒤로 튀어나온다. 폭탄이 발사되면 추진판이 우주선을 방사능과 열로부터 보호하고 폭발 충격을 받아들인다. 충격은 곧 충격 흡수기로 완화된다. 폭탄이 순차적으로 빠르게 하나하나 터지기 때문에 우주선과 폭탄 창고 앞쪽에 자리 잡은 페이로드 및 대원들에게 거의 고르게 힘이 느껴질 것이다. 추진판 방식은 폭발력을 추진력으로 바꿀 때 전통적인 종 모양 로켓 노즐에 비해 훨씬 덜 효율적이지만(최신식의 94퍼센트에 비교할 때 겨우 25퍼센트 정도), 상대해야 하는 힘이 훨씬 크다. 그러니까 진짜 유효 배기속도는 겨우 광속의 1퍼센트 정도일 것이다. 이것은 핵분열 에너지 성간 비행에 관한 우리의 계획에 약간 안 좋은 영향을 주겠지만, 어쨌든 고추진 로켓에서 3000km/s의 배기속도는 꽤나 훌륭하다고 여겨진다.

그러나 좋든 싫든 오리온 프로젝트는 1963년에 미국과 소련 사이의 부분적 핵실험 금지 조약으로 우주 공간에 핵무기를 배치하거나 터뜨리는 것이 금지되면서 급히 정지되었다.

조약은 언젠가 만료될 것이다. 하지만 어쨌든 수천 개의 원자폭탄이 든

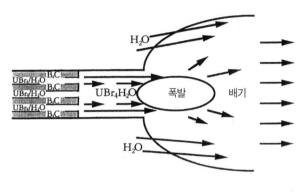

[그림 7.2] 핵염수 로켓

우주선을 우주에 놔두는 것은 피하는 게 좋을 것 같다(그리고 우주여행객
들에게 팔기 위해 그런 폭탄을 대량 제조하는 공장을 만드는 것 역시 피하
는 게 대단히 좋을 거라고 생각한다). 나는 이 문제를 1990년대 초반에 그
림 [7.2]의 핵염수 로켓NSWR이라는 구상으로 이 문제를 에두르는 방법
을 제안했다.[3]

 NSWR에서는 브롬화 우라늄처럼 분열 가능한 물질을 염으로 물에 녹
인다. 이것을 여러 개의 관에 집어넣고, 붕소를 채운 고체 물질로 서로 갈
라놓는다. 붕소는 아주 강한 중성자 흡수제이기 때문에 이 관에서 저 관으
로 중성자가 옮겨가는 것을 차단한다. 각 관에는 임계치 이하의 우라늄이
들어 있고 붕소가 서로 중성자가 오가는 것을 차단하기 때문에 전체 관조
직은 임계치 이하다. 하지만 추진력이 필요할 때 모든 관의 밸브가 동시에
열리고, 압력을 받은 염수가 이들을 공동 플레넘(공간)으로 밀어낸다. 움
직이는 우라늄 염수 기둥이 공동 플레넘에서 특정 높이가 되면 '즉각적 임
계' 연쇄 반응이 일어나고, 물이 폭발해서 핵 가열 플라즈마로 변한다. 그
런 다음 자기장으로 플라즈마 흐름의 열기로부터 보호되는 로켓 노즐로

팽창된다. 사실상 로켓 챔버 안에서 화학 연소와 비슷하게 상시적인 폭발이 대기하고 있는 셈이다. 다만 얻을 수 있는 엔탈피가 수백만 배 더 크다. 노즐은 오리온 추진판보다 훨씬 더 효율적이지만, 추진제 안의 우라늄이 '희석되어서' 배기속도 역시 핵분열의 이론적 최고 속도인 광속의 4퍼센트보다 훨씬 떨어져서 아마도 핵분열 폭탄으로 날아가는 오리온에서 얻을 수 있는 것과 같은 1퍼센트 정도일 것이다. 하지만 최소한 폭탄을 대량 생산할 일은 없다.

광속의 1퍼센트 정도 되는 배기속도라면, 이런 시스템으로 날아가는 성간 우주선은 광속의 2퍼센트 속도를 낼 거고, 알파 센타우리까지 215년이 걸려 도착할 것이다. 이 정도 시간의 항해에서는 목적지에 도착할 때까지 대원들이 돌아가며 동면을 취할 수도 있다. 아니면 최소한 다세대 성간 우주선이 목적의식을 공고히 유지한 채 목적지에 도착할 가능성도 있다.

그러나 성간 여행에서 이런 아슬아슬한 성능을 보여주는 것에 더불어 이런 핵분열 추진기에는 또 다른 문제가 있다. 연료의 입수 가능성이다. 이런 시스템에 연료로 필요한 분열 가능한 우라늄-235나 플루토늄-238 양은 어마어마하다. 1000톤의 페이로드를 보내는 데(느리고 장기간 항해하는 성간 우주선으로는 작은 편) 1만 톤은 들 것이다. 이런 양을 어디서 얻을 수 있을지는 불명확하다. 한 가지 가능성은 토륨 연료 핵분열로나 (현재 상업적 핵분열 에너지 스타트업들이 활발히 추구하고 있다) D-D 핵융합로에서 나오는 여분의 중성자를 이용해 Th232를 분열 가능한 U233으로 바꾸는 것이다. 하지만 그래도 대단히 큰 물류량이다.

그러므로 우리는 성간 우주선 추진을 위한 더 강력한 에너지원, 열핵융합으로 시선을 돌려보려 한다.

핵융합 추진

　높은 배기속도가 성간 로켓공학의 핵심이고, 엔탈피는 배기속도의 핵심이다. 핵분열은 8200만 MJ/kg으로 매력적으로 보이지만, 핵융합이 더 우수하다. 예를 들어 순수한 중수소를 연료로 사용해서 모든 중간 융합 생산물들과 함께 가열하면('촉매 D-D 핵융합'이라고 하는 일련의 반응), 2억 800만 MJ/kg의 유용한 엔탈피가 추진용으로 만들어지고, 거기에 139MJ/kg의 활성화된 중성자가 나온다. 이 중성자들은 추진에는 쓸모가 없지만, 선상 에너지를 생산하는 데 사용할 수 있다. 중수소와 헬륨-3 혼합물을 연료로 사용한다면, 유용한 추진 엔탈피는 어마어마한 양인 3억 4700만 MJ/kg이 나온다. 결과적으로 촉매 D-D 반응을 사용하는 열핵융합은 이론상 최대 배기속도가 20,400km/s(광속의 6.8퍼센트 또는 0.068c라고 쓴다)이고, D-He3 반응을 사용하는 로켓은 이론적으로 26,400km/s 또는 0.088c의 배기속도를 낼 수 있다.

　이제야말로 항성 비행을 이야기할 수 있다! 핵분열의 네 배가 되는 엔탈피에 훨씬 풍부한 연료가 있는 핵융합은 진짜 성간 우주선 추진 시스템의 가능성을 보여준다. 핵분열의 경우처럼 핵융합도 로켓 추진에서 연속적인 강력한 폭발 방식과 천천히 가열하는 방식 두 가지 모두를 선택할 수 있지만, 핵융합의 경우에는 둘 다 하는 것이 더욱 실용적이다.[4]

　핵분열 폭탄은 최소 크기가 정해져 있다. 핵분열 연쇄 반응이 일어나기 위해서는 핵분열성 물질이 '임계 질량'만큼 모여야 한다. 비효율적인 폭발을 설계해서 에너지를 낭비하려는 게 아닌 이상(성간 추진에서는 절대로 해선 안 될 선택이다) 이 임계 질량은 핵분열 폭탄에 다이너마이트 1000톤가량의 최소 에너지 생성량을 보장해준다.

핵융합은 다르다. 핵융합에는 임계 질량이 없기 때문에 핵융합 폭발은 원하는 만큼 작게 만들 수 있다. 현재 군사용 핵융합 폭탄, 즉 수소폭탄은 대단히 높은 에너지 생성량을 보인다. 핵분열 원자폭탄을 갑자기 압축해서 대량의 핵융합 연료를 가열하는 방식으로 핵열 폭발 조건을 만들기 때문이다. 대충 만들고 싶다면, 오리온 같은 추진 시스템에 이런 수소폭탄을 장착하면 원자폭탄보다 더 성능 좋고 훨씬 싼 연료가 된다. 하지만 핵융합에서는 훨씬 작은 규모로 원하는 폭발 효과를 얻을 수 있는 다른 방법이 있다.

예를 들어 고출력 레이저를 핵융합 연료의 아주 작은 펠릿에 쏘아서 가열하고, 압축해서 폭발시킬 수 있다. 예비 실험에서는 이런 '레이저 핵융합' 시스템의 타당성이 입증되었고, 캘리포니아의 리버모어 연구소의 국립 점화 시설 NIF에서 열핵 폭발을 점화시키는 데 필요한 힘의 3분의 1 정도를 보여주었다. 추진기로 이런 시스템을 사용하는 성간 우주선은 기관총 속도로 펠릿들을 자기장이 갈라지는 고물 쪽으로 연속으로 쏘아 보낼 것이다. 각 펠릿이 목표 지점으로 들어서면 레이저가 사방에서 펠릿을 쏜다. 그러면 다이너마이트 몇 톤의 힘으로 폭발하고, 생성된 초고온의 플라즈마가 자기 노즐을 통해 우주선 밖으로 뿜어져 나와 로켓 추진력을 만든다.

([사진 11] 참고)

아니면 적절하게 성형한 화학적 폭발물을 사용해서 핵융합 펠릿을 내파하여 폭발시킬 수도 있다. '할 수도 있다'라고 말하는 이유는 미국과 구소련 양쪽 모두 이것을 목표로 수많은 일급기밀 연구를 했으나 결과가 발표되지 않았기 때문이다. 이게 가능하다면, 이런 화학적으로 점화되는 핵융합 초소형 폭탄은 거대한 레이저 시스템을 우주선에 설치할 필요성을 없애줄 것이다.

세 번째 선택지로는 폭탄이나 레이저, 또는 초소형 폭탄 없이 대량의 반응성 열핵융합 플라즈마가 든 커다란 자기 밀폐 챔버를 사용해서 핵융합 추진을 할 수 있다. 이것은 미래에 핵융합 에너지를 생성하는 데 사용될 만한 종류의 시스템이지만, 이런 핵융합 추진에서는 초고온(수백억 도 또는 수 메가볼트) 핵융합 생성물 대부분이 원자로 한쪽 끝으로 새어나가 추진력을 만들고, 나머지는 핵융합로에 적절한 온도인 500,000,000℃(50 킬로볼트) 정도까지 플라즈마를 가열하는 데 사용된다. 더 낮은 온도의 플라즈마 일부 역시 새어 나가지만, 에너지가 낮기 때문에 정전기망에 의해 감속될 것이다.

([사진 12] 참고)

핵융합 추진 시스템에 사용되는 자기 노즐은 화학 로켓 엔진에 사용되는 94퍼센트 효율의 종형 노즐만큼 좋지 않지만, 옛날 오리온의 25퍼센트 효율의 추진판보다는 추진력을 집중시키는 데 훨씬 더 효과적일 것이다. 아마도 50퍼센트 정도의 효율성을 얻을 수 있을 것이다. 만약에 그렇다면, D-He3 핵융합 로켓은 광속의 5퍼센트의 배기속도를 얻을 수 있을 것이다. 실용적인 우주선은 엔진의 배기속도의 두 배 되는 속도까지 도달하도록 설계되니까, 이런 핵융합 추진 시스템은 광속의 10퍼센트까지 낼 수 있다는 뜻이다. 가속하는 데 걸리는 약간의 여분 시간을 무시하면, 알파 센타우리까지의 편도 여행에 43년이 걸릴 것이다. 추진 시스템의 속도를 늦출 필요가 있을 경우에는 86년이 걸릴 거고.

반물질

중수소-헬륨-3 연료가 자연에서 발견할 수 있는 그 어떤 물질보다도 높은 엔탈피를 갖긴 하지만, 더 높은 엔탈피를 갖는 인공물질이 존재한다.

바로 반물질이다.[5]

반물질은 아원자 입자의 전하가 반대로 된 물질이다. 보통의 물질에서 전자는 음전하를 띤다. 반물질에서는 양전하를 띤다. 보통의 양성자는 양전하를 갖는다. 반양성자는 음전하를 갖는다. 왜냐하면 반대 전하를 가진 입자는 서로 끌리고, 반입자는 보통 물질의 동료를 끌어당기기 때문이다. 그러나 이런 끌림은 치명적이다. 입자와 반입자는 서로를 소멸시키고, 합쳐진 질량을 아인슈타인의 그 유명한 공식 $E=mc^2$(에너지는 질량 곱하기 광속 제곱)에 따라 에너지로 변환시키기 때문이다.

반물질은 굉장히 주된 과학소설의 소재라서 많은 사람들이 정말로 공상이라고 생각하지만, 진짜이다. 보통은 일상생활에서 반물질을 마주칠 일이 없다. 우주는, 혹은 최소한 우리가 살고 있는 부분은 반물질보다 보통 물질이 넘쳐나는 상태로 만들어졌기 때문이다. 모든 반물질은(또는 우리 은하의 모든 반물질은) 소멸되었고 보통의 물질들만을 남겨놓았다. 하지만 에너지가 아인슈타인 공식에 따라서 물질로 변할 수 있기 때문에 쉽게 사라지는 반입자들은 지구 대기에 우주선이 영향을 미쳐 생성된다. 또한 우리가 직접 고에너지 가속기에서 반입자를 만들 수 있었고, 반양성자와 반전자(또는 양전자)를 합쳐서 반수소 원자를 만드는 데 성공했다. 이 반수소 원자를 다시 합쳐서 반수소 분자도 만들었다. 반양성자는 자기장을 이용해서 이온이 벽에 부딪치는 것을(그래서 소멸하는 것을) 막는 '페닝 트랩Penning trap'이라고 하는 특별한 통에 보관할 수 있다. 이런 식으로 수백만 개의 반양성자까지 한 번에 장기간 보관할 수 있다. 페르미랩과 CERN 같은 최첨단 고에너지 물리 가속기 시설에 있는 수집 고리를 사용해서 한 번에 1조 개까지의 반양성자를 모았다. 이것은 1.7피코그램(1피코그램은 1조 분의 1그램이다)의 반물질을 의미한다. 이렇게 많은 반물질을 소멸하게 만들면, 300줄의 에너지를 방출한다. 이것은 60와트의 전구를 5초 동안 밝힐 수 있는 힘이다. 소량의 반수소 원자와 분자들 역시 갇히고, 레이저의 미는 힘을 이용해서 챔버 벽에 부딪치지 않게 한다.

자, 우리가 이 이상을 모을 수 있고, 반수소 기체를 단단한 결정으로 바꿀 수 있다고 해보자. 그다음에 이 결정에 정전기적 전하를 주어 전기나 정전기적 트랩 안에서 공중에 뜨게 만들면 손대지 않고 이것들을 저장할 수 있다. 그러고 나서 이 물질을 성간 우주선의 연료로 사용할 수 있다. 평범한 수소와 반응해서 소멸하게 만들어 에너지를 생성하는 것이다. 에너지가 얼마나 나올까? 굉장히 많다. 광속 c가 굉장히 큰 숫자인 300,000km/s이기 때문에 아인슈타인의 방정식도 커진다. 딱 0.5킬로그램의 반물질을 0.5킬로그램의 보통 물질과 반응시켜 소멸시키면, 900억 메가줄의 에너지가 방출될 것이다. 이것은 900억 MJ/kg이고, D-He3 핵융합 반응보다 259배 더 크며, 핵분열보다는 천 배 이상 크고, 수소/산소 로켓 추진제의 에너지 양보다는 거의 70억 배쯤 크다. 다시 말해서 1킬로그램의 반물질이 1킬로그램의 보통 물질과 만나서 소멸하면 4000만 톤의 TNT만큼의 에너지가 방출될 것이다. 반물질 로켓의 이론상 최대 배기속도는 빛의 속도일 것이다.

이것은 이론이다. 실제로는 상황이 그렇게 근사하지 않다. 우선 반물질 소멸에서 나오는 에너지의 약 40퍼센트가 2억 전자볼트 이상의 감마선 형태로 방출된다. 이것은 핵분열로에서 방출되는 보통의 감마선보다 수백 배쯤 더 많고, 우주선에 아주 두꺼운 방어막을 필요로 할 것이다. 그리고 추력이 어떻게 생성되는가 하는 문제도 있다. 한 가지 아이디어는 반물질을 이용해서 엄청난 고에너지에 자기장으로 구속된, 평균 수억 전자볼트의 에너지를 가진 플라즈마를 발생시키는 것이다. 이 경우에 대전 입자로 생기는 반물질 소멸 에너지의 일부분만이 사용 가능해진다. 감마선과 비대전 입자들은 플라즈마를 가열할 수 있기 전에 시스템 밖으로 나오기 때문이다. 게다가 이런 고온 플라즈마는 사이클로트론과 제동복사를 거치며 엄청난 양의 에너지를 낭비하게 된다. 이런 손실과 자기 노즐로 인한 대략 60퍼센트의 효율을 합치면 반물질 플라즈마 추진기에서 얻을 수 있는 유효 배기속도가 광속의 30퍼센트 정도로 떨어지게 된다.

반물질 추진기의 또 다른 방식은 소멸 에너지로 흑연이나 텅스텐 같은 고온 물질로 이루어진 선미의 고체 실린더 표면을 발광할 정도로 가열해서 빛이 나는 뒤쪽 물체에서 방출되는 빛을 거울로 집중시키는 것이다. 아니면 물질과 반물질을 주입해 포물면 거울의 초점에서 충돌하게 만들어 빛을 뒤쪽으로 보낸다([그림 7.3] 참고). 광자라고 하는 빛의 입자들은 운동량을 갖고 있고, 전부 다 뒤쪽을 향하게 되면 순수한 전진력이 발생한다. 이런 시스템을 광자 로켓이라고 한다.

광자 로켓의 배기속도는 빛의 속도이지만(왜냐하면 빛이니까), 반물질 소멸의 모든 에너지가 거기로 가는 것은 아니다. 침투력이 높은 감마선, 중성미자, 다른 침투력 높은 비대전 입자들의 에너지 대부분은 뭔가 해보기도 전에 시스템 밖으로 빠져나간다. 그래서 시스템의 유효한 배기속도(비추력)가 상당히 줄어든다. 하지만 반물질에는 남는 에너지가 있다. 모든 손실을 고려한다고 해도 광자 로켓의 유효한 배기속도로 광속의 50퍼센트 정도는 얻을 수 있다.

광자 로켓은 반물질 플라즈마 추진기보다 훨씬 간단하고 더 높은 능력을 보여준다. 그러므로 반물질이 성간 항해의 에너지원이 될 만큼 풍부하게 입수할 수 있다면, 광자 로켓이 아마도 엔진의 선택지가 될 것이다.

하지만 입수 가능성이 문제다. 우리의 현재 가속기 기반의 반물질 제조

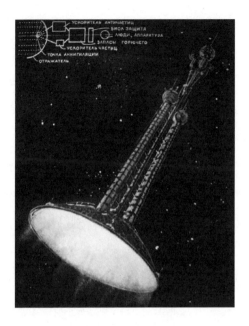

[그림 7.3] 소련의 광자 로켓 구상도.

기술을 사용하면 쓸 만한 반물질 에너지가 나올 정도의 반물질을 생성하기 위해서 전기가 수천만 배로 필요하다.

　이게 무슨 뜻인지 생각해보라. 우리가 광속의 10퍼센트 속도를 내는 1000톤의 건조 질량을 가진 성간 우주선을 갖고 싶다고 해보자. 배기속도가 광속의 7퍼센트인 핵융합 로켓을 사용하고 10년에 걸쳐 속도를 높인다고 가정하면, 우리는 평균 가속도 0.01g/s에 약 20만 뉴턴의 추진력이 필요하고(임무를 시작할 때 약 3000톤의 추진제를 싣고 있기 때문에), 2테라와트의 제트 동력이 필요하다. 소모되는 에너지 총량은 연간 20테라와트일 것이다. 혹은 인류 전체가 현재 1년간 소비하는 양만큼이다. $0.06/킬로와트-시인 현재의 전기 가격에서 이 정도의 에너지는 현재 미국 정부의 3년간 예산에 달하는 10.5조 달러어치다. 에너지를 생산하는 데 필요한 핵융합 연료는 이 금액의 10퍼센트 정도, 즉 1조 달러어치 정도 겠지만 이 금액은 추진기의 비효율성 때문에 두 배까지 올라갈 수 있다. 그러니까 실제적인 선에서, 핵융합 연료를 사용하는 임무의 추진제 가격이 2조 달러라고 해보자. 이것은 상당한 금액이지만, 부유하고 잘 개발된 태양계 내의 II 유형 문명은 또 다른 항성계를 정복하는 것만큼 중요한 프로그램으로서 이것을 해낼 수 있다.

하지만 현재의 가속기 기반 시스템을 사용해서 이 임무에 필요한 반물질 연료를 생산한다면, 이 일을 하는 데 드는 에너지 경비가 1000만 배쯤 더 증가할 것이다. 반물질 사회에서는 생산 효율성을 굉장히, 어쩌면 거의 1000배 가까이까지 높여줄 만한 기술을 논의 중이다. 하지만 이런 개발이 있다 해도 반물질 추진제의 가격은 핵융합 연료를 사용하는 같은 임무보다 1만 배는 더 들 것이다.

물론 광속의 10퍼센트보다 훨씬 더 빠르게 가고 싶다면, 핵융합은 선택지에서 빠진다. 최대 배기속도 0.07c로는 부족하기 때문이다. 위에서 이야기한 것처럼 반물질 광자 로켓의 유효한 배기속도는 광속의 50퍼센트 정도로 이론상으로는 비행 속도를 광속의 90퍼센트까지 올릴 수 있다. 그러면 우주선이 알파 센타우리까지 5년이면 갈 수 있고, 상대적인 시간 지체 효과 때문에 대원들에게는 3년 정도로 느껴질 것이다. 하지만 이런 우주임무를 시도하는 사회는 대단히 부유해서 금액이 아무 문제가 되지 않는 곳이어야 할 것이다.

솔라 세일(태양돛배)

약 400년 전, 그 유명한 독일의 천문학자 요하네스 케플러는 혜성이 태양 쪽으로 가든 태양에서 멀어지든 간에 그 꼬리는 항상 태양에서 먼 쪽으로 향한다는 것을 알아냈다. 이로 인해 그는 태양에서 발산되는 빛이 혜성의 꼬리를 먼 쪽으로 밀어내는 힘을 발휘한다고 추측하게 되었다. 그의 생각이 옳았다. 빛이 힘을 가한다는 사실은 나중에 1901년에 러시아의 물리학자 표트르 N. 레베데프가 진공 병속에 가는 실로 거울을 매달고 반짝이는 빛으로 회전하는 모습을 보여주어 입증했지만 말이다. 몇 년 후에 알베르트 아인슈타인이 왜 빛이 힘을 가하는지 그의 고전 논문에서 광전효과를 설명함으로써 이 현상의 이론적 기반을 제시했다. 이걸로 그는 후에 노벨상을 받았다.

만약 빛이 혜성의 꼬리를 뒤로 밀어낼 수 있다면, 그걸로 우주선을 움직일 수는 없을까? 우리의 우주선에 그냥 커다란 거울을 달고(가능하다면 솔라 세일[태양돛배]을) 태양빛이 그걸 밀어 추진력을 생성하도록 만드는 건 어떨까? 답은 그럴 수 있다는 거지만, 유의미한 거리만큼 밀기 위해서는 엄청난 양의 태양빛이 필요하다. 예를 들어 태양에서 지구까지의 거리인 1AU에서 한 변이 1킬로미터인 사각형 솔라 세일은 총 10뉴턴의 힘, 약 2.2파운드의 힘으로 태양 반대편으로 밀려간다. 이렇게 커다란 물체의 경우에 이것은 그리 큰 힘이 아니다. 원고지 두께(약 0.1mm)의 플라스틱으로 만들어진 1제곱킬로미터의 돛이 있다면, 무게는 100톤일 거고 1AU 거리에서 태양빛이 이것을 3.2km/s의 $\triangle V$까지 가속하는 데는 1년이 꼬박 걸릴 것이다.

이것은 그리 인상적인 성과가 아니지만, 원고지는 우리가 만들 수 있는 가장 얇은 물건이 아니다. 우리가 돛을 0.01mm 두께(10미크론. 브랜드에 따라서 부엌에서 쓰는 쓰레기봉투가 20에서 40미크론 두께다)로 만들었다고 해보자. 이것은 많은 높은 고도용 풍선에 사용되는 필름의 두께 정도이다. 이 경우에 돛의 무게는 겨우 10톤이고, 32km/s까지 가속할 수 있다. 이것은 지구 저궤도에서 화성까지 저추력 궤도로 갔다가 돌아오는 왕복 여행에 약 1년 정도 걸리는 △V이다. 물론 돛이 자체 무게와 같은 정도의 페이로드를 끌고 간다면, 속도가 절반으로 느려질 것이다. 그래도 10미크론 두께의 솔라 세일은 지구-화성 운송에 도움이 되는 효율적인 추진장치 중 하나로 들어갈 것이다.

솔라 세일의 장점은 명확하다. 어떤 추진제나 선상 동력 공급원이 필요치 않다는 점이다. 기본적으로 이 기술은 단순하고, 싸고, 크기를 조정할 수 있고, 우아하고, 그리고 간단히 말해서 아름답다. 거대하고 반짝이는 초경량 돛을 단 배가 반사되는 태양빛의 힘만으로 우주를 유유히 가로질러가는 모습은 상상만 해도 낭만 그 자체이고, 범선들이 온갖 종류의 탐험가, 상인, 모험가들에게 지구의 대양을 열어주었던 시대와 같은 느낌을 준다. 게다가 솔라 세일은 행성간 교역로를 열어주는 엄청난 가능성을 갖고 있다. 이런 이유 때문에 저명한 과학소설가이자 우주 이상가인 아서 클라크와 전 행성협회 상임이사였던 루이스 프리드먼을 포함해서 많은 사람들이 오랫동안 확고하게 이 기술을 지지해왔다.[6] 행성간 추진기를 목표로하는 개발은 딱히 힘들 것처럼 보이지 않는다. 대체로 포장과 기계적 배치 문제 몇 가지를 해결하는 것뿐이고, 솔라 세일이 아직까지 일반적으로 사용되지 않는다는 사실이 지난 수십 년 동안 우주 프로그램이 침체되어 있었다는 확실한 증거다. 2010년에 일본 우주항공 연구개발기구는 실제로 이카로스라는 소형 솔라 세일 우주선을 지구에서 금성까지 보내 처음으로 행성간 비행에서 이 기술을 선보였다. 확실히 성숙한 II 유형 문명은 솔라 세일을 가졌을 뿐만 아니라 행성간 교역과 여러 가지 다른 분야에 널리 사용할 것이다.

돛의 두께	1AU에서의 가속도	돛의 반경	최종 속도
0.3 미크론	0.006 m/s²	220 km	95 km/s (0.03 percent c)
0.1 미크론	0.018 m/s²	234 km	212 km/s (0.07 percent c)
0.01 미크론	0.18 m/s²	2,108 km	728 km/s (0.26 percent c)
0.001 미크론	1.8 m/s²	2,343 km	2,322 km/s (0.77 percent c)

[표 7.1] 성간 여행을 위한 얇은 솔라 세일

([사진 13] 참고)

하지만 우리는 지금 성간 추진에 대해서 이야기하고 있다. 태양으로부터 원동력을 얻는 시스템이 어떻게 성간 우주의 어둠을 가르고 우주선을 보낼 수 있을까?

가장 간단하고 가장 우아한 답은 아직 태양계 안에 있으면서도 태양빛으로 우주선을 성간 속도까지 가속할 수 있을 만큼 아주 얇은 솔라 세일을 만드는 것이다. 이런 대단히 얇은 솔라 세일은 현재로서는 불가능한 기술을 이용해서 우주에서 만들어야 한다. 무게를 줄이기 위해서 플라스틱 안감을 제외하고, 진공 상태에서 돛을 위한 경량 띠에 분자를 분사해서 만든 얇은 알루미늄 층만 사용할 것이다. 다음의 표는 이런 시스템이 1000톤의 우주선을 움직여 얻을 수 있는 최고 속도를 보여준다. 우주선의 페이로드는 돛의 무게와 똑같고 임무는 태양에서 0.1AU에서 시작된다고 가정한다.

0.001미크론보다 더 얇은 솔라 세일을 만들기는 힘들다. 이 두께가 겨우 원자 네 개로 만들어진 물질 층을 의미하기 때문이다. (사실 투명해지는 것을 피하려면 알루미늄이 최소한 0.01미크론 두께는 되어야 하겠지만, 0.001미크론 두께 돛의 평균 밀도는 돛에 구멍을 만듦으로써 얻을 수 있다. 구멍이 가시광선 0.5미크론 파장보다 훨씬 작다고 하면, 어쨌든 육

각형 모양 단파 안테나가 단파를 반사하는 것과 같은 방식으로 빛을 반사한다.) 우주임무를 0.1AU보다 태양에 더 가까운 지점에서 시작할 수도 있지만, 최종 속도는 거리의 제곱근의 역수와 비례해 커질 거고(예를 들어 9배 가까우면 겨우 3배 빠르게 갈 뿐이다), 우리의 0.001미크론 우주선이 0.1AU에서 출발할 때 가속도는 이미 상당한 18g에 이른다. 그러니까 핵심은 태양빛으로만 구동하는 솔라 세일은 성간 우주선을 광속의 1퍼센트 이상으로 몰고 가기가 어렵다. 이런 시스템의 장점은 싸고(에너지 비용이 0이다), 단순하고, 믿을 만하고, 목표 행성이 태양과 비슷한 광도를 갖고 있을 경우에 임무에서 가속하는 데 사용했던 바로 그 솔라 세일을 목표별에서 감속하고, 태양계 안에서 방향을 잡고, 심지어는 돌아오는 데에도 사용할 수 있다는 점이다. 하지만 알파 센타우리까지의 비행 시간은 5세기 정도가 걸릴 것이다. 어쩌면 이런 시스템은 다세대 우주선이나 가사 상태 기술을 적용한 우주선에 적합할 수도 있다. 어쩌면. 또는 수명이 현재의 인간보다 훨씬 더 긴 종족이 사용하는 데 적합할 수도 있다.

하지만 우리가 아는 상태 그대로 솔라 세일이 사람들을 위해 성간 추진 기라는 현실적인 도구로 사용된다면, 여기에는 속도를 얻기 위한 추가적 추력이 필요하다. 이렇게 하는 한 가지 방법은 1962년 물리학자 로버트 포워드가 처음 제안한 아이디어처럼 고에너지 레이저로 밀어주는 것이다.[7]

1000톤의 성간 우주선에 위에서 이야기했던 반경 343킬로미터에 두께 0.001미크론의 솔라 세일이 달려 있고, 돛에 레이저 빛을 지구에서 받는 태양빛보다 5배 밝게 비춘다고 해보자(즉 0.45AU에서의 태양빛만큼 밝게). 이 우주선은 $9m/s^2$(0.92g)라는 수월한 가속도로 속도를 높여 두 달 안에 광속의 15퍼센트에 도달할 것이다. 두 달 마지막에 우주선은 1210

억 킬로미터 또는 806AU를 갔을 것이다. 이 거리에서 솔라 세일에 빛을 계속 집중시키기 위해서는 레이저 프로젝터에 반경 100미터의 렌즈가 있어야 한다. 이것은 현재 만들어졌거나 만드는 중인 가장 큰 망원경(지름 16미터인 켁 망원경)보다 겨우 12배 정도 크기 때문에 프로젝트의 나머지 부분에 비하면 그나마 쉬운 과제로 보인다. 하지만 레이저가 필요로 하는 전력량은 엄청나다. 240테라와트나 된다. 이것은 오늘날 인류 전체가 생산하는 총 전력의 10배쯤 된다. 하지만 딱 두 달만 필요하니까(즉 1년의 6분의 1), 총 에너지는 인류가 현재 2년 동안 소비하는 전력량 정도될 것이다. 설령 우리에게 이 기술이 있다 해도 이 정도의 전력 소비는 오늘날에는 확실하게 불가능한 선택지다. 하지만 인류의 전력 생산은 연간 2.6퍼센트의 비율로 늘어나는 중이다. 이런 경향이 계속된다면 2200년에 우리는 2500테라와트의 에너지를 생산하고 소비할 거고, 별에 가기 위해서 이 중 240TW 또는 9.6퍼센트를 두 달 동안 쓰는 것은 감당할 만하다고 여겨질 수 있다.

레이저 솔라 세일 추진기를 감당 가능한 정도로 만드는 또 다른 방법은 우주선을 가볍게 하는 것이다. 이것은 러시아의 백만장자 유리 밀네르가 돈을 대서 2015년부터 시작된 브레이크스루 스타샷Breakthrough Starshot 미션 프로그램에 도입된 방법이다. 1000톤의 유인 성간 우주선을 움직이려 하는 대신에 브레이크스루 스타샷 미션은 돛까지 합쳐서 100그램밖에 안 되는 질량의 무인 탐사정을 만드는 첨단 초소형 공학 기술을 사용하자고 제안한다. 질량을 천만분의 1로 줄이면 필요한 전력도 그만큼 줄어든다. 그러니까 240테라와트의 레이저 대신에 24메가와트면 충분해진다. 이런 초소형 우주선과 레이저, 돛 기술의 조합은 앞으로 10년에서 20년 안에 가능해져서 성간 탐험의 이 흥분되는 선도 임무를 우리 시대의 의무로 삼게 만들 것이다.

레이저 프로젝터는 계속해서 목표별을 향하고 있어야 한다. 우주선에 탄 대원들이나 컴퓨터는 우주선이 태양 주위를 도는 동안 프로젝터의 위치를 앞서서 알 수 있고, 이 지식으로 우주선을 빛살의 중심으로 정확하게 몰고 갈 수 있다. 광속의 15퍼센트 속도로 그들은 29년 정도 걸려서 알파 센타우리에 도착할 것이다. 레이저 렌즈가 4배 커지면(즉 100미터 대신 400미터가 되면), 돛에서 빛을 2배 더 오래 받을 수 있고, 그래서 2배 더 빠르게 갈 수 있어서(광속의 30퍼센트다!) 목표에 절반의 시간 만에 도착한다.

단 한 가지 문제가 있다. 멈출 방법이 없다.

토성 특급

나는 브레이크스루 스타샷 미션에 성간 여행이라는 이상적인 목표로 가기 위한 중간 이정표 역할을 할 수 있는 단기 목표가 필요하다고 생각한다. 그래서 이것을 '토성 특급'이라는 이름으로 구상해보았다. 기본적인 아이디어는 외행성계를 단기간 탐험할 수 있으며 한편으로 550AU까지, 그다음에는 다른 항성까지 가는 더 진보한 도구의 가능성을 암시하는 초고속 우주 돛배를 만드는 것이다.

그러니까 이걸 생각해보라. 1AU에서, 태양빛의 압력은 제곱미터당 9미크론톤이다. 그러니까 $1.5g/m^2$의 면적밀도를 가진 우주 돛배는 태양 반대편으로 $0.006m/s^2$의 가속도를 얻게 되고, 이것은 1AU에서 태양이 가하는 중력 가속도와 정확히 같다. 이 두 힘은 거리의 제곱의 역수에 비례하기 때문에 1AU와 다른 모든 거리에서 균형을 이룰 것이다. 그러므로 지구에서 탈출 속도로 발사된 이런 우주선은 지구의 궤도 속도 30km/s 또는 6AU/년에서 지구의 궤도에 접선을 이루는 직선을 따라 나아간다. 그래서 목성까지 약 0.8년, 토성까지 1.5년, 천왕성까지 3.2년, 해왕성까지 5년이 걸려 도착한다.

토성은 아주 훌륭한 첫 번째 목표물이다. 우주생물학 분야에서 대단한 관심을 끄는 지역이기 때문이다. 면적밀도가 $1g/m^2$(만들 수 있는 정도인 두께 1미크론)인 돛이 있고 면적이 100제곱미터라면, 질량은 100그램일 것이다. 그러면 우주선은 50그램이 되어야 한다. 형태는 낙하산처럼 될 것이다. 우주선은 낙하산을 멘 사람처럼 돛의 뒤쪽에 위치하고, 돛은 앞쪽으로 커다랗게 부풀어 있다. 낙하산의 오목한 부분이 태양 쪽을 향하고, 적당히 멀어지고 나면 지구 쪽을 향해서 고성능 반사판 역할을 하기 때문에 소극적으로 안정적이다. 우주 돛배는 스트로브 조명을 탑재하고 있어서 1000초마다 1밀리초만큼 100와트의 전력으로 깜박인다. 이것은 평균적으로 0.0001와트의 전력을 소비해서 연간 0.88와트-시를 사용하게 될 것이다. 허블이나 웹 망원경으로 보면 도플러 편이를 통해 그 속도를 추적할 수 있다. 우주선이 엔셀라두스 뒤쪽으로 날아가는 경우에는 그 연소 기둥 때문에 궤도 안으로 날아오는 유기 분자의 스펙트럼을 찾아볼 수 있을 것이다.

이것이 기본적인 아이디어이다. 수 메가와트의 레이저는 나중으로 미뤄두고, 브레이크스루 스타샷은 유리 밀네르의 재력 안에 충분히 들어가는 예산으로 조만간 뭔가를 띄워볼 수도 있다. 이것은 빠른 돛 기술의 훌륭한 실례가 되고, 성간 우주임무를 해낼 잠재력을 가진 상급 버전의 기술로 바로 연결될 수 있다.

> 나는 이 계획을 설명하는 편지를 2018년에 브레이크스루 스타샷 재단에 보냈다. 그들이 이걸 받아들이기를 바라보자.

마그네틱 세일(자기돛배)

1960년, 미래지향적인 물리학자 로버트 버사드는 성간 여행에 관한 고전 논문 중 하나를 출간했다.[8] 거기서 그는 날아가면서 성간 수소를 모은 다음 이것을 연소해서 태양에 에너지를 공급하는 양성자-양성자 핵융합 반응을 사용해 추진력을 만드는 일종의 핵융합 램제트를 제안했다. 버사드의 개념은 우아했다. 이미 잘 알려진 물리학을 기반으로 하면서도 추진제를 비행 중에 모으기 때문에 질량비 한계가 없으며 우주선이 가속해서 점근적으로 광속에 접근할 수 있었다.

하지만 몇 가지 문제가 있다. 그중 하나는 양성자-양성자 반응이 굉장히 일으키기 어렵고 반응도 천천히 하기 때문에 이 연료를 사용하는 핵융합로를 점화시키는 것은 현재 인류가 만들려고 애쓰고 있는 중수소-삼중수소, 중수소-중수소, 또는 중수소-헬륨-3 시스템보다 10^{20}배쯤 더 어렵다. 천문학자 대니얼 휘트마이어는 1975년에 개선책을 제안했다. 그는 일부 고온의 별에서 양성자 융합 과정을 일으키는 탄소-질소-산소CNO 촉매 융합 사이클을 이용해서 반응을 촉진하기 위해 탄소를 넣자고 했다. 이렇게 하면 시스템의 반응성이 중수소를 점화시키는 것보다 겨우 백만 배쯤 어려운 선으로 떨어지니까 도움은 되지만, CNO 촉매를 이용한다 해도 인공 양성자 융합 반응은 여전히 어렵고 가능성이 요원한 선택지로 남아 있다.

또 다른 문제는 물질을 어떻게 모으느냐 하는 것이다. 성간 매질의 확산성 때문에 물질을 모으기 위한 스쿠프가 대단히 커야 할 거고, 그러니까 물리적 흡입은 논외이다. 유일하게 가능한 선택지는 자기장 혹은 정전기장을 기반으로 하는 일종의 스쿠핑 장치이다.

1988년에 보잉의 엔지니어인 다나 앤드류스는 우주선에 실린 원자로에서 전력을 공급받는 평범한 이온 엔진에 추진제로 쓰기 위해서 행성간 공간에서 수소 이온을 모으는 데 사용할 자기 스쿠프 개념을 제안하여 버사드 램제트에 작게나마 한 걸음 다가서보려 했다. 이 구상은 버사드 램제트에 필요한 양성자 융합 반응을 없애버렸다. 최신식 핵 전기 추진 시스템의 성능은 성간 우주임무에 쓰기에는 너무 낮지만, 행성간 여행에서 자체 연료공급이 되는 이온 동력기는 대단히 훌륭할 것이다. 하지만 문제가 하나 있다. 앤드류스가 계산한 바에 따르면 시스템에 적용하는 자기 스쿠프는 이온 엔진이 만드는 추진력보다 행성간 매질 속에서 더 많은 항력을 일으켰다. 동력기가 아무 쓸모도 없는 셈이었다.

당시 나는 시애틀에 살고 있었고, 앤드류스와 잘 아는 사이였다. 내가 플라즈마 물리학을 잘 알고 있었기 때문에 앤드류스는 나에게 자기 구상과 자신이 마주한 문제에 관해 이야기했다. 처음에 나는 해결책이 있을 거라고 생각했다. 앤드류스가 근삿값을 사용해서 자신이 해결해야 하는 상황에 대해 굉장히 개략적으로 플라즈마 항력을 계산했기 때문이다. 그래서 우리는 함께 항력을 더 정확하게 계산해줄 컴퓨터 프로그램을 만들었지만, 실제 항력이 앤드류스가 처음 예측한 것보다 훨씬 더 크다는 사실을 알게 되었다. 이 시점에서 나는 이온 추진기를 아예 폐기하고 항력을 줄일 방법을 찾는 대신에 최대로 만들어보자고 제안했다. 자기장을 스쿠프가 아니라 아예 돛으로 만드는 거다. 이 방법을 쓰면 우주선의 원동력을 태양에서 흘러나오는 플라즈마인 태양풍의 동압력에서 얻을 수 있다. 앤드류스는 동의했고, 우리는 새로운 접근법을 갖고서 구상도를 그리기 시작했다. 그렇게 해서 마그네틱 세일, 또는 마그세일이라는 것이 탄생했다.[9]

아이디어는 시기가 딱 맞았다. 1987년, 휴스턴 대학의 칭-우 (폴) 추 교수가 막 최초의 고온 초전도체를 발명했다. 이것은 저항으로 인한 힘 분산이 전혀 없이 전기를 전달할 수 있고, 적당한 온도에서 작동하는 물질이다 (그전까지 유일하게 알려진 초전도체들은 절대영도 근처에서만 기능할 수 있었다). 마그세일은 이것을 이용해서 태양풍을 맞아 그 힘으로 우주선을 전진시키는 강력한 자기장을 만들 수 있다. 최신식 저온 초전도체와 같은 밀도로 전류를 전달할 수 있는(제곱센티미터당 100만 암페어) 현실적인 고온 초전도선을 개발할 수 있다면, 단기적 (10미크론) 경량 솔라 세일의 추진력 대 무게 비율의 50배를 낼 수 있는 마그세일을 개발할 수 있을 것이다. (30년 전에 이것은 선구적이었지만, 이 글을 쓰는 시점에서 저온 초전도체의 3배쯤 되는 제곱센티미터당 300만 암페어의 전류 밀도를 제공하는 고온 초전도선이 이미 나와 있다.) 마그세일의 추진력이 항상 태양의 거의 반대편으로 향한다 해도(거울 효과를 이용해서 넓은 각도로 추진력의 방향을 결정할 수 있는 솔라 세일과는 다르게), 나는 태양계 전역에서 시스템이 어떻게 거의 마음대로 방향을 정할 수 있을지를 보여주는 방정식을 유도할 수 있었다. 태양풍이 미는 마그세일의 가능한 최대 속도는 태양풍의 속도인 500km/s이고, 이것은 성간 비행에는 너무 느리다. 게다가 현실적인 마그세일은 아마도 이 절반 정도밖에 내지 못할 것이다. 그러나 앤드류스는 마그세일을 플라즈마 폭탄('마그오리온')과 꽤나 가능성이 있어 보이는 대전입자빔으로 미는 방법을 포함해 여러 가지 추진력 선택지를 조사했다.[10]

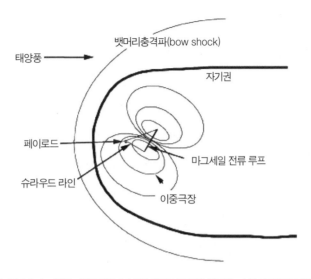

태양풍

뱃머리충격파(bow shock)

자기권

페이로드

마그세일 전류 루프

슈라우드 라인

이중극장

[그림 7.4] 마그세일은 태양풍을 막아서 우주선으로 추진력을 전달하는 소형 자기권을 형성한다.

일렉트릭 세일과 쌍극 추진기

　2004년, 핀란드의 과학자 페카 얀후넨은 또 다른 종류의 플라즈마 돛 장치를 제안했다. 그는 이것을 일렉트릭 세일이라고 불렀다.[11] 이 시스템에서는 일련의 선들을 양전하로 대전시켜 날아오는 태양풍에서 양성자들을 막아 항력을 생성시킨다. 나는 그가 이것을 〈추진력 저널Journal of Propulsion〉에 제출했을 때 그의 논문 검토자 중 한 명이었다. 그의 원래 논문에서는 일렉트릭 세일에 그 양전하에 끌린 전자들이 선상 전자총으로 떼어내는 것보다 더 빠르게 달라붙어 자가차폐나 비대전 상태가 될 가능성을 포함해 수많은 해결되지 않은 우려에도 불구하고 나는 더 넓은 항공우주계에서 이 문제를 논의하고 해결책을 찾는 것을 도울 수 있도록 출간을 추천했다. 이것은 현명한 결정이었다. 나사의 마셜 우주비행 센터에서 응용 추진팀이 광범위하게 분석한 후에 이 구상은 결국 살아남았고, 2020

년대 초반에 시험비행이 계획되어 있다.

이를 고려해서 2016년에 나는 쌍극 추진기라고 하는 것으로 일렉트릭 세일 아이디어를 한층 더 발전시켰다. 하나는 양전하를 띠고 또 하나는 음전하를 띤 두 개의 스크린을 나란히 배치한다. 이 배열에서 두 개의 스크린은 서로의 전기장을 전부 상쇄하지만, 서로의 전기장이 합쳐지는 가운데 지역은 남는다. 양전하 스크린이 플라즈마풍의 반대쪽으로 돛 쪽을 바라보고 있으면, 쌍극 추진기는 거울처럼 양성자를 반사해서 우주선을 바람이 불어가는 쪽으로 가게 만든다. 양전하 스크린이 쌍극 추진기 쪽으로 플라즈마풍을 마주보고 있으면, 추진기는 양성자를 가속해 바람을 마주보는 쪽으로 나아가게 만들 것이다. 스크린이 바람 쪽으로 기울어지게 위치하고 있으면, 바람과 수직인 힘(기체역학에서 '양력'이라고 하는 힘)이 생성된다. 그래서 마그네틱 세일이나 일렉트릭 세일과 달리 쌍극 추진기는 실제로 어느 방향으로든 나아갈 수 있어서 우주선을 더 자유자재로 움직이게 만든다. 쌍극 추진기에는 바람을 마주보는 방향으로 나아가는 힘이 필요하지만, 바람이 불어가는 방향으로 가는 동안에 실제로 힘을 생성할 수가 있다.[12] 쌍극 추진기의 기본 원리를 보여주는 도해가 [그림 7.5]이다.

쌍극 추진기의 독특한 특징은 이것이 태양 쪽으로 나아갈 수 있는 유일하게 추진제가 필요 없는 추진 시스템이라는 점이다. 반대로 마그네틱 세일, 일렉트릭 세일, 심지어는 솔라 세일까지도 항상 태양 반대편으로 미는 힘 성분이 있다. 이 말은 쌍극 추진기는, 최소한 이론상으로는 우주선에 대한 태양의 인력을 증가시키는 데 이용할 수 있고, 그래서 빔의 힘으로 아주 고속으로 가속하는 동안 태양계 내에서 궤도운동을 계속하게 만들 수 있다는 뜻이다.

하지만 이 새로운 플라즈마 세일 시스템에서 가장 흥미롭고 중요한 점

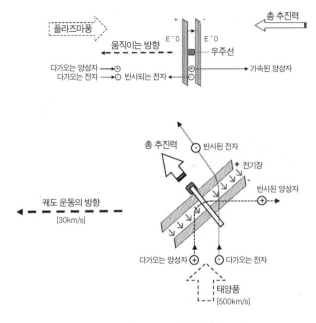

[그림 7.5] 쌍극 추진기는 선상의 추진제 없이 바람을 마주보는 방향(위)이나 불어가는 방향, 옆바람 방향(아래쪽)으로 나아갈 수 있다. (파이오니어 애스트로노틱스의 헤더 로즈 제공)

은 우주선의 속도를 높이는 능력이 아니다. 정말 중요한 것은 감속하는 능력이다. 플라즈마 세일은 이상적인 성간 임무의 브레이크이다! 우주선이 아무리 빨리 가든 간에, 멈추기 위해서는 그저 마그세일이나 일렉트릭 세일, 또는 쌍극 추진기를 전개하고서 성간 플라즈마로 인해 생기는 항력이 나머지를 해주기를 기다리는 것뿐이다. 드래그 레이서들이 낙하산을 전개하는 것과 마찬가지로 우주선이 더 빠르게 갈수록 더 많은 '바람'이 느껴지고, 더 효과가 좋다.

그러니까 플라즈마 세일은 레이저로 미는 솔라 세일을 사용하는 성간 우주임무에 꼭 필요하지만 빠져 있던 요소를 채워준다. 아니면 핵융합 로켓(또는 다른 종류의 로켓)을 가속에 사용하는 경우에는 선상에 플라즈마 세일이 있다는 것은 감속하는 데 연료가 필요 없다는 뜻이다. 만들 수 있는 모든 △V는 속도를 높이는 데 써도 된다. 감속에는 전혀 필요치 않다. 결과적으로 우주선은 두 배 빠르게 임무를 수행할 수 있다.

우주비행에서 감속은 전투의 절반이다. 전투의 절반을 이미 이긴 셈이다.

돌파구가 되는 물리학과 진짜 고급 추진 기술

내가 지금까지 이 장에서 이야기한 모든 기술들은 잘 알려지고 이해하는 물리학을 공학적으로 적용한 것이다. 엔지니어로서 그게 내가 하는 일이다. 나는 물리학을 적용한다. 내가 법칙을 만들어내는 게 아니다.

하지만 인정받은 과학에서 벗어나거나 새로운 해석을 적용하거나 또는 새로운 물리학 법칙을 필요로 하는 대단히 앞서가는 몇 가지 개념들이 존재한다. 1996년부터 2002년을 지나는 동안에 나사는 이런 것들을 조사하기 위해서 돌파구 추진 물리학 프로그램Breakthrough Propulsion Physics program을 만들었다. 어떤 것도 입증되지 않았고, 대부분은 논파되었으며 몇 가지는 불확실한 상태로 남았다.[13] 그 이래로 엠드라이브EmDrive와 마하 드라이브Mach drive를 포함하여 새로운 것들이 활발하게 등장했다.[14] 나는 그런 제안들에 관해서 꽤나 회의적이다.

그렇지만 추진기에 관해서 엄청난 결과를 가져올 수 있는 새로운 물리학 법칙들이 저 바깥에서 밝혀지기만을 기다리고 있다고 믿는다. 9장에서 이야기하겠지만, 우주의 존재와 우주의 법칙, 그 근본 입자들, 모든 물질과 에너지들은 해명이 되지 않은 상태이다. 우리가 현재 전혀 인식하지 못하는 거대한 힘과 에너지가 존재하고 있을지도 모른다. 아니, 거의 확실하게 존재하고 있을 것이다.

우리는 우주라는 책의 겨우 첫 페이지만을, 아니면 기껏해야 첫 장만을 읽은 걸지도 모른다. 나머지 부분에서 배울 만한 것이 아직도 많이 있을 것이다.

나가서 주위를 둘러보면 우리가 뭘 배우게 될지 아마 아무도 모를 것이다.

별로 가는 비행과 종의 성숙도

이 장에서 우리는 열핵융합, 반물질 로켓, 레이저로 미는 솔라 세일처럼 수십 기가와트에서 수백 테라와트에 이르는 힘을 가진 강력한 시스템을 이용하는 성간 여행에 관해서 이야기해보았다. 대부분의 독자들이 아마 확실하게 깨달았을 것이다. 이런 시스템들은

(a) 비싸고
(b) 미성년자에게는 굉장히 위험할 것이다.

비용 면에서 볼 때 이 문제는 저절로 해결될 것이다. 별로 가는 비행은 인류가 그것을 할 여유가 있을 때가 되어야 가능해질 것이다. 하지만 우리가 보았듯이 인류가 건전한 II 유형 문명으로 발전하면, 겨우 몇 세기 안에 성간 거주지를 만드는 데 드는 어마어마한 금액을 감당할 수 있을 정도로 우리의 자원과 에너지원이 계속해서 커지게 될 것이다.

하지만 위험성 문제는 좀 다르다. 별로 가는 비행을 하려면 대량의 에너지를 작은 형태로 줄여야 한다. 이런 에너지를 공급할 수 있는 시스템은 전부 다 21세기의 핵무기를 훨씬 능가하는 대량파괴무기가 될 잠재력을 갖고 있다.

이 사실은 흥미로운 주장을 제기한다. 우리 자신을 포함해서 지능이 높은 종은 공격적이고, 포식성이고, 굉장히 경쟁심 강한 선조들로부터 진화한다는 것이다. 사실 이것은 지능이라는 적응 방향으로 진화하게 만드는 삶의 방식에 성공적으로 녹아들게 만드는 선택 압력 때문이다. 또한 종의 역사에서 살아남아 자신들의 유전자를 남긴 것은 백만 년 동안 부족의 갈등에서 승리한 사람들뿐이었다. 오늘날 살아 있는 우리 모두가 사람을 죽이고 그들의 물건을 부수는 데 뛰어났던 사람들의 자손이라는 건 끔찍하지만 사실이다. 우리는 그것을 자랑스러워할 수도 있고 부끄러워할 수도 있지만, 그 사실을 어떻게 느끼든 간에 우리 모두 전사들의 자식이다.

활과 화살, 창으로 싸우는 전쟁도 있었지만, 반물질 폭탄과 행성을 통째로 태우는 레이저로 싸우는 싸움은 전혀 다른 문제이다. 원시시대 전쟁은 굉장히 흉측했지만 지능과 사회적 협조성, 신체적 힘에 따라 종을 선택한다는 장점도 갖고 있었다. 하지만 현대의 전쟁은 아니다. 크리스토퍼 콜럼버스가 1492년 그라나다 포위 때 스페인 농민 한 명이 자랑스러운 무어인 기병 한 중대에 폭탄을 던져서 그들을 와해시키는 것을 보고 "저런 발명품은 전쟁을 의미 없게 하는구나"라고 말했다는 이야기가 있다. 인류의 Ⅰ 유형 승리의 작가는 먼 곳까지 내다보았다.

우리는 전사의 자식이다. 하지만 또한 애정 넘치는 부모, 불굴의 땜장이, 탐험가, 추론가의 후손이다. 우리는 이 모든 사람들의 유전자와 본능, 능력을 물려받았다. 전사로부터 우리는 우리를 위협하는 본능뿐만 아니라 모르는 것을 해보려 하는 용기도 물려받았다. 탐험가로부터는 별로 가려고 하는 추진력을 물려받았다. 땜장이에게서는 거기까지 가는 데에 필요한 도구를 만들려는 의욕을, 연인과 추론가로부터는 우리의 계속해서 커지는 힘을 악 대신에 선을 위해 사용하려 하는 마음을 물려받았다.

이제 돌아설 길은 없다. 땜장이와 탐험가의 기상은 우리의 인간성을 망가뜨리지 않는 한 억누를 수 없다. 그런 행동을 포기하고 안전을 택하는 것은 지나치게 비싼 대가다. 그러니까 소행성으로 갈 능력을 가진 II 유형 문명이 나타날 거고, 대량생산 플라즈마 폭탄, 거대한 레이저, 성간 우주 임무를 수행하는 데에 필요한 나머지 온갖 엄청난 장치들도 탄생할 것이다. 그리고 우리는 그런 것들을 소유하는 시험을 견뎌낼 것이다. 우리에게는 사랑과 합리성이 있고, 꼭 해야만 한다면 그런 능력들 역시 키울 수 있을 것이기 때문이다.

사람들은 살아남기 위해서는 뭐든 할 수 있고, 심지어는 더 나은 사람이 될 수도 있다.

하늘은 자격 있는 사람들에게 문을 열어줄 것이다. 나는 인류에게 그럴 자격이 있다고 생각한다. 조금 더 성장해야겠지만 독창성과 단호함, 종의 성숙함이 생기면 별은 우리의 것이 될 것이다.

포커스 섹션: 노아의 방주 알

1000톤의 성간 우주선을 광속의 10퍼센트 속도로 가까운 별까지 대당 2조 달러를 들여서 반세기 여행을 보내는 것은 인간 문명을 우주에 퍼뜨리기에는 꽤나 비효율적인 방법으로 보인다. 각 배에 탈 수 있는 사람 수는 적을 것이다. 1000톤보다 훨씬 적은 질량으로 수 테라와트의 추진 시스템을 만들 수 있다는 가정 하게 백여 명 정도일 거고, 여행 시간을 50년 미만으로 잡으려면 거리는 최대 5, 6광년 정도일 것이다. 그 후에도 목적지 태양계에 다음 단계를 밟을 탐험대를 조직할 수 있는 문명을 발달시키는 데에는 여러 세기가 걸릴 수도 있다. 이렇게 대가가 큰 방식을 택해도 별에 도착할 수는 있겠지만, 수천 년이 걸려 우리의 제일 가까운 백 광년 반경의 이웃 은하에만 이주하는 정도일 것이다.

선지적 식견을 가진 과학자 프리먼 다이슨은 대안을 제시했다. 종자 우주선을 보내는 것이다. 그는 이것을 노아의 방주 알이라고 부른다.[15] 다이슨은 그것을 이렇게 설명했다.

노아의 방주 알은 대단히 비용 효율이 높은 방식으로 우주 거주지를 만드는 방법이다. 이것은 아주 싸고, 또 굉장히 강력하다. 우주에 그저 탐험을 하는 것이 아니라 생명을 퍼뜨리기 위해서 소형화 방법을 사용하는 것이다.

노아의 방주 알은 무게가 몇 킬로그램 정도 되고, 타조 알처럼 생긴 물체다. 하지만 안에 새 한 마리가 든 게 아니라 배아들이 들어 있다. 행성 전체만큼의 미생물과 동물, 식물 종이 각각 하나의 배아로 대표되는 식이다.

이것은 그후에 행성 전체를 채울 정도의 생명체들로 자라나도록 프로그램 되어 있다. 그러니까 알을 만들고 우주선을 쏘는 데에 겨우 몇 백만 달러가 들 뿐이지만, 1000명의 인간과 생명 유지에 필요한 모든 것들, 생존에 필요한 온갖 종류의 식물과 동물들을 다 얻을 수 있다. 인당 비용은 겨우 몇 천 달러이고, 놀랄 만큼 빠른 속도로 우주에서 생명체의 역할을 확대할 수 있다. 이것을 100년 정도 계속한다고 상상해 보라.

이것을 하기 전에 우선 발생학에 관해서 좀 더 알아야 한다. 배아를 어떻게 설계하고, 이들이 자라날 때까지 돌봐줄 로봇 유모를 어떻게 설계할지 알아둬야 할 것이다. 하지만 이 모든 일은 해낼 수 있는 것들이다.

이것은 굉장히 흥미진진한 아이디어이다. 이게 어떻게 작용하게 될지 생각해보자.

9장에서 이야기하겠지만, 우리는 곧 태양계 밖의 행성 대기에서 산소를 감지할 수 있는 우주 망원경을 갖게 될 거고, 성숙한 II 유형 문명은 훨씬 더 나은 도구를 갖고 있을 테니까 이런 세계의 영상을 찍고 엽록소와 다른 생명체의 증거를 알려주는 스펙트럼 서명을 파악할 수 있을 것이다. 9장에서 설명할 이유들 때문에 나는 우리가 그런 세계를 많이 찾을 수 있고, 이런 거주지화 노력에 걸맞게 원하는 것이 풍부한 환경을 구축할 수 있을 거라고 믿는다.

그럼에도 불구하고, 방주를 어떻게 목표지까지 보낼 수 있을까? 내 생각에 가장 유망한 접근법은 브레이크스루 스타샷이 선도하는 타입 같은 레이저로 미는 솔라 세일에 가속을 위한 마그네틱 세일이나 감속을 위한 다른 종류의 플라즈마 항력 장치를 가진 운송 시스템을 만드는 것이다.

그러면 숫자를 계산해 보자. 우리의 성간 우주선은 500그램의 방주를 포함해 질량 1킬로그램으로 이루어진다. 방주에는 인간을 포함해서 다양한 지구 생명체들의 수정란 수백만 개가 들어 있다. 나머지 500그램은 평균 면적밀도가 $0.01g/m^2$(0.01미크론 두께와 같다)이고 이를 통해 지름은 250미터임을 알 수 있는 솔라 세일이다.

이 돛에 지구에 비치는 태양빛의 백 배에 준하는 강도로 레이저 빛을 쪼이려면, 필요한 총 에너지는 6.75기가와트이고, 추진력은 45.5뉴턴이 되고, 가속도는 0.46g가 될 것이다. 이런 속도로 6개월 동안 가속한다면 광속의 23퍼센트에 도달하게 되고, 여행한 거리는 약 8200AU가 된다(또는 12.3조 킬로미터).

여기서, 빛은 커다란 접시형 안테나로 조준하고 쏜다 해도 나아가며 점점 퍼진다. 퍼지는 양은 회절 방정식으로 얻을 수 있다. R이 범위이고 λ가

빛의 파장이고 S는 목표물의 초점 크기, D는 영사하는 안테나의 지름이라면 그 관계는 다음과 같다.

$$R\lambda=(\pi/2)DS \tag{7.1}$$

파장이 0.5미크론인 가시광선을 사용하고 초점 크기 S가 250미터라면, 방정식은 이렇게 바뀐다.

$$R=(785,000,000)D \tag{7.2}$$

그러니까 예를 들어 D가 50킬로미터라고 하면 R은 390억 킬로미터, 또는 260AU가 된다.

하지만 우리는 8200AU 동안 빛이 돛에 집중하도록 유지해야 한다. 이것을 하나의 영사 안테나로 한다면 지름이 1600킬로미터여야 한다. 이것은 달의 절반 크기이고, 엄청난 공학적 문젯거리가 될 것이다. 그러니까 이렇게 하는 대신에 핵융합 에너지 우주선을 사용해 32개의 레이저 중계소를 설치한다. 각각은 50킬로미터의 안테나가 있고, 8200AU 또는 광속의 13퍼센트만큼의 경로까지 이어질 수 있다. 핵융합 에너지 우주선은 광속의 10퍼센트 정도의 속도까지 도달한다고 예측되기 때문에 1, 2년 안에 최대 중계소 거리까지 갈 수 있다. 우주선은 자체적인 핵융합 엔진을 이용해서 레이저를 쏠 에너지를 공급할 것이다. 이것이 50퍼센트 효율성을 가졌다고 가정하면, 우주선 각각이 차례로 13기가와트의 에너지를 생산할 필요가 있다.

가속하는 기간이 6개월이니까 이 일을 진행하는 데 연간 총 6.5기가와트의 에너지가 필요하고, 이것은 시카고 시가 연간 소비하는 전력량 정도다. 현재 가격으로 그 정도의 전력은 34억 달러가 들고, 이것은 훨씬 부유할 것으로 추정되는 23세기는 고사하고 오늘날에도 감당할 수 있는 금액이다.

그러니까 이제 방주가 광속의 20퍼센트 속도로 날아가고 있고, 20년 안에 알파 센타우리에, 50년 안에 타우 세티에 도착할 것이다. 목적지에 접근하면 방주는 플라즈마 돛을 펼쳐서 성간매질을 상대로 항력을 만들어 속도를 행성간 수준의 속도까지 떨어뜨린다. 그렇게 하고 나서 우주선은 커다란 솔라 세일을 이용해서 목적지 태양계 쪽으로 방향을 잡고 목표 행성의 궤도 안으로 들어갈 수 있다. 그리고 나서 500그램의 작은 방주는 200그램에 0.2제곱미터의 열 차폐막을 사용해서(탄도 계수 $2.5\mathrm{kg/m^2}$. 비교하자면, 스페이스X 드래건은 $400\mathrm{kg/m^2}$의 탄도 계수를 갖고 있다) 안전하게 대기 속으로 진입해 300그램의 페이로드 부분을 지상에 착륙시킨다.

여기서 새로운 과제가 생긴다. 우주선의 페이로드는 선상에 있는 수천 개의 인간 수정란이지만, 인간의 배아는 발달하기 위해서 자궁이 필요하고, 기르고 가르쳐줄 부모나 대리 부모가 필요하다. 300그램의 방주에 인간이나 인간 크기의 로봇을 실어 보낼 수는 없고, 무기체 로봇은 작은 종자에서 자라날 수 없다. 하지만 식물과 동물은 가능하다.

지금 또는 과거 한때 지구상에서 문어나 물고기, 멸종한 양서류처럼 크고 대단히 복잡한 유기체들이 밀리그램 크기의 수정란에서 태어나던 적이 있었다. 이 동물들 대부분은 부모의 지도가 필요치 않고 그들에게 필요한 지능과 필수적인 행동이 유전자에 프로그램 되어 있다. 그러니까 이런 동물의 신종, 카렐 차페크의 유명한 소설《도룡뇽과의 전쟁》에 나오는 도룡뇽 같은 커다란 도마뱀 비슷한 형태에, 알에서 나와 자라고 살아남고 번식하는 본능적인 행동뿐만 아니라 집과 농장, 과수원, 공장, 인큐베이터, 보육원을 만들고 방주에 실린 수천 개의 수정란에서 나온 인간 첫 세대를 임신하고 키우며 이에 적합한 학교를 만들 수 있도록 프로그래밍하는 것을 숙제로 삼는다고 해보자.[16] 방주에는 또한 주요한 기술적 지식 전부와 인간 문명의 모든 문학이 담긴 메모리카드가 있어서 인간 아이들이 자라며 지적 유산을 다시 얻고 도롱뇽 보조들의 도움을 받아 신세계에 새로운 문명을 세우게 될 것이다.

이런 식으로 진행이 된다면 인간 문명은 광속의 20퍼센트를 넘는 속도로 성간우주에 퍼져나갈 수 있을 것이다. 가는 도중에 새로운 태양계에 정착하는 데 필요한 시간까지 고려하면 서기 3000년 정도면 인간의 영역은 사방으로 100광년 이상 뻗어나가 1만 2000개의 태양계를 넘는 세계를 아우를 수 있을 것이다.

위의 시나리오를 이루려면 기술적 과제가 아주 아주 많기 때문에 원한다면 이것을 과한 가정으로 여겨도 좋다. 하지만 내가 보기에는 추정상의 23세기 과학 능력을 기준으로 할 때 장애물은 아마 없을 것이다. 핵융합 에너지 10기가와트 레이저 중계소는 이미 알려진 물리학 이론의 연장선에 있고, 성숙한 II 유형 문명에서는 충분히 감당할 수 있는 규모일 것이다. (오늘날에도 1기가와트의 핵분열 발전소는 많다.) 21세기에 인공지능과 생명공학 분야에서 빠른 발전이 있을 거라고 이미 많은 사람들이 예상하고 있기 때문에 자가성장과 자가복제 로봇을 만드는 행동을 동물의 유전자에 삽입할 방법을 찾는 것은(자연이 이미 하고 있듯이) 이번 세기 말쯤이면 가능해질 것이다. 하지만 몇 가지 윤리적 의문이 생긴다.

위에서 이야기한 도롱뇽 같은 존재를 만드는 건 노예제도를 되살리는 걸까? 그것은 대답하기 힘들다. 한편으로는 우리가 분명히 그들을 착취하는 셈이리라. 다른 한편으로는 우리가 없었다면 그들은 아예 존재조차 할 수 없었을 것이다. 그러니까 이런 면에서 서로의 관계는 공생적이라고 말할 수도 있다. 우리가 초소형 우주선을 이용해서 우주를 거주지화하려면 그들이 꼭 필요하다. 필수적인 지식과 행동이 유전자에 전부 프로그램되어 있는 동물들만이 부모의 도움 없이 성체로 자랄 수 있기 때문이다. 하지만 그들에게 언어 능력이 있고 육체적으로 인간과 비슷하게 만들어졌다 해도(정상적인 아이들을 키우기 위해서는 그들이나 그들이 만든 로봇에게 꼭 필요한 특성이다) 이렇게 선先 프로그램 된 존재가 실제로 인간이라고 할 수 있을까? 인간은 태어날 때 모든 것을 알지 못한다. 사실 인간의 아기들은 동물 중에서 가장 무지하고, 능력과 지식 면에서 강아지나 새끼 고양이에게도 밀리며, 알아야 하는 모든 것을 다 아는 채로 세상에 태어나는 새끼 거북이나 물고기는 말할 여지도 없다. 하지만 이것이 그들이 평생 아는 거의 모든 것이다. 인간은 자라면서 배울 수 있을 뿐만 아니라 새로운 정신적 능력까지 개발할 수 있다. 그래서 우리가 배움을 위해 다른 사람들을 필요로 하는 것이다. 그래서 우리가 사랑하고 사랑받아야 하는 것이다. 그것이 우리를 인간으로 만드는 커다란 부분이다.

그러니까 이런 기준에서 볼 때 도롱뇽은 인간이 될 수 없고, 이들을 잔인하게 대하는 건 잘못된 행동이지만, 그들에게 한정된 능력에 걸맞은 제한된 삶을 주는 것은 잘못이 아닐 것이다. 게다가 인간을 도와줄 동맹 종족을 만드는 것은 오랜 역사를 가진 행동이다. 사실 지구상에서 인간의 성공에 필수적인 부분이었다.

2만 년 전에 우리의 먼 조상들은 필사적인 삶을 살았다. 우리의 목숨이 달려 있는 사냥감을 찾는 것은, 특히 혹한의 빙하기 겨울에는 더더욱 힘들

[그림 7.6] 별을 향해라, 인간이여! 가자! (케플러와 호프 주브린 제공)

었고, 인간을 습격해서 갈가리 찢어놓을 수 있는 조용하고 강력한 육식동물에게 사냥을 당하는 처지였다. 그러다가 어떤 영리하고 상냥한 사람이, 어쩌면 어린 소녀가, 사로잡힌 새끼 늑대를 구해서 자기 것으로 키웠을 것이다. 그렇게 우리는 우리의 친구 개를 만들었고, 그 이래로 개들은 우리와 함께했다. 우리의 석기시대 조상들에게 개는 신이 내려준 선물이었다. 우리의 생존에 핵심적인 사냥감을 추적하고 조기 경고를 해주는 존재였기 때문이다. 결핍으로부터의 자유, 공포로부터의 자유. 그 유명한 네 가지 자유 중 이 두 가지를 얻고 지구상에서 우리가 성공을 향해 나아가는 것이 이 개과 동료와 위대한 동맹을 맺은 덕분에 처음으로 가능성을 갖게 되었다.

　우리가 별을 물려받고 싶다면, 똑같은 요령을 다시 한 번 사용해야 할 것이다.

8장

테라포밍: 신세계에 생명체를 퍼뜨리다

나는 콜로라도의 산맥 근처에 산다. 몇 년 전에 정상이 겨우 수목선 바로 위에 있는 좀 낮은 봉우리 한 곳을 끝까지 올라갈 일이 있었다. 꼭대기에 앉아서 점심을 먹으며 주위 풍경을 관찰하는 동안 기묘한 의문이 떠올랐다. 이 많은 나무들이 어떻게 여기까지 올라온 거지? 침엽수들이 눈에 보이는 모든 봉우리의 거의 정상까지 경사를 가득 채우고 있었다. 움직이지 못하는 나무 무리들이 어떻게 이렇게 높은 곳까지 올라온 걸까?

이 의문을 고민하며 점심을 먹다가 다람쥐 한 무리가 솔방울을 들고서 이리저리 움직이는 게 보였다. 덕택에 답이 명백해졌다. 다람쥐가 종자를 산 위로 나른 것이다. 흥미로운 일이었다. 눈에 보이는 모든 산이 나무로 뒤덮여 있었다. 종자를 위쪽으로 옮김으로써 다람쥐들은 '자연 서식지'를 어마어마하게 넓힌 셈이었다. 사실 '자연 서식지'라는 게 종자를 퍼뜨리는 활동 이전에 존재했고 이런 활동에 독자적인 다람쥐 떼를 먹여 살리는 서식지를 의미한다면, 그런 장소가 존재하긴 했었는지조차 불분명하다. 다람쥐의 서식지는 '자연적으로' 존재하지 않는다. 다람쥐가 (활동에 참여한 다른 종들과 함께) 만들었기 때문에 존재하는 것이다. 그게 생명체가 작용하는 방식이다.

인간이 Ⅱ유형 문명이 되었다가 Ⅲ유형 문명이 되면서 마주하게 되는 큰 문제가 다른 행성의 환경을 좀 더 지구 같은 상태로 바꾸는 것이다. 생명체에 우호적인 환경은 생명체 활동의 산물이기 때문에 이것은 꼭 해야만 하는 일이다. 즉 인간이 우주로 퍼지면서 우리의 요구에 완벽하게 들어맞는 환경을 찾을 가능성은 거의 없다. 대신에 생명체와 인류가 지구에서 역사상 했던 것처럼, 우리가 찾아낸 자연 환경을 개선해서 우리가 원하는 세상을 만들어야만 한다. 다른 행성에 적용하는 이 행성 개조 과정을 '테라포밍'이라고 한다.[1]

어떤 사람들은 다른 행성을 테라포밍한다는 아이디어가 이단적이라고 여긴다. 인간이 신 역할을 한다는 것이다. 또 어떤 사람들은 이런 업적이 인간 영혼의 신성神性을 가장 확실하게 입증하는 것으로 여긴다. 죽은 세계에 생명을 가져옴으로써 자연을 지배하는 가장 높은 형태의 활동을 하는 것이다. 개인적으로 나는 이런 문제를 신학적 형태로 생각하지 않으려고 하고, 생각할 때도 나의 감정은 사실 꽤나 후자 쪽으로 기울어져 있다. 실제로 나는 거기서 한 걸음 더 나아갈 것이다. 테라포밍에 실패하는 것은 우리 인간의 본성에 따르는 것에 실패하는 거고, 생명체 자체의 사회의 일원으로서 우리의 책임을 배신하는 일이라고 하겠다.

이게 극단적인 선언처럼 보일지 모르지만, 40억 년에 걸친 역사를 바탕으로 한 것이다. 지구상에서 생명체의 연대기는 테라포밍의 역사다. 그래서 우리의 아름다운 푸른 별이 이렇게 근사한 것이다. 지구가 처음 탄생했을 때는 대기에 산소가 없고 이산화탄소와 질소뿐이었으며 땅은 척박한 바위로만 이루어져 있었다. 태양이 당시에 지금의 70퍼센트 정도만 밝았던 것이 다행이었다. 현재의 태양이 당시의 지구를 비추었다면, 대기 중의 두꺼운 CO_2 층이 온실효과를 강하게 일으켜서 행성이 금성처럼 끓어오르는 지옥이 되었을 것이다. 하지만 다행히 광합성 유기체들이 진화해서 지구 대기의 CO_2를 산소로 바꾸고, 그 과정에서 행성의 표면 화학구조를 완전히 바꾸어놓았다. 이런 활동의 결과로 지구에서 과도한 온실효과가 사라졌을 뿐만 아니라 에너지를 사용하기 위해 산소 기반 호흡을 사용하는 호기성 유기체들의 진화가 가능해졌다(초기 지구에서 현상 유지를 하려고 하던 고대 환경보호국은 이것이 끔찍한 환경 파괴 행위라고 여겼겠지만). 오늘날에는 동물과 식물이라고 하는 이 새로운 생물 무리가 지구를 계속 더 많이 바꾸었다. 육지를 점유하고, 토양을 만들고, 세계 기후를 엄청나게 바꾸었다. 생명체는 이기적이라서 생명체가 지구에 만든 모든 변화들이 생명체의 가능성을 확대하고, 생물권을 넓히고, 지구를 생명체의 집으로 개조하기 위해 새로운 능력을 발달시키는 속도를 더욱 가속화하는 방향으로 이루어졌다는 것은 별로 놀랄 일도 아니다.

인간은 이런 기술의 가장 최근 사용자들이다. 초기 문명기부터 우리는 관개사업을 하고, 작물을 심고, 잡초를 뽑고, 동물을 길들이고, 가축을 보호함으로써 인간의 삶을 뒷받침하는 데 가장 효율적이 되도록 생물권에서 그 부분의 활동을 강화했다. 그렇게 하면서 우리는 인간이 살 수 있는 생물권을 확대했고, 덕분에 우리의 숫자도 늘어났으며, 그래서 기하급수적으로 성장할 수 있도록 이 사이클을 계속할 수 있게 자연을 바꿀 힘도 더 커졌다. 그 결과 우리는 지구를 수십억의 사람들이 살 수 있는 곳으로 말 그대로 다시 만들었다. 이 사람들 중 상당수는 매일 살아남기 위해 힘든 일을 해야 하는 데서 거의 해방되었기 때문에 이제 밤하늘을 쳐다보며 새로 정복할 세계를 찾을 수 있게 되었다.

이런 변화를 자연 파괴라고 한탄하는 것이 오늘날에는 유행이 되었다. 실제로 비극적인 면이 있긴 하다. 하지만 애초에 자연이 형성된 과정을 이어가고 가속하는 일에 지나지 않는다.

생명체는 자연의 창조자다.

오늘날 생명체의 생물권은 완전히 새로운 세계, 즉 화성을 아우를 정도로 확장될 잠재력을 갖고 있고, 그 결과로 발달하는 II 유형 행성간 문명은 더 먼 곳까지 뻗어나갈 능력을 가질 것이다. 지능과 기술을 가진 인간은 생물권이 진화해서 행성간 공간, 그다음에는 성간 공간까지 피어날 수 있게 만드는 특수한 도구다. 수많은 존재들이 지구를 이런 능력을 가진 종을 탄생시킬 수 있는 장소로 바꾸며 살다가 죽었다. 이제는 우리가 우리 역할을 할 차례이다.

이 역할은 40억 년 동안의 진화가 우리에게 준비를 시켰던 임무다. 인간은 지구 생명체들의 관리인이자 전달자이고, 우리는 처음에 화성 그리고 그 근처 별로 퍼져나가면서 생명체를 많은 세상에 퍼뜨리고, 생명체에게 많은 세상을 갖게 해주어야 한다.

그러지 않는 것이야말로 비정상적인 일일 것이다.

화성 같은 세계

화성은 테라포밍하게 될 첫 번째 지구 밖 행성이다. 나의 책《*The Case for Mars*》에서 상세히 이야기한 것처럼, 이것을 하기 위한 공학적 방법은 비교적 잘 알려져 있다. 첫 번째 순서는 사불화탄소(CF_4) 같은 인공 온실

기체를 만드는 공장을 세워 기체를 대기로 배출해 초기 화성의 대기를 재구축하는 것이다. CF_4가 현재 지구에서 CFC 기체가 생성되는 것과 같은 속도(시간당 약 1000톤)로 생성되고 배출되면, 붉은 행성의 전체 평균 온도는 수십 년 내에 10℃까지 증가할 것이다. 이 온도 상승으로 인해 표토에서 이산화탄소가 대량으로 빠져나오게 되고 그래서 행성은 더욱 따뜻해질 것이다. CO_2도 온실기체이기 때문이다. 결과적으로 대기 중의 수증기도 크게 증가하고, 이것도 행성을 더욱 따뜻하게 만든다. 그리고 이제 메테인생성균과 암모니아생성균이 살 수 있는 환경이고, 메테인과 암모니아도 아주 강력한 온실기체이기 때문에 이 효과는 더욱 증폭된다. 이런 프로그램의 총 결과는 화성을 프로그램이 시작되고 50년 안에 적당한 대기압과 온도, 표면에 액체 물이 있는 곳으로 만들어줄 것이다. 이런 대기가 인간이 숨을 쉬기에는 적당치 않다 해도 이렇게 변화한 (근본적으로 다시 젊어진) 화성은 정착자들에게 많은 이점을 제공한다. 이제 바깥에서 작물을 키울 수 있다. 바깥에서 일할 때 우주복도 더 이상 필요치 않을 것이다(호흡기에만 하면 된다). 대량의 물을 더 쉽게 구할 수 있다. 호수와 연못에는 조류로 인해 산소가 공급되어 수중 생명체들이 번성한다. 그리고 내부와 외부 사이에 기압차가 없기 때문에 도시 크기의 거주 돔을 만들 수 있다. 이런 단기적 이점은 화성 정착자들이 이런 이점을 얻기 위해 꼭 필요한 테라포밍 작업을 시작하는 동기로 충분하고도 남는다. 장기적으로는 이렇게 부분적으로 테라포밍된 화성 표면에 식물들이 퍼져서 대기 중에 산소가 생길 것이다. 오늘날 존재하는 가장 효율적인 식물들을 사용하면, 인간이 숨쉴 수 있는 대기를 만들 만큼의 산소가 배출되기까지 천년 정도가 걸린다. 하지만 미래의 생물기술은 더 효율적인 식물을 만들거나 화성의 산소화를 훨씬 가속할 수 있는 다른 기술이 나타날 수도 있다.

인간이 현재 상태가 아니라 따뜻하고 액체 물이 있던 젊은 시절의 화성을 만났더라면 테라포밍이 훨씬 더 간단했을 거라고 말할 수도 있다. 기본적으로 CF_4로 행성을 온실화하는 데 필요한 대규모 산업적 조작 단계를 뛰어넘어 행성을 더 따뜻하고 산소가 많은 곳으로 만들기 위해 세균과 식물 같은 자가복제 시스템을 사용하는 단계로 곧장 갈 수 있었을 것이다. 그러므로 '젊은 화성'을 우연히 만난 성간 탐험가 팀은 세균 배양기, 종자, 생물공학 실험실이 적당하게 있으면 이 정도 장비만으로도 대규모 테라포밍 작업을 시작할 수 있다.

([사진 14] 참고)

화성 같거나 젊은 화성 같은 세계는 근처 성간 공간에 꽤 흔할 수도 있다. 만약 그렇다면 화성 테라포밍은 우리에게 하나의 신세계가 아니라 수많은 신세계를 만들 도구를 주는 셈이다.

2019년 1월, 나는 패티라는 이름의 간호사에게서 이메일을 받았다. 우리가 지구에 이렇게 많은 피해를 입혀놨는데 화성을 테라포밍하는 것이 어떻게 도덕적이라고 생각할 수 있는지에 관해 묻는 내용이었다. 내 답은 다음과 같다.

패티,

화성은 기껏해야 일부 미생물이 지하 깊은 곳에 살고 있는 죽었거나 거의 죽은 세계입니다.

우리의 근사하리만큼 살아 있는 지구를 화성 같은 죽은 세계로 바꾸는 게 끔찍한 파괴 행위라는 데에는 당신도 동의할 겁니다.

만약 그렇다면, 화성 같은 죽은 세계를 지구처럼 근사하리만큼 살아 있는 또 다른 세계로 바꾸는 것이 훌륭한 창조 행위라는 걸 이해해야 합니다.

게다가 자기 나름의 문제가 있다고 해서 구할 수 있는 생명을 구하지 않기로 하는 의사가 도덕적이지 않은 것처럼, 화성에 생명체를 퍼뜨릴 수 있는데 그러지 않는 것 역시 대단히 도덕적이지 않은 행동일 겁니다.

인간은 생명체의 적이 아닙니다. 인간은 생명체의 선봉입니다.

화성에 생명을, 생명에게 화성을!

그게 자연이 우리에게 부여한 훌륭한 사명입니다.

행운을 빌며,

로버트

너무 뜨거운 세계

우리 태양계 내에서 장래의 테라포머들의 진지한 관심을 끄는 또 다른 행성은 바로 금성이다.

금성은 한때 지구의 자매 행성으로 여겨졌다. 지구 지름의 95퍼센트에 지구 중력의 88퍼센트를 갖고 있기 때문이다. 금성의 태양 공전 궤도가 지구 거리의 72퍼센트라는 사실은 여기가 지구보다 따뜻하겠지만, 그렇다고 치명적일 만큼 뜨겁지는 않을 거라는 사실을 암시했고, 구름 낀 하늘 아래로 푹푹 찌는 정글이 가득한 세계인 금성의 모습이 1950년대 말까지 천문학 책에 가득했다. 하지만 1960년대 초에 나사와 소련의 탐사정이 금성에 도착해서 사랑의 여신의 이름을 가진 미의 행성에 정글이 없을 뿐만 아니라 464°C라는 끔찍한 표면 온도를 가져 납도 녹일 수 있을 만큼 뜨거운 지옥이라는 사실을 발견했다. 금성이 반사도가 굉장히 높은 구름으로 가려져 있었기 때문에 이것은 특히 더 놀라웠다. 사실 굉장히 반사가 잘돼서 이 행성은 실제로 지구보다 태양 복사열을 적게 흡수한다! 금성이 흡수하는 태양빛의 양을 기반으로 하면 금성은 캐나다보다 추워야 한다. 하지만 오히려 오븐만큼 뜨겁다. 이런 역설적인 면에 관한 답은 금방 밝혀졌다. 금성은 흡수한 열이 그 두꺼운 CO_2 대기로 인한 '온실효과' 때문에 빠져나가지 못해서 뜨거운 것이다. (이것이 현재 지구에서 걱정거리인 온실효과 현상이 처음 발견되었던 때이다.)

자, CO_2 대기가 금성을 죽도록 달구고 있다면, 그냥 없애버리면 안 되나? 이게 금성을 기생조류氣生藻類로 테라포밍하자는 1961년 칼 세이건의 중대한 제안의 기원이다.[2] 세이건에 따르면 금성은 대기 중에 광합성 유기체를 확산시킬 수 있을 정도로 식을 수 있다. 이 유기체들이 온실기체인 CO_2를 투명한(그리고 숨 쉴 수 있는) 산소로 바꿀 수 있다. 이 제안은 기념비적이었다. 과학소설에서가 아니라 과학과 공학 세계에서 처음으로 진지하게 테라포밍을 논의한 것이기 때문이다. 하지만 몇 가지 이유 때문에 이것은 성공하지 못했을 것이다.

첫 번째로, 빗물 속에서 조류가 발견되긴 하지만 기체 속에서 실제로 사는 식물은 없다. 금성처럼 대기가 두꺼운 행성을 위해서라면 이런 것을 조작해서 만들 수는 있을 것이다. 그러나 세이건의 제안은 더 큰 문제를 안고 있다. 당시의 과학적 지식을 기반으로 한 것이지만, 그의 구상은 금성에 존재하는 물의 양을 엄청나게 과대평가했다. 광합성은 물 분자를 CO_2 분자와 결합시켜 다음과 같이 반응시킨다.

$$6H_2O+6CO_2 \rightarrow C_6H_{12}O_6+6O_2 \qquad (8.1)$$

반응식 8.1에서 볼 수 있듯이 광합성을 이용해 CO_2 분자를 없애기 위해서는 물 분자를 사용해야 한다. 오늘날 금성에는 물보다 CO_2가 훨씬 많기 때문에 8.1의 반응을 대규모로 하는 유기체를 발견했다 해도 금성에서 소량의 물만 없애게 될 뿐이고 대량의 CO_2 대기는 기본적으로 거의 변하지 않은 채 그대로 남을 것이다. 광합성을 통해서 금성의 대기에서 CO_2를 반응시켜 없애려면 200미터 깊이에 전 세계 바다 정도 면적에 해당하는 물이 있어야 할 것이다. 사실 금성에는 표면에 5센티미터 깊이로 덮일 만큼의 물밖에 없다. 세이건의 아이디어는 금성에 이런 작업을 할 만큼 많은 물이 없기 때문에 성공할 수 없다.

물을 가져가는 것도 불가능한 선택이다. 그러려면 각각 질량이 10억 톤에 달하는 9600만 개의 얼음 소행성을 움직여야 한다. 그러니까 사실 금성을 식히는 유일한 방법은 거대한 솔라 세일로 태양을 막는 것뿐이다. 0.1미크론 두께의 알루미늄으로 금성 지름의 두 배 되는 돛을 만든다면, 1억 2400만 톤의 가공 재질이 필요하다. 그리고 수십억 톤의 무게추도 필요할 것이다. 소행성 물질을 이용해서 이런 물체를 만드는 것은 엄청난 일이겠지만, 발달한 II 유형 문명의 능력으로는 불가능하지 않을 것이다. 이런 돛을 금성과 태양 사이, 그들의 중력장과 태양빛 에너지, 그리고 태양 중심 원심력이 전부 다 균형을 이루는 곳에 설치할 수 있다(금성에서 100만 킬로미터쯤 떨어진 금성-태양 L1 지점 근처). 또 다른 접근법은 두꺼운 먼지 구름을 금성 주위 궤도로 밀어놓아 그걸로 태양빛을 막는 것이다. 이 방법의 장점은 가공하지 않은 단순한 물질을 그대로 사용할 수 있다는 것이다. 단점은 훨씬 많은 질량이 필요할 거고, 궤도에서의 활동이 한동안 심각하게 저해된다는 사실이다. 어느 쪽이든 우리는 태양빛의 90퍼센트 이상을 막는 것이 목표이고, 금성의 CO_2 대기가 약 200년간 냉각기를 거쳐서 드라이아이스로 석출되기를 바란다. 그다음에 드라이아이스를 묻어버리고, L1 지점의 작은 궤도를 따라 돛을 움직임으로써 금성에서 적당한 표면 온도와 밤/낮을 만들 수 있을 것이다. 하지만 행성은 여전히 굉장히 건조할 것이다. (금성의 0.05미터의 물과 달리 화성에는 200미터, 지구에는 2000미터의 물이 있다. 달만이 0.00003미터로 더 건조하다.) 이 모든 것은 금성의 테라포밍이 적은 양의 보상을 제시하는 엄청나게 큰 프로젝트라는 사실을 암시한다.

하지만 항상 그랬던 것은 아니다. 젊은 금성에는 물이 아주 많았다. 사실 지구의 물 비축량에 필적할 정도였다. 행성 과학자 제임스 케이스팅이 1988년에 발표했고 이제 대체로 인정된 '습한 온실'이론에 따르면, 초기 금성은 100℃에서 200℃ 사이의 기온에 물로 된 바다를 갖고 있었다. 위에 있는 두꺼운 대기의 압력으로 이 바다는 끓지 않았다. 이 초열대 환경에서 물의 빠른 순환으로 금성의 대부분의 CO_2 비축분은 비가 되어 내리고 광물과 반응해서 탄산염 바위를 형성했다. 이 습한 온실 금성은 초기 태양이 오늘날 태양의 70퍼센트밖에 빛을 내지 않았기 때문에 존재할 수 있었다.[3] 하지만 10억 년쯤 지나고, 태양의 광도가 현재의 80퍼센트까지 증가하면서 금성의 온도도 물의 임계 온도인 374℃ 이상으로 올라갔다. 이렇게 되자 액체 물은 더 이상 금성에 존재할 수 없게 되었고, 바다 전체가 증기로 변했다. 대기 중에 수증기가 너무 많아서 상부 대기의 물 분자의 자외선 해리로 인해 빠른 속도로 행성의 물이 소실되었다. 게다가 비가 멈추자 지질학적 순환으로 금성의 탄산염 바위 속에 저장되어 있던 대량의 CO_2 비축분이 배출되었고, 그래서 오늘날 금성을 저주받게 만든 끔찍한 과잉 온실 환경이 만들어졌다.

인간 탐험가들이 금성이 아직 젊던 시절에, 습한 온실 상태일 때 도착했다면, 위에서 설명한 태양 가림막을 만드는 걸로 테라포밍을 달성할 수 있었을 것이다. 상당한 공학적 프로젝트이긴 하지만, 결과적으로 온화한 바다와 중간 압력에 질소가 다량인 대기를 갖고 있어서 생명체가 빠르게 퍼질 만반의 준비가 된 지구 크기 행성이 완성되는 셈이니 그럴 가치가 있었을 것이다.

《The Case for Mars》에서 설명한 것처럼, 일사량을 증가시키기 위해서 반사막으로 사용되던 솔라 세일이 추운 화성형 행성의 영구동토를 녹이고 수권을 활성화시키는 데 유용한 보조 기술이 될 수 있다. 반경 1만 5000킬로미터(0.1미크론에 1억 9000만 톤의 알루미늄)에 초점을 타이탄에 맞춘 솔라 세일 거울은 타이탄의 일사량을 화성 수준으로 증가시키고, 타이탄의 메테인 대기 부분이 만드는 강한 온실효과와 합치면 행성을 지구 같은 온도로 높이는 데 충분할 것이다. 비슷한 거울로 칼리스토에서 표면의 물 얼음을 녹여 바다로 만들고 드라이아이스를 증발시켜 CO_2 대기를 만들 수도 있을 것이다. 그러니까 II 유형 행성간 운송과 신생 III 유형 성간 우주선 추진기 양쪽 모두의 공학적 주요 기술인 크고 얇은 솔라 세일을 우주에서 만드는 능력이 화성형, 타이탄형, 칼리스토형 그리고 젊은 금성형 습한 온실 세계들을 테라포밍 하는 데 있어 핵심 기술이다.

금성을 조류로 테라포밍하자는 세이건의 제안이 성공할 수 없다고 해도, 그게 통할 만한 행성 종류가 있다는 건 기억해둘 필요가 있다. 바로 젊은 지구다. 초기 지구에도 두꺼운 CO_2 대기가 있었고, 초기 태양이 약했기 때문에 오히려 다행스러운 일이었다. 하지만 지구가 오늘날에 받는 것과 비슷한 일사량을 받는 수많은 다른 젊은 지구들이 별들 사이에 있을 수 있고, 이런 곳은 두꺼운 CO_2 대기 때문에 너무 뜨거워 거주할 수 없을 것이다. 이런 세계의 경우에, 적절하게 골랐거나 생물공학으로 만든 광합성 유기체들이 추가적인 대규모 기술적 조작 없이 행성을 완전히 지구 같은 상태로 빠르게 테라포밍할 수도 있을 것이다. 이것은 중요하다. 지구는 겨우 지난 6억 년 동안 또는 행성 역사 중 최근 14퍼센트 기간 동안만 현재의 고산소/저 CO_2 대기를 갖고 있었기 때문이다. 인간이 그 이전 행성 역사의 나머지 86퍼센트 때 지구를 만났다면, 우리는 그곳을 거주 가능하게 만들기 위해서 세이건 같은 테라포밍 전략을 적용해야 했을 것이다.

그러니까 세이건이 정말로 잘못된 아이디어를 가졌던 것은 아니다. 그는 제대로 된 아이디어를 가졌지만, 잘못된 세계에 적용했던 것이다. 그 방법을 적용하길 기다리는 수많은 적당한 세계들이 분명히 저 바깥에 존재한다. 우리 자신의 역사를 기반으로 할 때, 거주가 불가능하지만 세이건 스타일의 생물학적 테라포밍을 할 준비가 되어 있는 젊은 지구들은 이미 살기 좋은 지구들보다 어마어마하게 더 많을 것이다.

지구 조작하기

행성 환경을 바꾸는 인간의 능력은 우리가 이미 지구에 미친 영향으로 입증 가능하다. 이 부분을 고려할 때면 필연적으로 기후 변화 문제가 나오게 마련이다. 기후 변화는 불행히도 이 문제의 다양한 측면을 정당의 목적을 위해 흐리거나 선별하거나 과장하려는 정치인들로 인해 변질된 과학적 주제이다. 어쨌든 이 문제의 객관적인 논의가 스펙트럼의 양측에 선 과격분자들의 분노를 불러일으키긴 하지만, 이 중대한 문제를 최대한 차분한 방식으로 이야기해보려 한다.

첫 번째로 지구온난화는 현실이다. 실제로 지구가 지난 400년 동안 점점 따뜻해졌다는 사실은 입증할 수 있다. 엘리자베스 시대에 템즈강은 매 겨울마다 얼어서 '서리 축제' 및 다른 축제를 열 장소가 되곤 했다. 그런 축제가 마지막으로 열린 때가 1600년대 중반이었지만, 1800년대 중반까지도 찰스 디킨스는 런던의 눈 오는 겨울을 묘사했었다. 그러나 지금은 더이상 존재하지 않는다. 미국 남북전쟁 때 조지아 같은 한참 남부에 주둔한 남부군 병사들도 연대끼리 대규모 눈싸움을 벌이며 놀곤 했다. 20세기 초에 이런 기후는 과거의 것이 되었다. 1600년부터 1900년 사이 기간 동안 인간의 산업이 한정되어 있었던 걸 고려하면, 이 기간 동안 일어난 온난화는 인위적이라기보다는 자연적이었음이 분명하다. 그러나 21세기에 이 속도는 CO_2 중심 지구 온난화의 좀 더 보수적인 기후 모형의 예측과 일치하는 방식으로 증가하기 시작했다. 현존 데이터를 바탕으로 할 때 지난 한 세기 동안 대기 중의 CO_2 수치가 300에서 400ppm(백만분율)으로 33퍼센트 증가했을 때 세계 기온은 평균 0.8℃ 증가한 것으로 보인다. 이 결과에 회의적인 사람들도 있다. 평균 세계 기온을 이 정도로 정확하게 측정하는 것은 어려운 일이고, 온도계를 설치하는 장소에 따라 결과가 쉽게 영향을 받을 수 있기 때문이다. 그래도 어쨌든 생장철(즉 봄의 마지막 된서리부터 가을의 첫 번째 된서리 사이의 기간. 쉽게 측정할 수 있다)의 평균 기간이 이 시기 동안 두드러지게 늘어났기 때문에 상당한 온난화가 일어났다는 게 분명하다. 예를 들어 [그림 8.1]에 나온 EPA 데이터에서 볼 수 있듯이 미국에서 생장철의 평균 기간이 1910년 이래로 20일가량 늘어났고, 이것은 온난화의 명백한 증거다.[4]

불행히 이것이 유익한 변화라서 기후 비상사태를 주장하려는 사람들은 절대로 언급하지 않고, 통계학적으로 보통 정밀도의 온도 측정법이라는

[그림 8.1] 미국에서 생장철 기간은 1895년 이래 두드러지게 길어져서 기후변화의 뚜렷한 증거가 된다. (미국 환경보호국 제공)

설득력 없는 주장에만 매달린다.

지구온난화는 또한 *평균적으로* 유효강우량을 훨씬 크게 만들어야 하고, 이것 역시 측정이 되었다. 하지만 변화 정도는 지역마다 크게 달라서 총 강수량이 증가했음에도 불구하고 어떤 지역은 실제로 가뭄을 겪기도 했다.[5]

온난화를 일으키는 것뿐만 아니라 쉽게 측정되고 분명히 인위적인 대기 중의 CO_2 증가량 33퍼센트는 전 세계적으로 식물의 성장 속도가 20퍼센트 정도 빨라지는 식으로 생물권에도 강력하고 직접적인 영향을 미치고 있다. 확립된 광합성 이론에 일치하는 이런 결과는 무수한 실험실 연구, 현장 연구, 그리고 놀랍게도 [사진 15]에 있는 나사의 데이터로 확인되는 위성 관찰 결과와도 일관성을 보인다. 이 모두가 지난 36년간 식물의 생장 속도가 대단히 증가했음을 보여준다.[6]

([사진 15] 참고)

이런 발견은 기후 활동가들의 공격적인 경고 일부를 무시할 수 있는 기반이 된다. 하지만 너무 성급하게 행동하지는 말자. 우리가 *지금까지* 겪고 있는 적당한 온난화와 대기 중의 CO_2 증가가 전반적으로 유익하기는 하지만, 무제한의 온도와 CO_2 증가는 전혀 다른 문제가 될 수 있다. 단순히 세계의 나머지 나라들을 *현재의* 미국 생활수준으로 끌어올리는 데 전 세계 에너지 생산량의 다섯 배가 필요하고, 인구 증가와 선진국에서 계속 올라가는 생활수준을 고려하면 현실적으로는 그 이상이 필요하기 때문에 온도와 CO_2는 훨씬 더 많이 증가할 가능성이 있다. 게다가 [사진 15]에 제시된 행복한 모습은 육상에서 일어나는 일만을 보여 줄 뿐이다. 지구 대부분은 바다로 덮여 있고, 여기는 증가한 CO_2로 인해 생물학적 생산량이 강화되었다는 증거를 거의 보이지 않고 있다. 반대로 CO_2로 인한 바다의 산성화 때문에 산호초에 심각한 피해가 생기고 있는 것으로 보인다(일부는 전통적인 오염과 어류 남획이 원인일 수 있다).

그러니까 대량의 인위적 CO_2 배출이 육지를 비옥하게 만드는 한편 바다에 해를 입히는 것 같다. 이는 CO_2의 존재가 육상 식물 성장에 제한 요소이지만, 바다의 대부분 지역에서는 먹이사슬의 기반에 있는 식물성 플랑크톤의 성장 속도가 철, 인, 질산염 같은 미량원소의 존재에 의해 통제되기 때문이다. 그래서 세계 바다의 생물학적 생산성의 90퍼센트 이상이 해안이나 대륙붕 용승에서 나온 유출물로 비옥해진 10퍼센트 이하의 지역에서 나온다. 그 결과 바다의 CO_2 수치는 딱히 유용하거나 잠재적으로 위험한 해 없이 그저 증가한다.

무엇을 할까? 지구온난화에 대해 대부분의 사회가 내놓는 관습적인 대답은 연료와 전기에 대한 세금을 높여서 사람들이 그런 편의시설을 많이 사용하지 못하도록 제한된 방법을 취하는 것뿐이다. 이 프로그램은 나에게 비윤리적이고 비실용적으로 보인다. 이 문제에 관한 사람들의 의견에도 불구하고, 이것이 유의미한 방식으로 세계 탄소 배출량에 영향을 미치지 못한다는 사실은 명백하다.

훨씬 더 유력한 접근법의 기반을 브리티시컬럼비아의 하이다 원주민 부족이 보여주었다. 그들은 2012년에 수 세기 동안 그들의 생계를 크게 책임졌던 연어 어장을 복원하기 위한 노력을 시작했다. 집단적으로 하이다 족은 자신들의 돈 250만 달러를 들여서 하이다 연어 복원 조합을 만들기로 하고, 조합을 통해 미국인 과학자이자 사업가인 러스 조지의 활동을 지원했다. 그는 120톤의 황산철을 태평양 북동부에 뿌려서 식물성 플랑크톤이 번성하게 만드는 방식으로 외양 양식업의 가능성을 입증하려고 했다. 그렇게 되면 새끼 연어들에게 풍부하게 식량이 공급될 것이다.

2014년경 이 논란의 실험은 놀랍도록 큰 성공으로 판명되었다. 그해에 태평양 북동부에서 잡힌 연어의 수는 5000만 마리에서 2억 1900만 마리로 네 배가 넘게 늘었다. 역사적으로 딱 한 번만 2500만 마리가 넘는 연어가 있었던(2010년에 4500만 마리) 프레이저 강에서 연어의 숫자는 7200만 마리까지 증가했다.

"서해안 어장 전역에서 과학자들과 어부들이 지난해에 목격된 연어의 기적 같은 귀환과 올해의 예상치에 경악했다. 물론 이 모든 것은 우리가 우리의 바다 목장을 보살폈기 때문이다. 우리의 계속 치솟는 높은 CO_2 때문에 가로막혀 있던 필수 무기질 미량원소를 다시 채워줌으로써 늙은이 한 명(나)과 십여 명의 원주민이 바다를 다시 건강하고 풍요롭게 바꿀 수 있었다." 조지는 이렇게 말했다.[7]

연어를 되살린 것뿐만 아니라 이 비범한 실험은 대량의 데이터들도 확보했다. 바다 비옥화 작전을 시행하고 몇 달 후에 궤도상에서 찍은 나사

위성사진은 하이다의 철을 공급했던 물에서 식물성 플랑크톤이 대규모로 자란 것을 보여주었다. [8] 바라던 대로 이것들이 실제로 동물성 플랑크톤의 식량 역할을 하고, 동물성 플랑크톤은 어린 연어들에게 영양을 공급하고, 그런 식으로 황폐해졌던 어장이 복원되고 더 큰 물고기와 바다 포유류에게 풍부한 식량을 공급하게 되었다는 사실이 이제 명확해졌다. 게다가 먹히지 않은 규조류는 바닥으로 가라앉으며 탄산칼슘 껍데기에 다량의 이산화탄소를 고정시켰다.

불행히 전 세계적인 찬사를 받았어야 하는 이 실험은 수많은 유명한 환경 활동가들에게 맹렬한 비난을 받았다. 예를 들어 국제환경감시기구인 ETC 그룹의 실비아 리베이로는 이것이 탄소 배급제의 필요성을 약화시킬 수 있다는 생각 때문에 반대했다. "정부가 하루빨리 이런 외양에서의 지구공학적(인류의 필요에 맞춰 지구 환경을 변화시키는 공학기술) 실험을 확실하게 금지해야 한다. 이것은 정부와 산업계에 화석연료 배출을 줄이는 걸 피할 변명거리가 되어주는 위험한 주의분산물이다." '기후 위기가 어떻게 경제적, 정치적 변화를 촉발하는가'에 대한 책을 쓴 나오미 클라인은 〈뉴욕 타임스〉에 쓴 글에서 이렇게 말했다. "처음에는…… 기적 같았다." [9] 하지만 곧 불안한 생각을 떠올리게 되었다.

임무에 관한 조지의 설명을 그대로 믿는다면, 그의 행동은 매사추세츠 절반 크기의 지역에 조류 증식을 일으킨 것이고, 이것이 대규모의 수생생물들을 끌어들였다. 거기에는 '수없이 많은' 고래들도 포함된다. (……) 나는 문득 궁금해졌다. 내가 보았던 범고래들이 조지의 조류에 달려든 동물들로 해산물 뷔페를 즐기러 가는 길이었던 건 아닐까? 그 가능성은 (……) 지구공학의 충격적인 파급력을 살짝 보여준다. 우리가 고의로 지구의 기후 시스템에 간섭하기 시작하면, 태양빛을 약화시키든 바다를 비옥하게 만들든 간에, 모든 자연적 사건들이 부자연스러운 분위기를 띠기 시작할 수 있다. (……) 기적적인 선물로 느껴지던 게 갑자기 사악하게 느껴진다. 마치 자연 전체가 은밀하게 조작되고 있는 것처럼.

하지만 연어는 돌아왔다.

그뿐만 아니라 이 실험이 무모하다고 깎아내린 사람들의 주장과 반대로 이 근사한 성공은 이미 유명한 수산학 과학자들에게 미리 예견되었다. "절차가 과학적으로 성급하고 논쟁의 여지가 있다는 데는 동의하지만, 플랑크톤 생산량을 늘려서 연어의 귀환 가능성을 높인다는 목적은 상당한 정당성을 갖고 있다." 브리티시컬럼비아 대학의 수산학 명예교수 티모시 파슨스Timothy Parsons는 2012년에 〈밴쿠버 선〉에서 말했다. 파슨스에 따르면 알래스카 만의 물은 굉장히 양분이 부족해서 "해파리가 지배하는 사실상의 사막"이다. 하지만 철분이 풍부한 화산재가 그가 "바다의 클로버"라고 묘사하는 조류의 한 형태인 규조류의 성장을 자극한다. 그 결과 1958년과 2008년 알래스카 만 쪽에서의 화산 폭발은 "둘 다 붉은연어의 어마어마한 귀환을 촉발했다."[10]

조지/하이다 실험은 역사적으로 중요성을 가진다. 수렵채집인 무리 몇 개로 시작한 인류는 농경의 발달을 통해 땅에서 나는 식량자원을 천 배로 확대했다. 최근 수십 년 동안 양식의 빠른 확장으로 바다에서의 포상 역시 늘어났고, 이제는 우리가 먹는 생선의 절반 정도가 양식으로 공급된다. 이런 발전이 없었으면 70억 인구의 현대 지구 문명은 불가능했을 것이다.

하지만 양식은 주위가 둘러싸인 물에서만 가능하고, 상업적 양식은 해안가나 용승 지역, 충분한 양분이 자연적으로 생산되는 바다의 작은 부분으로만 한정된다. 바다의 넓은 대다수 지역, 즉 지구는 사막으로 남아 있다. 외양 양식의 발달은 이것을 근본적으로 바꾸고 인류와 야생동물 모두를 위한 새로운 대량의 식량자원을 만들 수 있다. 또한 늘어난 대기 중의 이산화탄소가 육상에서 식물의 성장 속도를 빠르게 만든 것처럼, 바닷속에 늘어난 이산화탄소가 생명체를 훨씬 널리 번성하게 만들 수 있다(전 세계의 줄어든 야생 어장을 완전히 복구하는 것을 넘어서). 생명체가 살아가는 데 필요하지만 빠져 있었던 핵심 미량원소를 인간이 바다 전역에 풍부해지게 만들기만 하면 말이다.

핵심을 한 번 더 강조하겠다. 대기 중의 이산화탄소 수치가 더 높아진 것은 야생 및 재배 식물 양쪽 모두의 성장 속도를 가속해 인간과 모든 종류의 육상 동물을 부양하는 식량 기반을 확장하므로 육상 생물권에 요긴하다. 하지만 바다에서 생물학적으로 이용되지 않은 높은 이산화탄소 수치는 산성화를 일으킬 수 있다. 그러나 현재 황량한 바다를 비옥하게 만듦으로써 양식은 이 명백한 문제를 특별한 기회로 바꿀 수 있다.

이런 노력은 지구 온난화를 제한하는 활동으로 충분하고도 남는다. 실제로 지구의 외양 사막의 3퍼센트가 양식으로 살아나면, 인류 전체의 현재 CO_2 배출량이 식물성 플랑크톤으로 바뀌고 그 결과 현재의 전 세계 어획량이 엄청나게 증가할 것이다.[11]

이런 상황은 아이러니하다. 바다의 일부 지역에서는 농업용 비료가 흘러내려 과량의 양분으로 국지적 조류 증식이 엄청나게 대량으로 일어나서 다른 모든 수중 생명체들을 파괴하기 때문이다. 그러나 적절한 양을 공급하면 이런 '오염물'은 활발한 해양 생태계를 만드는 열쇠가 된다.

밭에 물을 대서 생산성을 좋게 만들 수도 있고, 물을 넘치게 만들어 작물을 다 망가뜨릴 수도 있다. 말똥으로 땅을 비옥하게 만들 수도 있고, 또는…… 뭐, 대충 이해했으리라 믿는다.

'오염'은 그저 유익하게 사용되지 못하고 물질이 축적되는 것이다. 이산화탄소 배출은 그 자체로는 좋은 것도 나쁜 것도 아니다. 이산화탄소를 사용할 준비가 된 생물권에는 좋은 것이고, 준비가 되지 않은 생물권에는 나쁜 것이다.

뭐라고 하든 간에 인간은 화석연료의 사용을 금방 멈추지는 않을 것이다. 그러니까 결과적인 배출을 지구가 최대한으로 이용할 수 있도록 준비를 시켜야 한다.

우리는 소금물 사막 행성에서 비옥한 섬에 살고 있다. 창의력을 좀 발휘하면, 이 사막에도 꽃이 피게 만들 수 있을 것이다.

로봇공학, 생명공학, 나노기술, 피코기술

테라포밍에는 많은 노력이 필요하고, 테라포밍을 하려는 사람들은 도우미가 있기를 바랄 것이다. 그러니까 다른 모든 외계 엔지니어링 프로젝트처럼 테라포밍에서도 로봇공학이 중요한 역할을 할 거라는 사실은 분명하다. 초기 화성 정착지에서 인간의 노동 시간만큼 부족한 원자재는 없을 거고, 행성으로, 그다음에는 항성으로 나아가는 개척자로서 노동력 부족은 점점 급박한 문제가 될 것이다. 그러니까 우주 개척자들은 로봇공학과 노동력 절약 기술의 다른 형태들을 개발해 만드는 압력솥의 역할을 하게 될 것이다.

하지만 로봇을 제작하는 데도 여전히 인간의 노동이 필요하다. 그리고 우주 노동은 귀중하고 지구에서의 운송은 돈이 많이 들기 때문에 로봇도 비싸질 것이다. 값비싼 로봇은 다수가 필요치 않은 탐사 같은 특정 임무를 돕는 데는 사용 가능할 것이다. 하지만 테라포밍에는 다수가 필요하다. 유일한 해결책은 스스로를 만드는 로봇이다.

1940년대로 돌아가서 수학자 존 폰 노이만은 자가복제를 하는 로봇이 가능하다는 것을 입증했다. 즉 그런 시스템이 존재하는 것을 불가능하게 만드는 수학적 모순이 없음을 입증했다는 뜻이다. 하지만 그것을 만드는 것은 전혀 다른 문제다.

오늘날의 누구도 이것을 어떻게 해야 할지 실마리조차 잡지 못하고 있으나 기어와 전선, 바퀴, 배터리, 컴퓨터 칩, 그 외 다른 모든 부품이 가득한 방 안에 풀어놓으면 자신의 복제품을 조립할 수 있는 기계가 만들어지고 프로그래밍될 수 있다고 보는 건 그리 지나친 믿음은 아닐 것이다. 하지만 누가 부품을 만들까? 스테인리스스틸 나사 같은 단순한 부품을 만드는 데에도 무엇이 필요한지 생각을 해보자.

나사용 강철을 만들기 위해서는 전 세계에서 철, 석탄, 합금 재료를 강철 공장으로 운반해야 한다. 열차, 배, 트럭, 비행기로 운반해야 하고, 이 모든 운송수단들도 대단히 복잡한 공장이나 조선소에서 만들어야 하고, 각각은 또다시 전 세계에서 수천 개의 부품들을 날라와야 하며, 여기에 다양한 도구가 필요하고, 이는 또 다양한 공장에서 만들어야 하고, 이런 식으로 반복된다. 그러니까 나사용 강철을 공급하는 것만 해도 수천 개의 공장과 수백만 명의 일꾼들이 필요한 일이다. 이 일꾼들을 위한 음식, 옷, 거주지를 누가 만들 거고, 누가 그들을 가르칠 거고, 누가 그들을 교육시킬 책을 쓸지 생각하다 보면 현재와 과거의 인류가 크게 관련되어 있음을 알 수 있다. 그리고 이 모든 건 그저 나사용 강철을 위한 것이다. 이제 나사에 이를 넣기 위한 과정을 생각해보면…… 내가 하려는 말을 이해했을 것이다. 자가복제 기계는 이들이 필요로 하는 부품들이 이미 다 만들어져 있지 않은 한 존재할 수 없다. 이것은 공장에서 생산되는 장치들로 만드는 기계에는 전혀 적용되지 않을 것이다.

세상에 존재하는 유일하게 자가복제를 하는 복합 시스템은 생물이다. 유기체는 성분 구조의 일부로 자연적으로 입수 가능한 분자들을 이용해서 직접 복제할 수 있는 세포들로 만들어지기 때문에 혼자서 복제할 수 있다. 자가복제할 수 있기 때문에 세균, 원생동물, 식물, 동물은 테라포밍의 대리인으로 뛰어난 힘을 갖고 있다. 적절한 종류 몇 개를 적절한 조건하에 풀어놓으면 기하급수적으로 불어나서 환경을 급격하게 바꿀 것이다. 물론 변화가 유익하려면 유기체의 자기주도적 활동의 일부 측면이 테라포밍 프로그램에 기여해야 한다. 우리가 보았듯이 메테인 생성균이 온실기체를 생성하거나 광합성 식물이 그것을 제거하는(유용한 산소를 생성하면서) 경우에 많은 생명체 형태의 신진대사를 테라포밍 과정의 자연적인 하인으로 만든다. 이것은 이미 예측했던 바이다. 이 장 앞에서 이야기했듯이 생명체는 테라포밍하지 않았다면 존재할 수 없었을 것이기 때문이다.

즉 현재의 세균, 식물, 동물은 원시 행성을 테라포밍하도록 특별히 적응한 것이 아니다. 이들의 적응은 현재의 지구를 테라포밍하고 살아가는 데에 맞추어져 있다. 이들의 조상은 초기 지구를 개척했고, 필수적인 기술 몇 가지를 유지했으나 신세계를 개척하기에 이상적인 후보는 전혀 아니다.

하지만 2만 년 전에 개를 길들인 이래로 인간은 다른 종을 우리의 필요에 맞추어 주로 선택적 번식을 시키는 방식으로 개조해왔다. 최근에는 유전학의 발달, 그리고 DNA의 발견, 이제는 유전자 코드를 실제로 읽고 DNA 재조합 기술에 통달하는 일련의 진보 덕분에 이 분야에서 우리 능력이 어마어마하게 넓어졌다. 그 결과로 다양한 외계 환경을 바꾸는 데 최적화된 이상적인 개척용 미생물과 대단히 효율적인 식물을 설계하는 것도 조만간 가능해질 것이다.

하지만 미생물과 식물에는 한계가 있다. 이들은 전부 물/탄소 화학을 기반으로 하고, 이것은 물의 어는점과 끓는점으로 한정되는 온도 경계를 넘어서서는 기능할 수가 없다. 온도가 0℃ 밑으로 지속되면 생명체가 살아남을 수는 있지만 휴면하게 된다. 끓는점 위로 올라가면(지구의 해발고도에서 100℃, 최대 374℃) 유기체는 파괴된다. 우리가 관심을 가진 많은 외계 환경들은 이 좁은 한계 너머에 존재한다.

그러므로 여기서 의문이 생긴다. 우리가 아는 생명체에 보편적인 물/탄소 유형 외의 기본 화학구조를 가진 자가복제 유기체를 만드는 게 가능할까? 성간우주를 탐험하는 동안 우리가 예컨대 실리콘이나 붕소를 기반으로 하지만, 미래의 인간 생명공학자들이 통달할 수 있는 나름의 유전자 코드를 가진 새로운 종류의 생명체를 발견한다면 이 문제는 부분적으로 해결될 것이다. 새로운 화학구조는 분명히 새로운 온도 한계를 규정할 것이기 때문이다. 하지만 이런 유기체가 정말로 발견이 될지, 이들의 능력이 어디까지 이를지는 확실치 않다. 행성 공학자의 관점에서 더 흥미로운 질문은 우리가 물/탄소 기반이 아닌 자가복제 유기체를 0에서부터 만들어낼 수 있을까 하는 점이다.

이것이 '나노기술'의 배후에 있는 아이디어다. 분자 수준에서 특정한 것을 설계하게 만들어진 인공 구조물을 이용하여 자가복제하는 프로그래밍이 가능한 초소형 로봇을 만드는 것이다. 인간 크기의 복제 로봇을 만드는 방법도 아직 모르면서 왜 초소형 자가복제 로봇을 만들려는 걸까? 다시금 그 이유는 큰 로봇의 부품은 앞서서 제조해야 하는 반면에 나노로봇(나노미터는 1미터의 10억 분의 1이다)의 부품으로 사용되는 분자는 이미 만들어져 있거나 원자로 금방 조립할 수 있다. 그러니까 나노로봇을 만드는 게 당연히 일반 크기 로봇을 만드는 것보다 훨씬 어렵겠지만, 나노로봇은 자가복제를 할 수 있는 가능성이 있는 유일한 종류다.

나노기술의 미래상은 그 분야의 대변인인 K. 에릭 드렉슬러가 자신의 책 《창조의 엔진》에서 길게 설명했다.[12] 기본적인 아이디어는 우리가 개개의 원자와 분자를 조작하는 방법을 알고 나면 조그만 원자 무더기를 기어, 봉, 바퀴, 다른 부품으로 사용해 기계를 만들 수 있다는 것이다. 왜냐하면 이 부품 하나하나가 정확하게 조립된 원자 무리로 만들어지기 때문에 (탄소가 다이아몬드 결정 구조로 배열된 것처럼) 굉장히 튼튼할 것이다. 그래서 기어와 레버, 태엽장치, 모터, 온갖 종류의 메커니즘으로 가득한 나노머신이 이론상 만들어질 수 있다. 유닛을 움직이는 에너지는 나노광발전 유닛으로 얻어서 나노스프링이나 나노배터리에 저장할 수 있다. 거기서부터 나노로봇으로 가려면 우리에게는 나노컴퓨터가 필요하다. 드렉슬러는 찰스 배비지와 아다 러브레이스가 19세기에 청동 기어와 바퀴로 만들 것을 제안했던 최초의 기계식 컴퓨터와 같은 원리에 따라 기계식 나노머신으로 나노컴퓨터를 만들 수 있다고 제안했다. 이런 기계는 펀치 테이프나 카드로 프로그램할 수 있고, 이 기계적 소프트웨어 디바이스를 위한 나노 범위의 아날로그 역시 찾을 수 있을 것이다.

배비지의 독창적인 기계식 컴퓨터는 현대의 전자식과 그 능력 면에서 비교조차 안 되지만, 드렉슬러의 나노-배비지 머신에 쓰이는 부품들은 굉장히 작아서 아주 작은 조각 안에 엄청난 양의 연산력이 들어갈 수 있을 것이다. 그러니까 우리가 첫 번째 나노로봇을 만드는 대단히 어려운 임무를 이루기만 하면, 이동 및 조작에 필요한 모든 나노메카니즘을 넣고 거기에 러브레이스-프로그래밍이 가능한 배비지 머신의 초강력 버전을 나노 크기로 만들어 장착할 수 있다면, 이 첫 번째 '조립기'를 풀어놓기만 하면 이

[그림 8.2] 하드웨어와 소프트웨어. 찰스 배비지는 기계적 컴퓨터를 발명했다. 시인 바이런 경의 딸이자 수학자였던 아다 러브레이스 백작부인은 배비지의 컴퓨터를 기계적 뇌처럼 활동하도록 프로그래밍할 수 있다는 사실을 알아챘다. 그녀의 식견은 자가복제 나노로봇을 가능케 해서 인류에게 세계를 테라포밍할 수 있는 거의 무한한 힘을 부여했다.

것이 기하급수적인 재생산을 통해 자신을 복제할 것이다. 그다음에 대규모의 이 조립기들은 인간의 몸에서 암세포를 찾고 적절한 조치를 취하거나, 소행성에서 대형 솔라 세일을 만들거나, 행성을 테라포밍하는 등 수행 프로그래밍에 있는 임무 쪽으로 관심을 돌릴 것이다.

거시적 구조물을 만들려면 수억 개의 나노로봇이 서로 뭉쳐서 인간 크기나 그보다 큰 대형 로봇을 이루어야 한다. 이것은 〈터미네이터 2〉에서 그렸던 사악한 '액체금속' 로봇의 모든 능력을 가진 시스템의 징표로 여겨질 수도 있다. 형체를 바꾸고 원하는 대로 흩어졌다가 스스로 재조립할 수 있는 그런 로봇 말이다. 하지만 실제로는 그보다 훨씬 강력할 것이다. 흩어지고 나서도 수십억 개의 하위 부품들 하나하나가 중심이 되어 다시 전체 유닛을 재조립할 수 있기 때문이다. 아놀드 슈워제네거도 그런 것으로부터 세상을 구하려면 꽤나 힘들 것이다!

이것은 꽤나 망상처럼 들릴 것이다. 하지만 정말 그럴까? 나노기술이라는 분야를 옹호하자면, 이것이 확립된 물리학 법칙에 어긋나지 않으므로 충분한 기술적 발전만 이루어지면 가능하다고 주장할 수 있을 것이다. 반대로 나노기술이 현실이 되기 전에 넘어야 하는 어마어마한 기술적 문제들도 쉽게 지적할 수 있다. 또한 나노기술이 물리학 법칙을 위반하지는 않는다 해도, 통제 가능한 자가복제 로봇이라는 것은 *생물학* 법칙을 위반할 수도 있다. 생각해보라. 조그만 자가복제 나노머신은 분명히 무작위적인 변형이나 돌연변이를 일으킬 것이다. 이런 돌연변이는 더욱 빠르게 복제되는 균주를 만들고, 곧 그러지 못하는 더 약한 개체들을 수적으로 넘어설 것이다. 목표가 빠르게 복제하는 거라면, 인간 주인들의 이득을 위해서 이렇게 하는 걸 그냥 놔두는 게 나노머신들에게도 이득일 것이다. 하지만 그러는 대신에 진화 압력이 나노로봇을 오로지 자신들의 욕구만을 처리하려 하게 만들 수도 있다. 인간이 지시하는 프로그램에 복종하지 않고 계속해서 슬쩍 빠져나가는 나노로봇들은 야생동물들과 경쟁할 수 없을 거고 빠르게 멸종할 것이다. 옛말 그대로다. '자유롭게 살거나 죽어라.'

무기체 나노로봇에서 의심을 거두지 못하는 이유는 또 있다. 우리가 그들을 관찰할 수가 없다. 다이아몬드 기어로 된 자가복제 조립기를 만들 수 있다면, 이들은 초소형 솔라 세일을 추진기로 사용해서 성간공간으로 퍼져나가는 데 적합할 것이다. 기나긴 과거의 시간 속에서 은하수 어딘가에 있는 한 종족이 이런 초소형 로봇을 만들었다면, 그 이래로 로봇을 이용해서 은하 전체에 거주지를 만들 수 있었을 것이다. 지구상의 모든 생명체들도 나노로봇을 기반으로 했을 것이다. 하지만 이런 상황을 확인할 수 없으므로 다음의 두 가지 결론 중 하나로 생각해볼 수 있다. (a) 우주에 또 다른 지적 생명체가 없다. (b) 드렉슬러가 묘사한 자가복제 초소형 배비지 로봇 타입의 무기 나노기술은 불가능하다. 우리는 지적 생명체의 진화가 가능하다는 건 알고 있지만, 나노기술도 그런지는 알지 못하기 때문에 나는 (b)가 좀 더 가능성 있는 답이라고 생각한다.

자연의 유기체 나노생물인 세균 역시 우주비행에서 살아남을 수 있을 것으로 보인다. 그러니까 세균이 은하의 다른 곳에서 진화했다면(혹은 발달했다면), 이들이 우리 행성의 생명체의 근간일 거라고 추측할 수 있다. 흥미롭게도 실제로 그렇다. 세균은 지구상에서 가장 오래된 거주자일 뿐만 아니라 모든 동식물을 이루고 있는 더 고등한 진핵세포가 확실하게 세균의 공생군집에서 진화했다. 이 사실이 갖는 더 큰 의미는 다음 장에서 상세히 이야기할 것이다. 다만 여기서는 유기체 자가복제 나노-우주여행자(세균)의 편재偏在와 무기체 나노 조립기들의 부재不在는 드렉슬러 스타일의 나노기술의 타당성을 의심해보게 만드는 증거라고 말하는 걸로 충분할 것이다.

하지만 나노기술은 불가능하지는 않을 것이다. 그저 아주아주 어려울 뿐이다. 어쩌면 달리 아무도 이것을 발명하지 않은 이유는 그만큼 영리하지 못해서이거나 오랫동안 힘껏 노력하지 않아서, 또는 통제 불가능한 상황이 올까 봐 두려워서일 수도 있다. 어쩌면 다들 세균을 이용하는 것이 더 쉽고 그들의 목적에 충분하다고 생각했을 수도 있다. 어쩌면 정말로 나노기술을 시작하고 통제하는 방법이 존재하고, 그걸 알아내줄 사람만 기다리고 있을지도 모른다. 모든 노력을 요하는 분야에서 누군가가 첫 번째가 되어야 한다. 그게 우리일 수도 있다.

추측성 이야기가 아주 많다. 하지만 생각해볼 만한 가치가 있다. 이런 가능성이 정말로 이루어진다면, 프로그램 가능한 자가복제 나노머신이 우리의 후손에게 창조의 힘을 제공할 것이다. 이 나노머신들은 특정 지역에서 일할 때 그에 필요한 에너지를 공급해주는 태양광의 양에 따라서만 그 능력이 한정된다. 우리가 우선 II 유형에서 그다음 III 유형 문명까지 변화할 때 당연히 함께하게 될 점점 더 복잡해지는 세련된 기술을 향해 계속 나아간다면, 나노기술을 개발하는 데 필요한 복잡한 마술도 언젠가 우리 손에 들어올 것이다. 그러면 누가 알겠는가? 더 먼 미래에 더욱 굉장한 능력까지도 가질 수 있게 될지 모른다. 원자나 분자가 아니라 원자핵 같은 아원자 입자로 기계를 만들 수 있게 될 수도 있다. 나노머신보다 천 분의 1 정도로 작고 더 빠른 규모로 작동하는 피코기술은 에너지를 화학반응이 아니라 훨씬 빠르고 강력한 핵반응에서 얻을 수도 있다. 이런 프로그램이 가능한 피코머신이 갖는 능력은 오늘날에는 그저 순수하게 마법이라고밖에는 묘사할 수 없을 것이다.

하지만 그 이전까지 내가 가장 유망하게 여기는 것은 생명공학이다. 생명체는 우리에게 시험을 거친 진짜배기 자가복제 소형 머신을 제공하고, 프로그래밍 설명서도 이미 우리 손에 있다. 우리의 뇌와 그들의 근육이 있으면 인간이 개선한 미생물이 죽은 세계에 생명체를 퍼뜨리는 데 필요한 어려운 일 중에서 아주 힘든 것들을 도맡아줄 것이다.

별에 불 밝히기

어둠을 저주하는 것보다 촛불을 켜는 편이 낫다.

별은 생명체의 근원이다. 핵융합을 하는 거대한 엔진을 가진 별들은 빛을 우주 공간으로 내뿜어 우주의 차갑고 죽은 공간을 데우고 물질이 자율 형성을 하는 데 필요한 반엔트로피적 힘을 제공한다. 별이 반짝이는 밤은 신비로운 아름다움을 갖고 있지만, 과학적 관점에서 생각할 때 이들은 보이는 것보다 더 아름답다. 검은 벨벳 같은 어두운 밤하늘을 꾸미고 있는 수백만 개의 점 같은 빛은 사실 백만 개가 넘는 생명의 분수다.

의심의 여지없이 생명체가 살 수 없을 정도로 항성에서 멀리 떨어진 세계들도 많다. 우리의 태양계에도 거대한 반사경의 도움을 받아야만 테라포밍이 가능한 행성 크기의 달 주피터와 새턴이 있고, 그 너머로 해왕성의 거대한 달 트리톤처럼 너무 많은 노력이 필요해서 고려조차 할 수 없는 세계도 있다.

우리의 태양은 사실 가장 밝은 10퍼센트의 항성 중 하나다. 우리가 아는 대부분의 항성은 훨씬 어두운 K형이거나 M형 적색왜성이고, 더 어두운 항성도 많다. 핵융합을 시작하기에는 너무 작은 갈색왜성 주위로는 죽은 행성들이 얼음장 같은 어둠 속을 끝없이 돌고 있다.

우리가 그들의 불을 지펴줄 수 있다면 어떨까?

문제의 물체가 실제로 빛을 내는 항성이라면, 즉 M형 적색왜성이나 심지어 갈색왜성이라 해도, 솔라 세일을 이용해 항성의 발산 에너지를 소량 반사시켜 항성의 힘을 증폭시킬 수 있다. 항성 내에서 열핵융합이 진행되는 속도는 온도의 거듭제곱을 따라간다. 우리의 태양만 한 크기와 온도의 항성에서 일어나는 양성자-양성자 핵융합의 경우에 반응속도는 온도의 4승에 비례하고, 더 차가운 항성의 경우에 온도 의존도는 더 강해진다. 핵융합에 촉매 역할을 하기 위해서 CNO 순환이 항성 내에서 이용된다면, 반응속도는 T^{20}(!!!)에 비례해 증가할 것이다. 그러니까 반사된 빛으로 재가열해서 항성의 온도를 아주 조금만 올린다 해도 생성되는 에너지는 크게 증가할 수 있다. 이 증가한 에너지 발산량은 항성의 온도를 더욱 높이고, 이것이 다시금 발산량을 증가시킬 것이다.

M형 항성은 다른 모든 종류보다 세 배 많아서 수적으로 우세하다. 갈색 왜성이 모든 발광성을 다 합친 것보다 수십 배쯤 많다. 이 항성들을 타오르게 만들 수 있으면, 우주에서 생명체의 영역을 널리 확장할 수 있을 것이다.

1930년대에 쓴 《별의 창조자》에서 영국의 철학자 올라프 스테이플던 Olaf Stapledon은 별을 만드는 자를 신에 비유했다.[13]

우리가 신이 될 수는 없다. 하지만 별을 만드는 것은 대단히 고귀한 일이다. 우리가 별에 불을 댕기는 법을 알아낸다면, 행성뿐만 아니라 태양계 전체에 생명을 퍼뜨릴 수 있게 될 것이다. 그것은 포유류의 후손 치고는 꽤나 멋진 일이다.

초기 우주에서는 물질이 거의 모두 수소 아니면 헬륨이었다. 탄소, 산소, 질소처럼 유기화학과 생명체에 필수적인 더 무거운 원소들은 전부 다 별에서 만들어지고 신성과 초신성 폭발을 통해 우주로 퍼졌다. 우리는 우주의 먼지다. 하지만 모성 덕분에 따뜻하게 데워져 생명으로 부화하고 이제는 둥지를 떠나 우리의 부를 찾고 어머니의 형제들 사이에서 우리의 흔적을 남기려 하고 있다.

엑스 아스트라, 아드 아스트라 *Ex astra, ad astra*(별에서 나와, 별을 향해서).

별은 생명을 만들었다. 그래서 생명은 별을 만들어야 한다.

포커스 섹션: 케플러 임무

우리의 태양계에서 태양뿐만 아니라 거의 모든 큰 천체에는 주위를 공전하는 더 작은 천체들이 있기 때문에 항성에는 행성 시스템이 있을 거라고 추측하는 것은 합리적이다. 실제로 르네상스 시대까지 거슬러 올라가서, 이탈리아의 철학자 조르다노 브루노는 별이란 실제로 태양이고, 우리 세계처럼 지적 존재들이 사는 세계들이 그 주위를 둘러싸고 있다고 주장했다. 이 사람들이 고개를 들어 하늘을 보면 우리를 보게 되기 때문에 "우리는 천국에 있다". 다시 말해서 천국의 법칙은 지구의 법칙과 같다는 것이다. 이것이 사실이라면 인간의 정신은 우주의 본질을 해석할 수 있어야 한다.

과학 자체에 근본적 기반을 둔 이 대담한 가설 때문에 브루노는 1600년 화형을 당했다. 그의 운명에도 불구하고 그의 가설을 더 강하게 믿는 다른 많은 사람들이 점점 더 좋아지는 망원경을 이용해서 외계 행성을 찾는 등 이후 수 세기 동안 그것을 입증하려고 애를 썼다. 하지만 1990년대가 되어서야 딱 하나가 발견되었다.

이렇게 꽤 한참 늦어진 이유는 다른 항성 주위를 도는 행성은 우리 태양계의 행성보다 수십억 배쯤 더 흐릴 것이기 때문이다. 우리 태양계의 천왕성, 해왕성, 명왕성 같은 몇몇 행성들도 꽤 최근까지 발견되지 못했다. 그뿐만 아니라 그들의 항성이 수십억 배쯤 더 밝기 때문에 그 주위의 행성은 항성의 빛에 가린다. 이런 조합 때문에 이 행성들은 지름 200인치의 마운트 팔로마 망원경 같은 20세기의 훌륭한 장비로도 사실상 거의 보이지 않았다.

직접 촬영하는 것은 거의 불가능하기 때문에 더 정교한 기술이 개발되었다. 첫 번째로 성공한 기술은 가까이서 도는 무거운 행성 때문에 항성이 이쪽저쪽으로 당겨져서 흔들거리는 현상을 찾는 방법이다. 행성의 궤도가 지구 쪽을 향하는 평면에 가까이 있으면, 항성은 행성이 그 앞으로 올 때 우리 쪽으로 당겨져서 일시적으로 그 빛이 스펙트럼의 파란색 쪽으로 도플러 편이가 일어난다. 비슷하게 행성이 뒤쪽으로 돌아가면 항성을 우리에게서 먼 쪽으로 끌어당겨 빛이 빨간색 쪽으로 편이를 일으킨다. 이런 주기적인 스펙트럼 이동을 관찰함으로써 이런 행성들의 존재를 알아낼 수 있다. 이 기술을 이용해 보통 항성 주위를 도는 최초의 태양계 밖 행성 페가수스 51b가 1995년에 발견되었고, 그 이후로 매년 몇 개씩 더 발견되고 있다. (또 다른 중력 영향하의 흔들림 기술 덕분에 1992년에 중성자성 주위를 도는 행성을 찾아낼 수 있었다.)

하지만 이 도플러 흔들림 감지법은 항성의 아주 가까운 곳에서 도는(우리의 태양에서 지구 거리의 몇 퍼센트 정도) 대단히 큰 행성에만 사용할 수 있기 때문에 사람이 살 수 없는 '뜨거운 목성' 같은 것을 찾기는 어렵다. 우리의 태양계도 이 기술만을 갖고 있는 외계 천문학자들에게는 아마 보이지 않을 것이다.

더 나은 방법이 있어야만 했고, 나사 에임스 연구센터의 천문학자 윌리엄 보루키는 자신이 그 방법을 안다고 생각했다. 공전하는 행성이 방출하는 반사광을 찾는 대신에 그는 행성이 항성의 앞을 지나며 우리 시야에서 일부를 가릴 때 훨씬 크게 소실되는 빛을 찾는 게 어떨까 생각했다. 지구는 지름이 태양의 약 100분의 1이기 때문에 다른 태양계의 관찰자는 태양빛이 1000분의 10만큼 가리는 것으로 보일 것이다. 반대편으로도 똑같이 적용될 것이다. 1980년대에는 그 정도로 예민한 광도계가 존재했다. 시간이 흐르는 동안 수천 개의 별들로부터 나오는 빛 등급을 비교하는 대량의 데이터를 기록할 적절한 장비와 성능 좋은 망원경에 광도계를 부착해서 우주로 보내면, 다른 거주 가능한 지구들을 포함해 온갖 종류의 행성들을 탐지할 수 있을 것이다!

그래서 보루키는 이 임무를 하자는 운동을 벌이고, 이 아이디어를 논의하기 위해 1984년에 첫 번째 워크숍을 열어 팀을 구성했다. 다른 우선순위가 있었던 나사를 설득하는 데 오래 걸렸지만, 1990년대에 나사 국장 댄 골딘이 디스커버리 프로그램에 착수하면서 상황이 풀리기 시작했다. 디스커버리 프로그램은 창의적인 프로젝트 구상이 있는 독자적인 팀들을 모아 후원금을 놓고 반복적으로 공개 경쟁을 벌이는 것이다. 경비, 위험성, 파악되는 과학적 가치를 바탕으로 비교를 통해서 제안서를 평가했다. 보루키의 팀은 경쟁에 참가했으나 떨어졌다. 그들은 두 번째도 시도했으나 역시 떨어졌고 다시금 시도했다. 그러다가 네 번째에 드디어 성공했다. 2001년에 케플러 임무가(팀 멤버인 칼 세이건과 질 타터의 고집으로 행성 움직임 법칙을 발견한 과학자의 이름을 썼다) 디스커버리 프로그램이 후원하는 열 번째 임무가 되었다.

힘겨운 노력과 예산 싸움, 지연, 그 외 고통을 견디고서 2009년 3월에 케플러가 마침내 행성간 공간으로 발사돼 태양 주위의 공전 궤도 위에서 지구를 60도 뒤에서 따라갔다. 0.95미터의 슈미트 망원경을 백조자리에 있는 별 데네브와 거문고자리의 베가 사이에 맞추고서 우주선은 2009년 7월에 과학 탐사를 시작했다. 데네브와 베가는 별 관찰자들에게 잘 알려진 '여름의 대삼각'의 세 꼭짓점 중 두 개다(세 번째는 독수리자리의 알타이르다). 이 별들은 북반구에서 맑은 여름밤에 쉽게 찾아볼 수 있다. 이들은 은하수에 자리하고 있지만, 우리 은하 중심 쪽에 있는 별들이 가장 몰려 있는 부분은 아니다. 그보다는 우리 은하면에 있지만 은하를 중심으로 태양의 공전궤도 방향에 있어서 이 별들을 쳐다볼 때면 은하 중심에서 우리와 같은 거리에 있고(말하자면 바깥쪽으로 중간쯤) 은하를 함께 공전하는 별들을 보는 것이다. 케플러의 시야는 양쪽으로 10도 정도를 아우르기 때문에 한 번에 하늘을 0.25퍼센트 정도 보는 셈이다. 이 시야 내에서 케플러에 보이는 별은 50만 개 정도였고, 팀은 관찰할 후보를 15만 개로 추렸다.

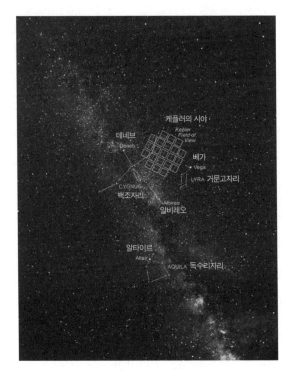

[그림 8.3] 케플러의 시야. (나사 제공)

나머지 대다수는 케플러의 광도계 행성 탐지 기술을 소용없게 만들 정도의 자연 광도를 갖고 있었기 때문이다. 그다음에 망원경이 데이터를 수집하고, 전송량을 한정하기 위해 선상에서 그 데이터를 처리하고, 천문학자들은 결과를 기다리며 쳐다보기만 했다.

행성은 지구를 향하는 평면에서 궤도를 돌 때에만 항성을 가리게 된다. 이 사실은 케플러에 감지될 가능성을 200분의 1로 감소시킨다. 게다가 같은 주기의 궤도를 두 번 도는 하나의 천체가 존재한다는 사실을 확인하기 위해서 케플러가 보고 있는 동안 목표 행성이 세 번의 식蝕을 일으켜야하기 때문에 궤도 주기가 총 관측 시간의 절반 이하인 행성만 탐지가 가능하다. 그러니까 예를 들어, 처음 두 달 동안 임무를 수행하며 케플러는 궤도 주기가 한 달 미만인 행성만 파악할 수 있었다. 그렇게 빠르게 돌기 위해서는 행성이 항성의 아주 가까운 곳에서 공전해야만 할 것이다. 우리 태양계에서는 수성과 태양 사이의 중간 지점에서 돌았을 것이다. 그러니까 그렇게 대단히 뜨거운 세계들이 찾기가 쉽고, 팀으로서는 기쁘게도 케플러는 사실상 거의 즉시 그런 행성을 수십 개 찾아냈다. 하지만 우리에게 가장 큰 관심사인 행성들은 생명체가 있을 가능성이 있는 곳, 좀 더 멀리서 공전하고 더 긴 거리를 훨씬 천천히 움직이며, 궤도를 더 오랜 시간이 걸려서 지나가는 덕분에 탐지가 가능한 그런 곳들이다. 케플러가 하나의 시야에 더 오랫동안 초점을 맞추고 있을수록 더 흥미로운 결과가 나올 것이다. 하지만 케플러는 디스커버리 미션의 한정된 예산 안에서 만들어지고 작동되는 저가 우주선이었다. 갈릴레오나 카시니 같은 주요 우주선의 5분의 1 정도밖에 안 되는 5억 달러짜리였다. 지구 정도의 공전 주기를 갖고 생명체가 살 수 있는 세계를 찾으려면, 최소한 3년은 작업을 해야 할 것이다. 케플러는 몇 년을 견딜 수 있을까?

케플러는 4년을 버텼다. 그리고 항성의 생명체 거주 가능 지역에서 공전하는 지구 같은 세계를 여럿 찾았을 뿐만 아니라 여기저기서 공전하는 온갖 종류의 설명을 할 수 있는 수많은 세계들을 찾아냈다. 암석 세계와 기체 세계, 물 세계, 얼음 세계, 용암 세계, 철 세계, 다이아몬드 세계…… 과학소설 작가들조차 예상치 못했던 다양한 요소들과 방식으로 이루어진 태양계들.[14] 전체적으로 케플러는 4000개가량의 후보 행성을 찾았고, 현재 2500개 이상이 확인되었다. 이 통계치는 엄청나다. 그 탐지 기술의 한계를 고려할 때 케플러는 15만 개의 목표물 중에서 겨우 800개의 행성 시스템 정도를 찾을 것으로 예상되었기 때문이다. 이것은 실제로 모든 항성

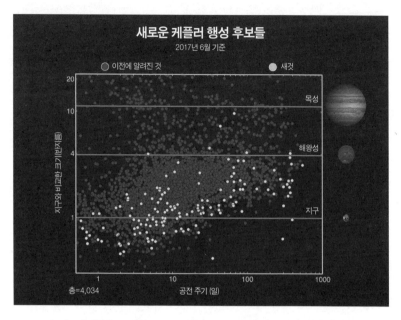

[그림 8.4] 케플러는 4000개가 넘는 행성을 발견했다. 장비의 특성 때문에 공전 주기가 짧은 큰 행성만 찾을 거라는 편견이 있었다. 하지만 더 작고 긴 주기의 행성들이 훨씬 많이 발견된 것으로 보인다. (나사 제공)

들이 여러 개의 행성이 있는 태양계로 둘러싸여 있다는 사실을 암시한다. 그 말은 우리 은하에서만 수천억 개의 행성을 찾을 수 있다는 뜻이다. 게다가 케플러는 태양 가까이에 암석형의 작은 행성 네 개가 돌고 있고 먼 곳에서 기체형의 거대한 행성 네 개가 돌고 있는 우리 태양계가 왜 이런 식으로 구성되어야만 했는지를 설명하는 이전의 행성 집합체 이론을 전부 쓰레기통에 집어넣게 만들었다. 어느 과학자는 이렇게 말했다. "이제는 물리적으로 존재할 수 있는 행성이라면 무조건 존재한다는 사실이 명확해졌습니다."

우리는 가능한 모든 세상이 존재하는 우주에 살고 있다.

케플러의 방향을 정확하게 인도하는 네 개의 반작용 바퀴 중 두 개가

[그림 8.5] 케플러 팀 멤버 사라 시거는 놀라운 임무 요약을 발표한다. 항성 다섯 개 중 하나가 그 생명 거주 가능 지역에 지구 크기의 행성을 갖고 있다는 것이다.

2013년에 망가지면서 데네브-베가 지역의 체계적인 장기 관측이 끝나게 되었다. 하지만 자원 팀은 자연력을 이용해서 케플러가 계속 태양에서 멀어지는 방향으로 가게 만들고 황도대를 지나며 각 지역에서 60일짜리 관측 활동을 연이어 하게 한다는 기발한 아이디어를 내놓았다. 이렇게 하면 케플러는 계속 작동하면서 우리 태양계의 황도면 바깥쪽을 바라봄으로써 관측 가능한 수백 개의 단주기 행성들을 추가로 발견할 수 있다.

케플러의 굉장한 성공은 많은 대형 지상 망원경들이 광도계 행성 탐지 활동을 시작하도록 선도하고, 하늘 전역에서 1500개의 행성을 추가로 발견하게 만들었다. 더욱 강력한 후속 연구가 최근에 발사한 테스TESS를 통해서 곧 이루어질 것이다. 이것은 케플러의 발견을 천 배나 늘릴 가능성을 갖고 있다.

하지만 요약 결과는 이미 명확하다. 저명한 천문학자인 사라 시거와 앤드류 하워드가 2018년 9월 미국 항공우주학회의 명망 높은 공개 강연에서 이렇게 압축해 설명했다.

"지금 가진 데이터를 바탕으로 할 때, 우리는 20퍼센트의 항성들이 생명 거주 가능 지역에 지구형 행성들을 갖고 있을 것으로 추정합니다."

우와.

2부

왜 해야 하는가

9장

지식을 위해

많은 사람들이 우리의 현재 과학적 지식이 우주에서 중요한 모든 것을 아우르고 있다고 믿는다. 우리가 지금 근본적으로 알아야 하는 모든 것을 다 알고 있다는 것이다. 이런 자만심은 완전히 잘못됐고, 실제로 이전 시대의 대부분의 사람들이 갖고 있던 자만심과 똑같이 틀렸다. 사실 우리는 우주의 근원이나 그 법칙, 우주와 시간, 물질, 생명, 지능을 포함해 주요 요소에 관해서 사실상 전혀 모른다.

우리는 오늘날 물리학에 대해서도 그리 많이 알지 못한다. 다양한 현상들이 *어떻게* 작용하는지는 이해하지만, *이유*는 알지 못한다. 왜 물질이 존재하고 질량을 가졌는지, 왜 질량이 관성력을 가졌는지, 왜 중력을 가하면 시공간이 구부러지는지 알지 못한다. 왜 모든 질량이 양수인지(음수나 허수가 아니고), 또는 실제로 그런지도 알지 못한다. 우리는 전하가 어떻게 서로 작용하는지는 알지만, 왜 전하가 존재하는지, 왜 기본입자의 전하가 그런 상태인지, 왜 같은 전하는 반발하고 다른 전하는 서로 당기는지, 왜 이 힘의 크기가 특정한 숫자를 갖는지도 잘 모른다. 왜 질량-에너지나 전하가 보존되는지, 실제로 모든 상황에서 보존되는 건지도 모른다. 왜 특정한 자가반발 전하를 가진 기본입자들이 저절로 폭발하지 않는지도 모른다. 전기력과 자기력의 비율이 빛의 속도를 결정한다는 건 알지만, 왜 이 힘이 그런 식의 비율을 갖는지도 모르고, 왜 빛이 그런 속도로 움직이는지도 잘 모른다. 공간, 시간, 시공간이 무엇인지, 어디서 온 건지, 어디로 가는지, 왜 연속적인지도 잘 모른다. 왜 자연의인력이 네 개이고 오로지 네 개인지, 실제로 딱 네 개인지도 잘 모른다. 무엇이 빅뱅이나 시간, 그 물질의 인과관계를 만든 건지도 잘 모른다. 왜 시간이 앞으로만 흐르고 뒤나 옆으로는 흐르지 않는지도 모른다. 우리 우주가 유일한지, 아니면 수백만 개, 수 조 개, 심지어는 무한하게 존재하고 있는지도 잘 모른다. 의미상으로 만약 무언가가 다른 우주에 있다면, 그것은 우리 우주에 있는 게 아니니까 그것과 우리는 교류할 수 없어야 한다. 하지만 항상 그런 걸까, 아니면 항상 그래야만 하는 걸까?

우리는 왜 우주의 법칙이 현재처럼 기하학적 관계를 따르는지, 왜 기하학과 애초에 관계가 있는지 알지 못한다. 왜 우리 우주에서 힘의 크기를 좌우하는 기본상수가 상수인지, 정말로 그런지 알지 못한다.

비슷하게 우리는 생물학에도 무지하다. 우리가 지구상에서 보는 생명체에 대해서는 알지만, 그게 어떻게 시작되었는지, 왜 이런 식의 경로를 선택했는지, 그 잠재력의 진정한 한계는 어디인지도 알지 못한다. 우리가 혼자가 아니라고 생각은 하지만 누가 또 있는지, 그들이 어떤 모습일지, 어떤 계획을 갖고 있고 무엇을 알고 있을지 감조차 잡지 못한 상태이다. 이것은 우리의 무지에 관한 몇 가지 예일 뿐이다. 우리가 아직까지 알지 못하는 것들은 어마어마하다.

위의 질문들에 대한 답을 하나라도 찾게 되면, 그 가치는 대단히 클 거고 오늘날 물리적으로나 의학적으로 불가능하다고 여겨졌던 것들을 할 수 있게 만들어줄 수도 있다. 하지만 이 답을 찾기 위해서는 우리의 요람 행성을 떠나서 주위를 진지하게 살펴봐야 한다.

우주에서의 천문학

우주 공간보다 더 천문학 연구를 하기 좋은 곳도 없다. 허블 우주 망원경처럼 현재 있는 우주 관측소는 이미 우주에 대한 우리의 지식을 크게 바꾸어놓았다. 실제로 허블은 우주에 있는 물질의 70퍼센트를 이루고 있으며 우주 팽창을 가속화한 자연의 다섯 번째 힘(이전까지 알려진 중력, 전자기력, 강한 핵력과 약한 핵력을 넘어서서)의 주원인인 암흑에너지를 발견했다. 그러니까 허블의 1990년 발사 이전의 과학자들은 우주 망원경 없이도 자신들이 우주의 본질과 법칙에 관해 꽤 많이 안다고 생각했지만, 오늘날 우리는 존재하고 있는 것의 대부분을 전혀 알지 못하고, 존재하는 것들이 뭘 하고 있는지도 거의 알지 못한다. 게다가 허블은 그 놀라운 사진들을 통해서 현대의 가장 위대하고 희망찬 예술품을 만들어낸 것은 물론, 수많은 것들 중 행성과 항성, 은하계, 퀘이사의 근원과 관련된 여러 가지 다른 발견도 했다.

케플러 우주 망원경은 수천 개의 태양계 밖 행성 시스템을 찾았고, 예외는커녕 모든 종류의 항성과 함께 있는 행성군이 사실상 일반 법칙임을 증명했다.[1] 막 발사된 천체면 통과 외계행성 탐사 위성Transiting Exoplanet Survey Satellite, TESS과 곧 발사될 웹 우주 망원경은 더욱 나을 것으로 전

망된다.[2] 웹은 지름이 허블의 거의 세 배이고, 지구-태양의 라그랑주 2점 (L2, 태양에서 지구의 반대편에 있는 점) 쪽의 궤도에 위치할 예정이며 시간의 여명기부터 만들어진 적색편이 천체들을 보는 데 필요한 적외선 파장으로 우주의 가장 깊은 구석과 깊은 과거까지 탐색할 수 있을 것이다. 이것은 우리에게 지상에 위치한 망원경이나 허블로는 보이지 않았던 광대한 우주를 보여주는 새롭고 강력한 창문이 될 것이다. 행성을 찾는 테스 망원경은 선구적인 전임 기계 케플러가 탐색할 수 있었던 지역에서 태양계 밖 세계를 찾는 능력을 400배 이상 증가시킬 것이다. 케플러가 이전까지 알려지지 않았던 세계 수천 개를 발견한 반면에 테스는 수백만 개를 발견할 수 있을 것이다. 이를 넘어서서 나사는 지구의 대기 때문에 흐려지거나 완전히 가로막혔던 창문을 통해서 전례 없는 힘으로 우주를 연구할 수 있는 뛰어난 우주 망원경의 새 세대를 계획하고 있다. 여기에는 광각 적외선 우주 망원경 Wide Field Infrared Survey Telescope, WFIRST[3], 중력파 관측선 Gravitational Wave Surveyor[4], 우주배경복사 관측선 Cosmic Microwave Background Surveyor[5], 원적외선 관측선 Far InfraRed Surveyor[6], 리닉스 X선 관측선 Lynx X-ray Surveyor[7], 거주 가능 외계행성 촬영 임무선 Habitable Exoplanet Imaging Mission[8], 근원 우주 망원경 Origins Space Telescope[9], 그리고 가장 중요한 대형 자외선-광학-적외선 관측선 Large Ultraviolet Optical Infrared Surveyor, LUVOIR[10]이 있다. 현재 2030년까지 지구-태양 L2로 발사될 계획인 LUVOIR(이전까지 응용기술 대형-조리개 우주 망원경 Advanced Technology Large-Aperture Space Telescope, ATLST이라고 정해져 있었다)는 지름 16미터로 2.4미터인 허블과 6.5미터인 웹을 하찮게 보일 정도의 힘을 가진 자외선, 광학, 근적외선 자유비행 장치가 될 것이다. 이 능력을 이용해서 LUVOIR는 태양계 밖의 행성들을 분석하고, 그들의 대기에서 스펙트럼을 알아내고, 자유 산소가 있는지를 확인할 것이다. 자유 산소는 일반적으로 광합성 식물이 없으면 자연계에 존재하지 않기 때문에 이것이 있다는 것은 별들 사이에서 생명체의 강력한 증거를 제공해주는 것이다.

이 장비들을 갖고서 우리가 할 수 있는 심도 있는 탐사의 범위는 엄청나다. 우리 은하계에서 거주 가능성이 있는 지역의 빈도와 개수를 파악할 수있다. 이런 행성들의 계절 변화와 극지의 얼음도 파악할 수 있고, 행성의 형성 과정 그 자체에 관해서도 더 많이 알 수 있을 것이다. 태양계 밖 행성의 달을 분석하면 이들의 질량도 결정할 수 있다. 은하수와 다른 은하계들의 과거와 어쩌면 미래의 역사까지도, 탄생부터 죽음까지를 알아낼 수도 있다. 먼 우주의 과거와 오늘날까지 별의 인생사와 은하계 전체에서 화학원소들의 형성 및 순환에 있어서 이들의 역할에 대해서도 더 많은 것을 배울 수 있을 것이다. 작은 블랙홀부터 거대질량블랙홀까지 찾아낼 수도 있고, 이들의 충돌과 성장을 연구하고, 우리의 물리학 이론을 시험하기 위한 극한 조건을 제공하는 퀘이사의 내부 작용과 다른 초강력 에너지 고대 현상을 조사할 수도 있다. 중성자성의 특성을 파악해서 핵물질의 본질에 대한 우리의 식견을 크게 넓힐 수도 있을 것이다. 우리 은하의 빅뱅을(그리고 다른 은하도) 포함한 초강력 에너지 사건들과 이후의 팽창, 수축, 대붕괴, 우리가 현재로서는 실마리조차 없으나 존재했을 것으로 여기는 다른 온갖 종류의 사건들에서 방출된 중력파를 탐지하고 연구할 수도 있을 것이다.

그리고 우리의 지식을 위한 탐색은 이 이상 나아갈 수 있다. 예를 들어 달에 광학 망원경을 대규모로 설치할 수도 있다.

달이 천문학 관측에 있어서 대단히 훌륭한 장소라는 것은 이미 한동안 알려진 사실이다. 주된 이유 하나는 시야를 가리는 대기가 없기 때문이다. 두 번째는 28일에 한 번씩만 돌기 때문에 멀리 있는 천체로부터 오는 빛을 지구에서보다 망원경이 28배 더 오랫동안 모을 수 있다(또는 지구 궤도보다 400배 더 멀리서 오는 빛을 모을 수 있다). 대기가 없고 천천히 자전한다는 것뿐만 아니라 달은 지진이 전혀 없기 때문에 망원경을 설치하기 위한 안정적인 받침대가 된다. 이것은 망원경 여러 대를 전부 하나의 천체에 초점을 맞추고, 거기서 받은 신호를 컴퓨터로 전달하는 광학적 집합체를 만드는 데 필요한 핵심적 특성이다. 이런 집합체를 만들려면 망원경 사이의 거리를 오차 100만 분의 1미터 이하로 정확하게 알아야 하지만(그래서 내진으로 흔들리는 지구나 자유롭게 떠 있는 우주에서는 망원경 사이가 꽤 떨어져 있기 때문에 이런 배열이 불가능하다), 천문학에 있어서 이들의 이점은 어마어마하다. 그 이유는 하나의 망원경의 분석 능력은 그 지름에 비례하는 반면에 단체 망원경의 분석 능력은 단체의 지름에 비례하기 때문이다. 그러니까 허블 우주 망원경은 지름이 2.4미터인 반면에 달 표면의 단체 망원경은 3400킬로미터가량인 달의 지름에 빽빽하게 설치할 수 있고, 그러면 허블보다 백만 배쯤 높은 해상도를 얻을 수 있다.

이런 관측소는 우리에게 1만여 개의 태양계가 아마도 존재할 100광년 정도 떨어진 근처 항성들 주위에 있는 지구형 행성의 분석 내용뿐만 아니라 실제 지도까지 제공해줄 수 있다. 달의 광학 집합체의 도움을 받아서 우리는 1960년대에 행성간 공간 탐사선이 등장하기 전에 우리가 우리 태양계에 관해 알던 것만큼 이 또 다른 태양계들에 관해 알 수 있을 것이다. 집합체는 또한 행성 대기와 표면의 스펙트럼을 받고 자유 산소와 엽록소, 다른 생물학적이거나 산업적, 테라포밍 활동에 관한 특징적인 원소를 확인함으로써 생명체나 혹은 문명을 감지할 수도 있다.

게다가 광학적 집합체는 우리에게 우주를 더 깊이 조사하고 보통 우리 우주가 시작되었던 때라고 여겨지는 빅뱅 시기까지 거슬러 올라가는 천체들을 대단히 자세히 연구하게 도와준다.

광학 천문학이 달 기지에서 엄청나게 득을 볼 수 있는 인류의 가장 오래된 과학의 유일한 분야는 아닐 것이다. 달에는 대기가 없기 때문에 우주선, 감마선, 엑스선, 자외선 천문학을 하는 데에도 이상적인 장소가 된다. 지구의 두꺼운 대기 속에서 하기에는 거의 불가능에 가까운 이런 기술들은 우주에서의 높은 에너지 반응공정을 조사하는 핵심 열쇠다. 달에서 영구적으로 그림자가 진 크레이터는 온도가 낮아서 적외선 망원경을 설치하기에 이상적인 장소가 된다. 달의 뒤편은 지구 문명의 대량 무선 수다로부터 막혀 있는 태양계에서 유일한 곳이기 때문에 전파 망원경을 설치하기에 최적의 장소다. 게다가 달에는 전리층이 없기 때문에 지구 표면에 설치한 장비는 지구의 전리층 때문에 전혀 수신하지 못하는 저주파(30메가헤르츠 이하)를 달 표면에 설치한 전파 망원경은 받을 수 있다. 전자기 스펙트럼에 있는 이런 주파수 하나하나는 새로운 물리 현상을 발견할 수 있는 특수한 이점과 기회를 제공하고, 거의 모두가 달에서 연구하는 것이 가장 좋다.

이것은 학문적 관심을 훨씬 넘어선다. 역사적으로 천문학은 새로운 물리 법칙의 발달을 이끌었다. 중력의 법칙, 전자기학 법칙, 상대성 법칙, 그리고 핵융합 법칙 전부 천문학적 관측에서 발견된 것이다. 정확한 전 세계 항법, 탄도 미사일, 전자 통신, 핵 및 열핵무기를 포함하여 오늘날 전 세계 상업과 힘의 정치를 지배하는 기술의 과학적 기반이 전부 천문학이라는 비실용적 학문에 뿌리를 두고 있다는 것은 참 기묘한 사실이다. 우주가 우리가 만들 수 있는 그 어떤 것보다 훨씬 큰 실험실을 제공하니까 이것을 예상했어야 한다. 예전 그 어느 때보다 시간과 공간에 대해 깊이 탐사하게 해줌으로써 달과 궤도의 관측소 시스템은 창조 과정 자체를 포함해 새로운 물리학 법칙을 발견할 수 있게 만들 것이다.

생명체 탐색

하지만 달은 그저 시작일 뿐이다. 화성을 탐험하면 현재로서는 사실 미스터리인 생명의 기원을 이해하는 핵심을 제공해줄 수도 있다. 생명이 정말로 지구에서 기원했을까? 이 생각은 미심쩍다. 과학자들이 수백 년 동안 찾았음에도 불구하고 세균보다 더 단순한 자유생활 미생물은 우리 행성에서 발견된 적이 없기 때문이다. 이것은 정말로 놀라운 사실이다. 세균이 다른 복합 유기체들과 비교하면 단순할지 모르지만, 절대적인 관점에서는 딱히 그리 단순하지 않다. 세균은 무엇보다 우아한 이중나선 구조의 DNA 전체를 갖고 있다. 세균이 화학물질 속에서 나타난 최초의 생명체 형태라고 믿는 것은 아이폰이 인간이 만든 최초의 기계라고 생각하는 것과 비슷하다. 이런 생각은 당연히 말도 안 된다. 아이폰의 개발에 앞서서 컴퓨터와 라디오, 전화, 전기, 유리 제품, 금속공학, 문자와 언어, 그리고 꼭 필요한 여러 가지 기술적 선행이 발달해야 했던 것과 마찬가지로 최초의 세균이 만들어지려면 그에 앞선 생물학 기술이 다량 진화했어야 한다. 하지만 우리는 이런 역사의 증거를 전혀 찾을 수 없다. 우리는 여전히 아이폰의 선대 기술들을 사용한 여러 가지 물건들, 예를 들어 전화, 전구, 배터리, 유리창, 강철 칼 등을 주위에서 수두룩하게 본다. 하지만 세균 전의 유기체는 전혀 볼 수가 없다. 이런 관찰 결과는 한 세기도 더 거슬러 올라가 위대한 스웨덴의 과학자 스반테 아레니우스를 포함하여 수많은 탐구자들에게 지구의 생명체가 이주자들이라는 추측을 갖게 만들었다.[11] 이 '판스페르미아'설에 따르면, 세균은 지구에서 기원한 것이 아니라 다른 모든 생명체 형태에게 적용되는 일반적으로 아는 진화 과정을 거쳐 생긴 다음에 우주에서 여기로 온 것이다.

하지만 아레니우스가 주장한 것처럼 미생물은 성간 공간에서 왔을까? 만약 그렇다면 우리는 화성에서 마찬가지로 세균의 선조 없이 지구형 세균을 찾을 수도 있고, 우주 전체에 똑같은 일반적인 생리적, 생물학적 종류로 된 생명체가 퍼져 있다는 것을 알게 될 것이다. 아니면 생명이 우리의 이웃인 화성에서 시작된 걸까? 만약 그렇다면 세균뿐만 아니라 같은 생리를 바탕으로 더 원시적인 형태를 가진 세균의 선조 유기체를 찾을 수 있어야 한다. 이것은 생명의 지난 역사를 밝혀줄 것이고, 이를 통해 그 창조까지 이르는 과정도 알려줄 것이다.

반대로 만약 우리가 지구 유기체와 다른 생리를 가진 생명체를 발견한다면, 이것은 생명이 지구에서 따로 시작되었고, 거의 확실하게 다른 곳에서는 엄청나게 다양하고 수많은 생명체가 있을 거라는 아이디어를 뒷받침해준다. 두 행성에서 생명체가 시작되자마자 거의 즉시 두 가지 다른 방향으로 발달한 걸로 보이니까 말이다. 게다가 생명에서 필수적인 특징이 무엇인지를 밝혀주고 지구에만 고유한 것은 무엇인지도 알려줄 것이다. 세균부터 버섯, 참나무, 메뚜기, 악어, 너구리, 인간까지 모든 지구의 생명체는 똑같이 정보를 암호화하는 21개의 아미노산과 RNA/DNA 시스템을 바탕으로 하는 똑같은 생리 기반을 이용한다. 그것이 우리 모두가 하는 방식이지만, 이게 생명체의 정의일까? 아니면 우리는 훨씬 넓은 가능성의 태피스트리에서 뽑은 하나의 한정된 예일 뿐일까? 다른 세계들을 탐험해봐야만 그것을 알아낼 수 있다.

마지막으로, 우리가 화성에서 과거나 현재 생명체의 증거를 전혀 찾아내지 못하는 아주 드문 경우에 이것은 초기 화성과 초기 지구가 대단히 비슷함에도 불구하고 생명이 정당한 필요성 때문이라기보다는 아마도 순수하게 우연으로 우리 행성에만 나타났음을 알려줄 것이다. 만약 그렇다면 우리는 어쩌면 혼자일 수 있다.

지적생명 탐색

지적 외계 생명체에 관해서는, 이들의 통신과 성간 이동과 그들이 할 수도 있는 테라포밍 같은 활동들이 우리가 현재 우주에 설치할 수 있는 종류의 장비나 조사로 탐지될 가능성이 아주 높다.

예를 들어 이미 말한 것처럼 우주 망원경은 태양계 밖 행성 대기에서 산소를 감지하는 데 사용 가능하다. 산소 자체만으로도 생명의 존재를 나타내줄 것이다. 하지만 이렇게 산소가 있는 행성의 전형적인 빈도가 태양계 백 개 중 한 개일 때, 우주의 특정 지역에서 이 빈도가 다섯 개 중 하나라는 사실을 발견한다면? 이 지역에 활동적인 테라포밍을 하고 있는 발달된 우주 여행 종족이 살고 있다는 강력한 암시인 셈이다.

아니면 발달한 외계 종족의 고에너지 활동이 방출하는 스펙트럼 신호를 찾음으로써 이들의 존재에 대한 증거를 찾을 수도 있다. 이런 활동 중 찾아볼 만한 가장 확실한 것은 성간 여행이다.[12]

예를 들어 10년 내에 광속의 10퍼센트 속도로 가속하거나 감속하려는 1000톤 질량의 성간 우주선은 1.5테라와트가량의 에너지를 내야 할 것이다. 이런 우주선을 가속하는 적절한 방법은 여러 가지가 있지만, 감속하는 가장 유리한 방법은 강력한 자기장(즉 마그네틱 세일)을 이용해서 성간매질에 있는 이온화되었거나 이온화 할 수 있는 기체로 항력을 일으키는 것이다. 이런 시스템은 드래그 레이서 뒤로 낙하산을 펼치는 것처럼 추진제나 에너지 없이도 선체가 느려지게 만들어준다. (사실 에너지를 만들어낸다.) 그 과정에서 수많은 장파장 전파를 만들고, 기본적인 방정식에 따라 배가 느려지는 동안 주파수가 바뀔 것이다. 그 결과 인공 현상으로 확실하게 구분이 가능하다. 하지만 불행히 이런 파장의 주파수는 지구의 전리층을 뚫고 들어오기에는 너무 낮다. 그러나 우주에 있는 적절한 전파 관측기에서는 감지가 가능할 것이다.

외계 지적생명 탐사SETI와 관련된 단체들은 수십 년 동안 외계생명체가 성간 통신을 위해 1미터 이하 파장 전파를 사용할 거라는 가설하에 노력을 기울여왔다.[13] 위에서 설명했듯이 이런 조사를 할 최적의 장소는 달 뒷면이다. 하지만 1960년 이래로 점점 더 강력한 장비를 사용해 탐색했음에도 불구하고 지상에 위치한 SETI 연구자들은 어떤 신호도 감지하지 못했다. 그 이유 중 하나는 성간 통신에 최적인 전자기 주파수는 지구의 대기를 뚫고 들어올 수 없기 때문일 것이다. 예를 들어 외계생명체가 SETI 사람들이 귀 기울이고 있는 0.2미터 전파 대신에 0.1미크론 파장의 자외선 레이저를 통신에 사용한다고 하면, 같은 크기와 에너지의 발신기로 200만 배의 데이터 속도를 낼 수 있다.

이런 데이터 속도의 증가는 실제로 유용할 것이다. 화성에서 지구의 70미터 크기의 수신기로 초당 6메가바이트의 데이터를 전달할 수 있는 화성 정찰위성에 있는 것과 같은 0.03미터 파장에 100와트 X 주파수대 전파 발신기조차 12광년 떨어진 타우 세티에서 발신하면 초당 6마이크로비트 또는 연간 200비트밖에 전송할 수 없다. 발신 전력을 메가와트로 높이고 안테나 크기를 2미터에서 70미터로 키우면 초당 0.6비트를 전송할 수 있다. 12광년이 실제로 성간 거리 치고는 꽤 가깝다고 생각하는 사람에게는 이 또한 성에 안 찰 것이다.

그러니까 이런 데이터 전송법이 지상에 있는 SETI 전파 천문학자들의 열망에 걸맞게 편리하기는 해도 전파를 사용해 성간 거리 너머로 이야기를 하려 하는 외계생명체에게는 굉장히 비실용적일 것이다. 그들이 별 사이에서 통신을 한다면 거의 확실하게 우주를 여행할 수 있을 거고, 그러니까 행성 대기를 뚫어야 한다는 제한이 전혀 없는 자외선 레이저 같은 통신 시스템을 사용할 것이다. 이런 신호를 들으려면 우리는 우주에서 들어야만 한다.

하지만 외계생명체가 완전히 비전자기적 방식을 이용해서 전송을 한다면 어떨까? 쌍방향 대화 대신에 외계생명체들은 우리가 낯설게 여기는 문명을 조우했을 때 대체로 어떻게 하는지에 더 관심이 많을 수도 있다. 상대를 우리처럼 만들려는 목적으로 프로파간다를 퍼뜨릴까? (자유유럽방송이나 반대편인 크렘린이 후원한 라디오 모스크바를 떠올려보라. 둘 다 같은 기본 메시지를 퍼뜨렸다. "우리처럼 되어라." 또는 여행자들을 자신들의 종교로 개종시키려는 마음으로 호텔방마다 성경을 놔두는 기드온 협회원들을 생각해보라. 프로파간다는 퍼뜨리기 위한 것이다.) 이런 종류의 성간 통신은 유전적 패키지를 송출하는 방법이 제일이다.

우주적 프로파간다

흔한 세균의 유전물질은 130킬로바이트에서 14메가바이트 사이의 정보를 가진 것으로 추정된다. 이 물질은 그램당 900테라바이트의 밀도, 즉 현재의 최신식 전자기 하드웨어보다 500배 큰 강력한 데이터 보관 매질로 사용될 수 있다. 지금까지 한 실험에서 과학자들은 DNA 안에 책 전부와 심지어 영화들까지 암호화해서 넣고, 세균이 번식하면서 암호화된 정보까지 복제할 수 있다는 것을 보여주어 이러한 능력을 입증했다.[14] 이런 식으로 미생물은 SETI 사람들이 찾고 있는 종류의 편지를 전달하는 데 사용될 수 있다. ("안녕. 이건 파이값이야. 이제 너희가 우리가 지적인 생명체라는 걸 알았을 거고 우리에게 관심을 기울이고 있을 테니까 우리 언어의 사전을 줄게. 이제 이걸 다 읽었으니까, 이건 성간 우주선을 만드는 설계도야.")

하지만 프로그래밍 된 세균은 생명체가 없는 세계에 생명을 퍼뜨리기 위해서나 이미 생명체로 가득한 세계의 생물권의 진화에 영향을 미치기 위한 목적으로 유전자를 전달하는 용도로 더 실용적으로 사용이 가능하다. 세균은 종 사이에서 유전자를 전달할 수 있는 것으로 유명하다. 그렇다면 이들을 세계 사이에서 유전자를 전달하는 용도로 사용할 수도 있을 것이다.

이런 전달의 도구는 모든 태양계에 존재하고 있다. 정확하게는 고향별 자체에서 가해지는 광압이다. 빛도 힘을 가졌고, 태양빛은 공학자들이 솔라 세일 우주선을 설계할 정도의 힘을 가졌다. 솔라 세일은 얇은 반사성 호일로 만들어진 커다란 돛을 이용해서 빛의 미는 힘으로 태양계를 항해하는 방법이다.

세균은 아주 작고 가늘어서 하나하나 우주에 방출하면 우리의 태양이 가하는 광압이 중력의 인력보다 커서 성간 공간으로 곧장 날아가게 된다. 일반적으로 30km/s의 속도(0.0001c. 태양을 도는 지구의 속도)로 날아가는 이 미생물은 10광년을 10만 년 걸려서 가게 된다. 이렇게 되면 1밀리래드에서 10밀리래드 사이의 우주선에 노출되는데, 이는 라디오두란스 같은 강인한 미생물종의 생존 한계에 가까운 수치다. 이것 때문에 그만 둘 필요는 없다. 세균을 보관함으로 이용해 보내는 메시지는 수십억 마리의 미생물을 이용할 게 분명하고, 그중 몇 마리만 여행에서 살아남아도 메시지는 어쨌든 전달이 될 것이다. 자외선이 보호막 없는 세균을 며칠 안에 죽이긴 하지만 0.5미크론의 검댕으로 이 유해물에 대한 유용한 보호막을 제공해줄 수 있다. 이런 보호는 자연적으로 일어날 수도 있다. 그래서 자연적 판스페르미아 설의 가능성이 더 높아진다.[15] 어쨌든 이런 보호막은 인공 초소형 돛 우주선에서 설계상 쉽게 만들어줄 수 있다.[16]

예를 들어 지름 8미크론에 두께 1미크론의 원반으로 둘러싸인 지름 4미크론의 구체는 지름 1.2미크론의 단순한 구체와 똑같은 표면/질량비를 갖고, 우리 태양 같은 대단히 밝은 G형 별(물과 같은 밀도를 가진 지름 4미크론의 구체가 탈출하게 밀어줄 수 있을 정도로 밝다)은 둘째 치고 일반적이고 흐릿한 K형 별까지도 탈출할 수 있다. 이런 초소형 돛우주선 설계는 쉽게 인공적으로 대량생산할 수 있다. 이것들은 배드민턴 셔틀콕에서 볼 수 있듯이 본질적으로 안정적인 형태를 갖거나 혹은 회전해서 사실상 돛 역할을 하는 방식으로 안정화시킬 수 있다. 목적지 태양계에 도착할 무렵에 이들은 그쪽의 태양빛으로 감속할 것이다. 이들의 돛 때문에 면적 대 질량비가 대단히 커서(즉 굉장히 낮은 '탄도계수') 안전하게 행성 대기로 들어가 지면으로 낙하산을 펼치고 내려갈 수 있다. 그다음에 신세계에 조그만 탑승객들을 내려주고, 이들은 수를 늘려서 생물학적 정보를 전달하기 위한 자연적 수신기, 증폭기, 데이터 보관 장치 역할을 할 것이다.

이런 우주선은 행성 탈출 속도로 발사하는 것을 제외하면 전송하는 측에 본질적으로 전혀 에너지 비용이 들지 않고 성간 공간으로 보낼 수 있다. 이런 프로그램을 실행하기 위한 도구는 실제로 오늘날 우리 능력 범위

내에 있고, 그래서 발달한 외계생명체 역시 얼마든지 할 수 있을 것이다.

그렇다면 그들은 하고 있을까? 그런 초소형 돛 우주선을 지구에서 탐지하는 것은 굉장히 어렵다. 특히 당연히 그래야 하지만, 액체 물에 닿는 순간 녹아서 페이로드를 방출하도록 설계되었다면 말이다. 하지만 우주에서, 타이탄이나 화성의 극지 얼음, 혜성, 오르트 구름 천체에서 얼어붙은 상태로 초소형 돛 우주선의 증거가 발견되어 토종 물질들과 쉽게 구분될 수도 있다.

과학자들은 약 35억 년 되었고, 생물학적 활동 흔적은 38억 년까지 거슬러 올라가는 스트로마톨라이트라는 세균 화석을 발견했다. 초기 지구에 생명체가 살 수 없게 만들었던 대충돌 말기까지 사실상 거슬러 올라가는 것이다. 실제로 최근에 한 연구팀은 *대충돌 중반 시기*인 42억 8000만 년 된 미화석微化石에 관해 보고했다. 간단히 말해서, 우리 행성에 생명체가 그야말로 가능한 한 가장 빨리 나타났다는 사실은(지속되기 이전에는 그 것도 몇 차례나) 생명체가 지상의 조건이 적당해지자마자 착륙해서 퍼질 때만 기다리며 이미 주위에 있었음을 강하게 암시한다.

이게 우연이었을까, 계획의 일부였을까? 우리는 우연일까, 계획의 일부일까?

이것은 수천 년 동안 생각 있는 사람들이 계속 고민해온 질문이다. 이것은 목숨과 재산을 걸고 답을 찾아볼 가치가 있다. 가보지 않으면 절대 알 수 없을 것이다.

궁극적인 미스터리

우주의 궁극적인 미스터리는 '무엇인가'가 아니라 '왜 그런가'이다. 왜 우주가 지금 상태가 되었을까? 왜 존재하게 된 걸까?

위의 두 번째 질문은 과학의 능력 밖이라고 주장하는 사람들도 있다. 그들이 옳은지는 잘 모르겠다. 하지만 첫 번째 질문은 분명히 과학이 대답해야 하는 것이고, 그게 가능해진다면 최소한 두 번째 질문에 대한 실마리는 얻을 수 있을 것이다. 그러니까 거기서부터 시작해보자.

물리학 법칙은 질량과 전하, 중력, 속도, 가속도, 거리, 시간 등 그 사이의 수학적 관계를 알려주는 여러 개의 방정식으로 표현할 수 있다. 예를 들어 두 물체 사이에서 물체의 질량의 곱에 비례하고 중심 간의 거리의 제곱에 반비례하는 중력의 힘처럼, 이런 방정식들의 형태가 특정해야 하는 데에는 연역적인 이유가 있지만, 힘의 크기는 임의적으로 보이는 상수로 주어진다. 사실 물리학은 빛의 속도, 쿨롱 상수, 스테판-볼츠만 상수, 플랑크 상수, 중력 상수, 자유공간에서의 투자율透磁率, 양성자와 전자, 다른 기본 입자들의 질량까지 총 19개의 이런 상수들로 가득하다.

이 19개의 상수들은 어떤 값이든 가질 수 있고, 그래도 물리학 법칙은 여전히 수학적으로 일관적일 수 있다. 하지만 하나라도 그 실제 크기로부터 크게 차이가 나면, 생명체가 존재할 수 없었을 것을 보여주기는 아주 쉽다.

간단히 말해서, 물리학 법칙은 생명체가 존재 가능한 방식으로 신중하게 조율된 것들이다.[17] 이것을 어떻게 설명할 수 있을까?

진행 중인 한 가지 이론은 인류원리anthropic principle라는 것이다.[18] 이 설에 따르면 미스터리는 전혀 없다. 우주가 생명체를 위해 조율되지 않았다면, 우리가 여기서 왜 그런지 묻고 있을 수도 없다는 것이다. 내가 보기에는 터무니없는 얘기다. 이것은 "왜 미국과 소련이 핵전쟁을 벌이지 않았을까?"라는 질문에 "만약 그랬으면 너도 죽었을 테니 그런 질문도 할 수 없었을걸"이라고 대답하는 것과 같다. 사실 그런 식으로는 뭐든지 대답할 수 있다. 왜 어제 비가 내렸지/타이타닉이 침몰했지/남북전쟁에서 북군이 이겼지/닭이 길을 건너지? 그러지 않았으면 네가 그런 질문을 하지도 못했을 테니까.

마찬가지로 쓸모없는 것이 또 있다. 가능한 모든 일이 일어나고 있고, 우리가 보는 것 외의 다른 선택들은 그 선택들을 수용하기 위해 계속 만들어지는 무한한 새 우주에서 일어날 뿐이라고 주장하는 다중우주론이다. 왜 어제 비가 내렸지/타이타닉이 침몰했지/남북전쟁에서 북군이 이겼지/닭이 길을 건너지? 이유는 없다. 다른 우주에서는 그런 일이 일어나지 않았다.

이런 비과학적 접근법의 무능함이 종교적 설명을 하고 싶어 하는 사람들을 부추긴다. 설계가 있으면 그것을 설계한 디자이너가 있어야 한다고 그들은 주장한다. 하지만 자연선택에 의한 진화론의 성과가 입증했듯이 이런 주장은 잘못되었다. 게다가 초자연적 존재의 개입으로 어떤 일이 일어난다는 주장은 일어나지 않은 일을 설명하는 데에도 쉽게 사용될 수 있다. 그러니까 전혀 설명으로서의 가치가 없고 무지를 가리려는 가면 노릇밖에는 하지 못한다.

우리에게 필요한 것은 생명체 친화적으로 만들어진 세밀하게 조율된 물리학 법칙에 관한 인과가 뚜렷하고 사실주의적인 설명이다. 그런 가설의 시작은 《우주의 생명체 *The Life of the Cosmos*》라는 아주 흥미로운 책을 쓴 물리학자 리 스몰린Lee Smolin이 주장했다.[19] 스몰린은 우주가 블랙홀 안에서 탄생했고, 블랙홀은 별에서 생겼으며, 블랙홀 안에서 탄생한 우주도 그 모성과 똑같지는 않지만 비슷한 법칙을 갖고 있다고 주장했다. 스몰린에 따르면, 딸우주가 별을(그리고 결과적으로 블랙홀을) 생성하는 데 더 나은 법칙을 갖고 있으면, 이들이 더 적은 별이나 아예 별을 만들지 못하는 우주보다 훨씬 빠르게 증가할 것이다. 그러므로 일종의 자연선택에 의해서 별을, 다시 말해 생명을 촉진하는 우주가 우위를 차지하게 되고, 우리 자신의 생명 친화적 우주는 특이한 변칙적 존재가 아니라 굉장히 아낌을 받는 존재일 것이다.

스몰린의 가설은 여러 가지 이유로 너무 추측에 근거했다고 여겨질 수 있다. 예를 들어 다른 우주가 있는지도 불확실하고, 블랙홀 안의 딸우주의 자연법칙이 부모우주와 "아주 조금만 다를" 거라는 그의 생각을 뒷받침하거나 반박할 근거가 굉장히 적다.

하지만 그것을 제쳐놓고 보면 가장 큰 문제는, 생명체에 필수적이기는 해도, 별은 생명체가 필요로 하는 것보다 훨씬 넓은 한도하에 우주에 존재할 수도 있다는 점이다. 예를 들어 우리가 아는 대로 생명체들은 탄소를 필요로 한다. 복합유기화학반응을 할 수 있는 그 독특한 특성까지 전부 다말이다. 하지만 별에는 그런 요건이 없다.

그러니까 복잡성 이론을 바탕으로 한 나 자신의 가설을 한번 설명해 보겠다. 산타페 연구소 철학자인 스튜어트 카우프만 같은 사상가들이 다른 맥락에서 제시했던 복잡성 이론에 따르면, A가 B를 일으키고 B가 A를 일으키는 시스템(또는 A가 B를 일으키고, 그래서 C가 일어나고, 그래서 D가 일어나고, 그래서 A가 일어나는 시스템)에서는 자연스럽게 순서가 생긴다.[20] 자유 시장은 이런 식으로 작동한다. 농부들이 작물을 키우고, 다른 사람들이 그것을 사고 싶어 한다. 그래서 가게에서 음식을 찾을 수 있는 것이다. 굶어죽기 전에 음식을 찾을 수 있는 기회가 있다는 건 순전한 우연이 아니다.

생태계도 같은 방식으로 작동한다. 식물은 동물에 필수적이고, 동물은 반대로 식물의 종자를 퍼뜨리고 비료를 공급하는 데 핵심적인 역할을 한다. 이들의 인과성은 명백하다. 자연계는 B가 A를 필요로 하면 A가 지속될 수 있도록 B를 창조하고 지속하는 데 필요한 것들을 만들기 위해 저절로 자가 구성을 한다.

이런 논리를 따라가면, 물리적 우주가 생명체 발달을 허락하는 방향으로 세밀하게 조율되었다면, 이는 어떤 식으로든 *생명체가 물리적 우주의 발달에 꼭 필요하기 때문일 수밖에 없다.*

어떻게 그럴 수 있을까? 솔직히 나도 모르겠다. 생명체가 지구의 화학물질과 기후를 급격하게 변화시켜 생명체에 더욱 친화적인 곳으로 만들려고 한 것은 명백하지만, 물리학 법칙을 바꾸는 것은 전혀 다른 문제다. 기술 발달이 가능한 지적 생명체를 창조함으로써 생명체는 확실히 더욱 강력해졌다. 우리는 곧 행성을 테라포밍하고 별 사이를 여행하는 힘을 갖게 될 것이다. 지난 200년 동안 인류가 손에 넣은 에너지 양은 매년 3퍼센트씩 증가했다. 다시 말해 한 세기에 10배씩 증가했다. 우리가 이런 속도로 앞으로 1200년을 지속한다면, 우리는 태양이 방출하는 에너지와 같은 양의 에너지를 갖게 될 것이다. 우주적 시간으로 보면 눈 깜짝할 사이인 2400년을 지속하면 우리의 에너지는 은하수에 있는 모든 별들을 합친 것만큼과 같아질 것이다. 이런 힘을 갖는 데에 10배, 100배, 심지어 1000배만큼 오래 걸린다고 쳐도, 그것은 그리 중요하지 않다.

이런 힘을 갖고 있고 창조 법칙을 이해하는 종이라면 우주의 발달에 확실한 족적을 남길 수 있을 것이다. 스몰린이 말했던 메커니즘에 영향을 미치거나 전혀 다른 방법을 통해서 말이다.

별이 아니라 지성이 우주의 전파와 자가완성의 원인일 수도 있을까?

한 가지만은 분명하다. 수많은 일들이 벌어졌고, 여전히 더 많은 일들이 벌어지고 있지만 우리는 거기에 대해 전혀 모른다는 것이다. 나는 올라가서 주위를 둘러보고 그것부터 알아내는 일을 시작해야 한다고 본다.

포커스 섹션: 드레이크 방정식의 실수

우리 은하에 4000억 개의 별이 있고, 그것들은 100억 년 동안 존재하고 있었다. 그러니까 이것이 분명 외계문명이 존재하는 이유가 될 수 있을 것이다. 우리가 이것을 아는 이유는 지구의 생명체와 지성을 발달시킨 자연 법칙이 우주의 다른 곳에 퍼져 있는 법칙과 같을 것이기 때문이다.

그러므로 그들은 저 바깥에 있다. 궁금한 것은 얼마나 많이 있느냐는 것이다.

1961년, 전파 천문학자 프랭크 드레이크가 외계문명의 빈도수에 대한 의문을 분석하기 위한 계산법을 만들었다. 드레이크에 따르면, 정상定常 상태에서 새로운 문명이 형성되는 속도는 그것들이 사라지는 속도와 같아야 하기 때문에 이렇게 쓸 수 있다.

$$\text{종말 속도} = N/L = R_* f_p n_e f_l f_i f_c = \text{형성 속도} \qquad (9.1)$$

9.1은 그래서 '드레이크 방정식'이라고 한다.[21] 여기서 N은 우리 은하에 있는 기술 문명의 개수이고 L은 기술 문명의 평균적인 수명이다. 왼쪽 항인 N/L은 이런 문명이 은하에서 사라지는 속도이다. 오른쪽 항에서 R_*는 우리 은하에서 별이 형성되는 속도이다. f_p는 이 별 중 행성 시스템을 가진 것들의 비율이고, n_e는 각 시스템에서 생명체에 우호적인 환경을 가진 행성의 평균 숫자, f_l은 실제로 생명체가 발달한 곳의 비율, f_i는 지적 생명체

가 진화한 곳의 비율, f_c는 성간 통신을 할 수 있는 기술을 발달시킨 지적 생명체의 비율이다. (다시 말해서 드레이크 방정식에서 '문명'은 전파 망원경을 가진 종족으로 규정된다. 이 정의에 따르면 지구는 1930년대까지 문명이 아니었다.)

숫자를 넣으면 드레이크 방정식을 이용해서 N을 계산할 수 있다. 예를 들어 L을 5만 년(기록된 역사의 10배), R.를 연간 10개의 별, f_p는 0.5, 그리고 다른 네 개의 인자인 n_e, f_i, f_i, f_c를 각 0.2라고 가정하면, 우리 은하의 기술 문명의 총 숫자 N은 400이 된다.

우리 은하에 400개의 문명이 있다는 건 굉장히 많아 보이지만, 은하수의 4000억 개의 별들 사이에 흩어져 있으니 굉장히 작은 비율인 셈이다. 정확하게는 10억 분의 1밖에 안 된다. 은하의 우리 쪽 지역에서 (알려진) 별은 320제곱광년마다 1개의 밀도를 보인다. 앞단락에서의 계산이 맞는다면, 가장 가까운 외계 문명은 4300광년쯤 떨어져 있을 거라는 사실을 알려준다.

하지만 드레이크 방정식이 고전이기는 해도 명백하게 틀렸다. 예를 들어 이 방정식은 생명체와 지성, 문명이 특정 태양계에서 한 번만 진화할 수 있다고 가정한다. 이것은 당연히 사실이 아니다. 별은 수십억 년의 기간 동안 진화하고 종은 수백만 년 동안, 문명은 겨우 수천만 년 만에 진화한다. 현재의 인간 문명은 열핵전쟁으로 완전히 무너질 수도 있지만, 인류가 자신을 완전히 멸종시키지 않는 한 천 년쯤 지나면 전 세계 문명이 완전히 재건될 거라는 데에는 의심의 여지가 없다. 공룡을 멸종시킨 백악기-제3기 멸종 규모로 소행성이 충돌하면 인류가 완전히 사라질 수도 있다. 하지만 K-T 충돌 500만 년 후 생물권은 완전히 회복되었고 새로운 포유류, 조류, 파충류 같은 초기 신생대의 유망해 보이는 동물종들이 나타났다. 비슷하게 K-T급의 사건이 인류와 다른 육상 생물종 대부분을 멸종시키고 500만 년 후에 세계는 아마도 현재의 야행성 및 수생 종들로부터 발생된 상급 포유류 다수를 포함하여 새로운 종으로 다시 붐비게 될 것이다. 인간의 조상은 3000만 년 전에 수달 정도밖에 안 되는 지능을 갖고 있었다. 생물권이 새로운 종으로서 우리의 역량을 되살리는 데 그보다 훨씬 적은 시간을 요구한다는 점은 믿을 수 없는 이야기다. 이것이 자연이 새로운 태양계에 새로운 생물권을 만드는 데 걸리는 40억 년보다 훨씬 빠르다. 게다가 드레이크 방정식은 생명체와 문명이 성간 공간을 가로질러 퍼져나갈 수 있다는 사실을 무시했다.

그러니까 질문을 다시 한 번 생각해보자.

은하의 인구 숫자 산출하기

우리 은하에는 40억 개의 별이 있고, 그중 10퍼센트는 다수의 항성계에 들어가지 않는 G나 K등급이다. 이들 거의 전부가 아마도 행성일 것이고, 이 행성 시스템의 10퍼센트 정도는 활동적인 생물권이 있는 세계로 절반 정도는 지구만큼 오랫동안 살아오고 진화해왔을 것이다. 이는 복잡한 식물과 동물로 가득하고, 1000만 년에서 4000만 년 사이쯤 되는 역사 속에서 기술적 종족을 만들어낼 수도 있는 활동적이고 잘 발달된 생물권 20억 개가 있다는 이야기다. 중간값으로 2000만 년을 '재건 시간' t_r이라고 해보자. 그러면 다음과 같다.

$$\text{종말 속도} = N/L = n_s f_g f_b f_m / t_r = n_b / t_r = \text{형성 속도} \qquad (9.2)$$

N과 L은 드레이크 방정식에서 규정한 대로이고 n_s는 은하에 있는 별의 숫자(4000억), f_g는 '좋은'(하나의 G나 K형) 별의 비율(약 0.1), f_b는 활동적인 생물권이 있는 행성과의 비율(0.1로 추산한다), f_m은 '성숙한' 생물권의 비율(0.5로 추산한다), 그리고 이 네 가지 인자들의 결과인 n_b는 은하에 있는 활동적이고 성숙한 생물권의 개수이다.

우리가 평균적인 기술 문명의 수명 L이 5만 년이라는 이전 추산을 유지하고 위의 나머지 숫자들을 집어넣으면, 방정식 9.2는 지금 현재 은하에 500만 개의 기술 문명이 활동 중이라고 말한다. 이것은 드레이크 방정식이 내놓은 숫자보다 훨씬 많다. 사실 8만 개의 별 중 하나는 기술 사회의 고향이라는 사실을 암시한다. 은하에서 우리 지역 별의 국부적 밀도를 고려하면, 가장 가까운 외계 문명의 중심은 약 185광년 떨어져 있을 것으로 추정된다는 이야기다.

기술 문명이 일정 시간 이상 지속되면 우주여행을 하게 된다. 우리 자신의 경우에(그리고 우리 자신의 경우가 이 추정들 대부분에서 우리가 유일하게 기반으로 삼는 것이다) 전파망원경의 발달과 성간비행 달성 사이의 간극은 두 세기 이상 벌어지지는 않을 것 같고, 5만 년인 L을 생각하면 그리 중요하지는 않다. 이는 문명이 시작되고 나면 퍼지게 된다는 뜻이다. 7장에서 본 것처럼 광속의 5퍼센트에 달하는 속도의 우주선을 만드는 추진 시스템은 가능할 것으로 보인다. 하지만 성간 정착자들은 가까운 별을 목표물로 삼을 거고, 변경의 항성계에서 문명이 충분히 잘 정립되고 나면 이런 원정을 떠나기 위해 더 많은 노력을 쏟을 것이다. 은하의 우리 지역에서 별 사이의 일반적인 거리는 5, 6광년이다. 그러니까 우리가 나름의 우주 임무를 시작할 준비가 될 만큼 새로운 태양계가 자리를 잡고 발달할 때까지 줄잡아 천 년이 걸린다고 생각하면, 이는 정착의 파도가 은하에 퍼지는 속도가 광속의 0.5퍼센트 정도라고 암시하는 셈이다. 하지만 문명의 확장 기간은 문명의 수명과 같을 필요가 없다. 더 될 수는 없겠지만, 훨씬 짧을 수는 있다. 확장 기간이 수명의 절반 정도라고 가정하면, 평균 확장 속도 V는 정착 파도 속도의 절반, 혹은 광속의 0.25퍼센트일 것이다.

문명이 확장되며 그 정착 지역도 점점 더 많은 별을 아우르게 된다. 은하에서 우리 지역 별의 밀도 d는 세제곱광년당 0.003, 비율 f_g는 생명체와 기술 문명의 잠재적 고향이 될 수 있는 10퍼센트다. 이 두 인자를 방정식 9.2에 넣고, 문명의 숫자 N과 각각에서 접할 수 있는 유용한 별의 평균 개수 n_u를 곱함으로써 우리 은하에 있는 문명화된 태양계의 숫자 C를 추산하는 새로운 방정식을 만들 수 있다.

$$C = Nn_u = (n_b L/t_r)(d)(f_g)(4\pi/3)(VL/2)^3 =$$
$$0.52(n_b/t_r)(df_g)V^3L^4 = 0.00016(n_b/t_r)V^3L^4 \qquad (9.3)$$

예를 들어 우리가 기술적 생물종의 평균 수명 L이 5만 년이라고 가정했고, 만약 그게 사실이라면 평균 연령은 이 절반인 2만 5000년일 것이다. 일반적인 문명이 이 기간 동안 위에서 계산한 속도로 확장된다면, 그 정착지 반경 R은 62.5광년(R=VL/2=62.5ly)일 거고, 그 영토에는 3000개의 별이 포함될 것이다. 우리가 이 영토 크기와 위에서 계산한 예상 문명의 개수를 곱하면, 150억 개의 별 또는 은하 전체의 3.75퍼센트가 누군가의 영향권 내에 들어간다고 예상할 수 있다. 이 별들 중 10퍼센트에 정말 정착을 했다면, 이는 우리 은하에 15억 개의 문명화된 항성계가 있다는 뜻이다. 게다가 외계 문명의 가장 가까운 전초지는 (185-62.5)=122.5광년 거리에서 발견할 수 있을 것으로 추정된다.

위의 계산은 현재 상황에서 내가 가장 현실적으로 추정한 것이지만, 당연히 확실치 않은 부분이 굉장히 많다. 가장 불확실한 부분은 L값이다. 우리는 이 숫자를 추정할 만한 데이터가 거의 없고, 우리가 고른 값이 계산결과에 크게 영향을 미친다. V값 역시 불분명하지만, 공학적 지식이 약간 도움이 되기 때문에 L보다는 좀 낫다. (하지만 하드SF 소설가/천체물리학자 데이비드 브린이 강하게 주장한 것처럼, 확장 속도 V는 추진기 요건을 전혀 더하지 않고, 단순히 별 사이에서 더 긴 점프를 하는 방법으로 굉장히 가속화될 수도 있다.) [표 9.1]에서 우리가 다른 것들은 가정한 상수 값 그대로 유지하고 L과 V를 다른 값으로 고르면 답이 어떻게 달라질 수 있는지 확인할 수 있다.

[표 9.1]에서 N은 은하에 있는 기술적 문명의 개수(이전 계산에서 500만)이고, C는 문명이 정착한 항성계의 개수(위에서 15억)이며 R은 일반적인 영토의 반경(62.5광년)이고, S는 문명 중심 사이의 분리 거리(185광년)이고, D는 가장 가까운 외계 전초지까지의 추정 거리(122.5광년)이고, F는 누군가의 영향권 내에 있는 은하의 별의 비율(3.75퍼센트)이다.

[표 9.1]의 숫자를 살펴보면 L값이 은하에 대한 우리의 인식을 완전히 지배한다는 것을 알 수 있다. L이 '짧으면'(1만 년 이하), 성간 문명은 대단히 적고 드물며 직접적인 접촉은 거의 일어나지 않는다. L이 '중간'(5만 년 정도)이면 영토 반경은 문명 사이의 거리보다 더 작지만 아주 작은 것은 아니고, 접촉은 종종 일어날 것으로 예상된다(기억하라. L, V, S는 평균이다. 근처에 있는 특정 문명들은 이런 인자들에서 그 값이 다양할 수 있다). L이 길다면(20만 년 이상), 문명은 아주 가까이 붙어 있고, 접촉은 자주 일어날 것이다. (L과 문명의 밀도 사이의 이런 관계는 은하의 우리 지역에 적용 가능하다. 중심부에는 별들이 더 빼곡하게 모여 있기 때문에 같은

	V=0.005 c	V=0.0025 c	V=0.001 c
L=10,000년			
N(문명 개수)	100만	100만	100만
C(문명화된 별 개수)	1950만	240만	100만
R(영토 반경)	25광년	12.5광년	5광년
S(문명 간의 거리)	316광년	316광년	316광년
D(가장 가까운 전초지와의 거리)	219광년	304광년	311광년
F(영토 내 별들의 비율)	0.048%	0.006%	0.0025%
L=50,000년			
N(문명 개수)	500만	500만	500만
C(문명화된 별 개수)	120억	15억	9800만
R(영토 반경)	125광년	62.5광년	25광년
S(문명 간의 거리)	185광년	185광년	185광년
D(가장 가까운 전초지와의 거리)	60광년	122.5광년	160광년
F(영토 내 별들의 비율)	30%	3.75%	0.245%
L=200,000년			
N(문명 개수)	2000만	2000만	2000만
C(문명화된 별 개수)	400억	400억	180억
R(영토 반경)	500광년	250광년	100광년
S(문명 간의 거리)	131광년	131광년	131광년
D(가장 가까운 전초지와의 거리)	0광년	0광년	31광년
F(영토 내 별들의 비율)	100%	100%	44%

[표 9.1] 은하 문명의 숫자와 분포

'비질량 편차'를 만들려면 L값이 아주 작아야 하지만, 같은 보편적인 경향이 적용된다.)

어느 모로 보나 한 가지만은 거의 확실하다. 저 바깥에는 외계문명이 많이 있다는 것이다.

이 문명들은 어떤 모습일까? 무엇을 이뤄냈을까?

그걸 알면 참 좋을 것이다.

10장
도전을 위해

우리는 최근에 세계 경제에 대해서 크게 자랑을 해왔다. 그게 어떤 의미인지 생각도 하지 않고, 그걸 알게 되면 우리가 얼마나 불행할지도 모른 채로 말이다. 태양계의 기묘한 우연으로 다른 세계가 우리 궤도 안으로 천천히 들어와서 사람들이 아무도 없는 새로운 대륙과 아무도 항해한 적 없는 새로운 바다로 건너갈 수 있는 다리를 만들 수 있을 정도로 가까이 다가왔다는 소식을 듣는 쪽이 훨씬 더 반가울 것이다. 그 열렬한 이주자들은 예전에 그런 기회가 생겼을 때 했던 과정을 다시 반복하려 할까, 아니면 새로운 권리장전에 따라 옛 지구의 고충을 시정하려고 할까……? 이런 새로운 행성의 존재는 어쨌든 활력을 바탕으로 하는 문명을 구해주지는 못한다 해도 수명을 연장시켜줄 것이고, 그 길어진 기간 중에 개인들은 다시금 자유를 한동안 즐길 수 있을 것이다…….

인간의 상상력이 개척할 게 없는 세계에서 무엇을 할 수 있을지 추측해보는 것은 매우 흥미로울 것이다. 그곳은 다양성보다는 균일함에서, 대조보다는 동일함에서, 위험보다는 안전에서, 낯선 바다나 대륙의 무시무시한 불확실함보다 이미 아는 것의 무해한 뉘앙스를 탐색하는 것에서 열의를 찾으려 하는 곳이다. 몽상가, 시인, 철학자들은 결국에 사람들의 희망과 포부와 두려움을 소리내서 말하고 분명하게 묘사하는 도구일 뿐이다.

사람들은 말로 표현할 수 없을 만큼 개척을 그리워하게 될 것이다.

4세기 동안 그들은 그 부름을 들었고, 그 약속에 귀를 기울였고, 그 결

과에 목숨과 재산을 걸었다. 하지만 그곳은 더 이상 부르지 않는다.

- 월터 프레스코트 웹, 《위대한 개척》, 1951

125년도 더 전에 당시로서는 비교적 무명이었던 위스콘신 대학의 젊은 역사 교수는 미국 역사협회의 연례 컨퍼런스에서 강단에 올랐다. 프레더릭 잭슨 터너의 강연은 저녁 강의의 마지막으로 잡혀 있었다. 터너의 강연 앞으로 별로 유명하지 않은 논문들의 발표가 길게 이어졌으나 컨퍼런스 참가자 대부분이 그의 이야기를 듣기 위해 남았다. 뭔가 중요한 이야기가 나올 거라는 소문이 돌았기 때문일 수도 있다. 만약 그렇다면 사실이었다. 대담한 방식으로 터너는 뛰어난 식견을 펼쳐놓았다. 미국의 평등주의적 민주주의, 개인주의, 혁신 정신의 근원은 민법도 선조도 전통도 국가적 다양성이나 인종적 다양성도 아니었다. 그것은 변경 개척(프런티어)이었다. "미국의 지성은 그 뛰어난 특성을 개척에 빚지고 있습니다." 터너는 말했다.

예리함과 호기심과 합쳐진 그 거친 강인함. 금방 대안을 찾아내는 그 실용적이고 창의적인 머리 회전. 예술적인 면은 없지만 훌륭한 결과를 불러오는 강력함을 가진 물질에 대한 뛰어난 이해력. 그 초조하고 긴장된 에너지. 그 지배적인 개인주의, 선악 모두를 위한 노력, 거기다 자유에서 오는 낙천성과 활기. 이런 것들이 변경 개척의 특징이거나 변경의 존재 때문에 다른 곳에서 호출되는 특성입니다.

변경에서 한동안은 관습의 속박이 깨지며 방종이 팽배할 것입니다. 정해진 방식 같은 건 없겠지요. 끈질긴 미국적 환경이 거기서 계속 그 상태를 받아들이라고 요구해댈 것이고, 일을 하는 전통적인 방식 역시 계속 달라붙어 있을 것입니다. 하지만 그런 환경에도 불구하고, 그런 전통에도 불구하고 변경은 실제로 새로운 기회를, 과거의 속박에서 탈출로를 제공해주었습니다. 신선함과 자신감과 구식 사회에 대한 경멸, 구식 사회의 통제와 아이디어에 대한 조급함, 그들의 교훈에 대한 무심함 역시 변경과 함께 딸려 왔습니다.

그리스인들에게 지중해는 관습의 구속을 깨고 새로운 경험을 제공해주고, 새로운 제도와 활동을 불러오는 곳이었던 것처럼, 계속해서 줄어가는 변경은 미국에게 그런 곳이자 그 이상이었습니다.

터너의 논제는 지적인 폭탄선언이었고, 몇 년 안에 미국 문화뿐만 아니라 미국이 보통 가장 정제된 형태로 나타내는 서구의 진보적 인본주의적 문명이 대항해시대 때 유럽에 열렸던 넓은 미개척지가 다국적 사람들의 정착에서 기인한 것임을 입증하려는 역사학 분파가 생겨났다.

터너는 1893년에 논문을 제출했다. 그 3년 전인 1890년에 미국의 미개척지가 끝을 맞이했다는 선언이 나왔다. 서쪽으로 팽창하는 가장 최전선을 알리던 정착지 경계선이 캘리포니아에서 동쪽으로 오는 정착지 경계선과 실제로 만났다. 한 세기가 지난 오늘날, 우리는 터너 자신이 제시했던 질문을 맞닥뜨리게 된다. 변경 개척이 사라진다면 어떻게 될까? 변경 개척이 상징하던 모든 것들과 미국에는 무슨 일이 생기는 걸까? 할 수 있다는 정신의 자유롭고 평등하고 민주적이고 혁신적이던 사회가 더 자라날 공간 없이도 보존될 수 있을까?

어쩌면 그 질문이 터너의 시대에는 너무 이른 것이었을 수 있지만, 지금은 아니다. 현재 주위를 돌아보면 우리는 미국 사회의 활기가 사라져간다는 걸 점점 더 명백히 볼 수 있다. 사회 모든 층에서 권력 구조와 관료화가 고정화되고 있고, 정치 조직들은 큰 프로젝트를 수행할 능력이 없어지고, 규제의 확산이 공공과 개인, 상업까지 모든 면에 영향을 미치고 있으며, 비합리주의가 판치고, 대중문화는 통속화되고, 개인이 위험을 감수하고 자립하거나 스스로 생각하려는 의지력을 잃어가고 있다. 경제는 침체되고 쇠퇴하고 있으며, 여기서 태어났든 이민을 왔든 새로운 사람들의 가치에 대한 믿음은 떨어지고, 기술 혁신의 속도는 느려지고, 긍정적 미래에 대한 믿음은 위축되고 있다……. 어디를 보든 그 분위기가 명백하다.

생명이 숨을 쉴 수 있는 미개척지가 사라지면서 미국이 지난 몇 세기 동안 전 세계에 제공했던 진보적인 인본주의 문화를 탄생시킨 기백도 사라지고 있다. 이 문제는 단순히 국가적인 하나의 손실이 아니다. 인간의 진보에는 선봉이 필요하고, 눈앞에 그 대체제가 전혀 보이지 않는 게 문제이다.

그러므로 새로 개척할 지역을 찾는 것은 미국과 인류에 있어서 가장 큰 사회적 요구다. 이보다 더 중요한 것은 없다. 어떤 임시방편을 사용하든 간에 성장할 수 있는 변경이 없으면 미국 사회뿐만 아니라 서구의 인본주의, 합리성, 과학, 진보 가치를 바탕으로 하는 전 세계 문명이 결국에 종말을 맞고 말 것이다.

나는 인류의 새로운 개척지는 우주에 있을 수밖에 없다고 믿는다.

왜 우주냐고? 왜 지구상의 바다 깊은 곳이나 남극대륙 같은 외딴 지역이 아니냐고?

바다 위나 아래, 남극의 정착지는 얼마든지 가능하고, 여기에 시설을 짓는 것은 화성 정착지를 만드는 것보다 훨씬 쉬울 거라는 건 사실이다. 그럼에도 불구하고 중요한 것은 역사상 이 시점에서, 그런 지구상의 개발은 변경으로서의 핵심 조건에 들어맞을 수가 없다는 점이다. 더 정확히 말하자면, 그런 곳은 새로운 사회가 완전히, 자유롭게 발전할 수 있을 정도로 멀리 떨어져 있지 못하다. 지금 이 시대에, 현대의 통신과 운송 시스템으로는 아무리 멀고 적대적인 지역이라 하더라도 지구 내라면 경찰이 너무 가까이 있다. 사람들이 자신들의 세계를 만드는 데서 오는 위엄을 얻으려면, 구세계에서 완전히 자유로워져야 한다.

왜 인류에게 우주가 필요한가

모든 것이 그들을 갱생시켜 주었다. 새로운 법률, 새로운 생활 방식,
새로운 사회 시스템. 여기서 그들은 어른이 되었다.

-존 드 크레브쾨르, 《미국 농부의 편지》, 1782

인본주의 사회의 핵심은 인간을 소중하게 여긴다는 것이다. 인간의 생명과 인간의 권리를 값을 따질 수 없을 만큼 귀하게 여긴다. 이런 생각은 인간 영혼의 신성한 본질이라는 그리스인들과 유대-기독교 개념까지 거슬러 올라가서 수천 년 동안 서구 문명의 철학적 핵심 가치였다. 하지만 대항해시대 때 위대한 탐험가들이 신세계의 문을 열어 중세 기독교국 내에 잠들어 있던 인본주의의 씨앗이 자라고 만개하도록 만들기 전까지 그것은 사회 조직의 실제적 기반으로 사용되지 못했었다.

기독교국의 문제는 변화가 없다는 것이었다. 대본이 이미 쓰여 있고 주연 배우 둘 다 선발되어 역을 맡은 연극이었던 셈이다. 문제는 주변에 천연자원이 부족하다는 게 아니었다. 중세 유럽은 인구가 그렇게 많지 않았고, 숲과 다른 야생 지역이 많았다. 문제는 모든 자원에 소유주가 있다는 점이었다. 통치 계급이 정해져 있고, 통치 조직, 개념, 관습이 모두 정해져 있었으며 '적자생존' 법칙에 따라 이 중 어떤 것도 바뀔 수 없는 상태였다. 게다가 주연이 정해졌을 뿐만 아니라 조연과 코러스까지 전부 정해졌고, 역할이라는 건 그리 많지 않은 법이다. 당신의 역을 지키고 싶으면 당신 자리를 지켜야 하고, 역할이 없는 사람을 위한 자리는 없다.

신세계는 확립된 통치 조직이라는 게 없는 장소를 제공함으로써 이 모든 것을 바꿔놓는다. 역할이 없는 사람도 모두 와서 역을 맡을 수 있는 커다란 즉흥극인 셈이다. 이런 무대에서 배우들은 전통적인 배역에 한정되지 않는다. 극본가이자 감독까지 된다. 이런 새로운 상황에 기인한 창의적인 재능의 발휘는 여기에 낀 운 좋은 사람들을 굉장히 즐겁게 만들며 배우의 역량에 관한 관객의 일반적 견해를 바꾼다. 구 사회에서 아무 역할도 없던 사람도 새로운 사회에서는 자신의 역할을 규정할 수 있다. 구세계에서 '어울리지' 못했던 사람도 쓸모없기는커녕 자신이 거기로 갔든 안 갔든 간에 신세계에서 자신이 귀중하다는 것을 깨닫고 입증할 수 있다.

신세계는 귀족 체제의 기반을 무너뜨리고 민주주의의 기반을 만들었다. 획일성을 강요하는 조직으로부터 탈출해서 다양성을 발달시킬 수 있게 해주었다. 승인되지 않은 데이터와 경험을 불러옴으로써 폐쇄된 지식 세계를 파괴했다. 계속되는 통치로 인해 침체를 지속시키던 조직의 속박에서 탈출함으로써 진보를 불러오고, 한정된 인구의 능력을 최대화해서 혁신을 절실히 일으켜야 하는 상황을 만듦으로써 진보를 가속화했다. 노동력의 가치를 높이고 인간이 자신의 세계의 창조자가 될 수 있음을 모두에게 보여줌으로써 노동자들의 위엄을 높였다. 미국에서, 19세기에 도시들이 빠르게 만들어지던 식민지 시대부터 사람들은 미국이 사람이 그저 살아가기만 하는 곳이 아님을 잘 알았다. 미국은 그 사람이 건설하는 것을 도운 곳이었다. 사람들은 그들의 세계의 단순한 거주자가 아니었다. 그 제작자였다.

두 세계 이야기

21세기에 우주 개척지가 있을 때와 없을 때, 이 두 가지 조건하에서 인간의 운명을 예상해보라.

21세기에 우주 개척지가 없다면 인간의 문화적 다양성이 심각하게 축소될 것은 의문의 여지가 없다. 20세기 말에 이미 고급 통신과 운송 기술이 지구에서 인간 문화의 건전한 다양성을 갉아먹기 시작했다. 기술이 우리를 더 가까워지게 만들면서 우리는 점점 더 닮아가게 되었다. 베이징에 맥도날드가 있고, 도쿄에 컨트리 음악과 웨스턴 음악이 있고, 아마존 원주민이 테일러 스위프트 티셔츠를 입고 있는 것은 더 이상 놀랄 일이 아니다.

다양한 문화가 모이는 것은 건전할 수도 있다. 가끔 그것이 융합해서 예술에서 일시적인 전성기를 불러오듯이 말이다. 또한 민족 간의 긴장감을 아주 안 좋게 증가시킬 수도 있다. 하지만 문화적 병합에서 방출되는 에너지가 단기적으로 어떻게 소모되든 간에, 장기적으로 중요한 것은 그것이 소모되었다는 점이다. 문화적 동질화를 비유하자면 배터리 양끝을 전선으로 연결시키는 것과 같다. 잠깐 동안은 많은 열이 발생할 수 있지만, 모든 잠재력이 소모되고 최대 엔트로피 상태에 도달하면 배터리는 죽는다. 인간 역사에서 이런 현상의 고전적인 예는 로마 제국이다. 통일이 생성하는 황금기는 종종 침체와 하강으로 이어진다.

지구상에서 문화적 동질화 경향은 21세기에 더욱 가속화될 것이다. 게다가 빠른 통신과 운송 기술이 지상의 잠재적 문화 간 장벽을 '무너뜨리기' 때문에 지구에서 새롭고 서로 다른 문화를 발달시키는 데 필요한 분리감을 얻는 것이 점점 더 어려워질 것이다. 하지만 우주 변방이 열려 있다면, 기술 발전의 같은 과정이 화성에 그리고 결국에는 그 너머 더 많은 세계에 새롭고 독특하고 역동적인 인간 문화의 지부를 설립하게 만들 것이다. 그리하여 인류의 귀중한 다양성이 더 넓은 세계에서 더 넓은 분야로 보존될 수 있다. 하나의 세계는 인생을 흥미롭게 하는 데 있어 그리고 인류의 생존을 보장하는 다양성을 지속적으로 넓히면서 원래의 문화까지 보존하기에는 너무 작은 범위다.

우주에 새로운 개척지를 열지 않으면, 지속되는 서구 문명은 기술적 침체의 위기를 맞이할 것이다. 어떤 사람들에게 이것은 분노를 불러일으키는 말일 수 있다. 현 시대는 기술적 경이의 세계라고도 불리기 때문이다. 그러나 사실 우리 사회에서 진보의 속도는 느려지고 있고, 그것도 걱정스러울 정도로 빠르게 줄어드는 중이다. 이것을 보기 위해서는 과거로 돌아가서 지난 40년간 일어난 변화와 그보다 이전의 40년, 그리고 그 이전의 40년 동안 일어난 일들을 비교해보기만 하면 된다.

1900년부터 1940년 사이에 세계는 대변혁을 겪었다. 도시에 전기가 들어오고, 전화와 라디오가 흔해지고, 말하는 영화가 나타나고, 자동차가 현실이 되었으며, 비행은 라이트 플라이어에서 DC-3와 호커 허리케인으로 발전했다. 1940년부터 1980년 사이에 세계는 다시금 바뀌었다. 통신위성과 행성간 우주선, 컴퓨터, 텔레비전, 항생제, 핵무기, 아틀라스와 타이탄, 새턴 로켓, 보잉 747기와 SR-71기 등이 나타난 덕분이다. 이런 변화와 비교할 때 1980년부터 현재까지의 기술적 혁신은 사소해 보인다.

이 기간 동안 커다란 변화가 일어나야 했지만 그러지 못했다. 우리가 이전 80년 동안의 기술적 궤적을 따랐다면, 오늘날에는 하늘을 나는 차와 마그레브(자기부상) 열차, 핵융합로, 극초음속 대륙간 여행, 지구 궤도까지 가는 믿을 만하고 싼 교통편, 해저 도시, 외양 양식, 달과 화성의 인간 정착지를 가졌을 것이다. 정보기술 분야에서 괄목할 발전이 있었던 건 사실이지만, 변화의 전체 속도는 이전 두 시기에 비할 바가 못 된다. 그 대신에 오늘날 원자력과 생명공학 같은 중요한 기술적 발전이 막혀 있거나 정치적 논란에 얽힌 것을 볼 수 있다. 우주 발사 혁명은 우리들을 이 끈끈한 진창에서 끌어내줄 기회를 제공하겠지만, 그게 아니라면 우리는 모든 면에서 계속 느려질 것이다.

자, 초창기 화성 문명을 상상해보자. 그 미래가 과학과 기술 발달에 전적으로 달려 있을 것이다. 개척시대 미국의 '양키의 독창성'으로 만들어진 발명품들이 19세기에 전 세계 인류 발전의 강력한 원동력이 되었던 것처럼 지성, 실용적 교육, 진짜 공헌을 하는 데 필요한 투지를 최우선으로 여기는 문화에서 태어난 '화성의 독창성'은 21세기 인간의 상황을 크게 진전시킬 수 있는 과학적, 기술적 돌파구에 큰 몫을 할 것이다.

화성 개척자들이 새로운 기술을 추구해야 하는 주된 예는 당연히 로봇공학과 인공지능(현지 노동력 부족과 기술의 다양성 부족 때문에), 생산성 높은 농경(온실농업을 하는 제한된 토지 때문에), 특히 에너지 생산 분야에서 찾아볼 수 있을 것이다. 지구에서는 에너지의 풍부한 공급이 화성정착지의 성공에 필수적일 것이다. 붉은 행성에는 우리가 현재 아는 한 주된 에너지 자원이 딱 하나 있다. 거의 폐기물이 나오지 않는 핵융합로에 연료로 쓸 수 있는 중수소이다. 지구에도 중수소가 다량 있지만, 오염물질을 더 많이 생산하는 다른 에너지 생산 방식에 쏟아붓고 있기 때문에 현실적인 핵융합 원자로를 만드는 연구가 지체되고 있는 상황이다. 화성 정착자들은 핵융합을 성사시키려고 훨씬 더 굳은 의지를 갖고 있고, 그렇게 함으로써 모성에도 엄청난 이득을 안겨줄 것이다.

기술적 원동력으로서의 화성 개척지와 19세기 미국 개척지 둘 다 굉장히 평가절하되고 있다. 미국은 지난 세기 동안 서부 개척지 때문에 동부에서 끊임없이 노동력이 부족해져서 현존하는 한정된 노동력 기술을 최대로 이용할 수 있도록 노동 절약용 기계를 발전시키고 공공교육 발전을 강력하게 장려하며 기술 발달을 추진했다. 이런 조건은 더 이상 미국에 들어맞지 않는다. 사실 시민 한 명 한 명이 늘어나는 걸 소중하게 여기기는커녕 반이민자 정서가 커지고, 관료들과 시답잖은 일을 하는 사람들이 몰린 '서비스 부문'이 크게 생겨나서 경제의 생산적인 분야에 더 이상 참여할 필요가 없는 인구들이 에너지를 흡수하게 만들고 있다. 그래서 21세기 초에 시민 한 명이 늘어나는 것은 점점 더 부담으로 여겨지게 되었다.

21세기 말 화성은 반대로 노동력 부족 상태가 급박해질 것이다. 실제로 화성에서는 인간의 노동시간보다 더 귀중하고 가치 있게 여겨지고 큰 돈을 받는 원자재는 없을 거라고 말해도 좋으리라. 그러니까 이민자를 제한하거나 전문직에 투신하는 걸 막기 위해 부담스러운 면허 요건을 강요해 사람들의 잠재력을 억누르는 대신에 19세기 미국처럼 화성은 이민자를 두 팔 벌려 환영하고, 모두가 어떤 식으로든 자기 재능을 발휘하고, 기술을 통해 생산성을 증가시킬 수 있는 모든 일을 하게 만들 것이다. 화성의 노동자들은 지구의 노동자들보다 돈을 더 많이 받고 훨씬 좋은 대우를 받을 것이다. 19세기 미국 덕분에 유럽에서 보통 사람들의 평가와 대우가 달라진 것처럼, 진보적인 화성의 사회 상황이 화성만큼이나 지구에도 영향을 줄 수 있다. 새로운 기준이 화성의 인본주의 문명을 더 고차원적인 형태로 만들고, 그것을 멀리서 본 지구의 시민들도 당연히 그만한 대우를 요구하게 될 것이다.

개척지는 독립적 통치 권리를 요구하는 독립적인 사람들을 만듦으로써 미국의 민주주의를 더 발전시켰다. 민주주의가 그런 사람들 없이 지속될 수 있었을지는 의문이다. 물론 오늘날 미국에 민주주의의 과시적 요소들이 팽배한 건 사실이지만, 그 과정에서 의미 있는 대중의 참여는 굉장히 부족하다. 새로운 정당의 대표가 1860년 이래 미국에서 대통령으로 선출된 적이 없음을 생각해보라. 비슷하게 시민이 정당 심의에 참여하는 것을 허락했던 동네 정치클럽과 구립 조직도 전부 사라졌다. 이는 정치 문화 그리고 대중문화 전반을 진부하게 만들고 정치 체계를 선동에 굉장히 취약하게 만들었다. 그리고 의회의 의지에 상관없이 경제와 사회적 삶의 전반을 아우르는 진짜 법률은 공무원들이 국민에 의해 선출된 척조차 하지 않는 수많은 관리기관들이 점점 더 많이 정하고 있다.

미국과 서구 문명 다른 곳들의 민주주의에는 활력소가 필요하다. 그런 부양책은 애초에 미국에서 민주주의에 영혼을 불어넣었던 기백과 통합된 문명에 사는 개척자들의 예에서만 나올 수 있다. 미국인들이 지난 세기에 유럽에 보여주었던 것처럼, 다음에는 화성인들이 우리에게 과두정치를 피하는 길을 보여줄 수도 있다.

참으로 간단한 이야기다. 사회와 개인은 특성을 공유한다. 우리는 도전을 받아들일 때 성장한다. 그러지 않으면 침체하고 쇠퇴한다. 우리는 인류 역사에서 이런 패턴을 보고 또 보았다. 자신들의 영토에서 아무런 도전도 받지 않고 지배력을 얻은 사회는 고대 이집트와 전통적인 중국이 보여주는 전형적인 예처럼 자기만족적인 고정 형태를 형성하게 마련이다. '우리가 세상이다. 우리가 있어야 하는 모든 것이고 우리는 알아야 하는 모든 것을 알며 해야 하는 모든 것을 했다'는 것이 기본적으로 죽은 문화의 자랑스러운 슬로건이다. 반면 새로운 도전을 기꺼이 받아들이는 사회는 가장 역동적인 곳임이 증명되었다.

과거에는 전쟁이 가끔 사회에 강제적인 도전을 가하고 거기에 맞서기 위해 나선 사람들이 그 성향에 관계없이 성장했던 것도 사실이다(맞서지 않은 사람들은 사라졌고). 하지만 전쟁은 사회의 부와 인간의 잠재력 양쪽 모두에 파괴적이고, 기술이 발전하기는 하지만 그만큼 파괴도가 높다. 핵무기와 DNA 기반 재조합 세균학의 등장으로 선진국 사이에서 사회적 스트레스를 가하는 심각한 부류의 전쟁은 생각도 할 수 없게 되었다. 문명 자체가 무너질 수 있기 때문이다.

새로운 잠재력과 새로운 지식으로 가득한 낯설고 새로운 땅에서 도전에 맞설 때 사람들이 느끼는 스트레스, 즉 프런티어 쇼크는 훨씬 흥미롭고 역동적인 힘이다. 이것은 우리 종이 시작된 이래 늘 사실이었다.

생물학적인 면에서 보면 사실 인간은 지구 전체의 토종이 아니다. 우리는 열대 종족으로 케냐 토종이다. 그래서 우리가 털이 없는 길고 가는 팔을 가진 것이다. 이 행성 대부분에서 일정 기간 이상의 보호를 받지 못하는 인간의 삶은 달에서의 삶만큼이나 불가능하다. 우리는 오로지 기술 덕분에 아프리카 자연 서식지 밖으로 나와서 살아남고 번성했다.

우리의 출생지 바깥으로의 이동은 빠르게 이루어지지 않았다. 호모 사피엔스 등장 이후 15만 년 동안 우리 조상들은 열대 지방에 남았다. 호모 에렉투스 선조들에게서 물려받은 몇 가지 단순하고 조악한 석기 도구의 도움으로 이 초기 호모 사피엔스들은 환경의 지배자가 되었고 어떤 식으로든 이동하거나 변화해야 할 필요성을 느끼지 못했다. 사실 인류가 아프리카에서 보낸 15만 년은 거의 완전한 기술적 침체기였다. 세대에서 세대로 이어지며 부모, 조부모, 그리고 몇 세기, 몇 천 년, 몇 만 년 앞의 먼 조상들과 정확히 같은 방식으로 일하며 살다가 죽었다.[1]

하지만 그러다가 어떤 이유에선지 5만 년 전에 이 사람들의 일부 집단이 고향인 아프리카를 떠나서 북쪽에서 운을 시험해보기로 했다. 거기서 그들은 곧 빙하기 유럽과 아시아의 추운 황무지에서의 삶이라는 문제와 맞닥뜨렸다. 이 새롭고 더욱 도전적인 세계에서 정적인 열대 인간들에게 아주 잘 맞던 예전의 요령들로는 더 이상 충분하지 않았다. 옷과 단열이 되는 주거지, 효과적인 불의 통제라는 새로운 발명품이 없었다면 호모 사피엔스는 새로운 서식지에서 겨울 한 번도 견디지 못했을 것이다. 옷을 발명한다는 것은 바느질을 발명한다는 뜻이다. 주거지는 처음부터 짓거나, 강인한 몸에 다부지고 추위에 적응한 네안데르탈인이나 1500킬로그램의 동굴 곰에게서 빼앗아야 했다. 게다가 이 방랑자들은 더 이상 1년 내내 식량을 얼마든지 채집할 수 있는 세상에 살고 있는 게 아니었다. 이런 도전 과제들을 해결하려면 싸울 때와 큰 사냥감을 잡을 때 원거리에서 죽일 수 있는 섬세한 무기가 필요하고, 더 발전된 통신 도구가 있어야 하고, 호모 사피엔스들 사이에서 계획과 협력이 필요했다. 그래서 우리는 언어와 다른 상징적인 통신 형태를 발전시킬 수밖에 없었다. 북쪽에 도착하고 몇 천년 안에 우리의 조상들은 섬세하게 깨고 갈아 만든 다양한 종류의 석기 도구들과 무기들, 바느질 도구와 낚시 도구를 포함한 뼈 도구들을 포함하여 온갖 새로운 장비를 만들었고, 훌륭한 동굴 예술과 심지어 악기까지 만들었다. 마지막 두 가지 획기적인 것들은 특히 중요하다. 많은 동물들이 주거지를 만들고, 해달과 침팬지, 까마귀는 전부 단순한 도구를 사용하는 것으로 유명하다. 하지만 상징적 예술을 하는 것, 이것은 전혀 다른 행위다. 이 지구상에서 온갖 생물 중에서 오로지 인간만이 그림을 그린다. 시각적

이미지의 제작과 감상은 언어적 이미지를 만들고 이해하는 데 필요한 것과 비슷한 정신 능력을 의미한다. 다시 말해서 언어의 근원을 가리키고, 이와 함께 온갖 가정, 이야기, 신화, 구전 역사, 시, 노래의 근원을 말한다.[2] 질적으로 높은 지적(그리고 내가 보기에는 영적인 면에서도) 발달이 이루어진 것이다.

자연스럽게 적응할 수 없는 훨씬 더 도전적인 환경으로 옮겨옴으로써 호모 사피엔스는 스스로를 초월하게 되었다. 명확한 환경에서 고정된 능력 레퍼토리를 고정된 사건들을 해결하는 데 적용하는 영리한 동물로 존재하는 대신에 우리는 세상을 상대하는 기본적 도구를 계속 만들어내는 새로운 능력을 가진 종이 되었다. 호모 사피엔스는 호모 테크놀로지쿠스, 즉 발명의 인간이 되었고 그렇게 함으로써 사막, 숲, 정글, 스테프, 늪지, 산맥, 툰드라, 강, 호수, 바다, 대양까지 모든 환경을 정복할 수 있었다.

그다음으로 기록된 인간 역사 전체에서 가장 진보적인 문화는 미노아인, 페니키아인, 그리스인, 디아스포라 유대인, 이탈리아 르네상스 시대 도시국가들, 한자 동맹, 네덜란드인, 영국인, 미국인처럼 가장 중요하게 여기는 일이 장거리(보통 바다를 건너) 상업이나 탐험을 통해서 계속 새로운 도전을 받아들이는 것이었던 '바다 민족'이었다. 가장 우선적인 요소가 정해진 영역을 통치하는 토지 소유 귀족 계급에 있었던 '육상 민족' 사회는 훨씬 더 한정된 시야를 가졌고 그래서 보통 훨씬 더 전통에 얽매이고 보수적이었다. 소수의 지배층뿐만 아니라 사회 인구 대다수가 새로운 개척지 환경에 노출되거나 뛰어들게 되어 혁신을 해야 하고 또 할 수 있는 자유를 갖는 상황만이 가장 큰 자극제가 된다. 그러니까 고대 그리스 문화의 전성기가 지중해 식민지 시대에 그리고 그 직후에 왔던 것이나, 평범하고 비교적 정체되어 있던 중세 기독교 국가를 대단히 역동적이고 전 세계적으로 우위에 있는 서구 문명으로 바꾸어놓은 유럽 문화에서 혁신이 넘쳐 났던 시기가 서양의 대항해 및 식민지 시대와 동시에 일어났던 것은 우연이 아니다. 프런티어 쇼크의 자극에 관한 가장 극단적인 예는 북아메리카 문명이다. 북아메리카 문명은 그 거대하고 계속 변화하는 개척지가 주는 새로운 필수품들과 무한한 가능성과 400년 동안 형성에 필요한 상호작용을 해온 것을 바탕으로 혁신, 반전통주의, 낙관주의, 개인주의, 자유의 문화를 발달시켰다.[3]

하지만 지금은 어떤가? 팍스 테레스트리스Pax terrestris(지구평화), 그렇다. 팍스 문다나Pax Mundana(세계평화), 아니, 인류에게는 전쟁, 죽음, 질병, 부패, 미신, 국가나 인종적 광신, 낡은 신념 구조나 폭정, 또는 수많은 고결한 사람들이 시대에 걸쳐 투쟁해왔던 우리의 원시적 과거의 여러 가지 잔여물들이 필요치 않다. 하지만 인류에게는 도전이 필요하다. 도전할 게 없는 인류는 변화도 혁신도 없는 인류이고, 이는 근본적으로 의미 있는 자유가 없는 인류라는 뜻이다. 도전할 게 없는 인류는 인간성이 없는 인류다.

게다가 정체된 사회가 즐겼던 '황금기'는 일반적으로 지옥으로 가는 길의 중간 정류장일 뿐이다. 이것은 먹고살기 힘든 가난한 아이가 인생에서 성공한 후에 자식들은 '자신이 그랬던 것처럼 힘들게 고생하지 않아야 한다'는 결심하에 아이들이 그가 부자가 되게 만든 강인함을 전혀 발달시키지 못하게 만드는 것과 비슷하다. 황금기의 훈훈한 상황은 사람들이 그들이 황금기를 이루게 만들었던 특성을 약화시키는 경향이 있다. 그래서 세계 역사에 관한 뛰어난 저서 《문명의 진화》에서 역사학자 캐롤 퀴글리는 사회 발달의 일곱 가지 주요 단계를 구분했다. (1) 혼합, (2) 잉태, (3) 확장, (4) 충돌, (5) 통합 제국, (6) 쇠퇴, (7) 붕괴다.[4] 1990년경 냉전에서 승리하고 서구(본질적으로 현대 세계) 문명은 5단계에 도달했다. 우리가 이런 역사적 비유의 자취를 계속 따라가기로 한다면 곧 6단계에 도달할 것이다. 그리고 사실 누군가는 이미 시작되었다고 주장할 수도 있다.

1992년 철학 교수 프랜시스 후쿠야마 Francis Fukuyama는 널리 독자층을 얻은 책《역사의 종말》을 썼고, 거기서 냉전에서 서구의 승리로 인한 세계 통일로 인간의 역사는 근본적으로 '종말'을 맞았다고 주장한다.[5] 1996년 〈사이언티픽 아메리칸〉의 필진 제임스 호건 James Horgan은 훨씬 더 흥미로운 베스트셀러《과학의 종말》을 출간했다. 이 책에서 그는 과학에서 나올 만한 큰 발견들은 이미 다 나왔고, 그러니까 과학 발견이라는 사업은 곧 멈추게 될 것이라고 말했다.[6] (내가 호건의 책을 읽고 난 다음 날인 1998년 2월에 천문학자 그룹이 허블 우주망원경으로 자연계의 다섯 번째 인력을 발견했다고 발표했다.) 호건은 자신의 책에서 후쿠야마를 인터뷰하고 그에게 인간 역사의 종말을 맞았다는 걸 의심하는 사람들을 어떻게 생각하느냐고 물었다. "그 사람들은 우주여행 추구자들이겠죠." 후쿠야마는 조롱조로 이렇게 대답했다. 사실이다.

지구의 도전거리는 거의 다 끝이 났고, 이 행성은 현재 사실상 통합 과정에 있다. 나는 이것이 종말을 표시하긴 하지만, 인간 역사의 종말이 아니라 단순히 인간 역사의 1단계가 끝난 거라고 믿는다. 성숙한 Ⅰ 유형 문명으로의 발달이 끝났다는 이야기다. 이것은 역사의 종말이 아니다. 우리가 받아들이기만 하면 우주에서 새로운 개척지가 끝없는 도전거리를 제공해줄 테니까. 발견되기만을 기다리는 세계들과 태어나기만을 기다리는 인류 문명의 수많은 새로운 지부들이 만들어갈 역사로 가득한 무한한 변경 개척지 말이다.

우리는 역사의 종말에 살고 있을까, 아니면 역사의 시작에 살고 있을까? 우리는 늙었을까, 아직 젊을까?

선택은 우리의 것이다..

포커스 섹션: 우주 프로그램 파생효과

나사가 자금을 확보하기 위해서 종종 내놓는 주된 광고 중 하나가 우주 프로그램의 요건을 맞추기 위해서 개발된 기술적 발전이 사회 전체에 크게 득이 될 거라는 부분이다. 이 '파생효과'에 관한 주장은 가끔 회의론자들에게서 조소를 얻는다. 왜냐하면 탱Tang(분말주스. 나사에서 머큐리호 비행 때 우주비행사용 음식으로 사용했다)처럼 대다수가 사소한 것들이고, 가장 자주 언급되는 벨크로, 바코드, 테플론 같은 여러 가지는 사실 나사가 생기기 한참 전인 1940년대와 1950년대 초에 발명된 것이다.

어쨌든 중요한 사실은 우주 임무라는 혹독한 도전을 받아들이기 위해서 나사가 후원하는 연구개발이 실제로 굉장히 대단한 파생 기술들을 만들어냈다는 부분이다.

이 파생 기술에는 컴퓨터 기술, 환경, 농업, 보건의료, 공공안정, 운송, 오락, 산업 생산 분야에서 수천 가지 발명이나 큰 개량이 있다. 예를 들어 MRI 스캔, 적외선 귀 체온계, 심실보조장치, 인공사지, 의료용 발광 다이오드, 수술 기술, 투명 치아교정기, 긁힘이 안 생기는 렌즈, 응급담요, 비행기 얼음막이 시스템, 고속도로 안전장치, 화학물질 탐지 시스템, 레이디얼 타이어(카커스 코드가 반경 방향으로 배열된 타이어), 동영상 향상 및 분석 시스템, 내화성 물질, 소방 장비, 연기 탐지기, 에어컨 시스템, 템퍼 폼, 영양 강화 아기음식, 냉동건조 음식, 휴대용 무선 진공청소기, 무선 전동공구, 디지털 이미지 센서, 쿼츠 시계, 정수 시스템, 태양광 전지, 오염 복원 시스템, 마이크로칩, 구조 분석 소프트웨어, 원격조종 오븐, 파우더형 윤활제,

광산 안전 장치, 음식물 안전 시스템, 3D 프린트 시스템 등이다.

수천 명의 생명이 나사가 후원한 의학, 소방, 안전 기술 덕분에 살았다. 사실상 나스트란NASTRAN 같은 나사가 발명한 디자인 소프트웨어가 없다면 더 이상 어떤 결과도 낼 수 없을 거고, 나사가 공헌한 고급 컴퓨터 기술은 우리 경제의 모든 부분에서 사용되고 있다. 효율적인 실리콘 태양광 전지는 나사의 제안으로 처음 개발되었고, 태양 에너지가 우리 사회에서 주된 에너지원으로 쓰이게 된다면 인류는 이 선물에 대해 나사에 굉장히 고마워해야 할 것이다.

이런 지상의 파생 기술에 더해 우주에서 사용되는 나사 기술은 날씨 예보, 통신, 항해에 상당한 도움을 주고 경제 전체에 큰 영향을 미친다.

그러니까 우주 프로그램이 기술 발전의 주된 원동력이고 투자 가격을 훨씬 상회하여 사회에 돌려주는 혁신을 얻을 수 있다는 것은 정말로 사실이다.

하지만 우리가 우주 탐험이라는 도전을 받아들여서 얻는 최고의 가치는 특정 발명의 형태로 오는 것이 아니라 인간의 지적 자본이라는 산물에서 나온다.

젊은이들이 대담한 우주 프로그램의 존재 혹은 그 부재에 대해서 어떻게 반응하는지, 그들의 의사 결정을 보면 파악할 수 있다. [그림 10.1]은 미국에서 과학, 기술, 공학, 수학Science, Technology, Engineering, and Mathematics. STEM 분야 대학 졸업생의 숫자를 1960년대, 1970년대, 1980년대로 매년 표시한 것이다.[7]

아폴로 시대인 1960년부터 1972년 사이에 STEM 학사 학위 졸업생의 숫자가 70퍼센트, 석사 학위 졸업생은 130퍼센트가 증가한 것을 볼 수 있고 박사 학위 졸업생은 240퍼센트까지 치솟았다! 하지만 1972년 아폴로

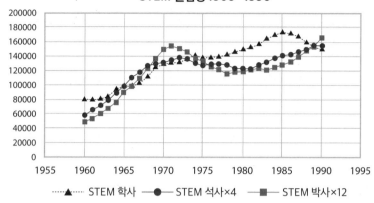

[그림 10.1] 미국에서 1960~1990년의 STEM 졸업생들. (미국 교육부 데이터 기반)

프로그램이 끝나고 나자 거의 즉시 증가세는 멈추어서 고등 학위의 숫자가 사실상 절대량에서 하락했고, 학사 학위는 절대량에서 정체 상태이고 인구 대비로는 감소한 셈이다.

오늘날 미국 교육은 하락 추세이고, 정치가들은 수업 시간을 낭비하고 학교 체계의 돈을 허비하며 학생들의 교육에 대한 부정적 태도는 더욱 악화시킬 뿐인 거대한 표준화 시험 프로그램 같은 역효과 방편으로 이것을 고쳐보려고 한다. 하지만 젊은이들은 모험을 사랑하고, 우주 개척지를 열려는 사회적 노력이 전국의 소년소녀들을 모험으로 초대하고 도전 욕구를 불러일으키는 일이 될 것이다. "과학을 배워라. 그러면 신세계의 탐험자가 될 수 있을 것이다." 아폴로 시대에 미국에서 과학 분야 졸업생 숫자는 고등학교, 대학교, 박사 과정 등 모든 부분에서 급격히 증가했다. 그 이래로 우리는 그 지적 자본에서 많은 득을 보았다. 오늘날 유인 화성 프로그램은 더욱 큰 영향을 미칠 것이다. 과학 분야가 1960년대에는 아예 불가능했던 방식으로 이제는 여자들과 소수인종들에게도 열려 있기 때문이다. 아마 수백만 명의 젊은 과학자, 공학자, 발명가, 의사, 의료 연구자, 기술 분야 사업가가 나와서 이들의 혁신이 우주 탐사 비용의 수백 배 많은 이득을 사회에 돌려줄 것이다.

미국의 온갖 한계에도 불구하고 세계에서 가장 훌륭한 우주 프로그램을 갖고 있다는 것은 재능 있는 젊은이들을 미국으로 끌어들일 주요 요인이다. 이에 비해 예를 들어 유럽 우주국은 미국보다 많은 인구와 경제의 후원을 받고 있음에도 불구하고 나사 예산의 5분의 1밖에 안 되고, 오스트레일리아는 사실상 우주국이 아예 없다. 사실상 그런 나라의 지도자들은 젊은 과학자들에게 이렇게 말한 것이다. "우주 탐험에 기여하고 싶으면 이민을 가." 그 메시지는 크고 명료하게 들렸고, 이로 인한 두뇌 유출은 그런 형편없는 지도자가 있는 나라들에 거대한 손실이 되었다.

행운은 대담한 자를 돕는다.

11장
우리의 생존을 위해

모든 문명은 우주로 나가거나 멸종한다.

- 칼 세이건[1]

사선(射線)에서

1990년 10월 1일, 미국 전략방위군은 중앙 태평양에서 제2차 세계대전 말에 나가사키에서 터진 10킬로톤의 원자폭탄 에너지와 동일한 정도의 폭발을 탐지했다. 프랑스 정부가 가끔 태평양에서 핵무기 실험을 한다지만, 이것은 그들의 것이 아니었다. 어떤 지구상의 국가도 이 일을 벌이지 않았다. 이 미사일은 외우주에서 온 것이었다. 사람 없는 중앙 태평양 위쪽 허공에서 폭발해서 사상자는 없는 것으로 알려졌다. 하지만 10시간쯤 나중에 도착했다면, UN 연합군과 이라크 무장군이 당시 전면전을 준비하고 있던 화약고 한가운데인 중동에서 폭발했을 것이다.

1990년 10월 1일, 발사체가 적의 경포輕砲에서 날아왔고, 핵심 목표물에서 한참 떨어진 곳으로 날아갔다. 하지만 그게 날아온 곳에는 더 많은 것들이 있었고, 우리는 훨씬 끔찍한 공격을 당했다. 그것도 바로 얼마 전에 말이다.

예를 들어 1947년 2월 12일 100킬로톤의 폭발력(나가사키 원폭의 10배)을 가진 훨씬 큰 외계 발사체가 러시아의 블라디보스토크에서 400킬로미터도 떨어지지 않은 곳에 충돌했다. 이것은 당시 그 지역에 있었던 대규모 강제노동수용소의 사람들 사이에서 사상자를 냈을 수도 있다. 사라진 사람들에 관한 기록과 분명히 대단히 당황했을 당국의 반응에 대해서 먼지 가득한 스탈린주의자들의 서고에서 아직도 찾을 수 있을지 모른다.

더 큰 충돌이 1908년 6월 30일에 일어났다. 20,000킬로톤의 힘(20메가톤이다!)을 가진 외계의 탄두가 시베리아의 퉁구스카에 떨어져 수천 제곱킬로미터의 숲을 고스란히 없앴다. 수천 마리의 사슴이 죽고, 아마 차르 정권의 관심 밖에 있던 수백 명의 시베리아 사냥꾼들도 죽었을 것이다. 이 비행체가 세 시간 뒤에 도착했다면 유럽 쪽 러시아의 큰 지역을 유린했을 거고, 차르의 여름 궁전에서 열린 사교행사 중 하나가 취소되었을 것이다.

가장 최근에 알려진 충돌은 2013년 2월 15일, 이전까지 탐지되지 않았던 지름 20미터의 초소형 행성이 초속 19킬로미터로 지구 대기로 들어와서 우랄 산맥 도시 첼랴빈스크 근처 고도 30킬로미터 지점에서 폭발한 것이다. 450킬로톤의 폭발력(히로시마 원폭의 30배)으로 밝은 섬광과 강력한 충격파가 생성되었고, 1500명이 다치고 7200개의 건물이 피해를 입었다. 이 사건은 더 큰 소행성 367943 두엔데가 이미 많이 예측되고 홍보되었던 지구 근접통과를 하던 날과 같은 날에 일어났다. 첼랴빈스크 유성에 깜짝 놀란 당국에 따르면 이것은 관련 없는 사건이었다. 그 말을 믿고 싶다면 말리진 않겠다.

상세히 기록된 이 충돌들은 전부 아직 살아 있는 사람들이 기억하는 일이다. 비슷한 사건들이 비슷한 비율로 그 앞 세기들에도 일어났겠지만, 팽배한 신비주의와 문맹, 과학적 관점의 부재, 이전 세기의 형편없는 국제통신 때문에 믿을 만한 관찰을 하고 소통하고 기록할 수 있는 인간의 능력이 굉장히 낮았다. 소돔과 고모라의 파괴처럼 고대의 종교적, 신화적 이야기에 묘사되는 대재앙들 몇 가지는 소행성 충돌에 관한 민간 전승일 것이다.[2] 딱 잘라 말하기는 어렵지만, 소행성과 운석의 진짜 기원이 19세기까지 알려지지 않았으니 초기 충돌 사건에서 살아남은 관찰자들이 신의 분노의 현현이라고 설명한 것도 그럴 만하다.[3]

하지만 근대 이전의 인류가 소행성 폭격에 관해 믿기 힘든 기록자들이었다면, 사건에 관한 다른 기록이 있다. 완전하지는 않아도 절대로 거짓말하지 않는 기록, 바로 지구 자체에 새겨진 데이터이다. 지리학적 기록은 지구가 역사 전반에서 거대한 소행성 폭격의 목표물이었음을 의심의 여지없이 보여준다([그림 11.1]의 지도 참고).[4]

물론 이것을 지구 기록에 남기기 위해서는 소행성 충돌이 1990년 10월

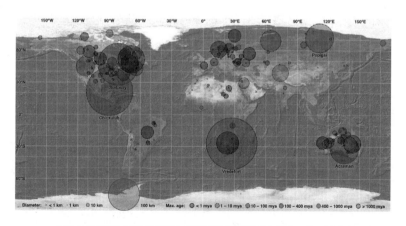

[그림 11.1] 알려진 소행성 충돌구들은 지구 전역에 흩어져 있다. 원의 크기는 상대적인 충돌 에너지를 나타낸다. (소행성 충돌지 연구 그룹 제공)

이나 퉁구스카처럼 단순히 원자폭탄이나 수소폭탄 크기의 폭발이어서는 안 되고 상당히 커야만 한다. 예를 들어 오늘날 많은 관광객들이 방문하는 북부 애리조나의 1킬로미터 너비에 200미터 깊이의 충돌구는 지름 150 미터의 소행성이 5만 년 전에 약 840메가톤(나가사키 원폭 8만 4000개)의 힘으로 지구에 충돌해서 남은 상처다. 이것은 나토와 바르샤바 조약군이 최대로 중무장했던 공포의 균형기에 전면적 핵전쟁을 벌여 핵무기를 전부 터뜨렸을 때의 폭발력과 대략 비슷하다. 이 충돌은 미국 남서부에서 거의 대부분의 생명체를 전부 없애버렸을 거고 전 세계를 몇 년 동안 얼어 붙게 만드는 '핵겨울'에 빠뜨릴 만큼의 먼지가 생겼을 것이다.

하지만 애리조나에 충돌한 150미터 크기의 바위는 여전히 작은 소행성이다. 수천 배, 심지어는 수백만 배 더 큰 질량의 소행성들이 우주에 많이 있다. 가끔은 그것들도 충돌한다. [표 11.1]은 그런 일이 일어났을 때 얼마나 큰 힘이 방출되는지, 그리고 그런 사건의 추정 빈도를 대략적으로 알려준다.

([사진 16] 참고)

기원전 6500만 년 전의 소행성 충돌은 가장 유명한 대사건으로 이 발견 덕분에 지구의 생명체 역사에 관해서 우리의 지식에 혁명이 일어났

소행성 지름	폭발력(킬로톤)	빈도	실례
4미터	16	1/년	중앙 태평양, 1990년 10월 1일
8미터	128	1/10년	블라디보스토크, 1947년 2월 12일
43미터	20,000	1/400년	퉁구스카, 1908년 6월 30일
150미터	844,000	1/6,000년	애리조나, 기원전 50,000년
1킬로미터	2억 4000만	1/300,000년	남태평양, 기원전 230만 년
10킬로미터	2400억	1/60,000,000년	유카탄, 기원전 6,500만 년

[표 11.1] 소행성 충돌의 파괴력

다. 1980년대 이전에 과학자들은 종의 진화가 종 사이의 상호작용과 생명체와 지구 기후 사이의 상호작용에 의해 점진적으로 일어났을 거라고 생각했다. 그러다가 1980년에 노벨상 수상자인 물리학자 루이스 알바레즈와 그의 아들인 고생물학자 월터 알바레즈 팀이 공룡이 지구를 지배했던 백악기와 공룡이 더 이상 존재하지 않게 된 제3기 사이에 정확히 위치한 6500만 년 된 이탈리아의 경계면 퇴적토에서 얇은 이리듐 층을 발견했다.[5] 이리듐은 지구에서는 드물지만 운석에서는 흔해서 작은 소행성의 표본을 상징한다. 오랫동안 존재했고 널리 분포되어 있었으며 굉장히 다양했던 공룡 목目이 갑자기 사라진 것은 항상 고생물학에서 미스터리였다. 정확히 공룡의 종말기에 퇴적된 소행성 물질을 이탈리아에서, 그다음에 전 세계에서 발견하고서 알바레즈 부자는 소행성 충돌로 거대한 파충류가 멸종했다는 놀라운 이론을 내놓았다. 전통적인 고생물학자들은 이 가설에 반대하는 옛날 가설들에 집착했으나 알바레즈의 주장은 1991년 캐나다인 지질학자 앨런 힐데브란트가 멕시코의 유카탄 반도 칙술루브에서 공룡의 파괴자가 남긴 충돌구를 발견하면서 입증되었다.

충돌구의 크기는 충돌 크기를 알려준다. 2000억 킬로톤이 넘는 고성능 폭약 이상의 폭발력으로 이제 무엇이 공룡을 죽였는가 하는 의문은 사라졌다. 진짜 미스터리는 어떻게 무언가가 살아남았는가 하는 것이다. 우선 소행성이 대기를 뚫을 때 발생한 극초음속 충격이 공기를 대단히 뜨거운 플라즈마로 바꾸고, 들어온 궤적의 앞쪽 방향에 있는 건 뭐든 태워버린다. 그다음에 소행성이 지구 자체에 충돌하면서 대량의 산란물이 우주로 튀어나갔다가 초음속으로 다시 돌아와 대기 전체를 고온발광할 만큼 뜨겁게 만든다. 타오르는 하늘은 사방의 숲을 태운다. 지하나 물속에 숨을 곳을 찾지 못한 생명체는 전부 죽을 것이다. 불길은 겨우 며칠 정도 지속되지만, 그 뒤에 충돌로 만들어진 먼지와 결과적인 연기를 뿜는 불길이 지구 전체에 강렬하고 치명적인 산성비를 내리게 만들어 지구는 수 년 혹은 수십 년 동안 먼지 덮인 핵겨울의 한가운데로 들어갔을 것이다. 결국에 먼지가 비에 씻겨 나가면서 다시금 지구를 데워줄 축복 같은 햇빛이 들어오지만, 충돌과 불길은 대량의 이산화탄소 기체를 대기 중으로 방출했고 대파괴 이후 세계의 얼마 안 남은 초목으로 이산화탄소 제거도 잘 되지 않을 것이다. 그 결과 강력한 온실효과가 일어나서 지구를 빠르게 참을 수 없는 온실로 만들고 이는 몇 세기 동안 지속될 수 있다.

이후의 연구는 공룡 살해범이 특이한 것이 아니라 지구의 고생물학 역사에서 연이은 시대를 규정하는 수십 번의 대멸종 중 전부는 아니라도 다수가 소행성 충돌로 인한 것임을 밝혀냈다. 이 사건들의 사망자 숫자는 대단히 높다. 각 대멸종마다 지구상에서 살던 모든 동식물 종의 35~95퍼센트가 멸종했다. 지구에서 살던 모든 생물 중 3분의 2 이상이 소행성으로 사라진 것이다.

그러니까 이 모든 것에서 살아남은 당신의 조상을 자랑스러워하라. 그들은 굉장히 강인했다. 하지만 우리의 운을 계속 시험하는 것은 현명하지 못한 일일 것 같다. [그림 11.2]를 보면 이미 확인된 지구를 횡단하는 소행성들의 궤도가 나와 있다. 200여 개가 알려져 있지만, 지름 1킬로미터가 넘는 것들이 최소한 2000개는 있다고 추정되고, 100미터가 넘는 것은 20만 개쯤 있는 것으로 보인다. 그중 20퍼센트가 빠르든 늦든 지구에 충돌할 것이다. 대부분의 경우에 늦는다는 건 수천만 년 뒤쯤이라는 것이다. 하지만 다 그런 건 아니다. 그리고 저 바깥 어딘가에 지금 현재 당신 후손들의 이름이 적혀 있는 소행성이 있다. 직접적인 충돌 경로에 있는 건 아니다. 충돌하기 전에 여러 번 태양 주위를 돌 것이다. 하지만 그 경로가 아

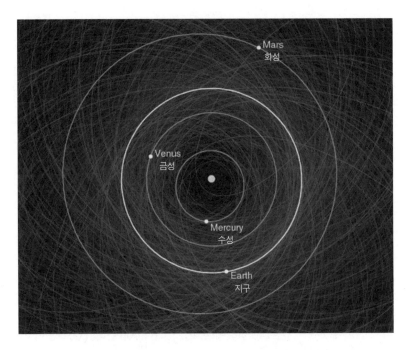

[그림 11.2] 소행성 궤적. 지구가 사선에 있다. (나사 제트추진연구소 제공)

무리 복잡하다 해도, 뭔가 하지 않으면 중력의 법칙과 천체 역학에 따라 미리 정해진 경로로 수동적으로 기다리고 있는 당신의 자손들과 수많은 다른 종들에게 죽음을 가져올 것이다.

우리는 우주의 사격장에서 목표물이다. 이런 상황을 바꾸기 위한 조치를 신중하게 취해야 한다.

움직이는 소행성

좋은 소식은 우리가 걱정해야 하는 것이 그저 각각 수천만 킬로톤의 다이너마이트의 폭발력을 가진 2000여 개의 중간 크기 소행성들과 아마도 수천에서 수십만 킬로톤의 폭발력을 가진 수백만 개의 조그만 녀석들뿐이라는 것이다. 아마도 정부가 소행성 충돌에 대해 별다른 보호를 하려 하지 않기 때문인지 의회는 이 위협이 꽤나 무시무시하다고 여기고 나사의 근지구 천체 관측 프로그램NEOOP에 수백만 달러를 써서 천천히 잠재적 최후의 심판 발사체들을 파악하고 추적하기 시작했다. 몇 개의 자그마하거나 노후된 망원경만 장착하고 NEOOP는 차츰 현존하는 주요 위협들을 기록하기 시작했다. 아마도 우리에게는 시간이 있을 것이다. 하지만 수백 개의 수소폭탄 정도의 타격을 줄 수 있는 좀 작은 수백 미터 크기의 천체들은 탐지가 되지 않을 것이다. 이런 천체가 행성 살해범보다 우리와 훨씬 자주 충돌하기 때문에 내가 보기에는 프로그램에 심각한 결점이 있는 것 같다. 또한 그것을 탐지해 작은 것 하나의 방향을 바꾸는 행동을 취하는 편이 훨씬 가능성이 높을 것이다. 여기서 64,000달러짜리 질문이 떠오른다. 지구를 파괴할 만한 소행성이 우리 쪽으로 오는 게 탐지됐다면, 우리는 어떻게 해야 할까?

가능한 선택지가 몇 개 있다. 다음과 같은 것들이다.

(a) 가만히 앉아 있다 죽는다. 이것이 전통적인 방법이고, 개선이 필요하다.

(b) 지구를 탈출한다. 이것은 한동안은 기술적으로 불가능할 것이고, 항상 달갑지 않은 선택이다.

(c) 지구를 옆으로 옮긴다. 재미있겠지만 기술적으로 불가능하다.

(d) 충돌하기 전에 소행성을 부순다. 이것은 소용이 없을 것이다. 1킬로미터의 소행성을 무기로 조각내는 것은 아마도 불가능하겠지만, 설령 가능하다 해도 별로 도움이 되지 않을 것이다. 지구에 충돌하는 조각들이 소행성을 그냥 하나로 놔뒀을 때만큼 큰 피해를 입힐 것이다.

(e) 소행성이 지구를 비켜가도록 방향을 바꾼다. 이것은 어렵지만 이론상으로는 가능하다. 그래서 지구적 방어를 걱정하는 사람들에게 가장 큰 관심을 받고 있다.

다가오는 소행성의 방향을 어떻게 바꿀 수 있을까? 이것이 1992년 로스 알라모스 국립 연구소와 그 이래 비슷한 장소에서 열린 여러 번의 워크숍의 주제였다. 이 모임에서 기술 관련 참석자들은 전부 로스 알라모스와 리버모어의 고급 열핵무기 설계자들이었기 때문에 자연스럽게 초점은 이런 장비들을 사용하는 쪽으로 맞춰졌다. 이로 인해 일부는 여기에 관련된 사람들을 이제 소련의 위협이 사라졌으니 사업 기회를 만들어보려고 하는 이기적인 폭탄 제조자 무리로 여기며 무시했으나 이는 불공평한 행동이다. 원자폭탄은 분명히 현재 인류의 가장 강력한 물리적 능력이다. 그러니까 소행성 방어의 도구로 이 무기의 실용성을 점검해보는 것은 당연히 합리적이다. 그럼 한번 살펴보자.

지름 1킬로미터의 소행성이 초당 16킬로미터의 일반적 요격 속도로 지구를 향한다고 생각해보자. 어떤 것은 철-니켈로 만들어져 있고 강철처럼 단단하다. 어떤 것은 돌로 만들어져 있다. 또 어떤 것은 약한 탄소질 물질로 되어 있고, 어떤 것은 심지어 주요 성분이 얼음이다. 우리에게로 오는 소행성이 돌로 되었다고 해보자. 이것이 근지구 집단에서 가장 흔한 종류이기 때문이다. 밀도는 강철과 탄소질의 중간쯤이다. 이런 경우에 우리의 소행성은 2조 5000억 킬로그램(25억 톤)의 질량을 가질 것이다. 이제 우리가 10메가톤의 수소폭탄을 발사해서 소행성을 옆으로 밀어내기 위해 그 바로 옆에서 터뜨린다고 해보자. 폭탄은 질량 10톤에 4×10^{16}줄(11테라와트-시) 에너지를 방출한다. 이 에너지가 전부 폭탄으로 간다면

(즉 복사로 잃는 게 전혀 없다면) 조각이 초속 280만 미터의 평균속도로 폭발할 것이다. 폭탄이 만드는 총 충격량은 초당 280억 킬로그램-미터일 거고, 이 중 4분의 1이 소행성을 옆으로 밀어내는 데 사용될 것이다. 그러므로 소행성은 $(7 \times 10^9 \mathrm{kg\text{-}m/s} \div 2.5 \times 10^{12} \mathrm{kg}) = 0.0028 \mathrm{m/s}$의 속도 변화를 얻게 된다. 지구는 대략 12,800킬로미터의 지름을 갖고 있으니까 소행성이 지구를 비켜가기 위해서는 이 정도로 방향을 틀어야 한다. 이 거리를 0.0028m/s의 속도 증가량(여기서는 우리의 어림셈에 걸맞게 궤적의 변화를 계산하는 데 적당한 1차항으로 한다)으로 나누면, 원하는 결과를 얻기 위해서 충돌하기 46억 초 또는 145년 전에 폭탄을 터뜨려야 한다는 걸 알 수 있다. 하지만 우리에게 그렇게 많은 시간이 없을 가능성이 높다.

우리가 폭탄을 지표 투과 탄두 안에 넣고 소행성으로 고속으로 쏜 다음 지표 아래서 터뜨리면 훨씬 큰 속도 변화를 얻을 수 있을 것이다. 하지만 소행성이 완전히 철-니켈로 되어 있다면 불가능하고, 설령 소행성이 대부분 돌로 되었다고 해도 충돌 때 폭탄을 망가뜨릴 수 있는 철로 된 덩어리들이 박혀 있다면 실패할 수 있다. 그러나 소행성이 약한 돌이나 탄소질로 되어 있으면 폭탄이 깊게 박힐 수 있다. 이런 경우에는 폭탄이 방출하는 4×10^{16}줄이 물질 10톤이 아니라 훨씬 큰 면적으로, 어쩌면 1000톤 정도로 분산될 것이다. 이렇게 되면 튀어나오는 부분의 특성 속도가 이전 계산에 비해 10분의 1로 줄지만, 100배쯤 많은 양이 방출되기 때문에 전체적인 결과는 충격량이 10배 커지는 셈이다. 그래서 이제는 14.5년만 미리 하면 된다. 폭탄의 에너지가 100,000톤의 소행성에 적절하게 분포될 수 있다면, 필요한 선행기간은 1.45년으로 줄어든다.

이 정도면 가능하다는 생각이 들 수도 있겠지만, 잠깐 기다려라. 충돌하기 1.45년 전에 소행성은 어디에 있을까? 심우주 어딘가에, 지구와 7억

3000만 킬로미터의 거리를 두고 있을 것이다. 그러면 폭탄이 얼마나 많은 질량을 떼어낼 수 있을지 우리가 어떻게 알 수 있나? 이것을 알기 위해서는 폭탄이 소행성에 충돌한 후 얼마나 깊이 파고들지 알아야 하고, 이것은 우리가 소행성의 지질학을 알아야 한다는 뜻이고, 그 표면뿐만 아니라 지하까지 알아야 한다는 것이다. 게다가 조각이 나서 일부분이 튀어나가게 되는 방향은 어떻게 알 수 있을까? 표면 아래의 다양한 강도가 방출 방향에 강한 영향을 미칠 것이다. 다시금 우리는 표면 아래의 지질학을 상세히 알아야 한다. 그리고 폭탄은 바위만 튀어나가게 만드는 것이 아니라 소행성을 달구어서 휘발성 물질들도 배출하게 만들 것이다. 소행성은 아마도 회전할 거고, 그러면 이 기체 배출 때문에 소행성이 예상치 못했던 방향으로 날아갈 수도 있다. 그래서 기하학, 지질학, 소행성의 동적 특성을 철저히 이해해야 한다.

모르는 부분이 너무 많다. 인류의 운명이 이 작전의 성공에 달려 있다. 만약 폭탄이 소행성의 방향 전환용으로 사용된다면, 대충 발사할 수는 없다. 아니, 폭탄을 터뜨리기 전에 소행성을 철저하게 탐색하고, 그 지질학을 분석하고, 이런 지식에 따라서 폭탄을 위치시킬 표면 아래 지점을 신중히 결정하고 정확히 배치해야 한다. 측량사, 지질학자, 광부, 시추자, 파괴 전문가로 이루어진 인간 대원들이 이 일을 제대로 진행하기 위해 현장에 있어야 한다.

하지만 인간 대원들을 보낼 거면, 소행성을 밀어내기 위해서 폭탄 말고 다른 방법을 사용할 수도 있다. 예를 들어 우주여행 문명은 거의 확실히 핵전기 추진NEP 이온 엔진 화물 우주선을 운용하기 위해 10메가와트의 전력을 생산하는 우주 원자로를 개발했을 것이다. 우리가 이런 장치 하나를 소행성으로 가져가서 1km/s의 속도로 소행성 일부가 떨어져 날아가도록 설치를 했다고 해보자. 발진 장치는 일종의 로켓 엔진 역할을 해서 소행성 자체의 질량을 추진제로 사용한다. 발진 장치의 평균 질량 흐름은 그래서 20kg/s쯤 되고, 생성되는 총 추진력은 20,000뉴턴(4490파운드힘과 동일하다)이다. 이 추진력은 소행성을 정확하게 통제된 방향으로 (20×10^3뉴턴÷2.5×10^{12}kg)=8×10^{-9}m/s²의 속도로 가속할 수 있다. 이것은 너무 적어 보일 수 있지만, 한 해에 속도가 0.25m/s씩 증가하게 되어 충돌 날짜보다 최소한 1.6년 전에만 시작한다면 지구와 충돌하지 않게 소행성을 밀어내기에 충분하다.

아니면 소행성이 얼음으로 되어 있다면 이것을 핵열로켓 NTR의 추진제로 사용할 수도 있다. NTR은 고체 노심 원자로로 작동 유체를 아주 고온으로 가열한 다음 로켓 노즐에서 고온의 기체로 방출하여 작동된다. 1960년대에 미국은 네르바 NERVA라는 프로그램을 갖고 있었다. 이것은 십여 개의 NTR을 45,000뉴턴(10,000파운드)부터 110만 뉴턴(250,000파운드)까지 이르는 추진력과 200부터 5000메가와트 범위의 에너지로 지상 시험을 하는 것이었다. 수소를 추진제로 사용하여 그 낮은 분자 무게로 높은 배기속도를 얻는다고 하면, 2500℃에서 작동하는 그런 엔진은 900초의 비추력을 생성한다(즉 9km/s의 배기속도). 1960년대 네르바 엔진은 실제로 825초가량을 냈다. 이것은 가장 우수한 화학 로켓 엔진의 거의 두 배다. 베르너 폰 브라운은 이 엔진을 1981년 아폴로 다음으로 하게 될 예정이었던 나사의 화성 탐험에 이용할 계획이었다. 불행히 닉슨 행정부가 아폴로 프로그램을 자르고 화성 계획을 취소시키면서 네르바 프로그램도 멈추게 되었고, 핵 엔진은 다시 비행하지 못했다. 그러나 기술은 확실히 작동하고, 무엇보다 뛰어난 능력 말고도 추가적인 장점이 있다. 바로 융통성이다. 이론상으로 어떤 유체든 NTR의 추진제로 사용될 수 있다. 화성에서는 이산화탄소 대기가 어디에나 있으니까 CO_2 추진제를 사용하는 화성에 있는 NTR 동력 로켓 호퍼는 착륙할 때마다 펌프를 돌려서 직접 급유할 수 있다. 《The Case for Mars》에서 이야기했던 이런 'NIMF' 차량은 화성 탐험가들과 정착자들에게 완전한 행성 전체적 이동성을 제공해줄 것이다. 소행성에서는 얼음을 쉽게 구할 수 있다. 이것을 녹여 물로 만들어 추진제 탱크에 저장했다가 NTR 엔진에서 증기 추진력으로 바꿀 수 있다. 여기서 얻어지는 비추력은 350초 정도일 것이다. 수소만큼 훌륭하지는 않지만 지구의 대응품과 마찬가지로 소행성 탐사자들에게는 값비싼 사료만 먹는 경주마 대신에 산의 잡초를 먹고 살 수 있는 노새가 필요한 법이다. NTR 증기 로켓은 소행성 사이를 돌아다니고 싶은 사람들에게 굉장히 매력적인 기술이 될 것이다. 게다가 소행성에 얼음이 충분하면, NTR은 그것을 옮기는 데 굉장히 효과적으로 사용 가능하다.

우리가 1960년대에 시험되었던 가장 큰 네르바 엔진 정도 크기인 5000 메가와트 NTR을 갖고 1킬로미터의 소행성에 가서 물 추진제를 주입한다고 해보자. 필요한 질량 흐름은 초당 850킬로그램의 물이고, 추진력은 290만 뉴턴(65만 파운드)일 것이다. 이것은 $(2.9 \times 10^6$뉴턴 $\div 2.5 \times 10^{12}$kg$) = 1.16 \times 10^{-6}$m/s^{2}의 속도, 또는 연당 36m/s의 속도로 소행성을 가속할 것이다. 이것은 위에서 논의했던 전기 발진 장치나 폭탄을 쓰는 시스템보다 100배 이상 가속할 수 있다. 이런 기술을 사용하면 우리는 소행성이 특정 경로에서 지구와 부딪치지 않고 지나갈 만큼 밀어낼 수 있을 뿐만 아니라 말 그대로 소행성을 완전히 다른 궤도로 밀어 넣어서 절대로 지구를 위협하지 못하게 만들 수 있다. 심지어는 소행성 무리를 광업이나 다른 형태의 개발에 훨씬 편리하도록 궤도를 재조정할 수도 있다.

게다가 핵융합 장치가 개발되면 소행성 자체의 물에서 뽑은 중수소를 사용하는 핵융합열로켓이 개발되어 필요한 에너지를 공급하고, 지구에서 굉장히 질 좋은 우라늄이나 플루토늄을 가져와야 하는 일로부터 해방될 수 있다.

그러니까 우리는 소행성 앞에서 무력할 이유가 없다. 우리의 방어를 위해서는 두 가지가 필요하다. 우리는 적으로부터 아주 많은 것을 배워야만 하고, 하루 빨리 우주여행자가 되어야만 한다.

소행성과 생명

종말의 소행성을 피하는 것이 중요한 주제이긴 하지만, 궁극적으로는 훨씬 더 중요한 임무의 부분집합일 뿐이다. 바로 우주 변경 지역을 정복하는 것이다. 실제로 소행성의 위협에 대한 수많은 이야기를 그저 기우로 치부하는 것은 이런 안목이 없이 때문이다.

지구의 생명체는 먼 옛날에 주도권을 잡고서 태양의 주기와 지질학적 주기에 반해서 이 행성의 물리적, 화학적 상태를 좌우함으로써 살아남아 번성했다. 이렇게 하지 않았다면 지구상의 생명체는 생명체의 기원 때보다 오늘날에 태양이 40퍼센트 이상 더 밝기 때문에 오래전에 멸종했을 것이다. 생명체에게 CO_2와 대기 속의 다른 온실기체 성분들을 조절하여 지구의 온도를 통제하는 능력이 없었다면, 우리 조상들은 수십억 년 전에 전부 완전히 구워졌을 것이다. 게다가 대기 중의 CO_2 성분을 산소로 대체하면서 생명체는 지상의 화학적 환경을 더 많은 활동과 지성을 가진 종의 발달에 우호적인 방향으로 바꾸었고, 더욱 고등하고 더 복잡한 형태로의 진화를 더 빠르게 만들었다.

생물권 그 자체의 역사 속에서 똑같은 현상이 반복된다. 자연적 생태계든 인간 문명에서든 주변 환경을 자신들의 성장에 우호적으로 통제하는 생물종들이 살아남는다. 그러지 못하는 종은 멸종 위기를 맞는다. 생명의 게임에서 유일하게 이기는 방법은 규칙을 만드는 쪽에 서는 것이다.

단기적으로 대부분 종들에게 적절한 환경은 지구이고, 대부분의 생태계는 성층권 아래의 발달을 감당할 수만 있다면 정당하게 살아남을 수 있다. 하지만 장기적으로 볼 때 이것은 사실이 아니다. 공룡 시대의 종말 때 일어난 대멸종을 소행성 폭격 때문이라고 설명한 알바레즈 가설이 입증된 이래로, 이제는 지구상에서 생명체에 적절한 환경이 단순히 그들이 사는 행성만 이야기하는 것이 아니라 태양계 전체라는 사실이 명백해졌다.

오늘날 이것을 이해하는 사람은 많지 않지만, 소행성대에서 일어나는 소규모 사건이 그들의 조상의 운명을 결정했고, 후손의 운명도 결정할 수 있다는 건 사실이다. 아주 멀리서 벌어지는 보이지 않는 사건이 여기에 이렇게 큰 영향을 미칠 수 있다는 건 믿기 어려울지도 모르겠다. 비슷하게 역사 전반에서 시골 마을에서 일상을 사는 주민들 대부분은 나라의 수도에서 정치인들과 외교관들이 벌이는 책략에 대해서 거의 모르지만, 머나먼 전쟁터의 어마어마한 전쟁으로 정기적으로 마을 사람들이 죽어나갈 것이다.

당신이 보지 못하는 것이 당신을 죽일 수 있다. 당신이 통제할 수 없는 것이 당신을 휘두를 수도 있다.

인류의 고향, 인류의 서식지는 지구가 아니다. 바로 태양계이다. 우리는 지금까지 지구를 정복하고 우리의 이익에 맞춰서 변화시키는 일을 잘 해왔다. 오늘날 최소한 지구의 선진국 쪽에 있는 대부분의 사람들은 거대한 고양이에게 팔다리가 떨어져 나갈 두려움 없이 걸어다닐 수 있고, 다음 겨울 동안 살아남을 만큼의 음식과 연료가 충분하다고 장담할 수 있고, 심지어는 죽을 위험을 무릅쓰지 않고 물을 마실 수도 있다. 검치호랑이, 메뚜기 떼, 세균, 지금으로서는 최소한 우리는 이런 것들을 전부 물리쳤다. 하지만 더 큰 의미에서 우리는 여전히 무력하다. 우리는 마을의 깡패들을 감옥에 던져 넣고서 안전하다고 느끼지만, 수도에서, 이면에서는 외교관들이 장군들과 만나고, 계획이 세워지고 있다……

우리의 환경은 태양계이고, 우리는 태양계를 제대로 통제하기 전까지 우리 운명을 통제할 수가 없다. 지질학적 기록은 명백하다. 소행성이 충돌한다. 인류만큼이나 한때 지구상에서 우세했던 생물종들이 대멸종을 맞는다.

다가오는 소행성을 방공포나 공대공 미사일, 또는 스타워즈 방어 시스템으로 쏘아버릴 수는 없다. 소행성 충돌을 막으려면 소행성이 아직 지구로부터 수억 킬로미터 떨어져 있을 때 이 거대한 천체의 방향을 틀어야만

불덩이 유성 충돌 1994~2013
(지구 대기에서 산산조각 난 작은 소행성들)

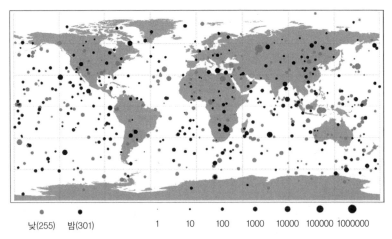

낮(255)　밤(301)　　　1　10　100　1000　10000　100000　1000000

[그림 11.3] 소행성 충돌은 고대사가 아니다. 지구는 계속해서 위험한 천체들의 폭격을 받고 있다. 그림은 지난 30년 동안 작은 충돌의 횟수이다. (1000GJ=200톤의 TNT 에너지) (나사 제공)

한다. I 유형 문명은 아무리 번창하고 있다 해도 본질적으로 소행성 충돌 경로의 무력한 목표물이다. 그 상태로 성장을 멈춘다면 장기적인 생존 가능성은 한정적이다. 우리가 우리 운명의 주도권을 갖고 있다면, II 유형 문명만이 할 수 있는 방식으로 우리의 진정한 환경을 통제해야 한다.

간단히 말해서 소행성의 교훈은 이것이다. 인류가 진보하거나 또는 살아남고 싶다면, 우리는 우주여행 종족이 되어야 한다. 결국에 우리의 생존 열쇠는 금욕이 아니라 창조성이 될 것이다.

12장
우리의 자유를 위해

존재의 법칙은 더 나은 자가 살아남을 수 있도록 하는

끊임없는 살해로 규정된다.

-아돌프 히틀러, 1941

인류 문명은 현재 수많은 심각한 위험을 맞이하고 있다. 하지만 당면한 가장 거대한 위험은 환경의 악화나 자원 부족, 심지어는 소행성 충돌로 인한 것이 아니다. 형편없는 아이디어에서 오는 것이다.

아이디어는 결과를 가져온다. 형편없는 아이디어는 정말로 형편없는 결과를 가져올 수 있다.

지금까지 가장 형편없던 아이디어는 잠재적 자원의 총량이 정해져 있다는 것이다. 이것은 끔찍한 아이디어다. 모두가 모두를 적대하게 만들기 때문이다.

현재, 그런 한정된 자원이라는 관점은 미래주의자들뿐만 아니라 대부분의 국가에서도 꽤나 유행이다. 하지만 이런 생각이 팽배하면 인간의 자유는 축소된다. 게다가 세계 전쟁과 대학살이 필연적으로 따라온다. 왜냐하면 존재할 수 있는 생명이 한정되어 있다는 믿음이 지속되면, 가진 자와 갖고 싶어 하는 자는 서로 반목할 수밖에 없기 때문이다. 유일한 의문은 언제냐인 것뿐이다.

이것은 학술적인 의문이 아니다. 20세기는 전례 없는 수많은 일이 일어난 시기다. 하지만 수천만 명의 사람이 완전히 허구인 존재적 투쟁이라는 이름하에 살해된 때이기도 하다. 21세기에 그 비슷한 생각의 결과는 더욱 끔찍할 것이다.

한정된 자원이라는 개념의 논리는 상상할 수 있는 최악의 끔찍함으로 이어지는 길이다. 기본적으로 이것은 이렇게 이어진다.

1. 자원은 한정적이다.
2. 그러므로 인간의 열망은 억눌러야만 한다.
3. 그래서 일부 권력층에 그것을 억누를 힘을 주어야 한다.
4. 일부 사람들이 억눌려져야 하기 때문에 우리는 권력층에 가담해서 우리 대신 우리가 경멸하는 자들을 억누르게 만들어야 한다.
5. 그런 열등한 사람들을 제거함으로써 우리는 빈약한 자원을 보존하고 인간의 사회적 진화를 계속하여 세상을 더 나은 곳으로 만드는 것을 도와야 한다.

억압, 폭정, 전쟁, 대학살을 옹호하는 이런 논리가 완전히 틀렸다는 사실이 이런 일의 끔찍함을 덜어주지는 않는다. 사실 이것은 지난 200년 동안 인간이 저지른 최악의 재앙들의 근본적 이유다. 그럼 한번 분석해보자.

200년 전에 영국의 경제학자 토머스 맬서스는 인구 증가가 자연의 근본 법칙에 따라서 생산을 웃돌 것이라는 주장을 밝혔다. 이 이론은 19세기 후반에 아일랜드와 인도의 기아에 대한 영국의 잔인한 반응의 기반이 되

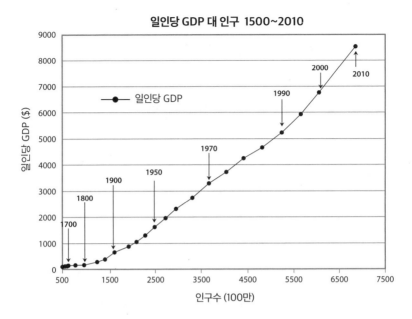

일인당 GDP 대 인구 1500~2010

[그림 12.1] 맬서스의 이론과 달리 인구가 늘수록 전 세계 인간의 행복은 더 빠르게 증가했다.

었고, 비과학적인 근거에 따라 굶주린 수백만 명의 사람들에게 식량 원조나 규제, 세금 부과, 임대료 등의 경감을 거부하는 행동은 그들의 파멸을 불가피하게 만들었다.[1]

하지만 데이터는 맬서스의 이론이 완전히 반대였음을 보여준다. 사실 맬서스가 그 주장을 내놓은 이래로 2세기 동안 세계 인구는 7배 증가했지만 인플레이션을 고려한 일인당 전 세계 총 생산량은 50배 증가했으며 절대적인 총 GDP는 350배 증가했다.

실제로 맬서스의 주장은 근본적으로 말이 되지 않는다. 자원은 기술 함수이고, 더 많은 사람들이 생기고 그들의 생활 수준이 높아질수록, 더 많은 발명가가 생기고 그래서 더 많은 발명품이 생긴다. 그리고 자원은 더 빠르게 증가할 것이다.

우리의 자원은 줄어드는 것이 아니라 증가한다. 자원은 인간의 창조성으로 규정되기 때문이다. 사실 '천연자원' 같은 것은 없다. 천연 원재료만이 있을 뿐이다. 원재료를 자원으로 바꾸는 것은 인간의 독창성이다.

땅은 사람들이 농경을 발명하기 전까지는 자원이 아니었고, 몇 번이나 그 자원의 크기를 증가시켰던 것은 농경 기술에서 계속적인 향상을 보여주었던 인간의 독창성이다.

석유는 원래 자원이 아니었다. 항상 거기에 있었지만 전혀 유용하지 않았었다. 가끔 땅에서 새어나와서 좋은 밭이나 목초지를 망쳐놓는 끈적한 검은 액체였을 뿐이다. 석유 굴착과 정제 기술을 발명하고, 기름이 실내 조명에서 고래기름을 어떻게 대체할 수 있으며 나중에는 전례가 없는 개인 이동 수단으로 인류를 어떻게 해방시킬 수 있는지를 보여줌으로써 자원으로 바뀐 것이다.

이것은 인류의 역사다. 진짜 옛날 서부 골동품점에 가서 개척자들이 가졌던 물건들을 본다면 나무, 종이, 가죽, 모직, 면, 리넨, 유리, 탄소강, 약간의 구리와 청동으로 만들어진 것들을 볼 수 있을 것이다. 약간 논쟁의 여지가 있는 나무를 제외하면 이 모든 물질들이 인공적이다. 이것들은 자연에 존재하지 않았었고 지금도 존재하지 않는다. 그 시기의 문명이 만들어낸 것이다. 하지만 이제 타깃 같은 현대의 할인점에 들어가 보라. 똑같은 물질로 만든 물건들도 볼 수 있지만 플라스틱, 합성섬유, 스테인리스스틸, 유리섬유, 알루미늄, 실리콘으로 만들어진 것들을 훨씬 더 많이 볼 수 있다. 그리고 주차장에는 물론 휘발유가 있다. 오늘날 우리 문명의 물리적 물품들을 만드는 대부분의 물질이 150년 전에는 알려지지 않은 것들이었다. 알루미늄과 실리콘은 지구의 지각에 가장 흔한 두 가지 성분이다. 하지만 개척자들은 이것을 전혀 보지 못했다. 그 시절의 사람들에게 그건 그저 흙이었다. 그것을 흙에서 필수적인 자원으로 바꿔놓은 것은 인간의 발명이다.

오늘날 주위를 보면 주요 자원이 될 수 있지만 아직 되지 못한 것들이 많다. 우라늄과 토륨은 원자력을 발명하기 전까지는 전혀 자원이 아니었으나 그것들의 정말로 거대한 잠재력을 완전히 활용하기 위해서는 모든 오류를 제거하기 위해 더 많은 발명을 해야 할 것이다. 태양열 에너지에 관해서도 마찬가지다. 이것이 기초적인 에너지원으로서 정말 실용적이 되려면 훨씬 싸져야 한다. 하지만 이런 일은 매년 조금씩 무수히 많은 크고 작은 발명을 통해서 이루어지고 있다. 다른 거대한 자원들, 훨씬 멀리 봐야 하는 것들도 그것을 사용할 방법이 발명되기만을 기다리고 있다. 예를 들어 핵융합 에너지를 공급할 수 있는 바닷물 속의 중수소가 있다. 메테인 하이드레이트와 성층권 바람도 있다. 오늘날 혁신적인 새로운 자원은 셰일이다. 20년 전에 셰일은 자원이 아니었다. 하지만 오늘날에는 수평드릴링과 프래킹(수압균열법)이라는 새로운 기술의 발명 덕분에 거대한 자원이 되었다. 지난 10년 동안 우리는 그것을 이용해서 미국의 석유 생산량을 일간 500만 배럴에서 1100만 배럴로 120퍼센트 증가시켰다. 지난 20년 간 미국의 가스 매장량은 3배가 되었고, 우리는 전 세계에서 이런 일을 더 많이 할 수 있고 또 할 것이다.

그러니까 중대한 사실은 인류의 자원이 고갈되고 있지 않다는 것이다. 우리는 자원을 기하급수적으로 늘리고 있다. 그 이유는 모든 자원의 진정한 근원이 지구도 바다도 하늘도 아니기 때문이다. 인간의 창의력이다. 자원이 넘치는 것은 바로 인간이다.

이런 이유 때문에 맬서스와 그의 추종자들의 주장과는 반대로 전 세계 인구가 늘어날수록 전 세계적인 생활수준이 계속 내려가는 게 아니라 올라가는 것이다. 더 많은 사람들, 특히 자유롭고 교육받은 사람들이 많아질수록 발명가가 많아지고, 발명은 축적된다.

게다가 국가들이 생존 경쟁을 하고 있다는 생각도 완전히 잘못되었다. 다윈의 자연선택은 자연계에서 유기체의 진화를 이해하는 데에는 유용한 이론이지만, 인간의 사회 발달을 설명하는 데에는 완전히 틀렸다. 동물이나 식물과 달리 인간은 획득한 특성, 예컨대 신기술 같은 것을 물려줄 수 있고, 부모뿐만이 아니라 전혀 관계가 없는 사람들에게서도 물려받을 수 있다. 그러니까 어디서 생긴 발명이든 모든 곳에서 인간에게 득이 된다. 인간의 발전은 군사적으로 우월한 국가가 더 열세인 나라를 없애는 기제에 따라 일어나는 것이 아니다. 오히려 한 나라에서 만들어진 발명이 전 세계로 전달되고, 다른 기술과 다른 생각들과 새롭게 합쳐져서 완전히 새로운 방식으로 꽃을 피운다. 종이와 인쇄는 중국에서 발명되었으나 페니키아에서 유래된 라틴 알파벳, 독일의 금속 주조 기술, 양심, 발언, 탐구의 자유에 대한 유럽의 관점과 합쳐진 다음에야 전 세계적으로 대중의 문맹을 떨치는 문화를 만들어낼 수 있었다. 다양한 발명의 원천이라는 똑같은 패턴이 집에서 키우는 식물과 동물부터 망원경, 로켓, 행성간 여행에 이르기까지 사실상 오늘날 인간의 중요한 모든 기술에서 반복된다.

그 독창성과 사람과 아이디어를 사방에서 끌어오는 능력을 바탕으로 미국은 대단히 부유해졌고, 다른 많은 곳에서 부러움을 사게 되었다. 하지만 다른 나라들도 미국이 존재하지 않았다면, 혹은 좀 더 가난하거나 좀 덜 자유로웠다면 지금만큼 부유해질 수 없었을 것이다. 아니, 지금보다 엄청나게 가난했을 것이다.

비슷하게 미국은 나머지 세계를 저개발 상태로 놔둬서 이득을 얻을 수 없을 것이다. 우리는 우리의 독창성을 자랑스러워하지만 사실 다른 모든 사람들이 그들의 잠재력을 발달시키고 활용할 기회를 갖는다면, 그래서 우리가 그러듯이 발전에 이바지할 수 있다면 훨씬 좋을 것이다.

어쨌든 간에 인류가 하나의 행성에 속박되어 있는 한 맬서스주의자들의 주장은 자명한 진실처럼 보일 것이고, 그들의 승리는 가장 끔찍한 결과만 가져올 수 있다.

실제로 20세기 역사와 독일 제국, 그리고 특히 나치 독일 양쪽의 전쟁의 원동력이 된 맬서스주의자/국가사회주의 진화론자의 논리를 보기만 해도 그런 미신을 널리 받아들인 탓에 끔찍한 결과가 일어났음을 알 수 있다.

독일 총참모부의 지도자적 지식인으로서 프리드리히 폰 베른하르디 장군은 자신의 1912년 베스트셀러 《독일과 다음 전쟁 *Germany and the Next War*》에 이렇게 적었다.

> 강하고 건강하고 번성하는 국가들은 인구를 늘린다. 특정 순간부터 그런 나라는 계속 변경을 늘릴 필요가 있고, 과잉 인구를 수용하기 위해 새로운 영토를 필요로 한다. 지구의 거의 모든 부분이 점유되어 있기 때문에 새로운 영토는 당연하게도 소유자들의 희생으로 얻어질 수밖에 없다. 말하자면 정복을 통해서이다. 그래서 이것이 필연적 법칙이 된다.[2]

전쟁이 불가피하다는 것을 받아들이자 카이저의 장군들에게 유일한 문제는 언제 시작할 것인가였고, 그들은 러시아의 산업이 발달할 기회를 주지 않기 위해서 되도록 빨리 하기로 했다.

그래서 1914년 유례없이 번창하던 유럽 문명은 완전히 쓸모없고 거의 자살행위인 전면전에 휩쓸렸다. 4분의 1세기가 지나고 똑같은 논리로 나치가 다시금 그런 일을 벌였지만 이번에는 단순히 정복이 아니라 그들의 정신 나간 목표를 위한 체계적인 대학살을 벌였다.

이 점을 명확히 짚고 넘어가자면 나치의 범죄는 선량한 시민들이 선량한 무지 속에 일상생활을 하는 동안 소수의 사악한 지도자들이 은밀하게 벌인 것이 아니었다. 사실이라는 부분에서 그런 축복 받은 무지는 불가능했다. 절정기에 제3제국에서는 2만 개 이상의 처형장이 있었고, 대부분은 연합군이 그 지역에 입성하고 몇 시간 안에 찾아냈다. 화장하는 악취 때문에 쉽게 찾아낼 수 있었기 때문이다. 100만 명 가까운 독일인이 이런 시설을 운영하기 위해서 고용되었고, 수백만 명이 대학살에 연관되거나 지지하는 무장군이나 경찰의 일원이었다.[3] 그러니까 거의 모든 독일인에게 대학살의 직접적인 가해자이거나 그것을 목격했고, 실제로 지인들에게 무슨 일이 일어나고 있는지를 알려줄 수 있는 친구나 가족이 있었다. (많은 사람들이 집에 있는 부모나 아내, 여자친구에게 자신들이 죽일 준비를 하고 있거나 죽이거나 희생자의 시체 옆에서 포즈를 취하고 있는 사진을 보냈다.) 게다가 나치 수뇌부는 자신들의 의도를 전혀 감추지 않았다. 유대인과 슬라브인을 대상으로 한 학살은 1932년에 1800만 독일인들이 표를 던진 정당의 목표로 공공연하게 선언되었다. 1933년 3월 20일, 나치가 권력을 쥐고 채 두 달도 되지 않아서 SS 지휘관 하인리히 힘러는 *기자회견*에서 첫 번째 공식 강제수용소를 다하우에 짓겠다고 선언해서 이 투표자들의 바람을 충족시켜주겠다는 의도를 명백히 밝혔다. 그뿐만 아니라 대학살의 초기 단계에서는 학살이 공공연히 벌어졌다. 유대인에 대한 체계적인 수모, 구타, 린치, 대량 살인이 1933년부터 제국의 길거리에서 모두가 볼 수 있게 벌어졌고, 1938년 11월 10일 수정의 밤 Kristallnacht 사건처럼 대규모 살인은 그 후에 엄청난 대중의 집회와 파티로 기념되었다.

그러니까 나치가 주도한 홀로코스트가 마지못한 독일인 대중의 등 뒤에서 행해졌다는 주장은 명백하게 틀렸다. 오히려 나치의 대학살 프로그램은 독일 대중의 완벽한 이해와 너른 지지 속에서 시행되었고, 그렇게밖에는 시행될 수가 없었다. 그 이래로 인류의 양심을 괴롭히는 질문은 이것이다. 어떻게 그런 일이 벌어졌던 걸까? 어떻게 분명히 문명화된 국가의 시민 대다수가 그런 식으로 행동하는 쪽을 택했던 걸까? 어떤 사람들은 독일의 반유대적 분위기를 답으로 제시한다. 하지만 이 설명은 반유대 분위기가 홀로코스트 이전 수 세기 동안 독일뿐만 아니라 프랑스, 폴란드, 러시아 같은 다른 많은 나라에도 존재했고 가끔은 더 심했으나 그 비슷한 결과는 한 번도 나온 적이 없다는 면에서 기각된다.

더욱이 나치의 대학살 프로그램은 비단 유대인뿐만 아니라 병약자, 집시, 슬라브족 전체를 포함하는 괄시 받는 사람들의 많은 범주까지 겨냥한 것이었다. 실제로 나치는 농부들에게서 땅을 빼앗으면 그들이 더 많은 식량을 얻을 수 있다는 엉뚱한 가정하에 동유럽, 발칸, 소련의 인구를 줄이기 위해 예정된 승리를 거둔 후 대규모로 사람들을 굶긴다는 굶주림 계획 Hunger Plan을 세웠다.[4] 그들이 점령한 지역에서 이 계획을 부분적으로 시행해서 1000만 명을 죽게 만들었을 뿐만 아니라 이로 인해 실질적으로 제3제국의 패배를 불러왔다는 사실에 주목할 필요가 있다. 나치가 정복한 영토에서 자신들을 위해 사람들을 움직이게 만들 수가 없었기 때문이다. 하지만 그런 명백하고 실제적인 군사적, 경제적 숙고조차 틀에 박힌 생각의 힘을 넘어설 수는 없었다.

다시 말해서 나치 수뇌부에서 반복해서 강조했듯이 대학살 프로그램은 단지 케케묵은 편견으로 일어난 것이 아니었다. 물론 그들은 시골 사람들, 깡패들, 그 외의 사람들 사이에 퍼진 감정을 이용해서도 활동을 조장했다.

하지만 심각하고, 차분하고, 순종적이고, 굉장히 문자보급률이 높고, 상당히 지성적인 사람들로 이루어진 나라 전체가 그런 목표에 헌신하도록 설득하는 데에는 전혀 다른 것이 필요했다. 그것이 바로 맬서스식 사이비과학이다.[5]

히틀러 자신은 대학살 프로그램을 위해서 그런 이데올로기적 기반이 대단히 중요하다는 것을 완벽하게 인지했다. 홀로코스트 역사가 티모시 스나이더는 2015년 9월 〈뉴욕 타임스〉 칼럼에 이렇게 썼다. "그는 《나의 투쟁》에서 과학을 통한 평화와 많은 것들의 추구가 전쟁의 필요성으로부터 독일인의 관심을 돌리려는 유대인들의 계략이라고 주장했다."[6]

다시금 분명하게 해두자면, 가까운 미래에 우주 자원이 지구에 도움이 되고 안 되고가 문제가 아니다. 현재 우리가 미래에 우리 입장의 본질을 어떻게 인지하느냐가 문제인 것이다. 나치 독일은 거주 공간을 확장할 필요성이 전혀 없었다. 오늘날 독일은 제3제국 때보다 훨씬 많은 인구에 나라 크기는 굉장히 작아졌지만, 오늘날의 독일이 히틀러가 권력을 잡았던 때보다 훨씬 잘산다. 그러니까 사실상 나치가 동유럽의 인구를 줄이려고 했던 것은 도덕적인 입장뿐만 아니라 실용적인 관점에서도 완전히 허튼 것이었다. 그러나 자신들의 잘못된 제로섬 믿음에 사로잡혀서 그들은 어쨌든 그러려고 했다.

21세기에도 제로섬 이데올로기가 팽배했더라면 훨씬 더 끔찍한 결과가 나왔을 것이다. 예를 들어 미국인이 세계 인구의 4퍼센트인데도 세계 석유의 25퍼센트를 사용하고 있다는 사실을 지적하는 사람들이 있다. 당신이 중국 지도부의 일원이고 한정된 자원이라는 가치관을 가졌다면(많은 사람들이 그렇듯이 말이다. 그들의 잔혹한 1자녀 정책을 보라) 이 사실이 미국을 어떻게 해야 한다고 당신에게 시사할까?

반면 미국 국가안전보장기관에는 중국의 커져가는 경제와 이에 수반되는 자원 소비량의 증가에 대해 경보를 외쳐대는 사람들이 있다. 그들은 '자원전쟁'이라는 미래를 주장하며 핵심 원자재, 특히 석유를 확보하기 위해서 미군을 배치해야 한다고 요구한다.[7]

이런 이데올로기를 받아들인 결과 미국은 중동에서 충돌을 시작하거나 또는 말려들어서 수만 미국인의 생명과(그리고 수십만 명의 중동인들의 생명과) 수조 달러를 허비했다. 이라크 전쟁의 경비 중 1퍼센트만으로도 미국의 모든 차들을 휘발유를 쓰든 우리의 방대한 천연가스로 만든 메탄올을 쓰든 똑같이 잘 달릴 수 있는 플렉스 차량으로 바꿀 수 있었을 것이다.[8] 또 다른 1퍼센트로는 핵융합 에너지를 개발할 수도 있었다. 하지만 그러는 대신에 우리는 누가 갖고 있든 간에 언제나 가장 높은 가격을 부르는 사람에게 팔릴 석유 공급을 통제하기 위해 싸움을 벌였다.

[그림 12.2] 자기충족예언. 1912년 독일 총참모부의 이론가들은 독일이 거주 공간을 확보하기 위해서 전쟁을 벌여야 하는 것은 불가피하다고 말했다. 2001년, 미국의 전략지정학자들은 석유를 위해 싸워야 한다고 주장했다. 둘 다 틀렸다. 둘 다 재앙의 무대를 마련했다. 이런 제로섬 이데올로기를 뿌리 뽑지 않으면 더 끔찍한 일이 벌어질 수 있다. (프리드리히 폰 베른하르디, 《독일과 다음 전쟁》(런던 : 에드워드 아놀드, 1918) ; 마이클 T. 클레어, 《자원전쟁》(런던 : 메튜엔, 1989) ; 그레이엄 앨리슨, 《예정된 전쟁》(멜버른 : 스크라이브 퍼블리케이션, 2018)

처음 두 세계대전도 정당한 이유가 없었고, 세 번째도 정당한 이유는 전혀 없다. 하지만 제로섬 이데올로기가 팽배하면 생길 수도 있다. 인간의 독창성이 만들어내고 있는 풍요에도 불구하고 미국 국가안전보장기관에 부족한 자원을 해소하는 우리의 파트너가 될 수 있고 또 되어야 하는 사람들을 상대로 오늘날 자원전쟁을 계획하고 있는 사람들이 있다. 해외에도 그들과 같은 사람들이 비슷하게 우리를 상대로 칼을 갈고 있다. 이 이데올로기는 재앙을 예고한다.

오늘날 러시아에서는 파시스트 철학자 알렉산드르 두긴이 이끄는 위험하고 새로운 반서구주의, 반자유 운동이 일어나고 있고, 그는 이것을 전 세계로 넓히려는 중이다. (그리고 상당한 성공을 거두었다. 미국의 '극보수주의' 그리고 이와 비슷한 유럽의 '정체성주의' 이민 배척주의 운동 모두가 두긴의 아이디어에서 거의 탄생한 것이다.[9] 기본 아이디어는 부족 본능을 불러일으켜서 서양을 소국으로 분열시키고 인본주의 이상에 대한 헌신을 약화시키는 것이다.) 두긴주의자들의 주장은 세상은 미국이나 자유민주주의 가치를 가진 나라들이 없는 편이 낫다는 것이다. 사실 나는 두긴의 본거지인 모스크바 주립대학에서 2013년 10월에 열린 전 세계 문제에 관한 컨퍼런스에서 그의 추종자 한 명이 일어나서 세계의 자원, 심지어는 산소까지도 낭비한다며 미국을 비난하는 열렬한 연설을 하는 자리에 있었다.[10] 그런 아이디어들은 전쟁을 양팔 벌려 부르는 셈이다.

우리가 정말로 전면전의 위험에 직면했을까? 그럴 이유가 전혀 없어 보이고, 사실 정말로 그럴 이유는 없다. 오늘날 전 세계 사람들이 예전보다, 인류 역사 그 어느 때보다 실제로 훨씬 더 잘살고 있다. 하지만 1914년에도 그랬다. 겨우 30년 전에 세계가 두 개의 적대 진영으로 나뉘어 수만 개의 핵무기로 서로를 몇 분 안에 파괴할 행동에 나설 준비가 되어 있었음을 떠올려보라. 그 위협은 사라졌지만 인간의 진짜 상황이 달라진 것이 아니라 안 좋은 아이디어가 사라졌기 때문이다. 그런 것은 얼마든지 금방 다시 나타날 수 있다. 1914년과 1939년처럼 주위에 무언가가 부족하다는 믿음, 다른 사람들이 너무 많이 쓴다든지 그들의 증가 추세 때문에 미래에 부족해질 거라는 위협을 믿는 것만으로도 세계는 전화에 휩쓸릴 수 있다.

미래에 자원전쟁이 일어날 거라는 사실을 받아들이면, 그에 따라 행동할 준비를 하고 있는 실행력 있는 사람들이 있다.

이런 전쟁의 동기를 뒷받침하는 과학적 증거는 전혀 없다. 그 반대로 미국의 자유와 풍족함 덕택에 미국 시민들은 중국, 러시아, 수많은 다른 나라들이 가난에서 탈출하게 만들어준 기술 대부분을 발명해냈다. 그리고 중국이(우리 인구의 5배에 달한다) 인구당 발명 비율이 미국과 같은 수준까지 발전하면(세계 인구의 4퍼센트가 세계 발명의 50퍼센트를 만들어냈다) 온 인류가 엄청난 득을 볼 것이다. 하지만 사람들은 그런 식으로 보지 않는다. 또는 알 만한 사람들이 그런 식으로 사람들을 이끌지 않는다.

오히려 사람들은 무역전쟁, 이민 금지, 자원전쟁을 원하는 사람들뿐만 아니라 인류가 자연 법칙을 위험하게 만드는 해충이라고 생각하는 사람들, 그리고 맬서스의 이데올로기를 이용해 자유를 억압하는 것을 정당화하려는 사람들이 퍼뜨리는 선동에 사방에서 공격받고 있다. 이런 사람들은 가끔 환경운동가라는 탈을 쓰고 나오지만 이것은 속임수다. 진정한 환경보호는 인본주의적 관점을 취하고서 가장 넓은 형태로 인간의 삶에 득이 되도록 환경을 향상시키기 위해 진짜 문제에 관한 실용적 해법을 찾는 것이다. 그러니까 기술적 발전은 환영할 일이다. 반대로 반인간적 맬서스주의는 자연에 인간이 무심코 저지른 피해 사례를 이데올로기적 무기로 이용해 인간이 해충일 뿐이고, 신이 만든 상태를 보존하기 위해서는 폭압적인 지배자가 인간의 바람을 통제하고 억눌러야 한다는 오래된 주장을 강요하려 하는 것이다.

"지구에는 암이 있다. 그 암은 바로 인간이다." 엘리트로 구성된 로마 클럽의 성명서 중 하나에 이런 선언이 있었다. 이런 생각 방식이 분명한 암시다. 해충에게는 자유를 허락하지 않는다. 암의 원인이 발전하게 놔두지도 않는 법이다.

지난 세기의 대학살이 준 진정한 교훈은 이것이다. 우리는 자원이 부족해서 위험에 처한 것이 아니다. 우리는 자원이 부족하다고 믿는 사람들 때문에 위험에 처해 있다. 너무 사람이 많아서 위협이 되는 것이 아니다. 너무 사람이 많다고 믿는 사람들이 위협이다.

21세기가 평화와 번영, 희망, 자유의 시대가 되려면, 이런 치명적인 아이디어들에 대해 최종적이고 꽤 설득력 있는 반증을 내세워야 한다. 이런 아이디어들이 인간을 위해 만든 정신적 감옥의 벽을 완전히 때려 부술 수 있는 것으로 말이다.

믿음에 대한 의문

우리는 자유민의 노동이, 자유로운 생각이 자연의 힘을 사로잡았고, 이것이 인간을 위해 봉사하게 만들었다고 믿는다. 우리는 오래된 인력이 우리를 위해 봉사하게 만들었다. 번개가 우리의 심부름을 하게 만들었다. 증기가 우리가 필요로 하는 것을 만들게 했다. (……) 진보의 마술봉이 경매대와 강제 수용소, 채찍질 당하는 기둥을 건드리자 집과 난롯가와 학교와 책이 나타났고, 갈망과 범죄, 잔인함과 두려움이 있던 자리에서 자유의 얼굴을 보게 되었다.

서구 문명은 그리스의 철학자 소크라테스와 플라톤이 제기한 인간의 정신에는 선천적으로 바른 것과 그른 것, 정의와 불의, 진실과 거짓을 구분하는 능력이 있다는 급진적인 개인주의적 명제를 바탕으로 한다. 초기 기독교에 받아들여지며 이 아이디어는 양심이라는 개념의 근간이 되었고, 그때부터 서구의 도덕률의 자명한 기반이 되었다. 이것은 또한 우리의 가장 높은 법률 관념의 기반이기도 하다. 인간의 양심과 이성으로 정의라고 결정할 수 있는 자연법을 제안하는 것이다. 예를 들어 미국 독립선언서("우리는 이 진실을 자명하게 여기며……") 같은 경우다. 인간의 근본 권리가 책이나 현재의 인정된 관습에 실려 있는 법이든 없는 법이든 이것과는 독립적으로 존재한다는 우리의 믿음은 여기서 나온 것이다. 또한 이성을 도구로 삼아 보편적 진실을 찾으려 하는 과학의 근간도 이것이다.

위대한 르네상스 시대 과학자이자 행성 운동 법칙의 발견자인 요하네스 케플러는 이렇게 말했다. "기하학은 신의 정신에서 나온 유일하고 영원한 상象이다. 인류가 그것을 공유하고 있는 것이 사람을 신의 모습이라고 부르는 이유 중 하나다." 다시 말해서 인간의 정신이 신의 심상이기 때문에 우주의 법칙을 이해할 수 있다는 것이다. 서양에서 과학혁명을 일으킨 케플러, 갈릴레오 그리고 그 외 사람들이 이런 주장에 대한 강력한 실증이다.

과학, 이성, 개인의 양심을 기반으로 하는 도덕성, 인권. 이것이 서구 인본주의의 유산이다. 헬레니즘이든 기독교든 이신론이든 혹은 순수하게 자연주의적 형태로 나타났든 간에 모두가 인간의 근본적 존엄성을 주장하는 방향으로 향한다. 그래서 이런 사상은 인간의 희생을 거부하고 노예제, 독재, 무지, 미신, 영구적인 고통, 그리고 다른 모든 형태의 억압과 수

모와 절대로 양립할 수 없다. 이것은 인류가 진보할 능력이 있고 그럴 가치가 있음을 단언한다.

이 마지막 아이디어, 진보는 서구 인본주의의 가장 어리고 자랑스러운 자식이다. 르네상스 시대에 태어난 진보라는 개념은 지난 4세기 동안 우리 사회의 주된 동기부여 아이디어가 되었다. 후대를 위해 더 나은 세계를 만든다는 문명적 프로젝트로서 진보의 결과는 눈이 부시고 물질, 의료, 법률, 사회, 도덕, 지적 분야에서 초기 유토피아 대변자들의 가장 거창하던 꿈마저 넘어설 만큼 인간의 환경은 발전했다.

하지만 이제 그것이 공격 받고 있다. 모든 사건들이 거대한 실수에 불과하다고, 우리 자신을 해방시킴으로써 우리가 지구를 망가뜨렸다고들 말한다. 영향력 있는 맬서스주의자 파울 에를리히와 존 홀드런은 1971년 그들의 책 《글로벌 생태학 *Global Ecology*》에서 이렇게 이야기한다.

> 유한한 환경 내에서 유기체의 숫자가 증가하면 조만간 자원의 한계를 맞게 된다. 생태학자들이 환경의 '수용 한계'에 도달했다고 하는 이 현상은 배양접시의 세균들이나 배양액이 담긴 병 안의 초파리, 대초원의 버팔로에게 적용되는 것이다. 하지만 이 유한한 행성에 사는 인간에게도 적용해야 할 것이다.

마지막 문장에 주목하라. 이 유한한 행성에 사는 인간에게도 적용해야 할 것이다. 사건 종료. 이제 남은 것은 누가 죽고 누가 감옥에 갈지 결정하는 것뿐이다.

우리는 이 주장에 반박해야 한다. 법정에 선 문제는 인류의 근본적 본질이다. 우리는 파괴자인가, 창조자인가? 생명의 적인가, 생명의 선봉인가?

우리가 자유로워질 자격이 있는가?

아이디어에는 결과가 따른다. 오늘날 인류는 두 가지 전혀 다른 미래상을 바탕으로 한두 가지 전혀 다른 아이디어 사이에서 결정을 앞두고 있다. 한쪽에는 반복되는 이전의 반증을 완전히 무시하고 세상을 계속 한정된 물자로 상정하고서 그 고정된 제약으로 인해 인간의 포부를 더더욱 옭죌 것을 요구하는 반인간적 관점이 있다. 그리고 반대편에는 무한한 자원을 발명하는 자유로운 창의력의 힘을 믿고 그리하여 인간의 자유를 유감스럽게 여기는 대신에 우리의 생득권으로 요구하는 사람들이 서 있다. 이 두 관점의 경쟁이 우리의 운명을 결정할 것이다.

세계의 자원이 한정적이라서 얼마 못 갈 거라는 아이디어가 받아들여지면, 새 생명 하나하나가 환영받지 못하고, 통제되지 않은 행동이나 생각은 위협이 될 것이며, 모든 사람은 기본적으로 다른 사람의 적이 되고, 각 인종이나 국가는 다른 인종이나 국가의 적이 될 것이다. 그런 세계관의 궁극적 결말은 침체, 폭압, 전쟁, 대학살로 이어질 뿐이다. 무한한 자원을 가진 세계만이 모든 인류를 한 형제로 만들 수 있다.

반대로 제한 없는 창조력이 무한한 자원을 갖게 해줄 수 있다고 생각하게 되면, 새로운 생명 하나하나가 선물이 되고, 모든 인종이나 국가는 기본적으로 다른 인종이나 국가의 친구가 되며, 정부의 주목적은 인간의 자유를 제한하는 것이 아니라 무슨 수를 쓰든 지키고 향상시키는 것이 된다.

이런 이유 때문에 우리는 하루빨리 우주 개척의 문을 열어야 한다. 새롭고 역동적이고 선구적인 인간 문명의 지부를 화성에 열기 위한 도전을 기꺼이 받아들여야 한다. 그래서 그 낙관적이고 불가능에 저항하는 정신으로 계속해서 장애물을 무너뜨리고 머나먼 별들 사이에서 우리의 대담하고 밝은 미래를 써나가기를 종용하는 놀랍고 수많은 가능성들을 향해 나아가야 한다. 모두에게 가능한 한 가장 감각적인 방식으로 위대한 이탈리아 르네상스 시대 인본주의자 조르다노 브루노가 대담하게 선언한 말을 증명해 보일 필요가 있다. "무한한 것들로부터 우리를 가로막거나 금지하는 끝도 한계도 벽도 없다."

브루노는 그 대담함 때문에 종교재판을 받고 화형에 처해졌지만, 다행히 다른 사람들이 그의 시대에 승리를 향한 이성과 자유, 존엄의 기치를 이어받았다. 그러니까 우리도 그래야만 한다.

그리고 이런 이유 때문에 우리가 우주의 도전을 받아들여야 하는 것이다. 그렇게 함으로써 우리가 역사의 끝이 아니라 역사의 시작에 살고 있다는 것을, 우리가 통제가 아니라 자유를 믿고, 정체가 아니라 진보를 믿고, 미움 대신 사랑을 믿고, 전쟁 대신 평화를, 죽음 대신 삶을, 좌절 대신 희망을 믿는다는 가장 강력한 선언을 할 수 있다.

13장

미래를 위해

이 지점에서 그것들을 쳐다보고 있는 동안 다른 모든 하늘의 물체들이 눈부시고 근사하게 보였다. 이제 별들은 우리가 이 지구에서 한 번도 본 적 없는 것 같은 모습이었다. 그리고 그 강렬함은 우리가 한 번도 꿈꾼 적 없을 정도였다. 그리고 그중에서 가장 믿을 수 없는 것은 천구(天球)에서 가장 멀리 있는 그 행성이 빌린 빛으로 빛나고 있다는 것이었다. 하지만 별의 구체들은 강도 면에서 쉽게 지구를 능가했다. 이미 지구 자체가 나에게 아주 작게 느껴졌고, 우리의 제국, 그 표면을 그저 약간만 차지했을 뿐인 우리 제국을 생각하니 슬픔이 솟구쳤다. 이것을 좀 더 열렬하게 바라보고 있을 때 아프리카누스가 말했다. *"이리 오게! 언제까지 자네 마음을 지구에 묶어두고 있을 건가? 자네가 어떤 지역에 왔는지 좀 살펴봤나?"*

– 마르쿠스 툴리우스 키케로, 《스키피오의 꿈》, 기원전 51년

우리는 어떤 종류의 미래를 만들 수 있을까?

호모 사피엔스는 20만 년 전에 케냐의 리프트 밸리에 사는 소수의 부족으로 존재하기 시작했다. 거기 우리의 자연 서식지에서 우리는 이후 15만 년 동안 기술적으로 거의 완전히 정체 상태로 살았다. 하지만 그러다가 어

떤 이유에선지 5만 년 전에 우리 조상 일부가 밖으로 나와서 빙하기 유럽과 아시아라는 더 도전적인 환경으로 향했다. 가는 동안 그들은 사는 방식을 새롭게 다양화하고 발명했고, 결국에 지구 전체에 자리를 잡았다. 아프리카에서 나온 것이 인류가 현재 접근하고 있는 성숙한 Ⅰ 유형 상태로 가는 길의 중대한 첫걸음이었다.

오늘날의 도전거리는 Ⅱ 유형 문명으로 넘어가는 것이다. 실제로 진정한 우주여행 문명을 확립하는 것은 인류가 리프트 밸리에서 나와서 현재의 전 세계적 사회로 온 것만큼 엄청나고 약속으로 가득한, 굉장히 심오한 인간 지위의 변화를 의미한다.

오늘날 우주는 5만 년 전에 동아프리카 사람들에게 추운 북쪽 황무지가 그랬던 것처럼 살기 힘들고 무가치한 지역으로 보인다. 하지만 우주는 북쪽 지역과 마찬가지로 그 잠재력과 도전거리를 통해서 인간 사회가 다음번의 긍정적이고 위대한 변화를 맞도록 밀어주는 변경 무대이다. 우리가 이것을 받아들이면 동아프리카 작은 지역의 동굴 속에 웅크리고 있던 우리 조상 부족과 현재 우리의 세계화 사회의 차이만큼 위대하고 웅장한 미래를 만들 수 있다. 그 미래의 관점에서 오늘날에 한 어떤 일도 엄청나게 중요하지는 않을 것이다. 우리의 시대는 인간이 처음 다른 세상에 나선 때이기 때문에 기억될 것이다.

우리 시대의 임무는 Ⅱ 유형 문명으로 가는 길을 여는 것이다. 하지만 그 길이 어디로 향하는지는 이해해야 한다. 우리는 별을 향해 가야 한다.

콜럼버스는 작고 연약한 연안선을 타고 대담하게 대서양에 나섰고, 50년 후에도 아무도 그걸 타고 바다를 건너려는 시도조차 하지 못했다. 상황은 이렇게 흘러갔다. 유럽 문명이 대서양 횡단을 하게 되기 전까지는 진짜 대서양을 건널 수 있는 배를 개발할 이유가 없었다. 하지만 유럽인들이 신세계를 발견한 후에는 빠르게 믿을 만한 돛이 세 개인 범선, 그다음에는 쾌속범선, 증기선, 원양 정기선, 그리고 보잉 747이 개발되었다.

비슷하게 최초의 탐험가들은 화성으로 가는 6개월짜리 여행을 작고 좁은 우주선으로 하며 그 손주들이 경탄할 만한 강인함을 보여줄 것이다. 물론 손주들은 3주짜리 행성간 여행을 고급스러운 핵융합 에너지 우주 정기선으로 근사하게 할 것이다. 하지만 화성까지의 여행을 모든 사람에게 쉽고 편리하게 만드는 그 기술이 더 먼 곳까지 여행하는 가장 용감한 사람들에게도 통할 것이다.

한 세기 전에 러시아의 우주 낙관론자 콘스탄틴 치올코프스키는 그 유명한 말을 했다. "지구는 인류의 요람이지만, 요람에서 평생 살 수는 없는 법이다."[1] 정말로 그렇다. 지구는 우리의 요람이고, 이 안에서 우리의 학교 운동장인 태양계로 들어갈 능력을 개발할 것이다. 그리고 거기서 더 크고 강하고 영리하고 현명하고 용감해져서 더 넓은 우주로 들어갈 준비를 하게 될 것이다.

그러니까 우리는 계속해서 밖으로 나아가야 한다.

2069년

이 글을 쓰고 있는 동안 아폴로 달 착륙 50주년이 다가오고 있다. 지난 50년간 우리의 로봇 행성 프로그램은 엄청난 탐험을 해냈고, 우리의 유인 우주비행 분야는 침체되어 있었다. 하지만 이제 민간기업의 우주 발사 혁명으로 우리는 태양계로 금방이라도 나아갈 수 있을 것 같다. 우리가 이 기회를 잡는다면 50년 후에는 어디에 있을까?

우리가 어디에 있게 될지 내가 상상해보겠다. 우리는 핵융합과 외양 양식을 할 것이고, 더 이상 기후 변화, 자원 고갈 혹은 서로에 대한 두려움에 떨며 살지 않을 것이다. 우리는 범세계적인 문명이 될 것이고, 한 시간 이내로 준궤도를 통해 자유롭게 전 세계를 여행할 것이고, 거의 모든 사람들이 어느 나라에나 친구를 가질 것이다. 궤도 연구소, 공장, 호텔이 생길 것이고, 달에 과학 연구소, 천문학 간섭계, 헬륨-3 광산이 생길 것이다. 달 스카이후크가 운영되고, 달 전역을 다닐 수 있게 되고, 외행성계의 탐험 임무를 뒷받침하는 달 궤도 추진제를 이용하는 싼 이동이 가능해질 것이다. 화성에 도시국가도 생길 것이다. 화성은 발명과 스포츠, 새로운 문화의 활발하고 낙관적인 중심지이자 더 나은 미래를 위한 길을 보여주는 새로운 방식으로 전통의 사슬을 벗는 곳이 될 것이다. 주요소행성대로 채광 지역과 정착지가 생길 것이고, 인간의 미래를 위해 어마어마한 에너지 자원을 입수하기 위한 도구를 시험하기 위해 외행성계로 원정을 갈 것이다. 물리학과 우주론에서 엄청난 발견을 하고, 수백만 개의 항성에 딸린 행성들의 지도를 만들고, 생명과 지성이 가득한 다른 세계를 찾기 위해 자유 공간에 떠있는 커다란 관측소가 생길 것이다. 우주의 본질에 관한 진실을 알게 될 것이고, 거기서 생명체의 역할을 알고, 더 멀리까지 가고 별들 사이에서 우리의 자리를 찾기 위한 최초의 성간 우주선을 만들 것이다.

이것이 현재에 살고 있는 우리들이 할 수 있는 일이다. 이것이 우리가 만들 수 있는 미래다. 이것이 우리가 더 멀리까지 갈 후손들에게 넘겨줄 수 있는 위대한 유산이다.

그리고 그다음에는?

3000년까지 1만 2000

궁극적인 한계는 예측은커녕 생각하는 것조차 어렵다. 그러니까 우리의 미래에 대한 시계를 천 년 후로 잡아보자. 서기 3000년에 인간 문명은 어떤 모습일까?

사실상 어떤 예측이든 그런 시간이 지난 다음이라면 굉장히 보수적인 걸로 입증될 것이 분명하다. 10세기 전은 고사하고, 2세기 전의 사람들조차 오늘날 우리 문명의 일상적 특성들을 들어도 믿을 수 없었을 거고 예측도 못했을 것이다. 시속 800킬로미터로 허공을 날아가는 수천 척의 거대한 배들과 전 세계를 넘나드는 즉각적인 통신 같은 것 말이다. 심지어 지금부터 몇 세기 후에도 우리의 미래 우주비행에 대한 현재의 아이디어는 19세기 낙관론자들의 최고의 생각이 오늘날 우리에게 케케묵은 것처럼 보이듯이 훨씬 낡게 느껴질 것이다. 1865년에 쥘 베른은 인간이 어떻게 달에 가게 될 것인지를 썼다.[2] 그는 미국인들이 그것을 해낼 거고, 플로리다에서 출발할 것이며, 대원들은 세 명으로 이루어졌고, 캡슐을 타고 달 궤도로 올라간 다음 태평양으로 내려와서 미 해군 전함이 그들을 태우러 갈 거라고 예측했다. 이 모든 것들이 104년 후에 실제로 일어났다. 하지만 그가 예상한 추진 시스템은 중포였다. 이것은 그가 저지를 만한 자연스러운 실수였다. 그의 시대에는 큰 대포가 가장 강력한 장치였기 때문이다. 하지만 대포 추진의 능력적 한계와 대원들을 위한 적절한 중력가속도에 관한 기술적 문제뿐만 아니라 그가 20세기의 문제를 이해하려 하는 19세기 지성이었다는 가장 기본적인 이유도 있다. 비슷하게 오늘날 우리는 탄화플루오르 공장을 세워서 행성을 테라포밍하려는 정착자들을 핵융합 에너지 우주선으로 실어 나르는 성간 정착에 관해서 이야기할 수 있다. 그런 기술은 우리의 공학적 범위 내에 있기 때문이다. 하지만 우리는 23세기 문제를 다루는 21세기적 정신이다(사실 나는 20세기적 정신이다). 이 책이 시대를 넘어 살아남는다면 지금부터 몇 세기 후 타우 세티의 독자들은 우리만큼 원시적인 시대에 살았던 사람이 어떻게 성간 정착지에 대해 예측했는지 굉장히 통찰력이 있다고 말할지도 모른다. "하지만 열핵 성간 우주선과 온실기체 공장으로 하다니, 20세기엔 어떻게 그런 생각을 했지? 아, 그 시절에는 우리가 레이저-투사 자가복제 나노머신과 프로그램 가능한 미생물로 할 수 있다는 걸 상상도 못했겠지."

우리가 그런 가능성을 상상할 수 있긴 하지만, 마법도 상상할 수 있다. 우리가 과학소설이나 판타지소설과 달리 추정 공학speculative engineering 내에 머무르려고 한다면, 오늘날에 알려진 과학의 범위 내에 머물러야 한다. 설령 그렇게 하면 우리가 가능성을 굉장히 예측 밖으로 벗어난다 해도 말이다.

자, 핵융합 에너지 우주선을 이용하여 우주선이 광속의 5~10퍼센트까지 도달할 수 있다. 우리가 노아의 방주 알 개념이나 그 비슷한 것을 받아들인다면, 광속의 20퍼센트까지 도달할 수 있을 것이다. 우리 은하 지역에서 별들은 보통 6광년 떨어져 있고, 300세제곱광년당 1개 정도의 밀도를 갖는다. 그러니까 20광년 확장 단계에 1세기가 걸린다고 하고 다음 단계를 위한 발사 지점이 될 만한 수준까지 새로운 변경 행성을 발전시키는 데 또 한 세기가 걸린다고 하면, 우리의 정착 파도 속도는 광속의 10퍼센트 정도에 도달할 것 같다. 이렇게 되면 지금부터 천 년 후에는 인간 문명이 지구를 둘러싼 반지름 100광년 크기의 구체 형태를 아우를 것이다. 이 지역 내에는 1만 2000개의 별들이 있다.

1만 2000개의 별로 우리가 뭘 할 수 있을까?

은하에서 우리의 근처에는 약 3퍼센트는 밝은 노란색-하얀색의 F형 항성, 7.5퍼센트는 태양 같은 G형 항성, 12퍼센트는 K형 오렌지색 왜성, 76퍼센트는 더 작은 M형 왜성이다. 별의 밝기에 따라서, 가깝든 멀든 전부 다 거주 가능 지역에 있을 것이다. 거의 모두가 최소한 여러 개의 행성을 가졌을 거고, 수십 개의 달과 셀 수 없이 많은 소행성도 딸려 있을 것이다.

거주 가능 지역에서 발견되는 행성이나 달의 대다수는 아마 처음 마주쳤을 때는 정착에 이상적인 장소는 아닐 것이다. 하지만 성간 비행이 가능한 문명은 테라포밍 역시 수월하게 할 수 있을 것이다. 화성과 금성, 소행성들, 외행성의 달들을 테라포밍해본 경험을 바탕으로 우리는 계속 진행하고, 가는 곳마다 죽은 세계를 살려낼 것이다. 수천 개의 새로 만들어진 세상에 근사한 새로운 생물종들을 심을 거고, 진화를 일으키고 다각화할 것이다. 지권을 생물권으로 바꾸고, 생물권을 인간 생활권으로 바꿀 것이다.[3] 우리는 1만 2000개의 새로운 인간 문명의 지부를 만들 것이다.

그 지부들은 어떤 모습일까? 물어볼 것도 없이 굉장히 기술적으로 발전했을 것이다. 발명은 축적되고, 어디서 만들어진 발명이든 결국에 모든 곳의 모든 사람들에게 득이 된다. 태양계당 평균 인구가 100억 명이고, 오늘날의 것들을 훨씬 상회하는 보통의 생활수준과 교육수준을 가졌다고 가정하면, 인류의 발명품은 수십조 개쯤 될 거고 어마어마한 결과를 일으켰을 것이다. 성간 무선 전송을 통해서 발견을 서로 교환하고 발견에 기여하는 수천 개의 독특한 문명들이 있으면 어마어마한 지식의 저장고가 만들어질 거고, 엄청난 속도로 진보하고 확장될 것이다. 우리는 자연의 비밀을 파헤칠 것이다. 우리 자신을 향상시킬 것이다. 우리는 셀 수 없이 많은 여러 가지 방식으로 달라질 것이다.

이것은 굉장히 좋은 일이다. 인류가 더 다양해지는 것이 핵심이기 때문이다.

21세기에 전 세계 통신과 제트기 그리고 곧 로켓 비행기가 등장하면서 문화적 다양성을 유지해주던 지구의 지리적 장벽은 사라지는 과정에 있다. 그 결과 세계는 이제 빠르게 하나의 문화로 통일되고 있고, 이런 경향은 더욱 빨라질 것이다. 우리가 지구에만 묶여 있으면 곧 하나의 종뿐만 아니라 하나의 문화권이 될 것이다. 생물학과 진화학 연구가 길잡이가 된다면 그것은 재앙의 직행길이다.

하지만 다행스럽게도 지구가 인간의 다양성을 유지하기에는 너무 작게 만드는 바로 그 보편적 기술이 이제 우리의 발전을 위한 더 넓은 세계를 열어줄 것이다. 이것은 대단히 넓고 광활한 가능성의 장으로 문화적, 생물학적 다양성을 빠르게 되살릴 조건을 형성해줄 것이다. 자연계에서 상호 연결된 커다란 유전자 풀은 어떤 새로운 특성이 지배적이 되려면 굉장히 오래 걸리기 때문에 대단히 느리게 진화한다. 반면 어떤 종의 주요 무리로부터 작은 집단이 고립되어 새로운 적응 스트레스를 받게 되는 새 환경에 놓일 때는 새로운 종 세대가 더 유리해진다. 이런 상황에서는 새로운 특성을 가진 세대가 우위에 서고, 새로운 특성의 유전자가 주요 종과의 상호 교배로 계속 흐려지지 않기 때문에 새로운 다양성과 새로운 종이 빠르게 나온다. 인간의 경우에도 상당히 새로운 문화의 새 세대를 얻으려면 고립 중의 혁신이라는 유사한 과정이 필수다.

인간이 화성과 소행성, 외행성계, 그리고 결국에 다른 항성으로 그 영역을 확장하면서 처음에는 문화적으로, 결국에는 유전적으로 다양화되는 상태가 만들어질 것이다. 우선은 문화가 변하고, 그다음에는 언어가 변할 것이다.

가장 먼저 변하는 것들 중에는 정치 조직의 형태도 있다. 수 세기 동안의 투쟁이 만들어낸 모든 진보에도 불구하고, 가장 좋은 사회 조직 형태에 대한 인간의 생각은 현대에 와서도 고갈되지 않았다. 정말로 모든 개개인의 잠재력을 최대화하는 정당한 사회를 만들 때까지는 아직도 한참 멀었다. 가장 발달된 서구 국가들조차 여전히 계층 체계가 있다. 값비싼 대학 학위나 다른 자격증을 인두세로 요구해서 억압 받는 사람들이 계속 특정 직업을 갖지 못하도록 만드는 식이다. 우리는 수백 명의 사람들을 감옥이라는 이름의 인공 지옥에 집어넣으며 여기에 근사한 가짜 이름, '교정시설'이라는 딱지를 붙인다. 우리의 교육 체계는 보편적 식자층을 탄생시켰으나 그 수준은 낮고 또 창의성을 대단히 싫어하는 체계이기도 하다. 대중문화는 타락하고 엉망이다. 우리는 너무 많은 시간을 전쟁에 쏟고 과학에는 거의 쏟지 않는다. 우리의 법률 체계는 강자를 보호하고 약자에게는 형편없다. 정치 권력은 부패한 정치층과 오만한 관료제, 소수의 초특급 부자들 사이에 나뉘어 있다. 우리는 분명히 이보다 더 잘할 수 있다.

이런 문제들을 어떻게 해결할 수 있는지에 대한 합의된 의견은 없다. 하지만 인류가 태양계 밖으로 나오게 되면 우리가 어떤 식으로 더 잘할 수 있을지에 관해 새로운 생각을 가진 사람들이 그 다양한 믿음을 시도해볼 기회가 생길 것이다. 이미 만들어진 세상의 단순한 거주자가 아니라 세계의 창조자가 될 이런 기회는 근본적 형태의 자유이고, 그런 기회가 생긴다면 당연히 잡아야 한다. 그러니까 Ⅱ 유형 문명에서는 달과 화성, 소행성, 외행성계의 위성들, 심지어는 카이퍼대에 무수히 많은 다양한 사회적, 정치적 개념에 따라 만들어진 인간 문명의 새로운 지부들이 설립될 것이다. 정말로 새로운 사회들 대부분은 몰락할 것이다. 대부분의 경우에 현재의 방식이라는 건 그럴 만한 이유가 있어서 유지된 것이기 때문이다. 폭정도 항상 그렇듯이 몰락할 것이다. 하지만 몇몇 신세계들은 인간의 잠재력을 최대한 활용할 더 나은 방법을 찾을 것이다. 이런 세계들은 이민자들을 끌어들이고 결과적으로 번성하고 성장하고 확장하고 곧 다른 세계들이 모방하게 될 것이다. 이런 식으로 행성간 다양성이 사회 발전을 불러올 것이다.

이런 다양한 실험적 발전의 시기를 거쳐서 II 유형 문명은 결국에 정치적으로 통일되겠지만, III 유형 문명은 그럴 수가 없다. 항성 사이의 거리가 그런 식의 강제력이 생기기에는 너무 멀기 때문이다. 그래서 성간 제국이라는 것은 절대로 생기지 않을 것이다. 그보다는 문화적, 사회적, 정치적 조직들은 서로 다르지만 생각을 교류하고 각자의 성공이나 실패로부터 배움을 얻는 넓고 거대한 II 유형 도시국가들의 집합체가 생길 것이다.

지구의 모든 주요 언어들은 천 년 이상 되는 확실한 역사를 갖고 있지만, 그동안 많이 바뀌었다. 오늘날의 많은 사람들이 셰익스피어의 영어를 읽는 걸 어려워하고, 겨우 700년 전에 쓰인 초서의 글은 대학 교육을 받지 않고는 거의 이해하는 사람이 없다. 영국이 앨프레드 대왕에 의해 국가로 탄생하게 되었지만, 그의 말은 더 이상 아무도 이해하지 못한다. 그러니까 수천 개의 새로운 언어와 새로운 문학, 새로운 시가 탄생할 것이다.

하지만 상황은 그보다 훨씬 더 나아갈 것이다. 외계 거주지 이곳저곳의 환경이 본질적으로 엄청나게 다르기 때문에(문명이 존재하는 곳의 중력장 같은 기본적인 것에 이르기까지) 문화뿐만 아니라 유전도 수많은 다양한 방향으로 빠르고 강하게 흘러갈 것이 분명하다.

미래에는 유전을 통제하는 인간의 능력이 더 강해져서 이런 과정을 가로막고 그대로 유지할 수도 있다. 하지만 나는 그 반대라고 주장하겠다. 사실 문화적 진화가 유전적 진화보다 일반적으로 훨씬 빠르게 이루어지기 때문에 인간이 유전자 부호를 통제할 수 있게 되자마자, 다시 말해 문화권이 유전의 통제력을 갖게 되자마자 생물학적 진화가 훨씬 빠른 속도로 일어날 것이다. 어느 지역에서는 정부가 이런 자기주도적 진화를 억누르려고 나설 수도 있다. 하지만 성간 우주에서 정부가 법률로 무언가를 강제하려고 하는 것은 거의 불가능하다. 즉 문화적으로 다양한 문명 속에서 몇몇은 변화를 억누르려고 하고 몇몇은 더 촉구할 수도 있다. 이 상황에 대한 의견차는 결국에 수많은 분화 과정을 더욱 가속화할 것이다.

이런 자기 개조 프로그램의 결과 중 하나는 분명히 개개인의 수명이 엄청나게 길어지는 것이리라. 노화 과정 자체를 완전히 물리칠 수도 있다. 하지만 그렇게 되면 우주로 확장해나갈 필요성이 엄청나게 강조될 것이다. 젊은 세대가 중요한 역할을 이미 다 빼앗긴 오래된 세계를 마주해야 하기 때문이다. 인간은 자신이 중요한 존재라는 기분을 필요로 한다. 준불멸의 시대에 새로운 세대에게는 그들의 삶에 불멸의 목표를 부여해줄 새로운 세계가 필요할 것이다. 다행히 오래 사는 사람들은 오랜 항해를 얼마든지 견딜 수 있다. 그러니까 성간 디아스포라, 그리고 더 큰 다양성의 구축이 계속 증가할 것이다.

〈스타트렉〉 같은 SF 텔레비전 드라마 및 영화에서는 은하가 피부색이나 귀 모양 같은 사소한 차이를 빼면 모든 면에서 인간 같은 형태를 하고 있는 수많은 '외계인'들이 살고 있는 곳으로 종종 묘사된다. 이들은 가끔 이종족 간 출산도 가능하다. 인간은 40억 년의 지구 진화의 산물이고, 수렴진화 (서로 다른 생물종이 각자 진화하다가 유사한 형태가 되는 것)로 인해서 외계인들이 인간과 전반적으로 비슷한 형태를 하게 될 수는 있지만(예를 들어 팔 두 개/다리 두 개/위쪽에 머리가 있는 것은 꽤나 실용적인 설계 형태다) 내장, 조직, 세포 구조 등 모든 면에서 우리와는 내적으로 엄청나게 다를 게 분명하다. 하지만 앞 단락에서 암시되었던 인간의 다양화 과정이 진전되면, 지금부터 천 년 후에는 은하의 이 지역 성간 공간에 인간으로부터 유래되었으나 외모와 감정적 구성, 다른 특성들이 〈스타트렉〉 세계에 가득한 범세계적 종들보다 훨씬 크게 다른 지적 종족들이 가득해질 것이다. 지역적 스타일 유행에 따라 초록색 피부나 뾰족한 귀를 가진 종족이 만들어질 수도 있다. 중력의 차이 같은 좀 더 진지한 부분을 고려하면, 굉장히 키가 크고 말랐거나(저중력) 땅딸막하고 튼튼한(고중력) 종족으로 발달할 수도 있다. 그중 다수가 그들의 자기 주도적 진화의 결과로 우리보다 훨씬 지적이고 예민하고 건강하고 오래 살고 튼튼하고 우아하고 (그리고 어쨌든 그들 자신에게는) 아름다울 것이다.

하지만 그들 나름의 방식으로, 그들은 전부 다 인간일 것이다.

결국 우리는 인간이 아닌 사람들을 만날 것이다. 앞에서 이야기했듯이 문명이 발생한 생물권의 비율은 생물종-문명의 나이와 생물권이 지적생명체를 만들 만큼 성숙하는 데 걸리는 시간의 비를 따를 것이다. 이걸 결정할 만한 데이터는 한정적이지만, 우리 행성의 경험을 바탕으로 하자면 이것은 대략 1000분의 1 정도다. 그러니까 인간이 10만 개의 태양계로 뻗어 나가면, 외계 문명과의 직접적인 접촉 확률은 거의 100퍼센트로 증가할 것이다.

그다음에는? 그들은 우리보다 훨씬 더 발전하지 않았을까?

분명히 그럴 것이다. 하지만 그래도 우리는 괜찮다. 외계 침공이 SF에서 주된 소재이긴 하지만, 성간 전쟁의 운송은 방어 면에서 엄청난 이점을 가졌다. 홈팀이 침공군에 비해 백만 대 일로 수적 우세에 있기 때문이다. 그들이 최소한으로 괜찮은 II 유형 상태에 있다고 치면, 방어자들은 어떤 침공군보다 훨씬 우세한 군사력을 가졌을 것이다.

하지만 별 여행자들 사이에 전쟁은 없을 것이다. 어떤 종도 창의적 지성이 가진 보편적 이득을 이해하지 못하고서는 III 유형으로 넘어갈 수가 없다.

자원을 창조하는 것이 지성이다. 창조자가 많을수록 자원이 더 많이 생긴다.

그들이 스스로를 파괴하는 것을 피하면서도 II 유형 기술을 보유할 수 있다면, 그들은 그 사실을 알 만큼 현명할 것이다. 우리 자신에 대해서도 똑같은 말이 적용된다.

그러니까 우리는 그들을 친구로서, 그들도 우리를 친구로서 만나게 될 거라고 생각한다. 각각이 나머지로부터 광대한 지식뿐만 아니라 완전히 새로운 이해 방식을 얻을 수 있으므로, 원이 커질수록 모두에게 이득은 더 커진다.

어쩌면 이미 은하계 클럽이 있는지도 모르겠다. 만약 그렇다면 우리는 거기 가입할 준비를 해야 한다. 안 그러면 우리가 그런 걸 하나 시작할 필요가 있다.

III 유형 문명이 부르고 있다.

결론

우리의 머나먼 친척은 별을 따라 북쪽으로 갔다. 나중에 인간이 바다를 여행할 수 있게 되면서 우리가 진정한 전 세계적 종족이 되는 데 필요한 길잡이가 되어 준 것은 또다시 별이었다. 시적이게도 바로 북극성이다.

오늘날 별은 또다시 우리를 부른다. 이번에는 새로운 대륙으로가 아니라 새로운 태양계로 부르고 있다. 아직까지 알려지지 않은 수많은 새로운 세계들이 기다리고 있고, 마주해야 하는 위협과 극복해야 하는 과제들, 발견해야 할 경이와 만들어갈 역사들로 가득하다. 인간 신화의 첫 장은 이미 쓰였지만, 별들 사이에 자리한 많은 페이지들이 아직 비어 있다. 새로운 사람들이 새로운 생각과 새로운 언어, 놀라운 창조물과 영웅적인 일들에 관해서 펜을 들기를 기다리면서 말이다.

살아가기에는 대단히 멋진 시간이다. 우리는 젊고, 우주는 아직 봄이고, 문은 열린 채 우리에게 나와서 세상에서 가장 위대한 모험의 여명을 맞이하라고 부추긴다.

바로 별을 향해서 가는 모험이다.

14장
해야 하는 일들

우리는 위대한 가능성의 시대에 살고 있다. 인류의 우주 진출이 진행 중이지만, 성공은 확실치 않다. 운명 같은 것은 없다. 모든 일은 사람들이 일어나게 만들기 때문에 일어나는 것이다. 해야만 하는 일을 안 하고 놔두면 위대한 미래는 시간의 자궁 속에서 태어나지도 못한 채 죽을 수 있다. 프랑스 혁명이 자유 사회를 만드는 데 실패한 것에 대해 독일의 작가 프리드리히 쉴러는 말했다. "위대한 순간이 힘없는 자들을 만났다." 우리는 미래의 역사가가 언젠가 우리에 관해 같은 말을 하기를 바라지 않는다.

현재 그 분야에 있는 사람들의 노력을 응원하는 것만으로는 부족하다. 머스크, 베조스 그리고 나머지 사람들도 얼마든지 실패할 수 있다. 그들에게는 증원군이 필요하다. 당신에게 그들을 도울 만한 기술적, 사업적 능력이 있다면 그들의 기치 아래로 들어가는 것도 고려해볼 만하다. 아니면 다른 사람들과 모여서 새로운 우주 벤처 기업을 만드는 건 더 좋다. 혁신적 기술이 필요한 것은 로켓 발사만이 아니다. 우주 개척지를 완전하게 열기 위해서 해결해야 할 문제들은 산적해 있고, 새로운 플레이어들이 새로운 접근법과 새로운 아이디어를 갖고 뛰어들 만한 기회도 많고, 그래야 할 필요성도 대단히 높다.

한 세기 반 전에 호러스 그릴리는 미국인들에게 조언했다. "서부로 가라, 청년들이여, 서부로." 그가 옳았다. 인생에서 뭔가 대단한 것을 하고 싶다면, 개척지야말로 그럴 만한 장소다. 오늘날 개척지는 서부가 아니라 하늘이다. 그러니까 고개를 들라, 젊은이들이여, 고개를 들어 위를 보라.

하지만 당신이 개인적으로 개척자들에게 가담할 자격이 있든 없든, 그럴 만한 입장에 있든 아니든 간에 당신이 할 수 있는 일은 여전히 많다. 많은 일들이 지금 현재 우주에서 계속 진행 중이지만, 다른 많은 일들은 아직도 진행되지 않고 있고 해결해야 하는 중대한 정치적, 문화적 문제들도 있다. 우주비행 혁명이 완전히 결실을 맺으려면 이 문제들이 우호적으로 해결되어야만 한다.

행동하기 위한 프로그램

태초에 말씀이 있었다.

스페이스X나 블루 오리진 같은 민간 우주 기업체들이 아주 훌륭하게 진전을 보이고 있기 때문에 더 이상 나사나 다른 정부 주도 프로젝트는 필요하지 않다고 생각하는 사람이 있다. 그렇게 엄청난 착각도 없다. 준궤도와 지구 중심 우주에서는 민간 우주 활동을 뒷받침할 수 있는 상업적 기회가 있지만, 적대적이거나 둔감한 관료제에 그런 진전이 가로막히지 않으려면 국가적 지지가 필요하다. 게다가 달과 화성, 그 너머로 가는 핵심적인 초기 도약에는 정부의 후원이 필요하다. 이것은 지구상에서 탐험과 정착의 역사에서 일관된 모습이다. 콜럼버스와 루이스와 클라크의 탐험 같은 위험성 높은 초기 임무에는 정부의 뒷받침이 필요했고, 상업적 발전은 그 뒤에 따라왔다. 우주 기업체들은 꼭 필요한 비행용 하드웨어의 상당 부분을 미리 개발함으로써 이런 계획의 발진을 용이하게 만든다. 이렇게 하면 경비와 위험성 그리고 프로그램에 관련된 소요 시간의 문턱을 엄청나게 낮추어서 정치인들에게 훨씬 매력적으로 보이도록 만들 수 있으며 받아들이기도 더 쉽게 만들 수 있다. 하지만 어쨌든 그들에게서 동의는 얻어내야 한다.

인류를 달과 화성에 정착시키는 데는 공공-민간의 파트너십이 필요하다. 현재 그 파트너십의 민간 분야는 대담하게 진보하고 있다. 하지만 마찬가지로 필수적인 공공 분야, 즉 당신과 나에게 알려져 있는 우주 프로그램 분야는 형편없이 표류하고 있다.

나사가 아주 큰 책임을 져야 한다. 세계 인구의 4퍼센트에게 운영비를 후원받고 있는 우주국으로서 나사는 화성에서 굴러다니고 있는 로버의 100퍼센트를 발사했고, 목성과 토성, 천왕성, 해왕성, 명왕성을 방문한 탐사선들, 거의 모든 주요 우주망원경, 그리고 달 위를 걸었던 모든 사람들의 발사를 도맡았다. 하지만 로봇 행성 탐사 및 우주 천문학 프로그램이 그 놀라운 결과를 계속해서 가져온 반면에 거의 반세기 동안 유인 우주비행은 지구 저궤도에만 머물러 있었다. 그 이유는 간단하다. 나사의 우주 과학 프로그램이 임무 중심적이었기 때문에 많은 것을 달성했던 것이다. 반대로 유인 우주비행 프로그램은 점차 고객 중심으로 변해갔다(좀 더 냉혹하게 말하자면 판매자 중심이라고 하겠다). 결과적으로 우주 과학 프로그램은 일을 해내기 위해서 돈을 썼으나 유인 우주비행 프로그램은 돈을 쓰기 위해서 일을 했다. 그래서 과학 프로그램 활동은 방향성이 있고 초점을 잘 맞추어 진행되었으나 유인 우주비행 프로그램은 목적이 없고 혼란스럽기만 했다.[1]

항상 그랬던 것은 아니다. 아폴로 시대에 나사의 유인 우주비행 프로그램은 너무나 임무 중심적이었다. 우리는 유권자들이 지지하는 새턴 V 부스터와 사령선, 달착륙선을 개발하는 각 프로그램이 무작위로 존재했고, 그게 우연히 서로 맞아 떨어졌으며, 돈의 사용처를 정당화하기 위해서 뭔가를 해야만 해서 달에 가게 되었던 것이 아니다. 오히려 우리에게는 인간을 10년 안에 달에 보낸다는 명백한 목표가 있었고, 임무 계획을 세웠고, 그다음에 우주선 설계를 했고, 거기에 필요한 기술 개발을 결정했다. 그래서 비행 하드웨어들의 부분부분이 전부 딱 맞아떨어졌던 것이다. 하지만 그 이래로 명백한 임무가 없어지면서 상황은 전혀 다르게 돌아갔다.

스페이스 셔틀이나 국제 우주정거장은 인간을 달이나 화성에 보내겠다는 훌륭한 착상이 낳은 계획에 따라 설계된 것이 아니다. 자신의 기술을 보여줄 수 있도록 《맥베스》를 고쳐 쓰라고 요구하는 발레리나처럼 그런 프로그램의 일부로 끼워 넣어 달라는 고집 때문에 오히려 이 프로젝트들은 활용이 불가능해졌다. 좀 더 최근에 나사의 다른 계약자들은 다양한 우주정거장과 달 궤도의 소행성 조각, 고출력 전기 추진기를 포함하여 새로운 장난감들을 써보기 위해 달이나 화성으로의 탐사를 요구하고 있다. 이 중 어떤 것도 단기적인 유인 탐사에 필요하거나 바람직하지 않고, 승인할 만한 이유가 거의 확실히 없다.

현재의 달 게이트웨이('심우주 게이트웨이' 또는 'LOP-G'로도 알려져 있다) 프로그램이 좋은 예다. 이 프로젝트의 가치를 이해하고 싶다면, 산골 오지에 사무실을 빌리면 어떻겠느냐는 제안을 받았다고 생각하면 된다. 이 제안에 딸린 조건에는 사무실 건물을 지을 돈도 지불해야 하고, 매달 10만 달러씩 30년간 임대해야만 한다. 중간에 계약을 해지할 수도 없다. 게다가 1년에 한 달씩 이 산골 오지에서 살아야 하고, 남은 평생 다른 곳에 갈 때에도 이 산골 오지를 지나서 가야 한다. 이게 간단하게 요약한 DSG/LOP-G 프로젝트다. 이 프로젝트는 만드는 데 엄청난 돈이 들고, 유지하는 데도 엄청난 돈이 드는 데다가 달과 화성으로 가는 모든 임무들이 이 게이트웨이에 들렀다 가야만 하기 때문에 추진기의 요구조건과 여행 타이밍을 더 까다롭게 만들 것이다. 이 게이트웨이에 들르지 않으면 대중에게 이 프로젝트가 얼마나 쓸모없는지 들통나기 때문에 들를 수밖에 없다! 이 프로젝트는 자산이 아니라 골칫거리고, 나사의 가장 큰 계약자들에게 나사의 자금을 빼 주기 위한 메커니즘을 공급하는 것 외에는 아무 목적이 없는 이름뿐인 프로그램이다.

이것은 납득할 수 없는 일이다. 나사의 우주 프로그램은 *우리의* 우주 프로그램이다. 주요 우주항공 계약자들의 것도, 심지어는 나사가 마음대로 좌지우지할 수 있는 것도 아니다. *우리에게* 속한 것이다. 나사의 유인 우주비행 부서에서 쓸모없는 프로젝트에 던지는 돈의 일부가 민간 우주 기업의 손으로 들어갈 것으로는 부족하다. 미국인들은 정말로 어떤 결과를 낼 수 있는 우주 프로그램을 가질 자격이 있다. 우리가 돈을 지불하고 있다. 그러니까 우리에게는 진짜 결과를 요구할 권리가 있다.

임무가 우선이 되어야 한다. 그 무엇보다 나사의 유인 우주비행 프로그램에는 명확하고 강력한 목표가 있어야 하고, 그것은 달과 화성에 10년 안에 영구적인 인간 주거지를 착수하는 것이어야 한다. 이런 기한은 명확한 종착점과 마찬가지로 꼭 필요하다. 이것이 없으면 목표에 추진력이 생기지 않고 과정은 정해진 목표 대신에 혼란스러운 장사꾼들이나 정치적 유권자들의 압력에 계속 휘둘리게 되기 때문이다.

제대로 된 목적 없이 뭔가를 '개발'하기 위해 끝없는 실비정산계약에 계속 돈을 지불하는 대신에 나사는 명백한 목표를 정하고 그 목표를 지원하기 위한 서비스와 계약을 해야 한다. 그러니까 예를 들어 인간의 달 탐사를 가능하게 만드는 것이 목표라고 해보자. 현재 그들이 주장하는 것처럼 말이다. 나사는 달에 화물을 보내고 우주비행사들이 왕복 여행을 할 수 있는 시스템에 대해서 업계에 제안서를 요구해야 하고, 개발비를 금액 그대로 지불하되 가장 좋은 금액을 제시한 응찰자들에게 특정 개수의 임무를 맡길 거라고 말해야 한다. 누가 이 계약을 따든 간에 개발비와 시간을 최소화하기 위해 엄청나게 애를 쓸 것이다. 자신들이 경비의 절반을 지불해야 하고, 실제 임무가 시작되기 전까지는 이윤을 낼 수 없기 때문이다. 사실 이런 식으로 전직 나사 국장 마이크 그리핀이 만든 상업용 궤도 운송 서비스COTS 프로그램이 국제 우주정거장까지 처음에는 화물을, 그리고 이제 사람들을 나르는 드래건 시스템을 빠르게 개발할 수 있었다. 이들은 15년간 개발했지만 아직도 발사를 하지 못한 실비 정산식 오리온 시스템에 그때까지 들어간 돈의 5퍼센트도 안 되는 개발비로 이것을 성공했다.

나사가 인간을 달이나 화성에 보내고 싶다면, 언젠가 적당한 프로그램이 생기면 유용하게 쓰일 수 있을지도 모르는 무작위적인 실비정산식 사회기반시설 프로젝트에 수십억을 낭비해서는 안 된다. 대신에 운송 서비스에 경쟁적 입찰을 받아야 한다. 그렇게 해야 로버, 주거지, 생명유지시설, 에너지 생산 유닛, 우주복, 기타 등등을 포함한 추가 시스템 개발까지 같은 방식으로 장려하게 된다.

이런 식으로 접근하면 나사의 현재 예산의 일부분만 사용해도 달과 화성에 10년 안에 우리의 첫 번째 영구적 근거지를 설립하고 작동시킬 수 있을 것이다. 또한 활발한 민간 우주 사업계가 생겨서 자유로운 기업체가 쏟을 수 있는 맹렬한 창의력을 동원해 발사체, 우주선, 추진기, 그 외 우주 탐사와 개발에 필요한 모든 시스템의 가격이 낮아지고 기술이 발전하게 될 것이다. 그렇게 되어 우주로 가는 문이 활짝 열릴 것이다.

유럽, 러시아, 중국, 일본, 인도, 그 외 국가들도 인류의 미래에 일부가 되기로 한다면 같은 일을 할 수 있다. 나는 그들도 그러길 바란다. 우주에는 하나의 깃발 이상을 꽂을 공간이 얼마든지 있다.

하지만 그렇게 하기 위한 결정을 내려야 한다. 거기서 당신이 끼어들게 되는 것이다.

당신이 할 수 있는 일

당신이 인간이 화성에 가기를 바란다면, 우주 활동가가 되어야만 한다.

미국과 다른 많은 나라들에서 우주 탐사에 관해 잠재적으로 어마어마한 지지 세력이 있지만, 아주 소수만이 조직화되어 있다. 수확할 것이 넘치는데 모인 사람은 너무 적다. 꼭 필요한 정치적 영향력을 갖기 위해서는 활발하게 활동하는 단원들이 있는 영구적인 조직이 필요하다. 간단히 말해서 화성은 당신을 필요로 한다. 우주 프로그램이 잘되기만을 바라는 걸로는 부족하다. 지구의 지평선으로 한정되지 않을 미래를 믿는다면, 비슷하게 생각하는 다른 사람들과 함께 모여 당신의 목소리가 들리게 해야 한다. 우주 활동가 조직에 가입한다면 최고의 방법이 될 것이다.

미국에는 선택할 수 있는 조직이 기본적으로 네 개 있다. 내가 그중 하나인 화성협회의 지도자이기 때문에 약간의 편견이 있을 수 있다. 하지만 당신의 노력을 어디에 집중해야 할지 결정할 만큼 정확한 이미지를 얻을 수 있도록 노력해보겠다.

행성협회가 넷 중에서 가장 커서 5만 명 정도의 회원을 보유하고 있다. 칼 세이건과 루이스 프리드먼, 전 제트추진연구소 소장 브루스 머레이가 세운 이 협회는 오늘날에는 천문학자 짐 벨과 텔레비전 과학 교육자 빌 나이가 이끌고 있다. 행성협회는 주로 태양계의 로봇 탐사를 홍보하는 것에 관심이 있으나 칼 세이건의 국제 협력 모델의 연장선에 있는 한 화성에 인간을 보내는 프로그램도 지지하고 있다. 행성협회에 가입하고 싶다면 The Planetary Society, 85 South Grand, Pasadena, CA 91105로 37달러를 보내면 된다. 더 많은 정보가 필요하면 www.planetary.org로 접속하면 된다.

전미우주협회NSS는 두 번째로 커서 2만 명의 회원을 보유하고 있다. 베르너 폰 브라운과 프린스턴의 우주 선각자 제러드 오닐이 설립한 이 협회는 오늘날에는 마크 홉킨스, 커비 이킨, 앨리스 호프먼이 이끌고 있다. NSS의 주요 관심사는 달과 화성, 소행성, 자유부상 우주 거주지를 포함해 우주의 인간 정착지를 홍보하는 것이다. NSS는 달이나 화성 프로그램이 애국적인 JFK 모델, 국제주의자 세이건 모델, 또는 민간 기업 주도 모델 어느 것을 바탕으로 하든 똑같이 기꺼이 지지한다. NSS는 100여 개의 각 지역 지부들로 조직되어 있고, 각각은 지역 행사와 연 1회의 전국 컨퍼런스를 연다. National Space Society, 1155 15th Street NW, Suite 500, Washington, DC 20005로 20달러를 보내면 NSS에 가입할 수 있다. 회원 특전으로는 두 달에 한 번 받는 고급스러운 잡지와 우주 프로그램에 대한 잦은 동원 공고가 포함된다. 더 많은 정보가 필요하면 www.nss.org로 접속하면 된다.

우주 개척 재단은 회원이 500명인 가장 작은 조직이다. 릭 툼린슨과 짐 먼시가 설립하고 현재 짐 파이기와 찰스 밀러가 이끄는 우주 개척 재단은 굉장히 강한 자유 기업적 경향을 갖고 있다. 위에서 언급한 세 가지 우주에 대한 접근법 중에서 이 협회는 자유 기업 모델만을 선호한다. 자유 기업의 역할을 최대한으로 하고 정부 참여를 최소한으로 해서 우주를 열어야 한다는 것이 당신의 기본 입장이라면, 이 협회의 가입을 고려해보라. 우주 개척 재단은 연 1회 전국 컨퍼런스를 후원한다. The Space Frontier Foundation, 16 First Avenue, Nyack, NY 10960로 25달러를 보내면 우주 개척 재단에 가입할 수 있다. 더 많은 정보가 필요하면 www.spacefrontier.org로 접속하면 된다.

화성협회는 우주 조직 중에서 가장 최근에 생겼다. 크리스 맥케이, 캐롤 스토커, 톰 메이어를 포함한 화성 지하조직의 다른 많은 멤버들, 과학소설 작가인 그레그 벤포드와 킴 스탠리 로빈슨 그리고 내가 공공 및 민간 양쪽으로 화성 탐사와 정착을 더 진척시키려는 목적으로 화성협회를 설립했다. 1998년 8월, 콜로라도 불더에서 열린 우리의 설립 컨벤션에는 40개국에서 700명이 모였고, 180개의 논문이 제출되었으며 화성 임무 전략부터 테라포밍의 도덕성까지 온갖 발표가 있었고, 국제적 언론에도 보도되었다. 이 글을 쓰는 시점에 우리 회원 수는 7000명가량이고, 70개 지부로 나뉘어 있으며 그중 40개는 미국에 있고 30개는 전 세계에 퍼져 있다. 우리의 활동에는 대중에 대한 넓은 원조, 정계 로비, 2인 화성 탐사 시뮬레이션 기지 작동(하나는 캐나다 데본 섬의 극지 사막에 있고, 다른 하나는 남부 유타의 사막에 있다)이 포함된다. 지금까지 총 200명이 넘는 대원들이 6인팀으로 이 연구소에 가서 2주에서 4개월에 이르는 기간 동안 화성 임무 시뮬레이션을 체험했다. 임무 기간 동안 대원들은 인간 탐사자가 화성에서 겪을 것과 같은 많은 제약들을 겪으면서 지질학과 미생물학 현장 탐사 프로그램을 지속적으로 수행해야 했다. 이렇게 함으로써 우리는 인간이 마침내 붉은 행성으로 갔을 때 어떤 현장 전략과 기술이 가장 유용할지에 대해 아주 많은 것을 배운다. 동시에 이 임무들에 관해 〈뉴욕 타임스〉, CNN, 디스커버리 채널부터 BBC와 러시아, 중국, 일본의 전국 텔레비전 방송에 이르기까지 세계 유수의 미디어에 나온 언론 보도는 전 세계 수억 명의 사람들에게 우리의 이웃 세계로의 유인 탐사라는 미래상이 뚜렷이 보이게 만들어주었다.

화성협회는 매년 8월에 국제 컨벤션을 열고 있다. 우리의 웹사이트인 www.marssociety.org를 통해서 가입하거나 Mars Society, 11111 W. 8th Ave., Unit A, Lakewood, CO 80215로 50달러(학생은 25달러)를 보내서 가입할 수도 있다.

나에게 연락하고 싶으면 위의 화성협회 주소로 편지를 보내면 된다. 돕고 싶다면 웹사이트에 가입하라. 그러면 당신도 화성협회 전자메일 명부에 올라갈 것이다. 화성협회에 가입하면 우리의 온라인 도서관에도 접속할 수 있다. 거기서 나의 기술적 논문 여러 개와 행성간 추진 기술부터 테라포밍의 도덕성에 이르기까지 수많은 주제를 다룬 많은 저자들의 논문을 찾아볼 수 있다.

마지막으로 당신이 이런 곳에 가입할 타입이 아니라면 당신 나름의 방식으로 이 미래상을 퍼뜨리기 위해 할 수 있는 일을 하라.

시인 퍼시 비시 셸리는 한때 이런 말을 했다. "시인은 세상의 인정받지 못하는 입법자이다."

역사를 만드는 일은 인기 있는 스포츠 경기가 아니다. 이제 당신이 플레이트에 설 차례다.

부록
화성협회 설립 선언문

인류가 화성으로 떠날 때가 도래했다.

우리는 준비가 되었다. 화성은 멀지만, 우리는 우주 시대의 처음에 달에 가던 때보다 화성에 인간을 보낼 준비가 훨씬 더 잘 되어 있다. 의지를 고려할 때 우리는 10년 안에 첫 번째 팀을 화성에 보낼 수 있을 것이다.

화성에 가려는 이유는 대단히 강력하다.

지식을 위해서 우리는 화성에 가야 한다. 우리의 로봇 탐사정이 화성이 한때 따뜻하고 물이 있는 행성이었고, 생명의 기원을 탄생시키기 적합한 곳이었음을 밝혀냈다. 하지만 정말 그랬을까? 화성 표면에서 화석을 찾거나 지하수에서 미생물을 찾으면 답을 알 수 있을 것이다. 만약 이것을 찾아내면 생명의 기원이 지구에만 있는 특별한 것이 아님을 알게 될 것이고, 이를 통해 함축적으로 우주에는 생명이, 어쩌면 지적 생명체까지도 가득하리라는 사실이 드러날 것이다. 우주에서 우리의 진정한 위치를 배운다는 관점에서 이것은 코페르니쿠스 이래로 가장 중대한 과학적 깨우침이다.

지구에 대한 지식을 얻기 위해 우리는 가야 한다. 21세기가 시작되며 우리는 우리가 지구의 대기와 환경을 중대하게 바꾸고 있다는 증거를 얻었다. 우리 환경의 모든 측면을 더 잘 이해하는 것이 우리에게 핵심적인 문제로 대두되었다. 이 프로젝트에서, 온실 기체로 인한 지구 온난화의 잠재적 위협을 밝히는 데 비너스의 대기 연구가 했던 역할에서 이미 드러났듯이 비교행성학은 굉장히 강력한 도구다. 가장 지구와 비슷한 행성인 화성은 우리에게 우리의 고향 세계에 관해 가르쳐줄 것이 훨씬 많을 것이다. 우리가 얻는 지식이 우리의 생존에 열쇠가 될 수도 있다.

도전을 위해서 우리는 가야 한다. 사람들과 마찬가지로 문명은 도전으로 번성하고, 도전할 게 없으면 몰락한다. 인간 사회가 기술적 발전의 원동력으로 전쟁을 사용하던 시대는 지나갔다. 세계가 통합을 향해 움직이고 있으니 우리도 상호 수동성을 통해서가 아니라 공통의 사업을 통해서 힘을 합치고, 밖으로 눈을 돌려 우리가 이전까지 서로에게 가하던 것보다 훨씬 크고 고귀한 도전을 두 팔 벌려 받아들여야 한다. 화성을 개척하는 것이 바로 그런 도전이 될 것이다. 게다가 화성의 국제 탐사 협력은 다른 분야에서 지구에서 그런 협력 활동을 하는 것이 어떻게 진행될지에 관한 선례가 될 것이다.

젊은이들을 위해서 우리는 가야 한다. 젊은이들의 영혼은 모험을 갈망한다. 인간을 화성에 보내는 프로그램은 전 세계의 젊은이들에게 신세계 개척에 참여하기 위해 정신을 개발하라고 도전거리를 던진다. 화성 프로그램이 오늘날 젊은이들이 1퍼센트만 더 과학 교육에 뛰어들도록 만든다면, 그 결과로 수천만 명의 과학자, 공학자, 발명가, 의료 연구자, 의사가 더 생기는 셈이다. 이 사람들이 새로운 산업을 만들고, 새로운 의약을 찾아내고, 수입을 증가시키고, 수많은 방식으로 세계에 이득을 주어 화성 프로그램의 경비를 훨씬 상회하는 보상을 가져올 혁신을 만들 것이다.

기회를 찾아서 우리는 가야 한다. 화성 신세계에 정착하는 것은 인류가 오랜 짐을 벗어버리고 세상을 새롭게 시작할 고귀한 실험의 기회다. 우리 유산의 가장 좋은 것만을 챙기고, 나쁜 것들은 버리고 나아가는 것이다. 이런 기회는 자주 오지 않고 쉽게 무시할 수 있는 것이 아니다.

우리 인류를 위해 우리는 가야 한다. 인간은 또 다른 종류의 동물 이상이다. 우리는 생명의 전달자다. 지구상의 생물 중에서 유일하게 우리는 화성으로 생명을 가져가고, 생명에게 화성을 가져다주는 창조 작업을 계속할 능력을 갖추었다. 이렇게 함으로써 우리는 인간이라는 종과 거기 속한 모든 자들에게 귀중한 가치가 있음을 확고히 선포하는 것이다.

미래를 위해 우리는 가야 한다. 화성은 과학적 호기심의 대상만이 아니다. 화성은 지구의 모든 대륙을 다 합친 것만큼의 표면적을 가진 세계이고, 생명체뿐만 아니라 기술 사회를 지탱하는 데 필요한 모든 원소들을 다 가진 곳이다. 화성은 태어나기만을 기다리는 인간 문명의 새롭고 젊은 지부가 만들어갈 역사로 가득한 신세계다. 우리는 그 가능성을 현실로 만들기 위해 화성으로 가야 한다. 우리뿐만 아니라 아직 존재하지 않는 사람들을 위해서 가야 한다. 화성인들을 위해서 우리는 가야 한다.

그러니까 화성 탐사와 정착이 우리 시대의 가장 위대한 시도 중 하나임을 믿으며, 인간의 행동에 관한 최고의 아이디어도 항상 필연적인 것이 아니라 계획하고 지지하고 근면한 노력으로 이루어지는 것임을 이해하여 이 화성협회를 설립하고자 모였다. 우리는 비슷한 생각을 가진 모든 개인과 조직이 이 위대한 모험을 진전시키기 위해 우리에게 합류할 것을 요청

한다. 이보다 더 고귀한 이상은 없었다. 우리는 이 일에 성공할 때까지 결코 쉬어서는 안 된다.

위의 선언문은 1998년 8월 13~16일, 콜로라도 불더에 있는 콜로라도 대학의 화성 협회 설립 컨벤션에 참석한 700명의 참석자들에게 서명을 받고 비준 받았다. 당신이 동의한다면, 당신도 가입하라고 초대하겠다. 더 많은 정보는 www.marssociety.org에서 볼 수 있다. 또는 Mars Society, 11111 W. 8th Ave., Unit A, Lakewood, CO 80215로 편지를 보내면 된다.

용어 설명

BFR : 스페이스X의 재사용 가능 2단 궤도 발사체. 페이로드 용량은 지구 저궤도까지 약 150톤이다. 일론 머스크가 2016년 9월에 '행성간 운송 시스템 ITS'으로 처음 소개했다가 2017년에 'Big Fucking Rocket(BFR)'으로 이름을 바꾸었고, 이 이름이 널리 유명해지게 되었다. 그 뒤 2018년 11월에 '스타십'으로 다시 바꾸었다. 이 책에서는 전 BFR을 '스타십'으로 부르고 있지만, 항성까지 가는 우주선은 '성간 우주선'이라고 부른다.

ΔV : 델타-V를 볼 것.

ERV : Earth Return Vehicle. 지구귀환차량. 지구로 돌아오기 위해서 설계된 우주선.

EVA : Extravehicular activity. 선외활동. 우주복을 입고 우주선 밖으로 나가는 것.

Isp : 비추력의 줄임말로 흔히 쓰인다. (비추력을 볼 것.)

ISPP : In situ propellant production. 현지 추진제 생산의 줄임말. 추진제를 외계 행성에서 현지의 물질을 사용해서 만드는 것.

JPL : Jet Propulsion Lab. 제트 추진 연구소.

JSC : Johnson Space Center. 존슨 우주 센터.

kb/s : 초당 킬로비트.

kHz : 킬로헤르츠. 라디오 진동수 측정 단위. 1kHz는 초당 1000회 왕복운동과
같다.

km/s : 초당 킬로미터.

kW : 킬로와트.

kWe : 전기의 킬로와트.

kWe-시 : 1시간에 1킬로와트의 전기가 공급하는 에너지의 총량.

kWh : 1시간에 1킬로와트를 사용할 때의 에너지 총량.

LEO : Low Earth orbit. 지구 저궤도.

LOR : Lunar Orbit Rendezvous. 달 궤도 랑데부.

LOX : Liquid oxygen. 액체 산소.

m/s : 초당 미터.

MAV : Mars Ascent Vehicle. 화성 상승체.

MHz : 메가헤르츠. 라디오 진동수 측정 단위. 1메가헤르츠는 초당 100만 회 왕
복운동과 같다.

MOR : Mars Orbit Rendezvous. 화성 궤도 랑데부.

MSR : Mars Sample Return. 화성 표본 회수.

MSR-ISPP : Mars Sample Return employing in situ propellant production.
현지 생산 추진제를 이용한 화성 표본 회수.

MWe : 전기의 메가와트.

MWt : 열의 메가와트. 1메가와트는 1000킬로와트와 같다.

NEP : Nuclear Electric Propulsion. 핵전기 추진. NEP 시스템은 이온을 고속으
로 가속해서 추진력을 만들기 위해서 핵분열 에너지 시스템을 사용한다.

NIMF : Nuclear rocket using indigenous Martian fuel. 화성의 토착 연료를 사

용하는 핵로켓.

NTR : Nuclear thermal rocket. 핵열 로켓. NTR은 고체 코어 핵분열 원자로를
사용해서 추진제 기체를(보통 수소지만 메테인, 물, 암모니아, 이산화탄소
도 사용할 수 있다) 초고온으로 가열해 추진력을 생성한다.

RTG : Radioisotope thermoelectric generator. 방사성 동위원소 열전기 발전기.

RWGS : Reverse water-gas shift reaction. 물-기체 변화의 역반응.

SEI : Space Exploration Initiative. 우주 탐사 계획.

SNC 운석 : 처음 세 개가 발견된 장소(쉐고티 Shergotty, 나클라 Nakhla, 샤씨니
Chassigny)의 이름을 붙인 SNC 운석은 아주 강력한 화학적, 지질학적, 동
위원소적 증거를 바탕으로, 충돌한 운석 때문에 화성에서 떨어져 나온 조
각이라고 여겨진다.

SSTO : Single-stage-to-orbit. 궤도까지 가는 1단 로켓.

TMI : Trans-Mars injection. 화성 천이. 우주선을 화성 궤도로 올려놓는 작동법.

TW : 테라와트. 1테라와트는 100만 메가와트와 같다. 오늘날 인간 문명은 23테
라와트 정도를 사용한다.

TW-년 : 1년에 1테라와트를 사용하는 데 드는 에너지 총량.

W/kg : 킬로그램당 와트.

공력제동 : 행성 대기와의 마찰력을 이용해서 행성간 궤도에서 행성 궤도로 들어
가기 위해 감속하는 우주선 조종법.

극저온 : 극도로 차가운 온도. 액체 산소와 수소 둘 다 저장하기 위해 각 -180℃와
-250℃의 온도가 필요하며 극저온 유체로서 사용 가능하다.

극초음속 : 소리의 몇 배쯤 되는 속도. 일반적으로 마하 5나 그 이상을 말한다.

근지점 : 행성 주위의 궤도에서 가장 가까운 지점.

기가와트 : 10억 와트. 1000메가와트와 같다. 줄여서 GW.

대기압 : 대기가 가하는 압력. 지구의 해수면 높이에서 대기압은 14.7psi이다. 그
래서 이 크기의 기압을 '1기압'이나 '1바bar'라고도 한다.

델타-V : 우주선을 한 궤도에서 다른 궤도로 옮길 때 필요한 속도 변화량. 지구 저
궤도에서 화성 천이궤도로 가기 위해 필요한 일반적인 델타-V(△V로도
쓴다)는 약 4km/s이다.

렘 : rem. 미국에서 가장 흔하게 사용되는 방사선 특정 단위. 100렘은 유럽 단위
인 1시버트와 같다. 60에서 80렘의 방사선 투사량은 노년에 치명적인 암
발생 가능성을 1퍼센트 올릴 수 있을 정도다. 지구에서 일반적인 배경 방
사선 양은 0.2렘/년이다.

마그네틱 세일 : magnetic sail. 자기장의 플라스마 힘을 사용해서 우주선을 추진
시키는 장치.

마그세일 : magsail. 자기 돛. (마그네틱 세일을 볼 것.)

메테인화 반응 : 메테인을 만드는 화학반응. 마스 다이렉트 임무에서 메테인화 반
응은 사바티에 반응으로 수소가 이산화탄소와 결합해서 메테인과 물을
만드는 것이다.

밀리렘 : 1000분의 1렘. (렘을 볼 것.)

발열반응 : 에너지를 방출하는 화학반응.

배기 속도 : 로켓 노즐에서 분사되는 기체의 속도.

비추력 : 로켓 엔진의 비추력은 추진제 1파운드로 추진력 1파운드를 내는 데 몇
초가 걸리는지를 말한다. 초당으로 주어진 로켓 엔진의 비추력에 9.8을
곱하면 m/s 단위의 엔진 배기 속도를 구할 수 있다. 비추력은 일반적으로
로켓 엔진의 능력을 판단하는 데 있어서 가장 중요한 요소로 여겨진다. 흔
히 'sp.'로 줄여서 쓴다.

사바티에 반응 : Sabatier reaction. 수소와 이산화탄소가 결합해서 메테인과 물

을 생성하는 반응. 사바티에 반응은 높은 평형상수를 갖는 발열반응이다.
(평형상수, 발열반응을 볼 것.)

새턴 V : Saturn V. 아폴로 우주비행사들을 달에 보낼 때 사용한 중량 발사체. 새턴 V는 지구 저궤도까지 140톤을 나를 수 있다.

솔 : sol, 화성의 하루.

솔라 세일 : solar sail. 태양광의 미는 힘을 사용해서 우주선을 추진하는 장치.

스타십 : Starship. 스페이스X 사에서 개발한 150톤의 페이로드를 가진 완전 재사용 가능 2단 궤도 발사체. 이전에 BFR이라고 불렸다.

쌍곡선 속도 : 행성의 중력장에 들어가기 직전 또는 완전히 나온 후 행성과 비교한 우주선 속도. 접근 속도 또는 탈출 속도라고도 한다.

에어로셸 : aeroshell. 공력제동을 하는 동안 대기의 열로부터 우주선을 보호하는 데 사용하는 열 차폐막.

열분해 : 화합물을 구성 원소로 나누기 위해서 열을 사용하는 것.

완충 기체 : 호흡이나 연소에 필요한 산소를 희석하는 데 사용되는 비활성 기체. 지구에서는 공기 중에 있는 80퍼센트의 질소가 완충 기체 역할을 한다.

우주선 : 宇宙線. 초고속으로 공간을 가로질러 오는 원자핵 같은 입자. 우주선은 우리 태양계 바깥에서 만들어진다. 보통 수십억 전자볼트의 에너지를 갖고 있고 막으려면 몇 미터 두께의 단단한 차폐막이 필요하다.

원격 로봇 조작 : 비디오카메라가 장착된 소형 화성 로버 같은 장치를 굉장히 먼 거리에서 조종하는 원격 조작을 말한다.

원지점 : 행성의 공전 궤도에서 가장 먼 지점.

이원 추진제 : 연료와 산화제가 합쳐진 로켓 추진제. 예를 들면 메테인/산소, 수소/산소, 케로신/과산화수소가 있다.

자유 왕복 궤도 : 지구를 떠난 다음에 마지막으로 추진기 작동 없이 지구로 돌아

오는 궤도.

전기분해 : 전기로 화학물질을 성분 원소로 나누는 방법. 물을 전기분해하면 수소와 산소로 나누어진다.

전리층 : 행성 대기의 위층으로 기체 원자의 상당 부분이 자유로운 양성자와 전자로 나뉘어져 있다. 자유롭게 움직이는 대전입자들 때문에 전리층은 전파를 반사할 수 있다.

중력 도움 : 행성 옆을 지나가는 우주선이 행성의 중력을 이용해서 슬링샷 효과를 일으켜 로켓의 추진제를 전혀 사용할 필요 없이 우주선 속도를 높이는 방법.

증기압 : 특정 온도에서 물질이 방출하는 기체가 가하는 압력. 100℃에서 물의 증기압은 지구의 대기압보다 높기 때문에 끓는다.

지열 에너지 : 자연적으로 뜨거운 지하의 물질을 이용해서 유체를 데운 다음에 터빈 발전기 안에서 팽창시켜 전기를 생산하는 방식의 에너지.

직접 발사 : 우주선을 궤도에서 조립하지 않고 한 행성에서 다른 행성으로 곧장 발사하는 방법.

직접 진입 : 우주선이 궤도로 가지 않고 곧장 행성 대기권으로 들어와서 대기를 이용해 감속하고 착륙하는 방법.

최저 에너지 궤도 : 가장 적은 양의 로켓 추진제가 드는 두 행성 사이의 궤도. (호만 전이 궤도를 볼 것).

추력 : 우주선을 가속하기 위해서 로켓 엔진이 가할 수 있는 힘의 양.

켈빈 온도 : 켈빈 온도 또는 '절대' 온도는 물체가 사실상 어떤 열도 갖고 있지 않은 온도인 '절대 0도'를 0도로 정해서 온도를 측정하는 방식이다. 273 켈빈은 물이 어는 온도인 0℃와 같다. 1켈빈씩 더하는 것은 섭씨 1도씩 더하는 것과 마찬가지다.

탈출 속도 : 사실상 행성의 중력장을 떠난 후 행성과 비교한 우주선의 속도. 쌍곡선 속도라고도 한다.

태양 주회 : 태양을 가운데에 두는 것. 태양 주회 궤도란 행성간 공간을 가로지르고 지구나 다른 특정 행성 하나로 규정되어 있지 않은 궤도를 말한다.

태양 플레어 : 우주의 아주 넓은 공간으로 대량의 방사선을 보낼 수 있는 갑작스러운 태양 표면의 폭발.

토카막 : tokamak. 도넛형 자기장과 진공 챔버를 사용해서 고온 플라즈마를 가두는 방식의 시험적 핵융합 에너지 기계.

톤 : 책에서 톤은 미터 단위 톤 또는 1000킬로그램이다. 2200파운드와 같다.

팰컨 : Falcon. 팰컨은 스페이스X 사에서 개발하고 작동하는 일부 재사용 가능 발사체 시리즈다. 팰컨 9은 23톤을 지구 저궤도까지 나를 수 있다. 팰컨 헤비는 62톤을 지구 저궤도까지 나를 수 있다.

페어링 : fairing. 발사체 위쪽에 장치하는 유선형 보호 덮개.

평형상수 : 화학반응이 완료될 때까지 진행되는 정도를 의미하는 숫자. 높은 평형상수는 거의 완전히 반응이 된다는 것을 의미한다.

표토 : 흔히 흙이라고 말하는 것.

호만 전이 궤도 : 한쪽 끝은 출발하는 행성의 궤도에 접선을 이루고 다른 한쪽 끝은 도착하는 행성의 궤도에 접선을 이루는 타원 궤도. 호만 전이 궤도는 행성들이 합을 이루는 궤도 자체이고, 그래서 한 행성에서 다른 행성으로 가는 에너지가 가장 적게 드는 길이다.

흡열반응 : 에너지가 더 있어야 일어날 수 있는 화학반응.

히드라진 : hydrazine. 화학식이 N_2H_4인 로켓 추진제. 히드라진은 일원 추진제이고, 이는 연소할 때 추가적인 산화제가 필요 없고 분해되며 에너지를 방출할 수 있다는 뜻이다.

주

서문

1. Nikolai Kardashev, "Transmission of Information by Extraterrestrial Civilizations," *Soviet Astronomy* 8 (1964): 217; Nikolai Kardashev, "On the Inevitability and the Possible Structures of Supercivilizations," in *The Search for Extraterrestrial Life: Recent Developments: Proceedings of the Symposium, Boston, MA, June 18-21, 1984* (Dordrecht, Netherlands: D. Reidel, 1985), pp. 497-50; I. S. Shklovskii and Carl Sagan, *Intelligent Life in the Universe* (New York: Dell, 1966). 카르다쇼프의 원래 구상은 I 유형 문명을 행성에 내려오는 모든 에너지를 사용하는 문명, II 유형 문명은 항성에 있는 모든 에너지를 사용하는 문명, III 유형 문명은 은하에 있는 모든 항성들의 에너지를 모두 사용하는 문명으로 규정하고 있었다. 나는 이런 특정한 측정 방식이 별로 유용하다고 생각하지 않는다. I 유형 문명은 고사하고 더 높은 유형의 문명을 포함해 어떤 문명도 고향 행성 표면에 내려오는 모든 태양광을 다 사용할 수는 없기 때문이다. 어쨌든 진화한 우주 여행 문명을 위한 분류 체계를 만들려는 카르다쇼프의 노력은 중요한 진전이다. 그래서 나는 그의 방법론을 빌려 문명의 진보를 측정하는 더 유용한 측량법이라고 생각하는 방식으로 바꾸었다.

1장. 지구의 속박을 깨라

1. Julian Guthrie. *How to Make a Spaceship: A Band of Renegades, an Epic Race, and the Birth of Private Spaceflight* (New York: Penguin, 2016).

2. Robert Zubrin with Richard Wagner, *The Case for Mars: The Plan to Settle the Red Planet, and Why We Must,* 2nd ed. (New York: Free Press, 2011).

3. Wikipedia, s.v. "Mars Gravity Biosatellite," last modified October 26, 2018, 14:23, https://en.wikipedia.org/wiki/Mars_Gravity_Biosatellite; "Mars Society Launches Translife Mission," *Spaceref*, August 30, 2001, http://www.spaceref.

com/news/viewpr.html?pid=5881 (accessed October 14, 2018); "Translife Mission Experiment Sees Mice Born at 25 RPM," *Space Daily*, October 15, 2001, http://www.spacedaily.com/news/mars-base-01f.html (accessed October 12, 2018).

4. Aaron Rowe, "SpaceX Did It: Falcon 1 Made It to Space," *Wired*, September 28, 2008, https://www.wired.com/2008/09/space-x-did-it/ (accessed October 14, 2018).

5. Kenneth Chang, "Private Rocket Has Successful First Flight," *New York Times*, June 4, 2010, https://www.nytimes.com/2010/06/05/science/space/05rocket.html (accessed October 14, 2018).

6. Adam Mann, "Private Plan to Send Humans to Mars in 2018 Might Not Be So Crazy," *Wired*, February 27, 2013, https://www.wired.com/2013/02/inspiration-mars-foundation/ (accessed October 14, 2014).

7. Gerard K. O'Neill, *The High Frontier: Human Colonies in Space* (New York: William Morrow, 1976).

8. Nicholas St. Fleur, "Jeff Bezos Says He Is Selling $1 Billion a Year in Amazon Stock to Finance Race to Space," *New York Times*, April 5, 2017, https://www.nytimes.com/2017/04/05/science/blue-origin-rocket-jeffbezos-amazon-stock.html (accessed October 14, 2018).

9. 파이어플라이라는 이름의 미국인이 설립한 혁신적인 우주 발사체 스타트업이 러시아가 아니라 우크라이나에 연구 및 개발 부서를 두기로 한 것은 흥미로운 부분이다. 두 나라 모두 소련의 우주 기술을 꽤 많이 물려받았으나 비교적 자유로운 우크라이나가 정치적으로 부패한 러시아보다 훨씬 더 투자할 만하기 때문일 것이다.

2장. 자유로운 우주

1. James Titcomb, "Elon Musk Plans London to New York Flights in 29 Minutes," *Telegraph*, September 29, 2017, https://www.telegraph.co.uk/technology/2017/09/29/elon-musk-unveils-plans-london-new-york-rocket-flights-30-minutes/ (accessed October 14, 2018).

BFR에 관한 메모. 'Big Fucking Rocket'은 일론 머스크가 2016년 9월에 '행성간 운송 시스템 ITS'이라고 처음 소개했다가 2017년 초에 BFR로 이름을 바꾸었고, 이 이름이 널리 유명해졌다. 그 뒤 2018년 11월에 '스타십'으로 다시 바꾸었다. 이 책에서는 이전의 BFR을 '스타십'으로 부르고 있지만, 항성까지 가는 우주선은 '성간 우주선'이라고 부를 것이다.

2. Christian Davenport, "Richard Branson's Virgin Galactic Just Got Another Step Closer to Flying Tourists to Space," *Washington Post*, May 29, 2018, https://www.washingtonpost.com/news/the-switch/wp/2018/05/29/richard-bransons-virgin-galactic-just-got-another-step-closer-to-flying-tourists-to-space/?noredirect=on&utm_term=.e548415f3697 (accessed October 14, 2018).

3. Stefanie Waldek, "How to Become a Space Tourist: 8 Companies (Almost) Ready to Launch," *Popular Science*, April 20, 2018, https://www.popsci.com/how-to-become-a-space-tourist (accessed October 14, 2018).

4. Julissa Treviñ, "A Space Hotel Could Be Coming Soon to Skies near You: Bigelow Aerospace Wants to Launch Two Inflatable Modules for aSpace Habit as Early as 2021," *Smithsonian*, March 1, 2018, https://www.smithsonianmag.com/smart-news/space-hotel-it-could-happen-near-future-180968248/ (accessed October 14, 2018). 우주 호텔 휴가의 단점을 익살스럽게 다룬 내용을 찾는다면 다음을 보라. Diana Gallagher's "A Reconsideration of Anatomical Docking Maneuvers in a Zero-G Environment"—one recording is at "Free Fall & Other Delights 11—A Reconsideration (Zero-G Sex)," YouTube video, 4:12, posted by weyrdmusicman, August 18, 2011, https://www.youtube.com/watch?v=QrC6paNUry0.

5. Stan Schroeder, "In 5 Years, the Average American Will Use 22GB of Mobile Data Per Month, Report Says," *Mashable*, June 1, 2016, https://mashable.com/2016/06/01/ericsson-mobility-report-2016/#ZziDG2D80sqH (accessed October 14, 2016).

6. Peter B. de Selding, "WorldVu, a Satellite Startup Aiming to Provide Global Internet Connectivity, Continues to Grow Absent Clear Google Relationship," *Space News*,

September 3, 2014, https://spacenews.com/41755worldvu-a-satellite-startup-aiming-to-provide-global-internet/ (accessed October 14, 2018).

7. Caleb Henry, "OneWeb Shifts First Launch to Year's End," *Space News*, May 1, 2018, https://spacenews.com/oneweb-shifts-first-launch-to-years-end/ (accessed October 14, 2018).

8. David Grossman, "The Race for Space-Based Internet Is On," *Popular Mechanics*, January 3, 2018, https://www.popularmechanics.com/technology/infrastructure/a14539476/the-race-for-space-based-internet-is-on/ (accessed October 14, 2018).

9. Patrick Daniels, "SpaceX Starlink: Here's Everything You Need to Know," *Digital Trends*, August 5, 2018, https://www.digitaltrends.com/cool-tech/spacex-starlink-elon-musk-news/ (accessed October 14, 2018).

10. Committee on Achieving Science Goals with CubeSats, *Achieving Science with CubeSats: Thinking Inside the Box* (Washington, DC: National Academies Press, 2016).

11. Sandra Erwin, "US Intelligence: Russia and China Will Have 'Operational' Anti-Satellite Weapons in a Few Years," *Space News*, February 14, 2018, https://spacenews.com/u-s-intelligence-russia-and-china-will-have-operational-anti-satellite-weapons-in-a-few-years/ (accessed October 14, 2018).

12. John T. Correll, "Targeting the Luftwaffe," *Air Force Magazine*, March 2018, http://www.airforcemag.com/MagazineArchive/Pages/2018/March%202018/Targeting-the-Luftwaffe.aspx (accessed October 14, 2018).

3장. 달 기지를 만드는 법

1. Robert Zubrin, "Cancel the Lunar Orbit Tollbooth," *National Review*, September 13, 2018, https://www.nationalreview.com/2018/09/nasa-lunar-orbiting-platform-gateway-should-be-canceled/ (accessed October 14, 2014).

2. Wendell Mendell, *Lunar Bases and Space Activities of the 21st Century* (Houston: Lunar and Planetary Institute, 1995).

3. L. Haskin and P. Warren, "Lunar Chemistry," in *Lunar Sourcebook*, ed. G. Heiken, D. Vaniman, and B. French (Cambridge: Cambridge University Press, 1991), chap. 8.

4. Leonard David, "Beyond the Shadow of a Doubt, Water Ice Exists on the Moon," *Scientific American*, August 21, 2018, https://www.scientificamerican.com/article/beyond-the-shadow-of-a-doubt-water-ice-exists-on-the-moon/ (accessed October 14, 2018).

5. Robert Zubrin, "Moon Direct," *New Atlantis*, Summer/Fall 2018, https://www.thenewatlantis.com/publications/moon-direct (accessed January 20, 2019).

6. Apollo News Reference, "Lunar Module," NASA, https://www.hq.nasa.gov/alsj/LM04_Lunar_Module_ppLV1-17.pdf (accessed October 14, 2018).

7. Harrison Schmitt, *Return to the Moon: Exploration, Enterprise, and Energy in the Human Settlement of Space* (New York: Copernicus Books, 2006).

8. Andy Coghlan, "Technology: Moon Rocks May Help Colonisers Breathe Easy," *New Scientist*, April 18, 1992, https://www.newscientist.com/article/mg13418173-900-technology-moon-rocks-may-help-colonisers-breathe-easy/ (accessed October 14, 2018).

9. Y. Artsutanov, "V kosmos na elektrovoze" [Into Space by Funicular Railway], *Komsomolskaya pravda*, July 31, 1960. Contents described in Lvov, Science 158 (November 17, 1967): 946.

10. J. Pearson, "The Orbital Tower: A Spacecraft Launcher Using the Earth' Rotational Energy," *Acta Astronautica* 2 (1974): 785-99.

11. 여기서 필요한 방정식이 궁금하면 Robert Zubrin, "The Hypersonic Skyhook," *Journal of the British Interplanetary Society* 48 (March 1995): 123-25를 보라. 요약 내용은 Stan Schmidt and Robert Zubrin, *Islands in the Sky: Bold New Ideas for Colonizing Space* (New York: Wiley, 1996), chap. 2에서도 찾아볼 수 있다. 테더가 페이로드의 2배가 안 되는 질량을 가졌다는 계산은 인장 강도가 2000메가파스칼인 테이퍼드 테더 tapered tether로 가정한 것이다. 비교하자면 케블러는 2800MPa, 스펙트라는 3200MPa, 다이니마는 3500MPa의 강도를 가졌다.

1. Mike Carr, *The Surface of Mars* (New Haven, CT: Yale University Press, 1981).

2. Robert Zubrin with Richard Wagner, *The Case for Mars: The Plan to Settle the Red Planet, and Why We Must*, 2nd ed. (New York: Free Press, 2011).

3. Katherine Hignett, "Water on Mars: Huge Lake Detected below Red Planet Surface in 'Major Milestone' Discovery," *Newsweek*, July 25, 2018, https://www.newsweek.com/water-mars-huge-lake-detected-below-red-planets-surface-major-milestone-1041265 (accessed October 14, 2018).

4. N. E. Putzig et al., "Subsurface Structure of Planum Boreum from Mars Reconnaissance Orbiter Shallow Radar Soundings," *Icarus* 204, no. 2 (2009): 443-57; N. B. Karlsson, L. S. Schmidt, and C. S. Hvidberg, "Volume of Martian Midlatitude Glaciers from Radar Observations and Ice Flow Modeling," *Geophysical Research Letters* 42, no. 8 (March 18, 2015): 2627-33, https://agupubs.onlinelibrary.wiley.com/doi/full/10.1002/2015GL063219 (accessed October 14, 2018); Jet Propulsion Lab, "Steep Slopes on Mars Reveal Structure of Buried Ice," press release, January 11, 2018, https://www.jpl.nasa.gov/news/news.php?feature=7038 (accessed October 14, 2018).

5. Kenneth Chang, "Falcon Heavy, in a Roar of Thunder, Carries SpaceX's Ambition into Orbit," *New York Times*, February 6, 2018, https://www.nytimes.com/2018/02/06/science/falcon-heavy-spacex-launch.html (accessed October 14, 2018).

6. Noah Robischon and Elizabeth Segran, "Elon Musk's Mars Mission Revealed: SpaceX's Interplanetary Transport System," *Fast Company*, September 27, 2016, https://www.fastcompany.com/3064139/elon-musks-mars-mission-revealed-spacexs-interplanetary-transport-system (accessed October 14, 2018).

7. Robert Zubrin, "Colonizing Mars: A Critique of the SpaceX Interplanetary Transport System," *New Atlantis*, October 21, 2016, https://www.thenewatlantis.com/publications/colonizing-mars (accessed October 14, 2018).

8. Adam Baidawi and Kenneth Chang, "Elon Musk's Mars Vision: A One-Size-Fits-All Rocket. A Very Big One," *New York Times*, September 27, 2017, https://www.nytimes.com/2017/09/28/science/elon-musk-mars.html (accessed October 14, 2018).

9. Carol Stoker and Carter Emmart, *Strategies for Mars* (San Diego: Univelt, 1996); Robert Zubrin, *From Imagination to Reality: Mars Exploration Studies of the Journal of the British Interplanetary Society* (San Diego: Univelt, 1997).

10. Zubrin, *Case for Mars*, chap. 9; Robert Zubrin and Christopher McKay, "Technological Requirements for Terraforming Mars," *AIAA* (1993), http://citeseerx.ist.psu.edu/viewdoc/download?doi=10.1.1.24.8928&rep=rep1&type=pdf (accessed October 14, 2018).

11. 2018년 8월, 궤도선 메이븐의 주요 연구원이자 콜로라도 대학 교수 브루스 자코프스키의 널리 알려진 논문에서 그는 화성에는 쓸 만한 대기를 만들 만큼의 CO_2가 있을 수가 없다고 단언했다. 메이븐의 측정 결과를 바탕으로 할 때 화성은 지난 40억 년 동안 약 7psi의 기압을 우주로 방출했기 때문이다. 하지만 사실 이 결과들은 정확히 반대의 사실을 보여준다. 화성에 액체 물이 있을 정도로 따뜻했으려면 40억 년 전에 대기에 20psi 이상의 CO_2가 있어야 한다. 그러니까 CO_2가 여전히 토양 안에 녹아 있어야 한다. Mike Brown, "Elon Musk Wants to Terraform Mars, and He' Refusing to Back Down," *Yahoo News*, August 1, 2018, https://www.yahoo.com/news/elon-musk-wants-terraform-mars-123100942.html (accessed October 15, 2018).

5장. 재미와 이윤을 얻을 수 있는 소행성

1. John Lewis, *Mining the Sky: Untold Riches from the Asteroids, Comets, and Planets* (New York: Helix Books, 1996).

2. David Harland, *Jupiter Odyssey: The Story of NASA' Galileo Mission* (Chichester, UK: Praxis, 2000).

3. Jim Bell and Jaqueline Mitton, *Asteroid Rendezvous: NEAR Shoemaker' Adventures at Eros* (Cambridge: Cambridge University Press, 2002).

4. Mika McKinnon, "Everything That Could Go Wrong for Hayabusa Did, and Yet It Still Succeeded," *Gizmodo*, October 15, 2015, https://gizmodo.com/everything-that-could-go-wrong-for-hayabusa-did-and-ye-1730940605 (accessed October 16, 2018).

5. Tim Sharp, "Rosetta Spacecraft: To Catch a Comet," *Space*, February 27, 2017, https://www.space.com/24292-rosetta-spacecraft.html (accessed October 16, 2018).

6. Mike Wall, "The End Is Near for NASA's Historic Dawn Mission to the Asteroid Belt," *Space*, September 7, 2018, https://www.space.com/41759-nasa-dawn-mission-asteroid-belt-nearly-over.html (accessed October 16, 2018).

7. Mike Wall, "Success! Hopping, Shoebox-Sized Lander Touches Down Safely on Asteroid Ryugu," *Space*, October 3, 2018, https://www.space.com/42003-hayabusa2-drops-mascot-lander-on-asteroid-ryugu.html (accessed October 16, 2018).

8. Amber Jorgensen, "OSIRIS-REx Snaps Its First Pic of Asteroid Bennu," *Astronomy*, August 28, 2018, http://www.astronomy.com/news/2018/08/osiris-rex-snaps-its-first-pic-of-asteroid-bennu (accessed October 16, 2018).

9. John Lewis and Ruth Lewis, *Space Resources: Breaking the Bonds of Earth* (New York: Columbia University Press, 1987).

10. Robert Zubrin with Richard Wagner, *The Case for Mars: The Plan to Settle the Red Planet, and Why We Must*, 2nd ed. (New York: Free Press, 2011).

11. Charles Cockell, *Extra-Terrestrial Liberty: An Enquiry into the Nature and Causes of Tyrannical Government beyond the Earth* (Edinburgh: Shoving Leopard, 2013).

12. Maia Weinstock, "Oxygen-Creating Instrument Selected to Fly on the Upcoming Mars 2020 Mission," *Phys.org*, August 1, 2014, https://phys.org/news/2014-08-oxygen-creating-instrument-upcoming-mars-mission.html (accessed October 16, 2018).

13. Lewis and Lewis, *Space Resources*.

1. W. Burrows, Exploring Space: *Voyages in the Solar System and Beyond* (New York: Random House, 1990).

2. David Harland, *Jupiter Odyssey: The Story of NASA' Galileo Mission* (Chichester, UK: Praxis, 2000).

3. Sarah Kaplan, "Ingredients for Life Discovered Gushing out of Saturn' Moon," *Washington Post*, June 27, 2018, https://www.washingtonpost.com/news/speaking-of-science/wp/2018/06/27/complex-organic-molecules-discovered-in-enceladuss-plumes/?utm_term=.0466618a6f94 (accessed October 16, 2018).

4. Elizabeth Howell, "Europa Clipper: Sailing to Jupiter's Icy Moon," *Space*, July 21, 2017, https://www.space.com/37282-europa-clipper.html (accessed October 16, 2018).

5. Eric Berger, "The Billion-Dollar Question: How Does the Clipper Mission Get to Europa?" *Ars Technica*, April 16, 2018, https://arstechnica.com/science/2018/04/if-were-really-going-to-europa-nasa-needs-to-pick-a-rocket-soon/ (accessed January 20, 2019).

6. Kenneth Chang, "Back to Saturn? Five Missions Proposed to Follow Cassini," *New York Times*, September 15, 2017, https://www.nytimes.com/2017/09/15/science/saturn-cassini-return.html (accessed October 16, 2018).

7. 로켓 엔진의 힘을 P라고 하고, 추진력을 T, 추진제 질량 흐름을 M, 배기 속도를 U라고 하자. $P=MU^2/2$이고 $T=MU$이다. 약간의 계산을 하면, $U=\text{sqrt}(2P/M)$이고 $T=\text{sqrt}(2PM)$이다. 그러니까 추진제의 질량 흐름의 제곱근에 비례해서 추진력은 증가하고 배기 속도는 감소한다. 또한 $T=2P/U$에 주목하라. 일정량의 힘이 주어졌을 때, 추진력은 배기 속도에 비례해 감소한다. 그래서 힘이 한정된 시스템에서 짧은 여행이면 배기 속도를 낮추는 게 좋다. 배기 속도가 너무 높으면 우주선의 속도를 높이는 데 너무 오랜 시간이 걸린다. 배기 속도가 엄청나게 높은 우주선은 휘발유 1갤런으로 1000마일을 갈 수 있지만 속도를 0에서 시속 60마일까지 올리는 데는 1시간이 걸리는 차와 같다. 동네를 돌아다니는 데는 쓸모가 없지만 고속도로에서 장거리를 갈 때는 매

력적일 수 있다. 그래서 달과 화성까지 가는 여행에 화학 로켓이나 핵열 추진기 같은 고추진, 저배기 속도 엔진이 필요한 것이다. 하지만 외행성계로 가는 여행에는 이온 추진기나 핵융합 추진기 같은 고배기 속도, 저추진 시스템이 더 낫고, 항성으로 가는 여행에는 이런 것이 필수적이다.

8. R. Terra, "Islands in the Sky: Human Exploration and Settlement of the Oort Cloud," in *Islands in the Sky*, ed. S. Schmidt and R. Zubrin (New York: Wiley, 1995); B. Finney and E. Jones, eds., *Interstellar Migration and the Human Experience* (Berkeley: University of California Press, 1985); Freeman Dyson, "Warm-Blooded Plants and Freeze-Dried Fish: When Emigration from Earth to a Planet or a Comet Becomes Cheap Enough for Ordinary People to Afford, People Will Emigrate," *Atlantic*, November 1997, https://www.theatlantic.com/past/docs/issues/97nov/space.htm (accessed October 16, 2018). 과학자로도 일하고 있는 두 명의 일류 과학소설가들의 운석 정착 임무에 관한 재미있는 추측을 보고 싶으면 Greg Benford and David Brin, *The Heart of the Comet* (New York: Bantam Spectra, 1986)을 볼 것.

7장. 별을 향하여: 한계가 없는 세계

1. R. G. Ragsdale, "To Mars Is 30 Days by Gas Core Nuclear Rockets," *Astronautics and Aeronautics* 65 (January 1972); R. G. Ragsdale, *High Specific Impulse Gas Core Reactors*, NASA TM X-2243 (Cleveland: NASA Lewis Research Center, March 1971); T. Latham and C. Joyner, "Summary of Nuclear Light Bulb Development Status," AIAA 91-3512 (presented at the AIAA/NASA/OAI Conference on Advanced SEI Technologies, Cleveland, OH, September 1991).

2. A. Martin and A. Bond, "Nuclear Pulse Propulsion: A Historical Review of an Advanced Propulsion Concept," *Journal of the British Interplanetary Society* 32 (1979): 283-310.

3. R. Zubrin, "Nuclear Salt Water Rockets: High Thrust at 10,000 Sec Isp," *Journal of the British Interplanetary Society* 44 (1991): 371-76.

4. S. K. Borowski, "A Comparison of Fusion/Antiproton Propulsion Systems for

Interplanetary Travel," AIAA 87-1814 (presented at the 23rd AIAA/ASME Joint Propulsion Conference, San Diego, CA, June 29 to July 2, 1987).

5. R. Forward and Joel Davis, *Mirror Matter: Pioneering Antimatter Physics* (New York: Wiley Science Editions, 1988).

6. L. Friedman, *Starsailing: Solar Sails and Interstellar Travel* (New York: John Wiley and Sons, 1988).

7. R. Forward, "Roundtrip Interstellar Travel Using Laser Pushed Lightsails," *Journal of Spacecraft and Rockets* 21 (1984): 187-95.

8. R. Bussard, "Galactic Matter and Interstellar Flight," *Acta Astronautica* 6 (1960): 179-96.

9. R. Zubrin and D. Andrews, "Magnetic Sails and Interplanetary Travel," AIAA 89-2441 (presented at the 25th AIAA/ASME Joint Propulsion Conference, Monterey, CA, July 10-2, 1989), reprinted in *Journal of Rockets and Spaceflight*, April 1991; R. Zubrin, "The Magnetic Sail," in *Islands in the Sky*, ed. S. Schmidt and R. Zubrin (New York: Wiley, 1995).

10. D. Andrews and R. Zubrin, "MagOrion" (presented at the 33rd AIAA/ASME Joint Propulsion Conference, Seattle, WA, July 7-9, 1997).

11. Pekka Janhunen, "Electric Sail for Space Craft Propulsion," *Journal of Propulsion* 20, no. 4 (2005): Technical Notes, 763-64.

12. Robert Zubrin, "Dipole Drive for Space Propulsion," *Journal of the British Interplanetary Society* 70, no. 12 (December 2017): 442-48.

13. Marc G. Millis, *Assessing Potential Propulsion Breakthroughs*, NASA/TM 2005-213-998 (Cleveland: Glenn Research Center, December 2005), https://ntrs.nasa.gov/archive/nasa/casi.ntrs.nasa.gov/20060000022.pdf (accessed November 25, 2018).

14. Harold White et al., "Measurement of Impulse Thrust from a Closed Resonant Frequency Cavity in Vacuum," *Journal of Propulsion and Power* 33, no. 4 (2017): 830-41, https://arc.aiaa.org/doi/10.2514/1.B36120 (accessed November 25, 2018); Mike Wall, "Impossible EM Drive May Really Be Impossible," *Space*, May

23, 2018, https://www.space.com/40682-em-drive-impossible-space-thruster-test.html (accessed November 25, 2018); Brian Wang, "Mach Effect Propellantless Drive Gets NIAC Phase 2 and Progress Towards Great Interstellar Propulsion," *Next Big Future*, April 1, 2018, https://www.nextbigfuture.com/2018/04/mach-effect-propellantless-drive-gets-niac-phase-2-and-progress-to-great-interstellar-propulsion.html (accessed November 25, 2018).

15. Allan Boyle, "'Eggs' for Alien Earths? At 94, Physicist Freeman Dyson' Brain Is Still Going Strong," *Geekwire*, May 8, 2018, https://www.geekwire.com/2018/eggs-alien-earths-freeman-dyson/ (accessed October 22, 2018).

16. 카렐 차페크Karel Čapek, 《도롱뇽과의 전쟁 *War with the Newts*》(London: Allen & Unwin, 1937; New York: Bantam, 1955; 열린책들, 2010) 차페크는 체코의 인도주의 자이자 반파시스트다. 이 책에서 그는 변호사, 신문, 사업, 배우, KKK부터 나치를 달래기 위한 서구의 동맹 정책에 이르기까지 사실상 모든 것을 영리하게 풍자했다. 흥미롭게도 차페크는 1920년 SF 연극 〈RUR〉에서 '로봇'이라는 단어를 만들어낸 사람이기도 하다.

8장. 테라포밍: 신세계에 생명체를 퍼뜨리다

1. James Oberg, New Earths (Harrisburg, PA: Stackpole Books, 1981); Martyn Fogg, *Terraforming: Engineering Planetary Environments* (Warrendale, PA: Society of Automotive Engineers, 1995); J. Pollack and C. Sagan, "lanetary Engineering," in *Resources of Near Earth Space*, ed. J. Lewis, M. Mathews, and M. Guerreri (Tucson: University of Arizona Press, 1993), pp. 921-50.

2. C. Sagan, "The Planet Venus," *Science* 133 (1961): 849-58.

3. J. Kasting, "Runaway and Moist Greenhouse Atmospheres and the Evolution of Earth and Venus," *Icarus* 74 (1988): 472-94.

4. "Climate Change Indicators: Length of Growing Season," United States Environmental Protection Agency, https://www.epa.gov/climate-indicators/climate-change-indicators-length-growing-season (accessed November 17, 2018).

5. "Climate Change Indicators: US and Global Precipitation," United States Environmental Protection Agency, https://www.epa.gov/climate-indicators/climate-change-indicators-us-and-global-precipitation (accessed November 17, 2018).

6. "Carbon Dioxide Fertilization Greening the Earth, Study Finds," NASA, https://www.nasa.gov/feature/goddard/2016/carbon-dioxide-fertilization-greening-earth (accessed November 17, 2018).

7. Russ George, "We Can Bring Back Healthy Fish in Abundance Almost Everywhere," personal website, http://russgeorge.net/2014/04/11/bring-back-fish-everywhere/ accessed November 17, 2018).

8. NASA Goddard Spaceflight Center, http://disc.sci.gsfc.nasa.gov/giovanni/giovanni_user_images#iron_bloom_northPac (accessed November 17, 2018).

9. Naomi Klein, *This Changes Everything: Capitalism against the Climate* (New York: Simon and Schuster, 2014); Naomi Klein, "Geoengineering: Testing the Waters," *New York Times*, October 28, 2012, http://www.nytimes.com/2012/10/28/opinion/sunday/geoengineering-testing-the-waters.html?pagewanted=all (accessed January 25, 2019).

10. Margaret Munro, "Ocean Fertilization: 'Rogue Climate Hacker' Russ George Raises Storm of Controversy," *Vancouver Sun*, October 18, 2012.

11. 식물성 플랑크톤이 CO_2를 1퍼센트의 효율로 바이오매스로 바꾸고, 평균 낮/밤의 광량이 제곱미터당 200와트라고 가정하면, 인간의 현재 20테라와트의 화석연료 연소로 방출되는 CO_2 배출량 전체를 포획하는 데 천만 제곱킬로미터, 혹은 바다 전체 면적의 3퍼센트가 필요할 것이다. 다른 방식으로 얘기하자면, 인류가 현재 연간 100억 톤의 탄소를 태우고 있고, 바다는 1000억 톤을 포획한다. 그러니까 바다 사막의 아주 작은 일부분이 가장 비옥한 지역의 생산량과 같도록 증가시켜줌으로써 바다의 총 생산량의 10퍼센트만 증가시키면 인간의 모든 CO_2 배출량을 전부 포획하기에 충분할 것이다. 이것을 최적의 방식으로 한다면 10억 톤에 이르는 식량도 그 과정에서 생길 수 있고, 이것은 지구의 모든 사람들에게 하루에 1파운드씩 공급할 수 있는 양이다.

12. K. Eric Drexler, *Engines of Creation* (New York: Anchor Books/Doubleday, 1987).

13. Olaf Stapledon, *Star Maker* (London: Methuen, 1937; New York: Dover, 1968).

14. Elizabeth Tasker, *The Planet Factory: Exoplanets and the Search for a Second Earth* (New York: Bloomsbury Sigma, 2017).

9장. 지식을 위해

1. Elizabeth Howell, "Kepler Space Telescope: Exoplanet Hunter," *Space*, March 26, 2018, https://www.space.com/24903-kepler-space-telescope.html (accessed October 22, 2018).

2. John Wenz, "TESS Space Telescope Will Find Thousands of Planets, but Astronomers Seek a Select Few," *Smithsonian*, September 26, 2018, https://www.smithsonianmag.com/science-nature/tess-space-telescope-will-find-thousands-planets-astronomers-seek-select-few-180970411/ (accessed October 22, 2018); Elizabeth Howell, "NASA's James Webb Space Telescope: Hubble's Cosmic Successor," *Space*, July 17, 2018, https://www.space.com/21925-james-webb-space-telescope-jwst.html (accessed October 22, 2018).

3. Alison Klesman, "Where Does WFIRST Stand Now?" *Astronomy*, May 31, 2018, http://www.astronomy.com/news/2018/05/where-does-wfirst-stand-now (accessed October 22, 2018). 더 자세한 기술적 내용은 다음을 보라. N. Gehrels and D. Spergel, "Wide-Field InfraRed Survey Telescope (WFIRST) Mission and Synergies with LISA and LIGO-Virgo," https://arxiv.org/ftp/arxiv/papers/1411/1411.0313.pdf (accessed October 22, 2018).

4. "The Gravitational Universe: The Science Case for LISA," LISA team website, https://www.lisamission.org/articles/lisa-mission/gravitational-universe-science-case-lisa (accessed October 22, 2018).

5. Yuen Yiu, "Scientists Reveal Plans for Future Experiments to Study the Faint Remnants Left Behind by the Big Bang," *Inside Science*, February 23, 2017, https://www.insidescience.org/news/looking-deeper-our-cosmic-past (accessed October

22, 2018).

6. M. Meixner et al., "The Far-Infrared Surveyor Mission Study: Paper I, the Genesis," Space Telescope Science Institute, https://arxiv.org/ftp/arxiv/papers/1608/1608.03909.pdf (accessed October 22, 2018).

7. Feryal Öel and Alexey Vikhlinin, "Lynx Interim Report," Smithsonian Astrophysical Observatory, August 2018, https://wwwastro.msfc.nasa.gov/lynx/docs/LynxInterimReport.pdf (accessed October 22, 2018).

8. Bertrand Manneson et al., "The Habitable Exoplanet (HabEx) Imaging Mission: Preliminary Science Drivers and Technical Requirements," in *Space Telescopes and Instrumentation 2016: Optical, Infrared, and Millimeter Wave*, Proceedings of SPIE, vol. 9904, ed. Howard A. MacEwen et al. (Bellingham, WA: SPIE, 2016), https://pdfs.semanticscholar.org/6516/a74971950fa0efbcfd8f3e02edd850a687f3.pdf (accessed October 22, 2018).

9. "Origins Space Telescope," NASA, https://asd.gsfc.nasa.gov/firs/(accessed October 22, 2018).

10. Ethan Siegel, "New Space Telescope, 40 Times the Power of Hubble, to Unlock Astronomy' Future," *Forbes*, September 19, 2017, https://www.forbes.com/sites/startswithabang/2017/09/19/new-space-telescope-40-times-the-power-of-hubble-to-unlock-astronomys-future/#7d9ccebe7e81 (accessed October 22, 2018).

11. S. Arrhenius, *Worlds in the Making: The Evolution of the Universe* (New York and London: Harper Brothers, 1908).

12. R. Zubrin, "Detection of Extraterrestrial Civilizations via the Spectral Signature of Advanced Interstellar Spacecraft," in *Progress in the Search for Extraterrestrial Life: 1993 Bioastronomy Symposium,* Seth Shostak, ed. (San Francisco: Astronomical Society of the Pacific, 1996), pp. 487-96.

13. Seth Shostak, *Sharing the Universe* (Berkeley, CA: Berkeley Hills Books, 1998).

14. W. Herkewitz, "Scientists Turn Bacteria into Living Hard Drives," *Popular Science,*

June 9, 2016; R. Service, "DNA Could Store All the World's Data in One Room," *Science*, March 2, 2017.

15. Robert Zubrin, "Interstellar Panspermia Reconsidered," *Journal of the British Interplanetary Society* 54 (2001): 262-69.

16. Robert Zubrin, "Interstellar Communications Using Microbial Data Storage: Implications for SETI," *Journal of the British Interplanetary Society* 70, no. 5/6 (May/June 2017).

17. Paul Davies, *The Goldilocks Enigma: Why Is the Universe Just Right for Life?* (New York: Mariner Books, 2008).

18. John Barrow and Frank Tipler, *The Anthropic Cosmological Principle* (New York: Oxford University Press, 1988).

19. Lee Smolin, *The Life of the Cosmos* (New York: Oxford University Press, 1997).

20. Stuart Kauffman, *At Home in the Universe: The Search for the Laws of Self-Organization and Complexity* (New York: Oxford University Press, 1996).

21. I. S. Shklovskii and Carl Sagan, *Intelligent Life in the Universe* (New York: Delta Books, 1966).

10장. 도전을 위해

1. Christopher Stringer and Robin McKie, *African Exodus: The Origins of Modern Humanity* (New York: Henry Holt, 1997).

2. James Shreve, The Neanderthal Enigma: *Solving the Mystery of Modern Human Origins* (New York: Avon Books, 1995).

3. William McNeill, *The Rise of the West* (New York: Mentor Books, 1965).

4. Carroll Quigley, *The Evolution of Civilizations* (Indianapolis, IN: Liberty Fund, 1961).

5. Francis Fukuyama, *The End of History* (New York: Free Press, 1992).

6. James Horgan, *The End of Science* (New York: Broadway Books, 1997).

7. Thomas D. Snyder, *120 Years of American Education: A Statistical Portrait*

(Washington, DC: US Department of Education, 1993), pp. 85-87, https://nces. ed.gov/pubs93/93442.pdf (accessed November 24, 2018).

11장. 우리의 생존을 위해

1. Carl Sagan, *Pale Blue Dot* (New York: Random House, 1994).

2. Katherine Hignett, "Biblical City of Sodom Was Blasted to Smithereens by a Massive Asteroid Explosion," *Newsweek*, November 22, 2018, https://www.newsweek.com/ biblical-city-sodom-was-blasted-smithereens-massive-asteroid-explosion-1227339 (accessed November 25, 2018).

3. D. Cox and J. Chestek, *Doomsday Asteroid: Can We Survive?* (Amherst, NY: Prometheus Books, 1996).

4. Wikipedia, s.v. "List of Impact Craters on the Earth," last modified December 26, 2018, 9:14, https://en.wikipedia.org/wiki/List_of_impact_craters_on_Earth.

5. Walter Alvarez, *T. Rex and the Crater of Doom* (Princeton, NJ: Princeton University Press, 1997).

12장. 우리의 자유를 위해

1. Robert Zubrin, *Merchants of Despair* (New York: New Atlantis Books, 2012).

2. Friedrich von Bernhardi, *Germany and the Next War*, trans. Allen H. Powles (New York: Longmans, Green, 1914). German edition published in 1912.

3. Daniel Goldhagen, *Hitler' Willing Executioners* (New York: Vintage, 2007).

4. Lizzie Collingham, *The Taste of War: World War II and the Battle for Food* (New York: Penguin, 2012).

5. Zubrin, *Merchants of Despair*, chap. 6.

6. Timothy Snyder, "The Next Genocide," *New York Times*, September 12, 2015, https://www.nytimes.com/2015/09/13/opinion/sunday/the-next-genocide. html (accessed November 6, 2018); Timothy Snyder, *Black Earth: The Holocaust as History and Warning* (New York: Tim Duggan Books, 2015).

7. Michael Klare, *Resources Wars: The New Landscape of Global Conflict* (New York: Macmillan, 2001).

8. Robert Zubrin, *Energy Victory: Winning the War on Terror by Breaking Free of Oil* (Amherst, NY: Prometheus Books, 2007).

9. Robert Zubrin, "The Eurasianist Threat," *National Review*, March 3, 2014, https://www.nationalreview.com/2014/03/eurasianist-threat-robert-zubrin/ (accessed November 6, 2018).

10. Robert Zubrin, "America Stop Breathing," *National Review*, October 31, 2013, https://www.nationalreview.com/2013/10/america-stop-breathing-robert-zubrin/ (accessed November 6, 2018).

11. Robert G. Ingersoll, "Indianapolis Speech, 1876: Delivered to the Veteran Soldiers of the Rebellion," https://infidels.org/library/historical/robert_ingersoll/indianapolis_speech76.html (accessed November 6, 2018).

13장. 미래를 위해

1. Quoted in "Konstantin Tsiolkovsky," URANOS, http://web.archive.org/web/20060421175318/http://www.uranos.eu.org/biogr/ciolke.html (accessed November 6, 2018, via Internet Archive WayBack Machine).

2. Jules Verne, *From the Earth to the Moon*, trans. Lowell Bair (New York: Bantam, 1993).

3. Vladimir I. Vernadsky, *Scientific Thought as a Planetary Phenomenon* (Moscow: Nongovernmental Ecological V. I. Vernadsky Foundation, 1997), http://vernadsky.name/wp-content/uploads/2013/02/Scientific-thought-as-a-planetary-phenomenon-V.I2.pdf (accessed November 26, 2018).

14장. 해야 하는 일들

1. Robert Zubrin, "A Purpose Driven Space Program?" *National Review*, March 2,

2018, https://www.nationalreview.com/2018/03/nasa-lunar-space-station-unnecessary-space-flight-plans-lack-purpose/ (accessed November 6, 2018).

2. Robert Zubrin, "Cancel the Lunar Orbit Tollbooth," *National Review*, September 13, 2018, https://www.nationalreview.com/2018/09/nasa-lunar-orbiting-platform-gateway-should-be-canceled/ (accessed November 26, 2018).

[사진 1] 2018년 2월 6일 : 팰컨 헤비가 이륙하면서 우주에서 인류의 새 시대를 열다. (스페이스X 제공)

[사진 2] 화성으로 가는 길을 떠나다. (스페이스X 제공)

[사진 3] 팰컨 헤비 부스터가 기지로 돌아오다. (스페이스X 제공)

[사진 4] 키위의 독창성. 로켓 랩의 일렉트론 발사체가 2017년 5월 25일 뉴질랜드 발사대에서 최초로 이륙하고 있다. 비행체는 우주에 도착했으나 궤도에 진입하는 데에 실패했다. 하지만 2018년 1월 23일 두 번째 발사에서 일렉트론은 두 대의 스파이어 리무어-2 큐브샛을 바라던 원형 궤도에 성공적으로 안착시켰다. 일렉트론은 200 킬로그램의 페이로드 수용력을 갖고 있으며 초소형위성군을 발사하는 데 아주 훌륭한 선택이다. (로켓 랩 제공)

[사진 5] 마스 다이렉트 지표 기지. 왼쪽은 거주 모듈이고 오른쪽은 에너지 회수 통풍기다. (화성 협회의 로버트 머레이 제공)

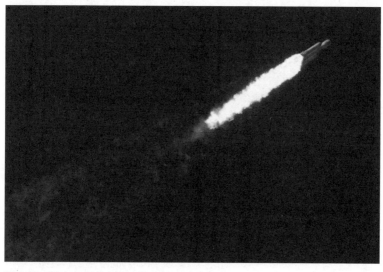

[사진 6] 스페이스X가 궤도에서 상단 로켓에 급유하는 계획을 시행하고 나면, 현재 작동하고 있는 팰컨 헤비는 새턴 V 로켓보다 훨씬 큰 화성으로의 운송 능력을 갖게 될 것이다. (스페이스X 제공)

[사진 7] 화성 거주지화에 관한 스페이스X의 구상인 행성간 운송 시스템ITS. ITS는 후에 빅 팰컨 로켓BFR, 그 후에는 스타십이라고 이름이 바뀌었다. (스페이스X 제공)

[사진 8] 일이 진행되는 동안 화성에서 아이들이 태어나고 가족이 생기게 될 것이다. 인류 문명의 새로운 가지의 첫 번째 진정한 화성인들이다. (화성 협회의 로버트 머레이 제공)

[사진 9] 스페이스X에서 제안한 2023년 달을 도는 예술가 크루즈 삽화. 음악가들이 동의한다면, 근지구 소행성으로의 여행이 다음 순서가 될 것이다. (스페이스X 제공)

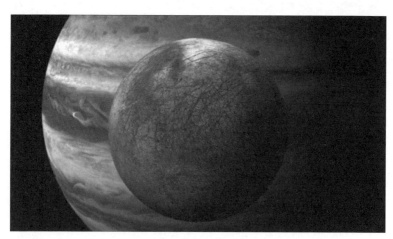

[사진 10] 목성의 달 유로파는 바다 얼음으로 완전히 뒤덮인 바다 세계이다. 지하 바다는 목성과의 조수 상호작용으로 가열되어 액체 상태를 유지하고 있다. (나사 제공)

[사진 11] 국립 점화 시설에서 레이저 핵융합이 일부 입증되었다. (미국 에너지부 제공)

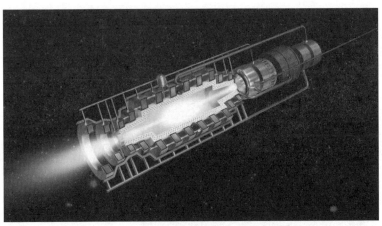

[사진 12] 자기 밀폐 핵융합 추진 시스템. 자기장이 챔버 안에 반응하는 플라즈마를 가두고, 챔버 한쪽 끝에 플라즈마가 빠져나갈 수 있는 출구가 있어서 추진력이 생성된다. (프린스턴 위성 시스템스의 S. 샤루모프 제공)

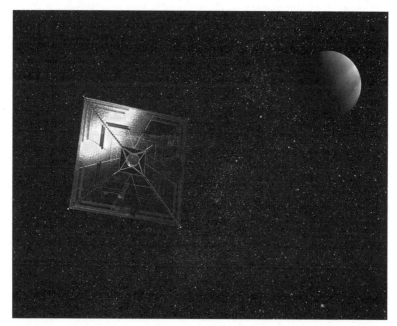

[사진 13] 금성에 접근하는 이카로스 솔라 세일 우주선의 개념도. 이카로스의 돛은 두께 7.5미크론에 한 변의 길이는 14미터이다. 돛에 전력을 얻기 위해 얇은 박막 태양전지판이 박혀 있고 자세 제어를 위해서 반사율이 다양한 액정 패널이 설치되어 있다. (JAXA 제공)

[사진 14] 미래의 화성? 화성은 한때 따뜻하고 물이 많은 행성이었고 인간의 엔지니어링 기술을 들이면 다시 그렇게 될 수도 있다. 하지만 이번에는 생명체들도 가득 자라날 것이다. 우리는 살아 있는 세계를 만들 수 있다. 이렇게 하는 것이 윤리적일까? 하지 않는 것이 윤리적일까? (GNU 자유문서 사용 허가하에 위키미디어 크리에이티브 커먼스 제공. 작가: 대인 발라드 (Daein Ballard))

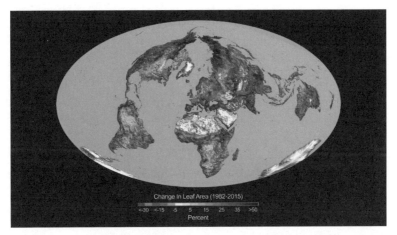

[사진 15] 지난 36년간 증가한 전 세계적 CO_2 수치의 유익한 영향으로 지구상에서 나무가 자라는 지역이 평균 20퍼센트 정도 늘어났다. 하지만 바다에는 무슨 일이 벌어지고 있을까? (나사 제공)

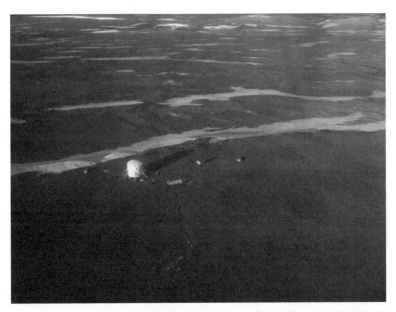

[사진 16] 화성협회의 플래시라인 화성 북극 연구소. 캐나다 데번 섬에 3900만 년 전 크기 약 2킬로미터의 소행성이 충돌해 만들어진 지름 23킬로미터의 허튼 크레이터 가장자리에 자리하고 있다. 충돌 에너지는 20억 킬로톤이었다.

우주산업혁명: 무한한 가능성의 시대
THE CASE FOR SPACE

초판 1쇄 인쇄 2021년 7월 5일
초판 1쇄 발행 2021년 7월 15일

지은이 로버트 주브린
옮긴이 김지원
펴낸이 정용수

사업총괄 장충상 본부장 윤석오
편집장 박유진 책임편집 김민기 편집 정보영
디자인 디노브라보
영업·마케팅 정경민 양희지
제작 김동명
관리 윤지연

펴낸곳 ㈜예문아카이브
출판등록 2016년 8월 8일 제2016-000240호
주소 서울시 마포구 동교로18길 10 2층(서교동 465-4)
문의전화 02-2038-3372 주문전화 031-955-0550 팩스 031-955-0660
이메일 archive.rights@gmail.com 홈페이지 ymarchive.com
블로그 blog.naver.com/yeamoonsa3 인스타그램 yeamoon.arv

한국어판 출판권 ⓒ ㈜예문아카이브, 2021
ISBN 979-11-6386-074-7 03550